두 발로 쓴 9정맥 종주기
上

# 두 발로 쓴 9정맥 종주기 上

| | |
|---|---|
| 발행일 | 2021년 1월 8일 |

| | | | |
|---|---|---|---|
| 지은이 | 조지종 | | |
| 펴낸이 | 손형국 | | |
| 펴낸곳 | (주)북랩 | | |
| 편집인 | 선일영 | 편집 | 정두철, 윤성아, 최승헌, 배진용, 이예지 |
| 디자인 | 이현수, 김민하, 한수희, 김윤주, 허지혜 | 제작 | 박기성, 황동현, 구성우, 권태련 |
| 마케팅 | 김회란, 박진관 | | |
| 출판등록 | 2004. 12. 1(제2012-000051호) | | |
| 주소 | 서울특별시 금천구 가산디지털 1로 168, 우림라이온스밸리 B동 B113~114호, C동 B101호 | | |
| 홈페이지 | www.book.co.kr | | |
| 전화번호 | (02)2026-5777 | 팩스 | (02)2026-5747 |

| | | | |
|---|---|---|---|
| ISBN | 979-11-6539-562-9 04980 (종이책) | 979-11-6539-564-3 05980 (전자책) | |
| | 979-11-6539-563-6 04980 (세트) | | |

**(주)북랩** 성공출판의 파트너
북랩 홈페이지와 패밀리 사이트에서 다양한 출판 솔루션을 만나 보세요!
**홈페이지** book.co.kr  •  **블로그** blog.naver.com/essaybook  •  **출판문의** book@book.co.kr

한 열정 가득한 은퇴자의 10년 산행 일지

# 두 발로 쓴 9정맥 종주기

## 上

조지종 지음

한북정맥

한남정맥

금북정맥

한남금북정맥

금남정맥

호남정맥

금남호남정맥

낙동정맥

낙남정맥

한 은퇴자가 강원도 철원에서 경남 김해를 잇는
아홉 개의 정맥을 따라 걸으며 김정호의 대동여지도처럼
세밀하게 복원한 9정맥 종주 이야기

북랩 book Lab

## 작가의 말

## 이 글을 쓰는 이유

우리나라 중심 산줄기를 모두 걷겠다고 결심했다. 그리고 실행했다. 2006년 2월부터 2017년 6월까지 장장 12년에 걸쳐 1대간 9정맥을 완주했다. 백두대간과 남한에 있는 아홉 정맥이다. 처음부터 끝까지 혼자서 걸었고, 걸으면서 마루금의 모든 것을 있는 그대로 기록했다. 이렇게 산길을 걸었던, 그리고 이 글을 써야만 하는 이유들이 있다. 나처럼 우리나라 중심 산줄기를 걷고자 하는 사람들을 위해서다. 그들은 루트를 몰라서, 두려워서 종주에 나서기를 망설인다는 소리를 들었다. 그걸 내가 해결하고 싶었다. 그렇게 걸었고, 걸으면서 마루금의 모든 것을 기록했다. 들머리와 날머리의 주변 환경, 마루금의 오르막과 내리막, 안부와 갈림길, 암릉과 위험지대, 주변 수목들, 들머리와 날머리에 이르는 교통편과 당시의 날씨까지 최대한 자세히 기록했다. 이 기록만 보면 누구나 혼자서도 쉽고 편하게 걸을 수 있도록 썼다. 특히 혼자서 정맥 종주를 계획하고 있는 사람들에게 이 책은 천금 같은 자료가 될 것이다. 다른 이유는 마루금의 원형 보전을 위해서다. 지금 이 순간에도 각종 개발 등으로 마루금의 모습이 시시각각 변해가고 있다. 언젠가는 마루금 자체가 아예 사라져버릴지도 모른다. 그런 때를 대비해서 기록이 필요하다. 누군가는 해야 할 일이다. 내가 하고 싶었다.

　굳이 이 책의 가치를 논하자면 크게 두 가지다. 아홉 정맥의 마루금이 모두 기록으로 남게 된 것과 멀고 어렵게만 느껴지던 9정맥 종주가 우리 곁에 가까이 다가설 수 있게 된 것이다. 한 시대를 살아가는 사람으로서 소임을 다했다는 생각이다. 누군가 말했다. '우리는 모두 역사라는 것의 필연적인 도구'라고. 지난 2017년 백두대간 종주를 마치고 그 기록을 책으로 출간한 바 있고, 이번에 9정맥까지 책으로 나왔다. 이로써 우리나라 중심 산줄기인 백두대간과 아홉 정맥 모두가 기록으로 남게 되었다. 다만 아쉬운 부분도 있어 독자들에게 이해를 구하고자 한다. 이 책은 아홉 정맥 마루금의 실제 모습을 최대한 있는 그대로 옮기려 했다. 그런데 산길의 형성이나 모습이 어디나 다 비슷비슷하다. 대부분 오르막과 내리막, 안부와 잿등, 암릉과 갈림길, 다양한 수목 등으로 이루어졌다. 그렇기에 같은 용어와 반복되는 묘사가 등장할 수밖에 없었다. 실제 그대로의 기록을 통한 원형 보전이라는 출간 의도 앞에서는 부득이한 선택이었음을 이해 바라며, 송구한 마음으로 이 책을 내놓는다.

조지종

# 차 례

# 9정맥이란?

9정맥이란 우리나라 중심 산줄기 중 남한에 있는 아홉 정맥을 말한다. 9정맥을 이해하기 위해서는 먼저 한반도 중심 산줄기에 대한 설명이 필요하다. 조선 시대 지리서인 『산경표』에서는 한반도 중심 산줄기를 1대간 1정간 13정맥으로 분류하였는데, 1대간은 백두대간을, 1정간은 장백정간을, 13정맥은 청북정맥, 청남정맥, 해서정맥, 임진북예성남정맥, 한북정맥, 한남정맥, 금북정맥, 한남금북정맥, 금남정맥, 호남정맥, 금남호남정맥, 낙동정맥, 낙남정맥을 말한다. 이 중 남한에는 한북정맥, 한남정맥, 금북정맥, 한남금북정맥, 금남정맥, 호남정맥, 금남호남정맥, 낙동정맥, 낙남정맥이 있다. 『산경표』에 실려 있는 1대간 1정간 13정맥을 차례로 살펴보면 다음과 같다.[1]

① 백두대간(白頭大幹)은 백두산부터 함경도 단천의 황토령, 함흥의 황초령, 설한령, 평안도 영원의 낭림산, 함경도 안변의 분수령, 강원도 회양의 철령과 금강산, 강릉의 오대산, 삼척의 태백산, 충청도 보은의 속리산을 거쳐 지리산까지 이어지는 대동맥으로 국토를 남북으로 종단하는 산줄기

---

[1]  이기백, 양보경 - 「조선시대의 자연 인식 체계」, 『한국사 시민강좌 제14집』, 일조각, 1994.

이다.

② 장백정간(長白正幹)은 장백산에서 시작, 함경도의 경성, 회령, 경흥의 여러 산을 지나서 수라곶산까지 함경도를 동서로 관통하는 산줄기이다.

③ 낙남정맥(洛南正脈)은 지리산 남쪽 취령으로부터 경상도의 곤양, 사천, 남해, 함안, 칠원, 창원을 지나 김해로 이어지는 동쪽으로 향한 산줄기로 낙동강과 남강 이남 지역의 산줄기이다.

④ 청북정맥(淸北正脈)은 백두대간의 낭림산에서 시작, 평안도 강계의 적유령, 삭주, 철산, 용천을 지나 의주의 미곶산에 이르는 서쪽을 향한 산줄기로 청천강 이북 지역에 해당하므로 청북정맥이란 이름이 붙었다.

⑤ 청남정맥(淸南正脈)은 낭림산으로부터 평안도의 영변, 안주, 자산을 거쳐 삼화의 광량산까지 이어지는 서남향의 산줄기로 청천강 이남 지역이 이에 속한다.

⑥ 해서정맥(海西正脈)은 강원도 이천의 개연산에서 시작하여 황해도의 곡산, 수안, 평산, 송화, 강령의 장산곶까지 황해도로 뻗은 산줄기이다.

⑦ 임진북례성남정맥(臨津北禮成南正脈)은 임진강과 예성강 사이에 있는 산줄기로, 이천의 개연산에서 시작하여 서남쪽으로 흘러 황해도 신계, 금천, 경기도 개성을 거쳐 풍덕에 이르는 산줄기이다.

⑧ 한북정맥(漢北正脈)은 백두대간의 분수령에서 시작, 강원도 금화, 경기도 포천의 운악산, 양주의 홍복산, 도봉산, 삼각산, 노고산을 거쳐 고양의 견달산, 교하의 장명산에 이르는 서남으로 뻗은 한강 북쪽 산줄기이다.

⑨ 낙동정맥(洛東正脈)은 태백산에서 시작하여 경상도 울진, 영해, 청송, 경주, 청도, 언양, 양산, 동래까지 이어지는 남쪽을 향한 낙동강 동쪽의 산줄기이다.

⑩ 한남금북정맥(漢南錦北正脈)은 속리산에서 시작, 충청도 회인, 청주, 괴산, 음성, 죽산에 이르는 산줄기이다.

⑪ 한남정맥(漢南正脈)은 경기도 죽산의 칠현산으로부터 서북쪽으로 돌아 안성, 용인, 안산, 인천을 거쳐 김포의 북성산에서 멈춘 한강 남쪽의 산줄기이다.

⑫ 금북정맥(錦北正脈)은 죽산의 칠현산에서 시작하여 경기도 안성, 충청도의 공주, 천안, 청양, 홍주, 덕산, 태안의 안흥진에 이어지는 금강 북쪽의 산줄기이다.

⑬ 금남호남정맥(錦南湖南正脈)은 백두대간의 장안치에서 전라도의 남원, 장수, 진안에 이르는 서북 방향의 산줄기이다.

⑭ 금남정맥(錦南正脈)은 진안의 마이산으로부터 북쪽으로 뻗어 전라도 진안, 충청도 금산, 공주, 부여에 이르는 금강 남쪽의 산줄기가 이에 속한다.

⑮ 호남정맥(湖南正脈)은 진안의 마이산에서 시작, 전주, 정읍, 장성, 담양, 광주, 능주, 장흥, 순천, 광양의 백운산에 이르는 'ㄴ'자형의 산줄기이다.

부연하자면 이렇다. 백두대간은 잘 알려진 대로 백두산에서 시작해서 지리산까지 이어지는 우리나라에서 가장 크고 긴 산줄기이다. 우리 땅의 골간을 이루고 있어 한반도의 등뼈라고도 부른다. 「백두대간 보호에 관한 법률」에도 '백두대간이란 백두산에서 시작하여 금강산, 설악산, 태백산, 소백산을 거쳐 지리산으로 이어지는 큰 산줄기를 말한다.'라고 규정되었다. 남한의 6개 도와 32개 시, 군에 걸쳐 있다. 그러나 백두대간의 개념은 일제 침략 시대를 거치면서 한동안 잊혔다. 그러다가 1980년 산악인이자 고지도 연구가인 이우형 (1934~2001)님이 인사동 고서점에서 조선 시대 지리서인 『산경표』를 발견한 후부터 다시 우리 곁으로 돌아왔다. 백두대간은 기점인 백두산에서 동남쪽으로 내려오다가 추가령에 이르고, 추가령에서 남쪽으로 내려가 태백산에 이른다. 태백산에서 서쪽으로 흘러 속리산에 이르고, 속리산에서 남쪽으로 내려가 지리산에서 끝을 맺는다. 또 백두대간은 이차적 산줄기인 정맥이 좌우로 분기되는 분기점 역할도 한다. 백두대간에는 백두산, 포태산, 백암산, 금강산, 진부령, 미시령, 설악산, 한계령, 점봉산, 오대산, 대관령, 두타산, 함백산, 태백산, 소백산, 죽령, 계립령, 황장산, 하늘재, 포암산, 이화령, 청화산, 대야산, 속리산, 추풍령, 삼도봉, 신풍령, 덕유산, 육십령, 영취산, 백운산, 고남산, 여원재, 지리산 등의 고봉과 준령이 요소요소에 뿌리를 내리고 있다. 백두산에서 지리산 천왕봉까지 도상거리는 1658.6㎞이다. 이 중 남한 구간(향로봉-지리산 천왕봉)은 695.2㎞이고, 현재 답사 가능한 남한 구간(진부령-지리산 천왕봉)은 683.4㎞이다.[2] 9정맥 중 한북정맥은 백두대간상의 북쪽 백봉에서 시작해서 백암산, 법수령을 지나 남쪽 대성산으로 이어져 수피령, 광덕산, 백운산, 도마치봉, 국망봉, 운악산, 호명산, 도봉산, 북한산, 솔고개, 현달산을 거쳐 파주 교화의 장명산에서 곡릉천으로 내려가 맥을 다 한다. 현재 답사가 가능한 곳은 수피령에서 장명산까지로 북쪽으로 임진강, 남쪽으로는 한강의 분수령이 된다. 도상거리는 235.5㎞인데, 답사 가능한 거리(수피령-장명산)는 160.4㎞이다. 한남정맥은 경기도 안성의 칠장산에서 시작해서 도덕산, 구봉산, 미리내마을, 함박산, 부아산, 할미산성, 고고리고개, 보개산, 수원 광교산, 안양 수리산, 양지산, 하우고개, 철마산, 계양산, 둑실마을, 가현산, 수안산, 것고개를 지나 김포의 문수산에서 보구곶리로 이어져 한강 유역과 경기 서해안 지역을 분계하는 산줄기이다. 도상거리는 칠장산 분기점에서 보구곶리까지 178.5㎞이다. 금북정맥은 안성 칠장산에서 시작해서 안성 덕성산,

---

2)  1대간 9정맥의 도상거리는 박성태의 『신 산경표』(2010, 조선 매거진)에서 발췌하였음.

서운산, 천안 태조산, 흑성산, 아산 광덕산, 청양 일월산, 예산 수덕산, 가야산, 태안 백화산, 퇴비산, 매봉산, 갈음이고개를 거쳐 태안반도의 안홍진에서 끝을 맺는 금강 북쪽의 산줄기이다. 도상거리는 칠장산분기점에서 안홍진까지 282.4㎞이다. 금남정맥은 전북 진안의 주화산에서 북쪽으로 뻗어 연석산, 운장산, 인대산, 대둔산, 월성봉, 바랑산, 천마산, 계룡산을 거쳐 부여 부소산에서 구드레 나루로 이어지는 금강의 남쪽 산줄기이다. 도상거리는 주화산 분기점에서 부소산까지 총 131.4㎞이다. 3정맥(금남·호남·금남호남정맥) 분기점에 대해서는 여러 논란이 있다. 주즐산의 오기라는 설, 조약봉 또는 마이산이라는 설 등이 있으나, 최근 이우형의 산경도에서 주화산으로 썼고, 현재 많은 사람들이 주화산으로 알고 있어 이 책에서도 주화산으로 썼다. 한남금북정맥은 속리산 천왕봉에서 시작해서 충청도 내륙으로 이어져 말티고개, 구봉산, 국사봉, 것대산, 상당산성, 이티재, 좌구산, 칠보산, 보현산, 소속리산, 걸미고개를 지나 안성 칠장산에서 한남정맥과 금북정맥으로 갈라지는 산줄기로 한강과 금강을 나누는 분수령이다. 도상거리는 속리산 천황봉에서 칠장산분기점까지 총 158.1㎞이다. 호남정맥은 전북 진안의 주화산에서 남진하여 곰티재, 왕자산, 고당산, 내장산, 감상굴재, 추월산, 금성산성, 쾌일산, 무등산, 천운산, 계당산, 백토재, 제암산, 사자산, 일림산, 존제산, 석거리재, 조계산, 바랑산, 광양의 백운산을 거쳐 외망포구에서 바다와 합쳐지는 산줄기이다. 호남정맥의 동쪽에는 섬진강, 서쪽에는 만경강 동진강 영산강 탐진강이 있다. 도상거리는 주화산 분기점에서 섬진강까지 총 454.5㎞이다. 금남호남정맥은 전북 장수의 영취산에서 시작해서 장안산, 밀목재, 사두봉, 수분재, 신무산, 차고개, 팔공산, 서구리재, 삿갓봉, 시루봉, 신광재, 성수산, 마이산, 강정골재, 부귀산, 오룡동고개, 쑥재, 갈미봉, 실치재, 박이뫼산, 만덕산, 모래재 등을 거쳐 진안의 주화산에 이르러 금남정맥과 호남정맥으로 나누어지는 산줄기로 금강과 섬진강의 분수령이다. 도상거리는 영취산에서 주화산 분기점까지 총 70.7㎞이다. 낙동정맥은 낙동강의 동쪽을 따라 이어지는 산줄기로 태백 매봉산에서 시작해서 백병산, 삿갓재, 통고산, 칠보산, 백암산, 독경상, 주왕산, 운주산, 소호고개, 고헌산, 단석산, 가지산, 간월산, 신불산, 천성산, 군지고개, 고당봉, 금정산, 구덕산을 지나 부산 다대포 몰운대에서 바다에 잠기는 낙동강 동쪽을 따라 이어지는 산줄기이다. 도상거리는 매봉산 분기점에서 몰운대까지 419.0㎞이다. 낙남정맥은 백두대간상에 있는 지리산 영신봉에서 남쪽으로 분기하여 삼신봉, 길마재, 태봉산, 봉대산, 부련이재, 대곡산, 큰재, 덕산, 큰정고개, 여항산, 쌀재, 천주산, 신풍고개, 불티재, 황새봉, 나발고개, 신어산, 동신어산 등을 거쳐 김해 분산에서 낙동강 하류 매리마을로 내려와 그 맥을 다하는 산줄기이다. 낙동강과 남강 이남 지역의 산줄기로 9개 정맥 중 가장 남쪽에 위치해 있다. 도상거리는 지리산 영신봉에서 동신어산까지 총 232.7㎞이다.

# 나는 이렇게 9정맥을 넘었다

내가 우리나라 중심 산줄기 종주에 관심을 갖게 된 것은 순리였던 것 같다. 당시 사회현상에 대해 회의를 가졌고, 직장을 통해 한 인간의 욕망을 성취하기는 쉽지 않다는 것을 알게 되었다. 뭔가 새로운 결정이 필요했다. 그때 지인들로부터 우리나라 산줄기에 대해 듣게 되었고, 소위 산악인들 사이에 주고받던 '1대간 9정맥'이라는 말이 귀에 꽂혔다. 산을 기웃거리기 시작했다. 처음에는 서울 근교 산을 오르내렸고, 점차 범위를 넓혔다. 한국의 100대 명산을 찾았고, 시도별 명산을 찾아 전국을 쏘다녔다. 많은 산을 오른 만큼 그에 대한 정보도 축적되었다. 우리나라 중심 산줄기인 백두대간과 아홉 정맥에까지 관심이 깊어졌다. 욕심이 생겼다. '나도 백두대간과 정맥을 넘어 볼까?' 이런 생각으로 고민하던 때가 2005년쯤이다. 이렇게 산을 오르기 시작할 때부터 나는 항상 혼자였다. 어느 산을 가든지 혼자였고, 오르는 산마다 반드시 산행기를 적고, 인터넷을 통해 공개했다. 산을 오르고, 산행기를 적고, 인터넷에 공개하는 일이 마치 한 세트처럼 움직였다. 당연히 이후에 진행된 백두대간과 아홉 정맥 종주도 처음부터 끝까지 혼자서 했다. 혼자 준비했고, 혼자 고민했고, 혼자서 넘었다. 혼자 두려워했고, 혼자 기뻐했다. 아직도 미스터리한 것이 있다. 내가 백두대간과 아홉 정맥을 모두 넘으려고 했던 진짜 속마음이 무엇이었을까? 산이 좋아서? 건강을 위해서? 호기심에? 아니다. 대외적으로 말은 그렇게 했을 수 있지만, 기록 때문이다. 내 나라 중심 산줄기를 두 발로 직접 걷고 그것을 모두 기록으로 남기고 싶었다. 여기에 꼭 덧붙일 게 있다. 그런 나의 기록이 우리나라 중심 산줄기를 종주하고자 하는 사람들에게 나침판 역할을 할 수 있기를 바랐다. 나의 산행기록만 손에 쥐면 아무런 정보가 없는 사람도 어렵지 않게 산줄기를 넘을 수 있도록 해 주고 싶었다. 그럴 수 있도록 산행기를 적었다. 구간마다 들머리와 날머리에 접근하는 교통편과 주변 환경을 자세히 적었고, 능선의 오르막과 내리막, 안부와 갈림길, 수목, 위험 지역, 길이 헷갈리는 지점 등을 모두 기록했다. 1대간 9정맥을 종주하겠다고 마음먹고서도 완주할 것이라는 확신은 없었다. 그래서 정맥부터 시작했다. 막연하게나마 정맥이 백두대간보다 더 쉬울 것 같아서였다. 그때 첫 번째로 택한 게 한북정맥이다. 집에서 가까울 뿐만 아니라 비교적 능선 길이도 짧아서다. 이걸 끝내고 계속할지는 그때 봐서 결정하기로 했다. 한북정맥 종주 중에 발목 인대가 파열되는 사고(2006년 7월 19일)가 있었지만 어렵지 않게 마칠 수 있었다. 조금은 자신이 붙었다. 주저 없이 다음 정맥을 넘었다. 한남정맥이었다. 한남정맥이 한북정맥과 인접해 있다는 것, 북에서 남으로 내려가게 된다는 것 정도가 두 번째로 택한 이유이다. 이때까지도 아홉 정맥을 모두 종주하겠다는 확신은 못 했다. 계속 실험이었다. 이후 한남정맥을 마치고 금북정맥, 한남금북정맥까지 마치면서부터 결심을 굳혔다. 아홉 정맥을 모두 마치고 반드시 백두대간까지 넘겠다고. 이때 집안의 반대는 극심했다. 주말만 되면 모든 걸 팽개치고 산으로 나가는 가장이었으니 그럴 만도 했다. 더구나 혼자서 안전은 안중에도 없이 산속을 헤집고 다녔으니. 한동안 흔들리기도 했고, 하다 보니 재미가 붙은 것도 사실이다. 무엇보다도 내 산행기록을 본 독자들의 댓글은 큰 힘이 되었다. 급기야 반드시 해야 할 의무로까지 여겨졌다. 앞서 말했듯이 1대간 9정맥 종주는 처음부터 끝까지 혼자서 했다. 단 한 번도 산악회를 이용하거나 단체팀에 편승하지 않았다. 성격상 여럿이서 어울리는 것을 좋아하지도 않았지만, 무엇보다도 구속이 싫고 단체 산행에서는 제대로 걸을 수가 없어서다. 제대로 걷지 못한다는 것은 온전히 내 식대로 걸을 수 없다는 것이다. 나에게 산줄기 종주는 단순하게 땅을 밟고 지나는 것이 아니었다. 초입에서부터 날머리에 이르기까지 모든 것을 기록하고 촬영하였다. 이런 것들은 여러 사람과 함께 걸을 때는 할 수 없다. 혼자서 부담해야 하는 만만치 않은 경비를 생각하면 단체 산행의 이점에 솔깃하기도 했지만, 나만의 산행 방식인 기록과 촬영이라는 뚜렷한 목표 앞에서는 흔들리지 않았다. 가고 올 때의 교통편도 항시 대중교통을 이용했다. 이유가 있다. 공부 때문이다. 버스나 기차 속에서 그 지역을 배우는 것이다. 도로를 익히고, 마을을 스케치하고, 현지인들과의 대화를 통해 지역 실정을 알고 세상을 배우는 것이다. 버스 안에서는 그 지역의 노인들을 많이 만난다. 이런 분들의 모습을 살피는 것과 어르신들과의 대화는 큰 도움이 되었다. 정맥 종주에는 많은 시간을 투자해야 하는 만큼 이왕이면 많은 것을 얻으려고 했다. 집을 나설 때부터 돌아올 때까지를 전부 공부하는 시간으로 활용했다. 버스를 타고 가는 시간조차도 허투루 보내지 않았다. 갈 때는 버스 안에서 선답자의 산행기를 읽으면서 안전산행에 만전을 기했고, 돌아오는 버스 안에서는 지친 다리를 풀어 주는 회복 운동과 종주 중에 메모한 기록을 정리하며 승차 시간을 활용했다. 집에서 가까운 곳에 위치한 정맥은 당일 산행으로 했고, 먼 곳에 위치한 정맥은 1박 2일 또는 2박 3일로 해서 하루 또는 이틀을 꼬박 걸었다. 하루에 10시간씩 20km를 걷는 것을 원칙으로 했다. 잠은 심야버스와 찜질방에서 해결했고, 한 구간을 마치면 A4 용지로 10쪽 분량의 산행기록을 남겼다. 그리고 그때마다 인터넷에 공개했다. 기록은 마루금을 걸으면서 수기로 메모하고, 스마트폰으로 촬영했다. 종주 중에는 안전을 최우선으로 했다. 사소한 사고는 얼마든지 있을 수 있지만, 대형 사고는 절대로 있어서는 안 되기 때문이다. 대형 사고는 자칫 몇 년을 이어온 산줄기 종주를 중단해야만 하는 참사로 이어질 수도 있어서다. 대형 사고가 없었던 것은 아니다. 2012년 9월 1일 호남정맥 열다섯 번째 구간을 종주할 때였다. 해 질 녘에 길을 잃고 밤을 맞아 우중의 공포 속에서 헤매다가 불가피하게 119에 구조요청을 해야만 했다. 대형 사고였지만 그렇다고 그대로 주저앉을 수만은 없었다. 이 사고로 자숙 차원에서 6개월 정도 중단했지만 포기할 수는 없었다. 이후에도 위험은 곳곳에 도사리고 있었다. 하루 종일 걸어도 사람 구경을 할 수 없는 산속을 혼자서 헤맸으니 그럴 수밖에. 지금 생각하니 1대간 9정맥 종주를 혼자서 한다는 것은 너무 위험한 모험이었다. 예전과는 달리 요즘의 종주 여건은 양호한 편이다. 그동안 많은 산악인들이 마루금을 오르내렸고, 선답자의 표지기와 지자체 등에서 설치한 이정표가 요소요소에 있어서다. 그렇지만 개인적으로 반드시 준비해야 할 것들이 있다. 철저한 자료 조사는 기본이고 반드시 지도와 개념도를 지참해야 한다. 특히 홀로 종주하는 사람들에게 개념도와 나침판은 필수품이다. 종주 시기는 계절을 가리지 않았고, 배낭은 가급적 가볍게 꾸렸다. 식사도 빵과 떡, 김밥 등으로 간소하게 준비했다. 가장 신경 써서 준비한 것은 마루금에 관한 이해와 사고 대비책이다. 출발 전에 선답자의 산행기는 여러 사람의 것을 정독했고, 종주 중 불의의 사고에 대비해서 도중 탈출로까지도 머릿속에 챙겼다. 복장은 간소하게 준비하면서도 방한복은 사시사철 배낭 속에 넣었다. 12년간 산줄기 종주를 하면서 내내 마음에 걸린 것은 무릎 후유증에 대한 불안이었다. 그래서 처음부터 무릎보호대를 착용했고, 양손에 스틱을 사용한 것은 물론, 등산화에 무릎보호용 깔창을 깔고서 시작했다. 그래서인지 지금까지도 무릎에 눈에 띄는 이상은 없다. 다행히고 감사할 일이다. 정맥 종주가 쉽지는 않지만 누구나 할 수 있다. 대신 몇 가지 조건이 있다. 뚜렷한 목표 의식과 강한 의지력 그리고 기본적인 체력만은 갖추고 있어야 한다. 길고 험한 산줄기를 종주하는 여정에는 반드시 난관이 있기 마련이다. 가족의 반대라든가 사고에 대한 두려움, 목표에 대한 회의 등이 그것들이다. 이런 난관들도 자기 확신이 있을 때는 극복할 수 있다. 이 목표를 이루면 내가 최고가 될 것이라는, 나의 힘든 발걸음이 후답자에게 가볍고 사뿐한 길을 선사하게 될 것이라는 기대 말이다. 도중에 반드시 유혹도 있을 것이다. 대충하려는, 일부를 건너뛰려는 유혹들 말이다. 이런 것들은 목표가 뚜렷하지 않을 때에 발생된다. 그럴 때마다 맘속 깊이 새겨야 한다. 혼자서 걷는 산길이라도 내 양심만은 보고 있다는 사실을.[3]

---

3) 조지종, 『두 발로 쓴 백두대간 종주 일기』, 좋은땅, 2019.

# 9정맥 종주기

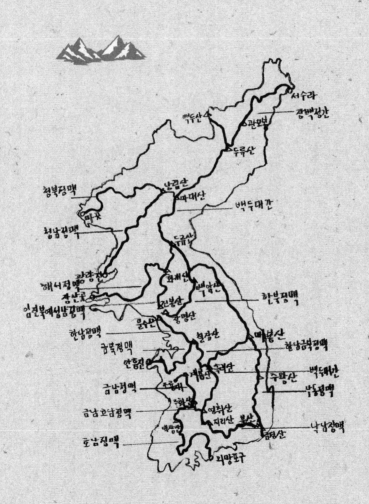

우리나라 중심 산줄기 1대간 1정간 13정맥

# 1

# 한북정맥

# 한북정맥 개념도

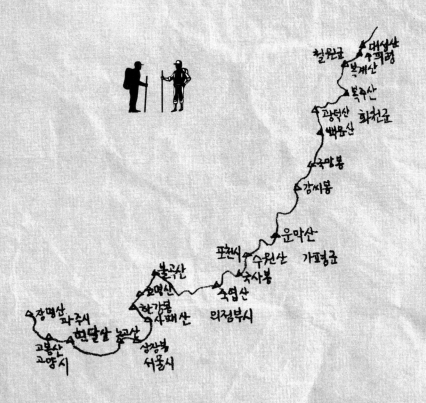

대성산
수피령
철원군
복계산
북수산
광덕산 화천군
백운산
국망봉
강씨봉
운막산
포천시 수원산 가평군
숙사봉
불곡산 죽엽산
오명산
한강봉 의정부시
장명산 사패산
파주시
현달샅 불곡샅
고봉산 상장봉
고양시 서울시

한북정맥은 우리나라 13정맥의 하나로 추가령에서 파주 장명산까지 이어지는 산줄기이다. 백두대간상의 북쪽 평강군의 추가령에서 시작해서 백암산, 법수령을 지나 남쪽 대성산으로 이어져, 수피령에서 조금씩 남서진하다가 포천의 운악산을 지난 후부터 완전히 서쪽으로 방향을 틀어 파주의 장명산에서 끝난다. 이 산줄기에는 대성산, 수피령, 복주산, 하오현, 회목봉, 상해봉, 광덕산, 백운산, 도마치봉, 국망봉, 강씨봉, 운악산, 죽엽산, 임꺽정봉, 불곡산, 호명산, 한강봉, 울대고개, 사패산, 도봉산, 솔고개, 노고산, 현달산, 고봉산, 핑고개, 장명산 등이 있다. 남북에 걸쳐 있으며, 도상거리는 235.5km인데 현재 답사 가능한 수피령에서 장명산까지는 160.4km이다. 한반도 중부 지방의 내륙에 위치하여 비교적 높은 산으로 연결되고, 그런 만큼 주변 지역 기후에도 큰 영향을 미친다.

한북정맥은 1대간 9정맥을 종주하겠다고 결심하고서 맨 처음 시도한 산줄기이다. 집에서 가까이 있다는 것이 첫 번째로 선택한 이유이다. 그 당시는 정맥이 무엇인지 제대로 알지도 못했다. '한번 해볼까?' 하는 실험적인 생각으로 출발했었다. 그런데 그것이 족쇄가 되어 황금 같은 시기 12년을 몽땅 산줄기 종주에 바치게 되었다. 출발 전에 다짐했다. '1m도 빠뜨리지 않고 두 발로 '꾹꾹' 밟고 넘을 것이다. 마루금의 모든 것을 꼼꼼하게 기록할 것이다. 그러기 위해 혼자 걸을 것이고, 오로지 대중교통만을 이용할 것이다.'라고. 그리고 그대로 실천했다. 종주는 수피령에서 파주 장명산을 향해 남서진했고, 서울에서 가까워 당일 새벽에 출발해서 저녁에 돌아오는 당일 산행으로 했다.

# 첫째 구간
## 수피령에서 하호현고개까지

첫째 구간은 수피령에서 하호현고개까지이다. 수피령은 철원군 근남면과 화천군 상서면을 잇는 잿등이고, 하오현고개는 화천군 광덕리와 철원군 잠곡리를 잇는 옛길이다. 사실 한북정맥은 이미 2006년도에 마쳤는데, 그때 수피령에서 광덕산까지는 건너뛰고 시작했다. 이유는 그 당시 한북정맥의 출발지인 수피령이 '위험하다', '군에서 통제한다'는 등 이런저런 소문이 있었기 때문이다. 그래서 그때 건너뛴 부분을 두 구간으로 나눠 이번에 보충하였다. 첫째 구간에는 촛대봉, 950봉, 1,050봉, 1,110봉, 복주산, 1,152봉, 1,090봉 등이 있다.

### 2013. 10. 5.(토), 맑음

동서울터미널을 출발(07:10)한 버스는 포천 1, 2동과 철원군 자등리, 신술리 등을 거쳐 1차 경유지인 와수리에 도착(09:05). 이른 아침이지만 와수리 시내는 군인들로 북적인다. 이곳에서 오늘의 들머리인 수피령까지는 또 버스를 타야 한다. 아직 30여 분의 시간이 있어 예전처럼 복권방과 빵집을 거쳐, 전통시장을 기웃거린다. 9시 40분에 와수리를 출발한 버스는 육단리를 거쳐 수피령고개를 오른다. 고개 도착 직전에 기사님께 죄인이 된 심정으로 읍소한다. "죄송하지만, 수피령에서 좀 내려주세요."라고. 기사님은 정류장이 아닌 곳에서는 절대 내려줘선 안 된다는 일장 연설을 하더니 결국은 버스를 세운다(09:58). 1주일 만에 다시 찾은 수피령. 지난주와 달리 날씨가 쾌청하다. 수피령 위에는 6.25 격전지 중의 하나인 대성산 전투의 대성산이 있다.

화천 쪽으로 50m 정도 이동하면 대성산 전투를 기념하는 '대성산 지구 전적비'가 있다. 잠깐 들러 묵념을 올린 후, 오른다(10:07). 한북정맥의 첫 구간 종주가 시작되는 순간이다. 한북정맥은 2006년에 1대간 9정맥 종주를 결심하고 맨 먼저 시도했던 산줄기다. 그런데, 그때는 이곳 수피령이 '위험하다', '군에서 통제한다'는 등 이런저런 소문이 있어서 수피령에서 광덕산까지를 건너뛰고 광덕산에서부터 출발했다. 불완전한 한북정맥 완주였다. 그래서 오늘 그때 건너뛴 구간을 보충하는 것이다. 들머리는 수피령 절개지 우측 임도로부터 시작된다. 입구에 표지기가 걸려 있다. 조금 오르자 단풍이 들기 시작한 싸리나무와 이름 모를 야생화들이 눈에 띈다. 등로는 빗물에 패여서 울퉁불퉁하고, 곳곳에 작은 웅덩이가 생겼다. 5분 정도 오르니 헬기장 표시가 있는 공터에 이른다(10:13). 이곳은 지난주 1차 시도 때 간소한 음식을 차려놓고 향후 산행 일정을 무사히 마칠 수 있도록 기원했던 곳이다. 장비를 챙기고 본격적으로 오른다(10:22). 세로가 시작되고, 오를수록 계절의 변화가 뚜렷하다. 불과 1주일 사이지만 지난주와는 천양지차다. 전방 좌측에 송전탑이 보이고, 큰 바위가 나오더니 공터에 이른다(10:32). 큰 바위 좌측 20m 지점엔 송전탑이 있다. 갈림길에서 좌측 세로로 오른다. 산 중턱에서 능선으로 들어서는 셈이다. 입구에 표지기가 걸려 있고, 등로는 좁고 가파르다. 초입을 지나니 좁은 능선에 들어선다. 칼날같이 좁고 날렵하다. 한참 후 가파른 오르막이 시작되더니 전망 바위에 이른다(10:56). '산 자분수령', 'J3클럽' 등 표지기가 있다. 전망 바위에서 내려와 다시 봉우리 직전에서 우회하니 복계산 갈림길에 이른다(11:03).

## 복계산 갈림길에서(11:03)

갈림길에는 양쪽에 표지기가 있다. 신경 써야 될 곳이다. 지난주에 이곳에서 무심코 직진하다가 복계산까지 가버리는 바람에 종주를 포기하고 오늘 다시 온 것이다. 직진은 복계산 방향이고 마루금은 좌측이다. 그런데 좀 이상하다. 가끔 표지기가 보이지만 정맥을 알리는 표지기가 아니다. 나아가면서도 마음이 놓이지 않는다. 지난주 실패가 자꾸 떠오른다. 또 이상한 것은, 지금까지 소나무를 보지 못했다. 잡목뿐이다. 앞쪽에 뾰족한 봉우리가, 뒤돌아서면 듬직한 복계산의 우람한 모습이 보인다. 마치 마음 졸이며 걷는 나를 지켜보는 것만 같다. 암벽을 지나(11:51), '복계산 등산로 4지점'에 이른다(11:53). 이곳은 지난주에 복계산에서 하산하면서 지나온 곳이다. 이제 좀 감이 잡힌다. 10여 미터 진행하자 다시 갈림길. 이곳까지는 지난주에 이미 밟았던 땅이다. 이곳에서 우측은 계곡으로 내려가서 육단리로 가는 길이고, 마루금은 좌측이다. 좌측으로 진행하면서도 확신은 없다. 시장기가 들어 점심부터 해결하고, 출발한다(12:21). 가을 산행의 어려움을 실감한다. 우거진 숲 때문에 주변 지형을 가늠할 수 없다. 방향 감각조차 없다. 좌·우측에 연거푸 큰 바위가 나오고(12:34), 봉우리를 향해 오른다. 정상은 특이한 게 없다. 950봉인가? 불확실하다. 답답하다. 정상에서 내려가니 다시 오르막이 시작되고, 통나무 서너 개를 엮어 만든 다리를 건너자마자 넓은 공터가 있는 봉우리에 이른다(12:53). 삼각점과 표지기가 있다. 우측으로 한참 내려가니 잣나무가 나오고(13:15), 오르막 중간쯤에서 임도를 만난다(13:20). '백동회'라는 표지기가 진행 방향을 안내한다. 표지기가 가리키는 대로 임도 우측으로 진행하니 세로가 시작되고, 임도 끝 지점에 군용 막사가 있다. 오르막이 시작되더니 드디어 소나무가 보이기 시작한다. 등로에는 반쯤 묻힌 전선이 아까부터 계속 따라오고, 오르막 끝에 봉우리에 선다(13:40). 정상은 헬기장 표시가 있고, 한쪽에 설치된 종이 쓰러졌다. 그 옆 벙커는 입구까지 풀로 덮여 조금은 으스스하다. 좌측으로 내려가니 급경사 내리막이 시작되고, 안부에 군용 시설이 있다. 다시 긴 오르막이 시작된다. 정말 답답하다. 지금까지 이정표를 보지 못했다. 다시 봉우리에 이른다(14:01). 정상에 '검색창에 조규한'이라는 표지기가 있다. 완만한 능선을 걷다가 산림청에서 세운 이정표를 만난다. 오늘 처음 보는 이정표다(복주산 5.13, 복계산 9.2). 한참 후 오르막이 시작되고(14:18), 통나무 다리가 자주 나온다. 폐타이어 계단을 넘자 임도 삼거리에 이르고(14:34), 이정표가 있다. 우측으로 진행하니 헬기장이 나오고, 10여 분을 더 가니 산길로 이어진다. 이어지는 길목에 이정표가 있다(복주산 2.12). 잠시 후 다시 임도를 만나 한참 오르니 넓은 공터에 이른다(15:00). 풀로 덮여 바닥을 볼 수는 없지만 헬기장임을 알 수 있고, 공터에서부터 등로는 좁은 산길로 이어진다. 능선길이 시작되고, 목재 계단으로 이어진다. 오름길 주변에는 군용 시설이 있고, 한참 후 삼각점이 있는 봉우리 정상에 선다. 내려가다 안부를 지나 오르니 복주산 정상에 이른다(15:35). 정상에는 철원군 근남면에서 설치한 깨끗한 정상석이 있고, 주변 조망이 시원스럽다. 서쪽으로는 회목봉을 거쳐 광덕산으로 이어지는 한북정맥 줄기가 끝없이 펼쳐지고, 그 옆 광덕리 일대는 마치 한 폭의 수채화처럼 아름답다. 로프가 설치된 암릉길로 내려가니 계속 암봉과 기암이 이어진다. 1,090봉을 거쳐, 헬기장이 있는 1,030봉에 이른다(16:03). 내려가는 길은 돌길. 한참 후 폐타이어로 된 계단이 나오고, 하오현고개에 이른다(16:18). 비교적 넓은 걸로 봐서 옛날에는 중요한 교통로였을 것 같다. 해도 많이 기울었다. 오늘은 이곳에서 마친다. 산길 걷기는 내 삶의 방식을 터득케 하는 최상의 시공이다. 오늘도 그랬다. 초반에 불확실한 등로 때문에 답답했지만 마치고 나니 후련하다.[4]

### 🥾 오늘 걸은 길

수피령 → 촛대봉, 칼바위, 950봉, 945봉, 1,050봉, 1,110봉, 복주산, 1,152봉, 1,090봉 → 하호현고개(12.1㎞, 6시간 11분).

### 🗻 교통편

- 갈 때: 동서울터미널에서 와수리행 버스 이용, 와수리에서 수피령까지는 다목리행 버스 이용.
- 올 때: 하호현 고개에서 택시로 사창리나 와수리로 이동 후 동서울행 버스 이용.

---

4) 이곳에서 귀경을 위해서는 일단 사창리로 들어가야 한다. 좌측으로 20분 정도 내려가서 소형차를 몰고 가는 군인 차에 편승한다. 사창리에 사는 군인은 춘천 부모님을 뵙고 오는 길이었고, 사창리에 도착해서도 서울행 막차 시간에 맞도록 나를 버스터미널까지 데려다주었다.

# 둘째 구간
## 하호현고개에서 광덕고개까지

가을이 깊어간다. 강원 산간지역에선 첫눈이 내렸다고 한다. 이젠 단풍 찾아 한눈팔 여유가 없겠다. 머잖아 한풍이 밀려들면 겨울은 또 어김없이 들이닥칠 것이다. 아직도 갈 길이 먼데….

한북정맥 둘째 구간을 넘었다. 하호현고개에서 광덕고개까지이다. 하오현고개는 화천군 광덕리와 철원군 잠곡리를 잇는 옛길이고, 광덕고개는 포천시 이동면 도평리 백운동에서 화천군 사내면 광덕리로 넘어가는 고개이다. 이 구간에는 1,025봉, 회목봉, 1,023봉, 회목현, 광덕산 등이 있다. 계절이 바뀌는 신비로운 현상을 눈앞에서 목격했다. 때마침 단풍이 절정이라 걷는 내내 무르익은 가을 산을 만끽했고, 갈색 낙엽 바삭거리는 소리에 옛 시절을 추억하기도 했다. 가을 산행이 아니라면 언감생심 그 어디에서 이런 호사를…. 아쉬운 것은 광덕산이 문명의 진보라는 미명하에 무지막지하게 훼손되고 있었다는 것이다. 기상관측소를 신축한답시고 산꼭대기를 파헤쳐버렸다. '나쁜 건설'이란 게 있다면 바로 이런 것이리라. 지금 전국의 산하는 개발이라는 미명아래 모두 이렇게 파헤쳐지고 있다. 유감스럽게도 광주의 무등산도, 논산의 대둔산도, 진도의 첨찰산도 그랬다.

다음은 또 어떤 산이 희생의 제물이 될지….

## 2013. 10. 20.(일), 맑음

예상대로 동서울터미널은 이른 아침부터 만원이다. 가을날 주말이
니…. 6시 50분에 출발한 사창리행 버스는 포천 1, 2동, 백운계곡을
거쳐 사창리를 향해 질주한다. 차창으로 익어가는 가을이 쉼 없이
따라온다. 계곡마다 자리한 방갈로식 쉼터가, 계곡을 뒤덮은 붉게
물든 단풍이 끊임없이 나타났다 사라진다. '아! 가을이다.' 화천군 맹
대 정류장에서 하차(08:20). 이곳에서 오늘 산행 들머리인 하호현고
개까지는 걸어야 한다. 초행이라 10여 분을 헤맨 끝에 간신히 노인
한 분을 만나 하호현고개를 물으니, 버스에서 잘못 내렸다고 한다.
맹대 정류장이 아니라 직전 검단동 삼거리 입구에서 내렸어야 했다.
내게 길을 가르쳐 주신 분은 서울 사람이다. 1년 중 반은 이곳 화천
에서 서늘하게 보내고 반은 서울에서 보낸다고 한다. 당뇨로 20년간
고생했는데 이곳 생활 3년 만에 많이 좋아졌다고 한다. 어려운 점도
있다고 한다. 사람이 그립다고 한다. 그래서인지 초면인 나에게도 있
는 일 없는 일 죄다 말씀하신다. 나에게도 현직 퇴장의 순간이 다가
오고 있다. 퇴장이 끝일까? 또 다른 시작? 새로운 시작으로 만들고
싶다. 노인께 인사드리고, 오던 길로 되돌아 검단동 삼거리 입구로
향한다. 10여 분 만에 삼거리에 도착(08:40). 삼거리에는 안내판이 많
다. 그중 '갓바위산장' 입간판이 특히 눈에 띈다. 우측 도로가 하호
현고개를 넘어 철원으로 가는 길이다. 초입에 낙석이 있다. 우측 도
로를 따른다. 도로변은 무밭, 사과밭. 하호현고개는 생각보다 멀다.
가도 가도 소식이 없더니 한참 후 검단동 마을이 나온다. 양쪽이 산
으로 둘러싸인 아름다운 동네다. 1시간 정도 걸어 하호현 터널 입구

에 도착(09:40). 이곳에서도 20분 이상을 올라가야 한다. 그런데 입구가 이상하다. 지난번에는 보이지 않던 원형 철조망이 앞을 막는다. 그 뒤에는 포병부대에서 설치한 경고판이 떡 버티고 있다. 철조망을 뚫고 올라 잠시 후 하호현고개에 이른다(10:04).

## 하호현고개에서(10:04)

초입에 폐타이어 계단이 있고, 양쪽에 표지기가 걸려 있다. 오늘은 편하게 오를 것이다. 거리가 짧아서다. 10여 분 만에 헬기장에 이르고(10:13). 지나자마자 또 헬기장이다(10:15). 가파른 오르막이 시작되고, 한참 후 완만한 능선에 이른다. 갈색 낙엽으로 물든 길. 낙엽을 헤치고 오른다. '바삭바삭' 소리가 정겹다. 가을이 절정이다. 붉게 물든 나뭇잎이 그것을 웅변한다. 한참 후 930봉 정상(10:37). 우거진 숲 때문에 주변을 볼 수 없다. 장애물 없이 주변을 맘껏 감상할 수 있는 겨울 산이 그립다. 이어지는 길은 급경사 내리막. 안부를 거쳐 완만한 능선이 이어지고, 몇 개의 봉우리를 오르내린다. 이번에는 1,025봉 정상(11:04). 공터가 있고, 표지기가 많다. 내려가자마자 다시 봉우리에 선다. 회목봉이다(11:07). 정상에 웅덩이가 있고, 광덕산 기상관측소가 뚜렷하게 보인다. 보는 순간 분노가 치민다. 이런 고지에 인공 시설물이라니…. 가을 정취에 흠뻑 빠진 들뜬 감정이 삽시간에 달아난다. 바로 내려간다. 안부를 지나 완만한 능선길이 이어지고, 벙커를 지나 수년 전 정맥 종주 초창기부터 보이던 '배창랑과 그 일행'이란 표지기를 만난다. 반갑다.

　종주 중 힘에 겨워 한숨을 내쉴 때, 길을 잃고 당황할 때마다 노란 딱지를 나풀거리던 그 표지기다. 잠시 후 1,010봉 정상에서(11:23) 내려가자마자 1,023봉에 이른다. 정상에 바위가 있다. 일부러 바위 위에 올라서서 주변을 둘러본다. 시원스럽다. 광덕산 기상 관측소가 더 가깝게 다가선다. 우측으로 눈길을 돌리는 순간, 탄성이 절로 터진다. 상해봉이 보인다. 7~8년 전 겨울 산행이 생각난다. 그땐 로프를 잡고 곡예 하듯 상해봉을 올랐다. 광덕산 정상으로 이어지는 임도도 뚜렷하다. 넓은 포장도로로 변해 버렸다. 또 기분이 상한다. 저렇게 무분별하게 설치된 도로와 인공 시설물이 자연을 망치는 주범들이다. 완만한 길로 내려가니 커다란 암벽이 길을 막는다(11:31).

좌·우측에 사람들이 다닌 흔적이 있다. 우측으로 진행해 본다. 온통 바위여서 진행이 불가하다. 되돌아와서 좌측으로 우회하니 표지기가 보이고, 능선에 올라서니 바로 갈림길이다(11:35). 우측으로 내려가니 급경사 돌길이 시작되고, 로프가 있다. 어떤 로프는 반쯤 땅속에 묻혀 있다. 돌길에 이어 작은 바위가 나타나고, 험한 길이 끝나면서 안부에 이른다(11:47). 안부는 나뭇가지들이 하늘을 가려 숲속의 정원으로 변한다. 사이사이로 햇빛이 들어온다. 바닥엔 낙엽, 아직 나무에 달린 잎은 단풍으로 물들었다. 고요하다. 가끔씩 바람에 부딪히는 나뭇잎의 서걱거리는 소리만 들릴 뿐 산속은 적막 그대로다. '가을 산속! 인간이 궁극적으로 찾는 곳이 이런 곳일까?' 이곳에서 잠시 쉰다. 내친김에 점심까지 해결하고, 출발한다(12:09). 완만한 오르막에 이어 무명봉에서(12:13) 3~4분 진행하니 헬기장이 나온다(12:16). 억새만 남았을 뿐 헬기장 모습은 온데간데없다. 잠시 후 회목현 사거리에 이른다(12:18). 우측은 잠곡저수지로, 등로는 직진이다. 광덕산 꼭대기까지 포장 공사 중이다. 온통 산속을 파헤쳤다. 가을 햇빛을 있는 그대로 다 받으며 10여 분 오르자 포장도로는 흙길로 변하고 등로는 우측 산길로 이어진다. 초입은 가파른 오르막. 길은 갈색 낙엽으로 덮였다. 좌측에는 여전히 임도가 따라오고, 다시 봉우리에 선다. 990봉이다(12:48). 정상은 넓은 공터로 헬기장 표시가 있다. 등로는 좌측으로 이어지고 우측에는 상해봉이 아주 가까이 있다. 등산객을 만난다. 광덕산에 왔다가 상해봉으로 발길을 옮기는 사람들이다. 헬기장에서 좌측으로 발길을 옮기자마자 6.25 전사자 유해발굴 안내판이 나오고, 몇 점의 유해발굴 사진과 함께 설명문이 있다. 이제부터는 또 임도를 따라 오른다. 회목현에서부터 이어지는 임도이다. 앞에는 신축된 기상관측소가 우뚝 서 있다. 밑지만 저 기상관측소를 통과해야 한다. 걷기 싫은 시멘트 길을 따라 오른다. 신축한 기상관측소를 돌아서니(13:10) 그 뒤에 예전의 건물이 있다. 아담한 모습이 그때 그대로다. 변한 것이라면 그때 나를 보고 짖던 개가 오늘은 보이지 않는다. 건물 우측으로 돌아 7~8분 진행하니 광덕산 정상에 이른다(13:17).

### 광덕산 정상에서(13:17)

정상에는 정상석, 삼각점, 한북정맥 안내판이 있다. 예전에는 보지 못했던 안내판이다. 조금 내려가니 갈림길에 이정표가 있다. 오늘 처음 보는 이정표다. 우측은 백운계곡 주차장, 등로는 좌측으로 이어진다. 이제부터는 좌측으로 내려가기만 하면 된다. 한참 후 좌측에 큰 바위가 나오고(13:26), 7~8분 내려가니 무명봉에 이른다(13:34). 정상에 공터와 이정표가 있다(광덕고개 1.7). 내림길 좌측은 잣나무 지대. 급경사 내리막에 로프가 설치되었고, 우측에 큰 바위가 있다. 쌍둥이 기둥처럼 하나의 단 위에 나란하다. 다시 이정표를 지나 (13:46, 광덕고개 1.39) 잣나무 숲을 걷는다. 바닥은 황토색 솔잎이 깔려 운치 있다. 갈림길에서 직진으로 내려서니 잠시 후 광덕고개에 이른다(14:17). 광덕고개는 언제나처럼 활기차다. 스피커를 통해 음악이 흐르고, 등산객들도 많다. 오늘은 이곳에서 마친다. 이로써 그동안 숙제로 남았던 한북정맥 1, 2구간을 모두 마치게 된다. 늦었지만 다행이다. 이 순간이 내게 어떤 의미일지는 세월이 흐른 뒤 알게 될 것이다.

## 오늘 걸은 길

하호현고개 → 1,025봉, 회목봉, 1,023봉, 회목현, 광덕산 → 광덕고개(7.5km, 4시간 13분).

## 교통편

- 갈 때: 동서울터미널에서 검단동 삼거리까지 버스로, 하호현 터널까지는 도보로.
- 올 때: 광덕고개에서 동서울터미널행 버스 이용.

# 셋째 구간

## 광덕고개에서 국망봉까지

큰 가르침이나 깨달음은 지식인이나 권위 있는 도인만이 주는 게 아니다. 산길이나 주변의 평범한 사람을 통해서 얼마든지 얻을 수 있다. 오늘 산길이 그걸 증명했다.

셋째 구간을 넘었다. 광덕고개에서 국망봉까지이다. 광덕고개는 포천시와 화천군을 경계 짓는 잿등이고, 국망봉은 포천시 이동면과 가평군 북면 사이에 있다. 이 구간에는 백운산, 도마치봉, 국망봉 등이 있고, 조망 좋은 능선을 오랫동안 걸을 수 있으나 겨울철엔 적설량이 많아 주의가 필요하다. 신로봉 주변에서 2003년 2월 13일 등산객 6명이 사망하기도 했다. 결빙구간이 있어 오르는 데 어려움이 있었지만 춘삼월 봄날에 멋진 설경을 감상했다.

### 2006. 3. 11.(토), 대체적으로 흐림

시간이 없어 냉장고에 있는 빵과 과자를 모조리 쓸어 담고 부랴부랴 집을 나선다(07:00). 날씨를 염려했지만, 그런대로 괜찮다. 토요일 새벽길, 혼자다. 지하철엔 별별 사람이 다 있다. 열심히 화장을 고치는 여자, 공인중개사 문제집에 눈을 맨 노신사, 아직도 잠이 덜

깬 듯 졸고 있는 학생의 모습이 애처롭다. 상봉터미널에서 사창리행 강원고속에 오른다(08:20). 선호하는 앞자리를 지나 중간쯤에 앉는다. 남의 눈을 피해 아침밥을 해결하기 위해서다. 으레 막히던 교문리 사거리도 오늘은 순조롭다. 차창으로 비치는 진접리 들녘의 비닐하우스와 길옆에 쌓아둔 석물들이 대조적으로 묘한 여운을 남긴다. 발가벗은 석물과 따뜻한 온실 속에 호강하고 있을 채소들이…. 오늘 오를 코스를 미리 점검한다. 소요 시간이 8시간이라면 만만찮은 거리다. 얼지나 않았으면 좋겠다. 백운계곡에 들어서자 양쪽은 안개로 자욱하다. 올라갈수록 산봉우리는 공중에 떠 있듯 안개 천지다. 신선이 사는 세상이 저런 모습일까? 한순간도 한눈팔 여유가 없다. 이런 때는 버스가 좀 더 천천히 달렸으면 좋겠다. 참지 못해 수첩을 꺼낸다. 넋을 잃고 창밖을 보는데 큰 소리가 들린다. 광덕고개 내리라는 기사 아저씨 호통이다. 허겁지겁 배낭을 들고 뛰어내린다. 광덕고개다.

### 광덕고개에서(09:58)

쉼터의 음악 소리는 오늘도 여전하다. 듣는 순간 발걸음이 절로 가벼워진다. 먼저 아래 장터로 내려간다. 살 생각은 없지만 그냥 장바닥이 그리워서다. 보는 것만으로도 재밌다. 없는 것 빼고는 다 있다. 산나물, 약재, 곡식류들까지도. 속세, 벌나무, 이란무화과, 더덕, 버섯, 겨우살이 등 들어보지도 못한 물건들…. 곱게 화장한 아줌마는 그중에서도 벌나무를 특히 강조한다. 손발 저리고 혈액순환에 그만이란다. 아무리 설명해도 손님들 반응이 없자, 푹푹 끓는 솥단지에서 뜨끈뜨끈한 차를 한 컵씩 떠 준다. 속이 쑥 내려가는 것처럼 개운하다. 고개는 끄떡이면서도 살 기미가 없자 이번에는 재래식 된

장을 듬뿍 찍은 더덕을 건네준다. 부담 없이 맛이나 보란다. 다시 쉼터에 올라와 화장실부터 들른다. 철사 끈을 잡아당겨 물을 내리는 화장실이 아직도 있다. 골동품급이다. 내리는 물소리가 '쏴~' 바위도 뚫을 것 같다. 오늘 코스를 점검하기 위해 지도를 찾는 순간, '아! 이게 웬일인가?' 아무리 뒤져도 없다. 지도에는 산행에 필요한 자료들이 까맣게 적혀 있는데. 좀 전 버스에서 급하게 내리는 바람에 좌석에 그대로 놓고 내린 것이다. 기사님 호통에 놀라서. 이젠 기억을 더듬고 이정표만 믿고 가는 수밖에. 안개가 날린다. 살아 움직이듯 내쪽으로 날아든다. 한 움큼 잡아보지만 빈손이다. 벌써 뒤쪽까지 자욱하다. 가시거리는 100m도 안 될 듯 공터 끝에 있는 사람들마저 가물가물하다. 출발한다(10:30). 가끔 빙판길이 나온다. 얼어붙었던 낙엽 더미가 풀린 위를 걷는 촉감이 괜찮다. 무릎까지 차는 눈길도 나온다. 작년 여름에 오를 때완 딴판이다. 그땐 다 벗어젖히고 땀 훔치느라 정신없었다. 추위도 추위지만 황사 때문에 목도리로 친친 동여맨 오늘의 내 몰골을 생각하니 절로 웃음이 난다. 일기예보대로 날씨가 영 궂다. 시간이 흐를수록 날은 어두워지고 시계는 짧아진다. 약하지만 바람도 인다. 마치 곧 눈이라도 내릴 것처럼. 말이 씨가 됐나, 정말 눈이 내린다. 한가롭게 제 마음대로 날린다. 나보다 늦게 출발한 등산객들이 나를 앞지른다. 여성도 노인도. 괴력의 소유자들? 단체의 힘일 거다. 뒤처져서는 안 된다는 강박에 빠진 조직의 힘일 것이다. 잠시 후 백운산 정상에 이른다(11:39). 작년 그대로다. 헬기장도, 허름한 목제 표지목도 그대로다. 다만 얼었던 바닥이 녹아서 헬기장이 질퍽하다. 주변 조망도 그대로이나 안개와 황사 때문에 눈앞에 있는 광덕산조차도 봉우리만 희미하게 보인다. 국망봉도 볼 수 있다고 했는데 흔적도 가늠할 수 없다. 예외 없이 정상은 오늘도 시끌시끌하다. 낯익은 얼굴도 하나둘 보인다. 올라올 때 나를 제친 단체 대원들이다. 결국은 이렇게 또다시 만난다. 사진 찍기에 바쁜 사람들, 간식 먹기에 분주한 사람들 모두 웃음 만발이다. 표지목엔 삼각봉이 1㎞라고 적혔다. 원뿔 모양의 삼각봉이 아주 가깝게 보인다. '저 삼각봉 뒤에는 도마치봉이 숨어 있겠지.' 나처럼 홀로 나선 듯한 젊은 친구가 아까부터 말 많던 산꾼에게 묻는다. 침 튀겨가며 설명하는 산꾼 앞에 나도 슬쩍 꼽사리 낀다. 이것저것 자세히 묻는 나에게는 이 시간에 국망봉까지는 쉽지 않을 거라고 한다. 이제부터는 가보지 못한 길이 시작된다. 지도도 없다. 상의할 동료도 없다. 믿는 것은 오직 이정표뿐이다. 사람들이 하나둘씩 자리를 뜬다. 3분의 2 정도는 홍룡사 쪽으로 내려가고 나머지는 나와 같은 도마치봉 쪽이다. 급한 사람은 나다. 서둘러야겠다. 길은 평지나 다름없다. 능선엔 눈도 없다. 여름엔 오솔길을 걷는 기분일 것 같다. 한 20분 지났을까 했는데, 아까 백운산 정상에서 본 뾰족봉 정상이 바로 나온다(12:08). 헬기장인 정상 표지목엔 도마치봉 1㎞라고 적혔다. 지체할 수 없다. 방향만 확인 후 주변을 휙 둘러보고 바로 떠난다. 30여 분 만에 도마치봉에 이른다(12:35). 정상의 헬기장이 아주 넓다. 주변 조망이 장쾌하고 환상적이다. 혼자 보기가 아까울 정도다. 흐린 날씨 때문에 자세하지는 않지만 주변이 확 트여서다. 도마치봉 지명 유래가 재밌다. 궁예가 왕건과의 명성산 전투에서 패하여 도망할 때 이곳 산길이 험난하여 말에서 내려 끌고 갔다 하여 '도마치'라고 부른다고 한다. 한쪽 구석에서 식사 중인 등산객들이 나를 부른다. 좋은 것이 있으니 오라는 것이다. 이 깊은 산중에서 인간미를 풍기는 따뜻한 사람들이다. 조금 내려가니 약수터가 나온다. 등로 옆 석간수다. 바위틈을 파내고 가느다란 파이프를 끼워 시멘트를 발랐다. 주변엔 플라스틱 바가지가 있다. 아직 갈증은 없지만 고지대 약수라는 생각에 한 바가지 떠 마신다. 계속되는 내리막길이 부담스럽다. 내려가면 그만큼 올라간다는 것을 알기에 그리 반갑지만은 않다. 바람 소리가 제법 커진다. 미끄러운 비탈에서 실랑이를 몇 번 치고 다시 오르막이다. 잠시 후 도마봉에 이른다(13:40). 자료조사 때는 들어보지도 못한 봉우리다. 널찍한 헬기장과 표지석이 있다. 백운산, 도마치봉과는 달리 최근에 세운 듯 깨끗하고, 건립자는 가평군수다. 포천시 경계를 넘어 가평군에 진입했음을 알 수 있다. 아까 백운산 정상에서 등산로를 설명하던 잘난 산꾼 일행도 내 뒤를 따랐는지 바로 도착한다. 사진을 번갈아 찍더니 최후엔 내게 부탁한다. '내 역할도 있구나…' 주변 산에 대하여 물었다. 시원스럽게 알려준다. 순간 놀라서 내 귀를 의심한다. 바로 앞에 보이는 산이 몇 년 전 추석 전날에 가족과 함께 올랐던 석룡산이라는 것이다. 그 너머 산이 화악산이고. 그리고 보니 화악산의 레이더 시설이 희미하게 보인다. 이렇게 반가울 수가. 뿐만 아니다. 희미하지만 명지산 봉우리도 보인다. 역시 올랐던 산이다. 그때는 가평 쪽에서 올랐기 때문에 명지산이 그쪽에 있는 줄만 알았는데, 여기서 다시 볼 줄이야. 놀랍고도 반갑다. 산도 많고 길도 많지만, 세상 참 좁다. 명지산 우측에는 오늘의 최종 목표인 국망봉이 우뚝 서 있다. 늠름하다는 표현이 절로 나온다. 그 오른편에는 가리산이 갈매기 모양으로 자리 잡고 있다. 국망봉 앞에는 희끗희끗 눈으로 덮인 몇 개의 작은 봉우리들이 있다. 저 눈 고개를 이겨내야, 저 산들을 다 넘어야 국망봉에 설 수가 있다. 볼수록 흡족하다. 상상은 꼬리를 물고 이어진다. 화악산 뒤에는 용문산이 있을 거고, 용문산 뒤에는 유명산이 있을 거다. 명지산 뒤에는 연인산이 있을 것이고, 그 너머에는 운악산이 있을 것이다. 내

등 뒤의 백운산 너머에는 엊그제 다녀온 광덕산이 있을 것이고, 그 왼쪽엔 명성산이 있겠지. 모두 다 내가 발자국을 남긴 산이다. 보이는 듯 눈에 선하다. 이제 겨우 알 것 같다. 경기 북동지역 산맥의 흐름을. 다시 산꾼에게 묻는다. "오늘 내가 국망봉 정상까지 가능하겠습니까?" "시간으로 봐서 어려울 것 같은데요" 산꾼이 계속 말을 잇는다. "더구나 그 앞 봉우리 오르막도 얼음길이라…." "그러면 그 전에 포천 이동으로 내려가는 길은 있습니까?" "신로령 지나 오른쪽으로 빠지면 됩니다." 사실을 말한 것은 고마운데, 국망봉 등정이 어렵다니 당황스럽다. 여기까지 와서 목표 지점을 눈앞에 두고 돌아서야 한단 말인가. 언제 또다시 와서 오를 것인가? 자꾸 물으니 자기들이 준비한 지도 한 장을 준다. 참고하라면서. 고마운 사람들이다. 지도에는 광덕고개에서부터 국망봉까지 이동로가 자세히 나와 있다. 신로령 지나서 포천 이동으로 내려가는 이동로는 굵은 선으로 표시되었다. 이 정도면 길 잃을 염려는 없겠다. 문제는 시간이고, 내 결심이다. 일단 출발한다. 가 보는 거다. 가서 그 지점에서 다시 판단할 것이다. 표지석엔 국망봉 6.09㎞, 도마치봉 1.67㎞라고 적혔다. 길은 내리막길로 이어진다. 세로지만 주변 나뭇가지들이 정리되어 넓게 보인다. 누가 정리했을까? 아마도 군사용인 것 같다. 주변엔 내동댕이쳐진 나무토막들이 널려 있다. 확 뚫린 길은 계속된다. 갈수록 국망봉은 코앞으로 다가서고, 석룡산, 화악산도 가까워진다. 잠시 후 수리봉에 이르고(14:48), 이정표가 보인다(국망봉 2.87). 능선길이 계속된다. 그리고 보니 백운산 정상에서 국망봉까지는 계속 능선으로 연결된 셈이다. 사방은 온통 높고 낮은 산들로 연결되었다. 봉우리만 보이는 산들의 모습이 마치 안개 속을 둥둥 떠다니는 것 같다. 재작년 여름 지리산에서 보았던 끝 모를 산들의 연속을 이곳에서 다시 본다. 다시 이정표가 나오더니 신로봉에 도착한다(15:14). 아까 그분들이 말했던 포천 이동으로 내려가는 길목이다. 이정표(국망봉 2.47) 옆에는 커다란 경고판이 있다. 이 지점이 2003년 2월 13일(음력 1월 1일) 등산객 6명이 사망한 사고 지점이라고 적혀 있다. 완벽하게 장비를 갖추지 않고는 등반을 해서는 안 되며, 또 일몰 전에 반드시 하산해야 한다는 경고문이 빨간 글씨로 적혀 있다. '제기랄, 가야 하나 말아야 하나?' 국망봉은 눈앞이다. 작은 봉우리 하나만 넘으면 될 것 같다. 1시간 30분 정도면 충분할 것 같다. 국망봉이 손짓하는 것만 같다. '일단 가고 보자. 가는 데까지 가서 다시 결정하자. 아직은 해가 남았으니.' 다시 이정표가 나온다(국망봉 1.96). 휴양림 삼거리다(15:34). 이곳도 국망봉과 포천 이동으로 내려가는 갈림길이다. 이동 쪽으로 내려가는 길엔 발자국이 많다. 많은 등산객들이 이 지점에서 포천 이동으로 내려갔다. 바람 소리는 갈수록 세다. 지금 산중엔 아무도 없다. 이 높은 산에, 이 넓은 산속에 혼자다. 다시 갈등이 생긴다. '가야 하나, 말아야 하나.' 앉지도, 서지도 못하고 망설이다 국망봉을 다시 쳐다본다. 볼수록 가까워 보인다. 그런데 이게 웬일인가. 누군가 저 위에서 배낭을 짊어지고 내려온다. 이 산중에 나만 있는 줄 알았는데. 내 또래의 중년이다. 마주치자마자 가능성부터 물었다. 지금 올라가도 시간상으로 가능한지, 올라가는 길이 괜찮은지, 또 정상에서 포천 이동으로 내려가는 길은 있는지 등을. 이야기를 나누다 보니 전문 산악인이란 걸 알 수 있다. 자기는 매년 여름에 이 지역을 꼭 한 번씩 종주한다고 한다. 오늘은 그냥 국망봉만 오르고 바로 내려갈 참이라고 한다. 자동차를 포천 이동에 주차했다면서 인연이 있으면 다시 이동에서 만날 수 있을 것이라고 한다. 시간상으로도 가능하고 길도 괜찮다고 한다. 내려오기는 미끄럽지만 올라가기는 차라리 괜찮다고 한다. 단, 장비는 갖춰야 한다고 한다. 또 포천 이동으로 내려가는 길도 있다고 한다. 내려가는 길이 급경사 위험지역이지만 로프가 설치되어 어렵지 않다고 한다. 모든 걸 희망적으로 이야기해 준다. 내 배낭 속에는 아이젠과 장갑이 있다. 그렇다면 나도 가능하다는 계산이다. 거듭 고맙다는 인사를 했다. 이래서 세상은 살 만한 것이다. 이제 망설임은 끝났다. 전진만 남았다. 시간이 해결한다. 한 시간 후면 나는 국망봉 정상에 서 있을 것이다. 길은 계속 가파른 오르막. 온통 눈으로 덮였다. 내려온 발자국은 보이지만, 올라간 흔적은 없다. 다행히 눈이 녹는 중이라 그렇게 미끄럽지는 않다. 등산화 앞부리로 툭 쳐서 흠을 낸 후 디디면 설 수 있다. 그나저나 내려오는 길이라면 정말 어려울 것 같다. 그분 말이 실감 난다. 봉우리 폭은 올라갈수록 좁아진다. 바람 소리는 갈수록 씽씽거린다. 해도 넘어가는 듯, 있는지 없는지 모르겠다. 등은 이미 땀으로 흥건하다. 앞만 보고 오른 지가 얼마인가? 자꾸만 봉우리가 쳐다봐진다. 정상석 머리 부분이 보이기 시작하더니 드디어 국망봉 정상이다.

### 국망봉 정상에서(16:50)

정상은 그리 넓지 않고 헬기장 표시와 정상석이 우뚝 서 있다. 포천시 승격을 기념하여 포천시장이 세운 표지석이다. 바람 소리만 드셀 뿐 사방은 고요하다. 봉우리의 좁은 공간에 홀로 서 있다. 이 시각 수많은 사람이 산을 오르내리겠지만, 이런 적막한 곳에 하늘에 매달린 듯 서 있는 이가 몇이나 될까? 나는 왜, 무엇 때문일까? 바람은 갈수록 강해진다. 나뭇가지에 매달린 안내리본이 펄럭인다. 춥다는 것인지, 반갑다는 것인지…. 그리고 보니 오늘은 이동로 때문에 고생하지는 않은 것 같다. 그만큼 이정표가 잘 정비되었고 고비마다 고마운 사람들을 만난 덕분이다. 지체할 시간이 없다. 오늘은 여기서 마치고, 하산해야 한다. 간단히 물 한 모금으로 허기를 달랜 후, 아이젠과 목장갑을 착용하고 출발한다(16:50). 오던 길로 대략 30㎜를 내려가니 포천 이동으로 내려가는 갈림길이 나온다. 이젠 1시간 30분 후면 서울행 버스를 탈 포천 이동에 도착할 것이다.

- 포천 이동으로 내려가는 갈림길 → 쉼터(17:06) → 장암저수지 → 국망봉 관리사무소 → 정수공장을 거쳐 포천 이동에 도착(18:20).

### ▲ 오늘 걸은 길
광덕고개 → 백운산, 도마치봉 → 국망봉(11.1㎞, 6시간 52분).

### ▲ 교통편
- 갈 때: 서울 상봉터미널에서 사창리행 버스로 광덕고개까지
- 올 때: 포천 이동 버스 정류소에서 서울 상봉터미널까지

# 넷째 구간
## 국망봉에서 강씨봉까지

누구나 자신만의 시간을 가져야 할 때가 있다. 나이 들수록, 도시인에겐 더욱 그렇다. 홀로 산길을 걷는 것도 좋은 방법일 것이다.

넷째 구간을 넘었다. 국망봉에서 강씨봉까지다. 국망봉은 포천시 이동면과 가평군 북면 사이에, 강씨봉은 포천시 일동면 화대리와 가평군 북면 적목리의 경계에 있다. 이 구간에는 개이빨산, 민드기봉, 도성고개 등이 있다. 2주 사이에 국망봉을 두 번 오른 셈이지만 그 감회는 달랐다. 강씨봉에서 하산할 때는 시간에 쫓겨 거의 달려야만 했다.

### 2006. 3. 25.(토), 오후 늦게 비

다른 때 보다 버스가 더디게 달린다. 날씨 탓일까? 아니면 익어가는 봄날 때문일까? 포천 이동에서 내리는 사람은 나 혼자다(09:42). 연고 없는 포천이지만 낯설지가 않다. 3구간을 종주할 때 이곳으로 하산했다는 얄팍한 이력 때문이리라. 이른 아침인데도 도로변 갈빗집들은 바쁘다. 이동파출소는 아침부터 소란스럽다. 출입문을 홱 닫고 소리 지르며 나오는 경찰관의 얼굴이 정상이 아니다. 여기서부터 등산로 입구까지는 30분 정도. 길 양쪽에 낯익은 것들이 눈에 띈다. 쓰러져가는 시골집, 잘 정비된 하천, 대문 밖 경운기 등 모두가 내 유년기와 함께했던 것들이다. 농로를 걷는 기분이 괜찮다. 산을 오르는 느낌과는 또 다르다. 아치형 수중궁갈비집 입간판이 나온다. 지난번에 내려올 때는 저렇게 큰지를 몰랐는데. 국망봉 전경이 한눈에 들어온다. 양쪽에 부하 산들을 거느리고 중앙에 우뚝 선 모습이 듬직하다. 오늘 저 산을 오른다. 잠시 후 휴양림 매표소에 도착(10:33). 인기척을 들었는지 양지에서 흡연 중이던 매표소 직원이 쏜살같이 사무실로 달려가 돈 받을 준비를 한다. '휴양림 방문자는 4천 원, 등산객은 2천 원'이라고 적힌 안내판이 사무실 유리창에 부착되었다. 국공립공원은 입장료가 1,600원인데, 이상하다. 짐작은 가지만 그냥 주기는 아까워서 물어본다. 사유지라서 그렇다고 열심히 설명한다. 더 항의할까 봐 다른 사람들도 다 내고 출입한다는 말을 덧붙인다. 매표소를 통과하자 길은 돌멩이 하나 없는 맨질맨질한 흙길이다. 진흙처럼 다져진 흙길, 감촉이 참 좋다. 휴양시설 안내판이 나온다. 자연휴양림, 캠핑장, 숙소 등이 있다. 경관이 좋고, 조금 올라가니 장암저수지가 나온다. 계곡은 아직도 겨울과 봄이 공존한다. 물 흐르는 소리는 분명히 봄인데 한쪽엔 아직도 얼음이 있다. 공터에 텐트가 보이고 젊은이 몇 사람이 그 옆에서 노닥거린다. 임도에 다다르자 좁고 가파른 철계단이 보인다. 이 철계단을 오르면서 오늘 등산은 시작된다. 이정표는 국망봉까지 2.7㎞라고 알리고, 우측은 위험지역(사격장)이라고 접근을 막는다. 아침이 부실했던지 벌써 배가 고프다. 철계단을 오르고 나서 양지바른 묘역에 배낭을 내려놓고 허기를 달랜다. 산은 좀처럼 자신의 정체를 드러내지 않는다. 보는 각도에 따라서, 시각에 따라서 다른 모습이다. 지지난 주에 내려오면서 본 우측 신로봉이 영 딴판이다. 볼수록 신묘하다. 세월의 흐름을 아는지 모르는지, 3월이 다 가건만 산의 한쪽은 아직도 겨울이다. 이정표는 잘 정비되었다. 정확히 300㎜마다 안내판이 있다. 아침부터 조금씩 불던 바람이 갈수록 더 세다. 가끔 바스락거리는 소리에 뒤돌아보지만 그때마다 보이는 것은 없다. 자꾸 위를 올려다보지만 정상은 아직도 까마득하다. 정상 전 1㎞ 지점에서 비로소 정상이 보인다. 거만하다. 올 테면 와보라는 식이다. 쉼터가 나온다(12:11). 통나무 대피소다. 여름엔 뙤약볕을 피하고, 겨울엔 추위도 막아주고 취사도 할 수 있다. 국망봉 정상 300㎜를 남겨두고 오늘 처음으로 사람을 만난다. 로프를 잡고 내려오는 부부다. 인사를 건네니 무덤덤한 남자와는 달리 뒤따르던 여자분이 응대한다. "옷이 범벅이 되어서…." 여성은 온통 흙투성이다. 미끄럽고 가파른 얼음길을 내려오느라 넘어진 흔적이다. 여기서부터 정상까지는 300㎜. 가파른 로프길이다. 지난번에 내려올 때처럼 위험하지는 않지만 대신 힘이 든다. 국망봉을 경기의 알프스라고 부른다더니 괜히 하는 말이 아니다. 잠시 후 국망봉 정상에 이른다.

### 국망봉 정상에서(13:03)

정상에는 이미 10여 명이 올라와 있다. 팔짱을 끼고 서서 사방을 둘러보는 사람, 지난주 산행 이야기에 열을 올리는 사람, 다 마치고 내려가는 사람들로 조금은 소란하다. 나도 그들 틈에 낀다. 배낭을 멘 채로 사방을 둘러본다. 위쪽에는 이미 올랐던 상해봉, 광덕산, 백운산, 도마치봉이, 아래로는 화악산, 석룡산, 명지산이 보인다. 보이지는 않지만 명성산, 연인산, 운악산, 용문산, 유명산이 산 너머에 투시되는 듯 아련하게 추억을 되살린다. 보고 또 봐도 새롭고 그립다.

날씨는 조금씩 풀리지만 바람은 갈수록 세차다. 비행기 소리는 아까부터 끊이지 않고 계속이다. 식사할 자리를 찾는다. 좋은 자리가 따로 있지는 않지만 그래도 이 시간만큼은 편안한 시간을 갖고 싶다. 이미 몇 사람이 식탁을 차렸다. 다시 정상에 서서 사방을 둘러본다. 여기저기서 사진을 찍느라 정신들이 없다. 찍새 부탁을 받기도 한다. 많은 사람들이 내려가고 정상엔 나를 포함 네댓 명만 남는다. 산을 둘러보는 척 사람들 눈을 피해 한 곡 뽑는다. 금영 반주기는 없어도 좋다. 수많은 나무 관객들이 지켜보고 있으니 이보다 더 좋은 무대가…. 다시 한 곡을 더 뽑으려는데 갑자기 누군가 다가와 묻는다. 순간 놀랐지만 태연한 척 고개를 돌린다. "등산화 밑창이 신기하네요. 중간에 빈 공간이 있네요. 어느 회사 것인가요. 가볍습니까?" 어처구니없지만 웃으며 답한다. 어떻게 남의 등산화 밑창까지 다 봤을까 하는 의구심도 든다. 사실 나도 모른다. 내 등산화가 비싼 것인지, 싼 것인지를. 직접 산 것이 아니어서다. 단지 미국산이고 끈을 맬 때는 상당히 편리하다는 것 정도만 알고 있다. 분위기는 망쳤지만 중단했던 곡을 마저 부른다. 오늘의 최종 목적지인 강씨봉에서 하산 길이 궁금해서 이곳 사람들에게 물었으나 아무도 모른다. 지도를 믿고 가는 수밖에. 해찰 부리는 사이에 벌써 두 시가 다 됐다. 개이빨산까지 1.3㎞라는 것을 확인 후 출발한다(14:00). 얼마를 걸었을까 했는데, 이정표가 나온다(적목리 3.0). 적목리는 낯익은 지명이다. 석룡산, 명지산을 오를 때 자주 봤다. 다음 목적지인 개이빨산이 아련하게 다가선다. 산 이름이 신기해서 관심을 가졌던 산이다. 멀리서 보는 개이빨산은 그저 평범하다. 잠시 후 개이빨산 정상에 이른다(14:55). 헬기장 표시가 있는 정상은 키 큰 나무들로 둘러싸였다. 맨 아래에 가평군에서 세운 정상석이 외롭게 서 있다. '즐거운 산행 되십시오'라고 적힌 정상석은 최근에 설치한 듯 깨끗하다. 한쪽엔 이정표가 있다(용수목 3.1, 민둥산 1.7). 날이 조금씩 어두워진다. 비행기 소리는 계속되고, 아까부터 따라오던 까마귀가 여기까지 왔는지 계속 까악까악 댄다. 다시 출발이다. 다음 목표인 민드기봉까지는 1.7㎞. 20여 분 후 다시 안내판이 나온다. 용수목과 민드기봉 방향을 알린다. 용수목 방향으로는 표시만 있을 뿐 지나간 흔적이 없다. 대조적으로 민드기봉 방향은 수많은 안내리본으로 울긋불긋하다. 마치 소학교 운동회 때 운동장을 가로지르며 펄럭이던 만국기처럼 팔랑거린다. 그런데 뭔가 허전하다. 끼고 오던 목장갑이 손에 없다. 아까 개이빨산에서 메모하느라 잠시 벗어 놓고 그냥 와 버린 것이다. 어찌할까? 그냥 가자니 아깝고, 찾으러 가자니 시간이 지체될 것 같다. 그래도 찾기로 한다. 벗어놓은 그대로 정상석 위에 놓여 있다. 지체된 시간을 보충하기 위해 서두른다. 다행스럽게도 길은 좋다. 몇 번의 안부를 거쳐 오르니 민드기봉에 이른다(15:44). 민드기봉은 나무가 없는 밋밋한 언덕처럼 생겼다고 해서 붙여진 이름이다. 정상에는 정상석과 다음 지점을 알리는 이정표가 있다(용수목 3.3, 도성고개 2.5). 사방은 산꼭대기만 둥둥 떠 있는 봉우리만 보인다. 4시가 다 되어 간다. 이런 추세라면 오늘 목표 지점까지 갈 수 있을지 모르겠다. 갈수록 날씨가 흐려지고 속도는 더뎌진다. 서둘러 출발한다. 도성고개로 향하는 길 역시 평탄한 능선이다. 등로 양쪽 진달래나무가 내 키보다 더 높다. 얼굴에 부딪히는 진달래나무가 마치 나를 환영하기 위해 도열한 것 같다. 불그스레한 꽃망울이 곧 터질 것 같다. 진달래길은 계속된다. 장관이다. 가끔씩 양손으로 헤쳐야 할 정도로 우거지다. 내리막길이 계속된다. 진달래길이 끝나고 갑자기 등로 폭이 넓어진다. 앞이 확 트인다. 방화선이다. 길이 좋아 속도를 낸다. 거의 조깅 수준으로 내달린다. 꽤 지났다고 생각했는데, 도성고개까지는 아직도 1㎞가 남았다고 이정표가 알린다. 걷다 달리다를 반복한다. 뒤를 돌아본다. 나풀거리는 억새와 나뭇가지만 보일 뿐 아무도 없다. 사람이라곤 개이빨산을 지날 때 마지막으로 한 사람을 만났을 뿐 아직까지 누구도 보지 못했다. 지금 이 산 중엔 말 없는 나무와 바위 외에 아무도 없다. 자꾸만 뒤가 돌아봐진다. 힘이 부친다는 표시다. 역시 아무도 없다. '너 알아서 해!'라는 듯 흔들리는 나뭇가지만 보인다. 갑자기 비가 올 듯 날씨가 험악해진다. 더 속도를 낸다. 잠시 후 도성고개에 이른다.

### 도성고개에서(16:47)

도성고개는 포천시 이동면 연곡리에서 가평군 북면 적목리로 이어지는 고개이다. 이어지는 두 길과 가로지르는 두 길이 합쳐져 네 방향으로 연결된다. 고개 중심에 이정표가 있다(직진 강씨봉 1.5). 빗방울이 떨어지기 시작한다. 강씨봉을 쳐다보면 언덕만 보일 뿐 봉우리는 없다. 그만큼 도성고개가 움푹 들어가 있다. 다시 출발한다(17:17). 역시 방화선인 듯 등로 폭이 10여 미터로 넓다. 다섯 시가 넘었고, 빗방울이 굵어지기 시작한다. 덩달아 바람이 불고 날도 어둑어둑해진다. '강씨봉은 언제 나타날까? 오늘 중으로 갈 수는 있을까? 거기에서 마을로 내려가는 길은 있을까?' 여러 가지 생각으로 머릿속은 복잡하다. 속도를 내보지만, 한계가 있다. 마음만 바쁘지 몸은 생각대로 움직여지지 않는다. 언덕이라 달릴 수가 없다. 쇳덩어리도 아닌 내 다리가 너무 불쌍하다. 가까스로 고개를 넘으니 봉우리가 떡 버티고 서 있다. '저거로구나.' 금세 달려갈 것 같다. 비는 계속 내린다. 강씨 부인의 눈물이란 생각이 든다. '부인, 이제 눈물을 거두세요. 역사는 당신의 충정을 평가하고 있습니다.' 하고 중얼거려 보지만 비는 계속 내린다. 이 먼 곳까지 귀양 보낸 궁예 왕, 그리고 국망봉에 올라 한탄했다는 당신. 저승에서라도 강씨 부인께 용서를 구하기를…. 힘은 부치고, 해는 저물어 갈수록 마음이 조급해진다. 차분하자고 나 자신에게 최면을 걸어 본다. 드디어 뾰족봉이 코앞으로 다가선다. 이것만 넘으면 된다. 드디어 강씨봉이다(17:25). 강씨봉은 포천시 일동면 화대리와 가평군 북면 적목리의 경계에 있다. 정상은 생각보다 좁고, 표지석과 이정표가 정상을 지키고 있다(오뚜기고개 2.5). 노심초사 달려 온 강씨봉이지만 여유 있게 머무를 수가 없다. 날이 어두워지고, 랜턴도 없다. 이젠 마을로 내려갈 일만 남았다. 서둘러야겠다. 오던 길을 30㎜ 정도 되돌아가니 이정표가 있다. 포천 마을 채석장으로 내려가는 길 표시다. 이제부터는 무조건 아래쪽으로 내려가면 된다. 만약을 대비해 비상전화번호를 메모해 둔다. '강씨봉 11구역. 031-119 또는 581-0119'

- 채석장 → 복골가족캠프를 거쳐 새터마을에 도착. 시내버스로 포천 일동으로 이동.

### 🦶 오늘 걸은 길
국망봉 → 개이빨산, 민드기봉, 도성고개 → 강씨봉(7.0㎞, 4시간 22분).

### ⛰ 교통편
- 갈 때: 서울 상봉터미널에서 포천 이동까지, 국망봉까지는 도보로 이동
- 올 때: 새터마을에서 포천 일동까지 버스로, 포천 일동에서 버스로 상봉터미널까지

# 다섯째 구간
## 강씨봉에서 노채고개까지

내가 움직이지 않으면 도달할 수 없는 곳이 있다. 산길이다. 자동차로도, 누가 대신해 줄 수도 없다. 인맥도 권력도 부도 통하지 않는다. 그래서 내가 좋아하는지도 모른다.

다섯째 구간을 넘었다. 강씨봉에서 노채고개까지이다. 강씨봉은 포천시 일동면 화대리와 가평군 북면 적목리의 경계에 있고, 노채고개는 포천시 일동면 기산리와 가평군 하면 하판리를 잇는 고개이다. 이 구간에는 오뚜기령, 청계산, 770봉, 길마봉 등이 있다. 무리하게 긴 구간을 계획한 탓으로 차분한 산행을 못 한 게 아쉽다. 경기도 명산들을 한 곳에서 감상했지만, 시간에 쫓겨 허둥대다가 하루를 보냈다는 생각이다. 아직도 곳곳에 겨울이 남아 있었고, 기대했던 진달래꽃은 볼 수 없었다.

### 2006. 4. 9.(일), 황사 많음

일동 터미널에서 내리는 사람은 나 말고도 몇 명이 더 있었지만 배낭을 멘 사람은 나 혼자다(09:35). 이곳에서 새터마을까지는 다시 버스를 타야 된다. 5분 거리지만 걸어가면 30분 이상이 걸린다. 새터마을행 버스를 정확히 아는 사람은 없다. 만나는 사람마다 대답을 달리한다. 그중 이곳에서 40년 이상을 살았다는 할머니께서 자신 있게 말씀하신다. "3번, 66-1번, 660-1번 버스"라면서 같이 가자며 기다리라고 한다. 그러면서 한 시간은 더 기다려야 된다고 한다. 답답할 노릇이다. 어떻게 하나? 버스는 좌석과 일반버스가 있는데 들쭉날쭉이다. 이슬비를 피해 다방 입구에서 서성댄다. 열쇠를 들고 화장실로 향하는 다방 손님, 아침부터 커피 배달 나가는 젊은 아가씨, 뉴욕 양키즈 야구모자를 눌러쓴 청년들로 다방 입구는 아침부터 불이 난다. 살아가는 방식도 갖가지다. 어떤 배불뚝이 아저씨는 24시 편의점에서 머그잔을 들고나오더니 정류장에 있는 사람은 모두 다 아는 사람인 양 한마디씩 말을 건넨다. 무엇이 그리 즐거운지 호탕하게 한바탕 웃고 나서는 '안경박사'로 들어간다. 호기심에 발길을 따라가 점포 안을 들여다본다. 그리 크지 않은 점포 안은 춥지 않은 봄날인데도 선풍기 히터가 빨갛게 이글거린다. 그 안에서는 대중가요 '옥경이'가 아침부터 일동면이 떠나가도록 울려 퍼진다. 할머니께서 좌석버스가 왔다며 나를 부르신다. 당신은 11시에 오는 일반버스로 간다면서. 100원을 아끼기 위해 오일 시장까지 걸어 다니시던 우리네 어머니들 생각이 난다. 예상대로 5분도 안 걸려서 버스는 새터마을에 도착(10:34). 맨 먼저 나를 반기는 것은 지난주에 들렀던 식당 '오리와 더덕이 만나면'이다. 강씨봉까지는 걸어가야 한다. 농로를 걷다 보니 고향 생각이 난다. '백두산악회'라는 현수막을 건 대형버스 두 대가 연달아 온다. 강씨봉을 올라가는 이동로는 이미 알고 있지만, 혹시 지름길이 있지 않을까 해서 복골가족캠프 주인에게 물어보지만 단체회원들 맞느라 건성으로 대답한다. 때론 상대방 배려와 나의 이익이 대치될 때가 있다. 나는 그런 때에 대개 상대를 배려

했다. 지금 와서 생각하니 썩 잘한 것 같지는 않다. 젊은 시절엔 좀 더 저돌적이어야 했다. 캠프 주인의 대답 끝에 든 생각이다. 지난주에 내려왔던 안전한 능선 길을 포기하고 직선 계곡 길을 택한다. 조금이라도 빨리 올라가기 위해서다. 채석장을 따라 오른다. 계곡 길이다. 확신은 못 하지만 지름길인 것만은 확실하다. 초행이지만 일단 위쪽으로 가면 능선은 나온다는 계산이 선다. 능선만 나오면 강씨봉 찾는 것은 식은 죽 먹기다. 채석장까지는 자동차가 다닐 수 있을 정도로 넓은 길. 채석장 끝에서부터는 눈짐작으로 가야 된다. 계곡을 따라 길처럼 보이는 흔적이 있고, 안내리본도 간간이 보인다. 계곡은 아직도 겨울이다. 지름길인 만큼 가파르고, 산길은 지난밤에 비가 온 탓인지 푸석푸석하다. 고로쇠 물을 뽑아내는 비닐봉지를 묶어 놓은 것이 여럿 보인다. 너무 가파르다. 가도 가도 끝은 보이지도, 나오지도 않는다. 저절로 자주 멈춰진다. 아무리 시간이 흘러도 내 위치는 그대로인 것 같다. 자꾸만 뒤돌아봐진다. 30보 걷고 쉬고, 20보 걸은 후 쉬어 간다. 언제부턴지 리본도 보이지 않는다. 비행기 소리가 들린다. 능선에 오르니 위쪽 봉우리에서 웅성거림이 들린다. 강씨봉 아래쪽으로 지나친 것이다. 여기서부터 종주를 시작해도 되겠지만 뭔가 빼먹은 듯 께름칙해서 다시 강씨봉 정상으로 되돌아 오른다. 정상에는 그때 본 표지목과 이정표가 그대로다(위쪽 도성고개 1.54, 아래쪽 오뚜기고개 2.52). 단체 산행객들이 사진을 찍기도 하고 일부는 식사 중이다. 처음 듣는 소리가 들린다. 대개 사람들이 사진 찍을 땐 '김치' 아니면 '치즈'라고 하는데, 이 사람들은 '개미똥구멍'이라고 한다.

## 강씨봉 정상에서(12:40)

정상은 지난주 해 질 무렵과는 영 다르다. 그때는 어두웠고, 시간이 없어서 한가하게 주변을 살필 수도 없었다. 새로운 것들이 보인다. 까마득하지만 채석장의 파헤쳐진 흔적도 하얗게 드러나고, 북동쪽 계곡에는 제법 큰 도로도 나 있다. 남동쪽으로는 명지산과 귀목봉의 웅장한 산세가 보이고, 남쪽으로는 청계산과 그 너머의 운악산까지 희미하게 보인다. 이곳에서 점심을 먹고 출발한다. 한참 가다 보니 강씨봉 표지석이 또 나온다. 이번에는 깨끗한 돌로 된 표지석이다. 98년 8월 1일 가평군수가 세웠고, 주소까지 적혀 있다. 하나의 산에 두 개의 정상이 있다. 아까 본 표지목은 포천시에서, 이것은 가평군에서 세웠다. 서로가 자기 영역이라고 주장하는 것이다. '고래 싸움에 새우 등 터진다.'더니 등산객들만 혼란스럽다. 정상은 하나다. 아래쪽에서 세 사람이 오고 있다. 한 사람은 땅바닥에서 뭔가 열심이다. 야생화를 촬영 중이다. 가느다란 줄기에 작은 잎, 그 위에 아주 샛노란 꽃이 달려 있다. "무슨 꽃이냐?"고 물으니, "노란 제비꽃."이라고 한다. "어디서 오느냐?"고 물으니, "노채고개에서 출발했다."고 한다. 반가워서 다시 물었다. "나도 노채고개까지 가는데 이 시간에 그곳까지 갈 수 있겠냐?"고 물으니 "가능하다."고 한다. 은인을 만난 듯 반갑다. 인사를 나누고 내 길을 간다. 좀 전에 본 노란 제비꽃이 또 나온다. 실례지만 너무 예뻐 한 덩이를 캐서 배낭에 넣는다. '강씨봉-13'이라는 이정표를 지날 때쯤 부부 등산객을 만난다. 남편이 앞서고 부인이 뒤따른다. 햇볕을 피하려는 부인 얼굴은 수건으로 가려져 거의 보이지 않을 정도다. 한쪽으로 비켜서자, 조용한 목소리로 답례한다. 지나가는 모습을 한동안 본다. 볼수록 아름답다. 한 폭의 영상이다. 먼 곳까지 갔는데도 두 사람의 대화가 들리는 듯 다정스럽다. 지금까지 걷는 동안 진달래꽃을 보지 못했다. 지금쯤 일부나마 피었으리라고 생각했는데…. 다음 주에 친구들과 가기로 한 예봉산 진달래가 갑자기 염려된다. 북동쪽으로 보이는 명지산 줄기가 볼수록 장대하다. 양쪽으로 늘어진 잣나무 숲을 지나니 내리막길이 나오고 도로가 보인다. 오뚜기령이다(14:22). 오뚜기령은 포천 일동에서 가평군 적목리를 잇는 고갯길이다. 길옆에는 이정표가 있고 중앙엔 2층으로 된 석재 기단 위에 큰 자연석이 올려져 있어 오뚜기령을 표시하고 있다. 바로 위쪽에는 광장처럼 보이는 헬기장이 있다. 엄청 넓다. 다시 오르막이다. 보기만 해도 질릴 정도로 가파르다. 오르고 나니 다시 내리막길. 두렵다. 또 오르니 또 내리막길이다. 아는지 모르는지 무게 잡고 말없이 지켜보는 명지산이 야속하다. 몇 고개를 넘나드니 평평한 능선으로 이어지고, 갈림길이 나온다(15:11). 귀목봉과 청계산으로 가는 삼거리 갈림길이다. 표지목이 있다(오뚜기고개 0.7, 귀목봉 1.1, 청계산 2.7). 그런데 이상하다. 오뚜기령에서 여기까지 죽을힘을 다해 왔는데 겨우 0.7㎞라니. 오르고 내린 길을 쭉 펴면 2㎞도 넘을 것이다. 이번에는 쉼터에 이른다. 통나무를 엮어서 만든 의자가 있다. 피곤해서인지 저절로 걸터앉게 된다. 생태계 보전지역이라는 팻말도 있다. 의자에 앉아 간식을 먹은 후, 출발한다. 걷기 좋은 능선길이 계속된다. 고목이 쓰러져 길을 막는다. 순간적으로 고목을 넘지 말아야겠다는 생각이 든다. 돌아서 간다. 끝없는 능선 길은 또 이어진다. 앞쪽에 뾰족 봉우리 두 개가 보인다. 등로 양쪽은 키 큰 나무들 때문에 시야가 좋지 않다. 더구나 날씨가 흐려 거의 아무것도 볼 수 없다. 로프가 나온다. 봉우리를 넘으니 큰골 갈림길에 이르고(16:09), 이정표가 있다(강씨봉 8.0). 청계 저수지와 길마재로 향하는 갈림길이다. 길마재 방향으로는 표시가 없고 안내리본만 펄럭인다. 이상하다. 뭔가 잘못됐다. 다시 로프를 타고 오르니 바위산 꼭대기에 이른다. 청계산 정상이다(16:26).

## 청계산 정상에서(16:26)

정상석은 최근에 설치한 듯 깨끗하고, 그 옆 간판에 청계산의 유래가 적혀 있다. 주변 조망은 말 그대로 황홀경이다. 명지산에서 연인산까지 이어지는 능선과 앞쪽으로 희미하게 보이는 운악산의 우뚝함이 장관이다. 남서쪽으로는 앞으로 가야 할 길마봉과 그 너머 웅장한 운악산이 한눈에 들어온다. 내려가는 목재 계단에 로프가 설치되었다. 완만한 오르막을 넘으니 770봉 정상에 이른다(16:50). 돌탑이 있고, 바로 앞쪽에 길마봉이, 그 뒤쪽의 운악산이 뚜렷하다. 770봉은 삼거리다. 좌측은 상판리로, 등로는 남서쪽으로 이어진다. 남서쪽으로 내려가니 암릉길에 로프와 철계단이 설치되었고 급경사 내리막이 이어진다. 빗방울이 하나둘씩 떨어진다. 길마재에 이르니 이정표 옆에 풀 한 포기 없는 묘지가 있다. 그 아래쪽에는 '생태계 보전'이라는 표시가 있다. 마치 신성한 구역이라도 되는 듯 금줄 비슷한 것이 있다. 시간상으로는 여기서 하산해야 될 것 같지만 그럴 수는 없다. 노채고개까지 못 가면 다음 일정이 엉망이 된다. 암반 아래는 낭떠러지다. 위험한 지역이다. 로프도 없고 그 흔한 쇠말뚝도 없다. 힘겹게 오르니 길마봉 정상(17:28). 정상에는 서울 구로기미 산악회에서 세운 정상석이 있는데 '길매봉'으로 표시되었다. 지도에는 분명히 '길마봉'인데. 조금 내려가니 헬기장이 나오고, 시간이 없어 내달린다. 지난번 강씨봉에서 새터마을로 내려갈 때가 생각난다. 무리하게 시간 계획을 잡은 탓이다. 여유가 아쉽다. 이런 식의 등산이라면 흙을 밟았다는 의미 외에 아무것도 아니다. 잠시 후 노채고개에 도착한다(18:14). 막막하다. 아무런 표식이 없다. 방향 표시도 지명 표시도 없다. 도로 공사 중인데 무슨 공사라는 표시도 없다. '세계 속의 경기도'란 것과 '공사 관계자 외 출입 금지'라는 표지판만 있을 뿐이다. 방향 표시 하나 없이 어떻게 세계 속의 경기도가 된단 말인가? 오늘은 이곳에서 마치기로 한다. 일단 방향만 가늠하고 포천 쪽으로 내려가니 약수터가 나오고, 개 짖는 쪽에 펜션인 듯한 하얀 건물이 보인다. 펜션 주인은 이곳에서 일동까지는 50분이 걸리니 큰길로 나가서 무조건 지나가는 차를 세우라고 한다. 지나가는 차에 편승하여 일동에 도착하니 버스 정류장엔 서울행 버스가 대기 중이다. 빡빡한 하루였다. 산길에 뭔가 남기고 온 것만 같이 허전하다.

**오늘 걸은 길**

강씨봉 → 오뚜기령, 청계산, 길마봉 → 노채고개(9.7㎞, 5시간 28분).

**교통편**

- 갈 때: 포천일동에서 버스로 새터마을까지, 강씨봉까지는 도보로.
- 올 때: 노채고개에서 포천 일동까지는 택시로, 포천 일동에서 버스로 상봉터미널까지.

# 여섯째 구간
## 노채고개에서 봉수리 지하차도까지

세월은 그냥 흘러가는 게 아니고, 어딘가에 차곡차곡 쌓인다고 한다. "내 나이 열다섯에 학문에 뜻을 두어 서른에 입신했으며, 마흔이 되니 세상일에 미혹되지 아니하고 쉰에 하늘의 명을 알았다…" 공자 말씀이다. 세월의 흐름에 따른 지학(志學), 입지(立志), 불혹(不惑), 지천명(知天命)을 말한 것이다.

여섯째 구간을 넘었다. 포천시 일동면 기산리와 가평군 하판리를 잇는 노채고개에서 봉수리 47번 국도 지하차도까지이다. 이 구간에는 원통산, 사카리능선, 운악산 서봉, 동봉, 절고개 등이 있다. 관심거리는 암봉인 운악산이다. 정상은 서봉과 동봉 두 봉우리가 있는데 동봉이 서봉보다 2㎜가 더 높아 정상이라고 볼 수 있다. 정상 직전 암봉인 사라키능선을 오를 때는 장비를 갖춰야 한다.

### 2006. 4. 29.(토), 맑음

상봉터미널에서 사창리행 버스에 승차, 포천시 일동터미널에서 하차. 이곳에서 노채고개까지는 도보로 이동(08:56). 공사가 한창인 노채고개는 모조리 파헤쳐졌다. 들머리가 어딘지 분간할 수 없다

(09:08). 공사가 한창이라 고개 양쪽으로는 올라갈 엄두가 나지 않아 공사 현장을 어렵게 넘어 우측 능선으로 진행한다. 완만한 흙길 오르막. 등로 주변은 잡목이 많고 간간이 소나무도 보인다. 조금 오르니 조폐산악회 안내리본이 보이고, 잠시 후 이정표가 나온다(원통산 1.08, 길매봉 2.40). 등로 우측에 나산 골프장이 있다. 안부를 지나 오르막이 시작되고, 뚜렷한 등로를 한참 오르니 원통산에 이른다 (09:48). 이 산의 서쪽 기슭에 높이 8m의 원통폭포가 있어 폭포 경치와 주변의 수목이 아름다웠는데, 영평 8경에서 빠진 것이 원통해서 원통산이라고 부르게 되었다고 한다. 정상 표지판, 삼각점과 나무의자 두 개, 이정표가 있다(노채고개 1.06). 약간의 공터에는 마른 풀이 깔렸고, 사방은 잡목 천지다. 날씨가 맑아 기분조차 상쾌하다. 운악산과 47번 국도가 내려다보인다. 내려가는 등로엔 낙엽이 깔려 미끄럽고, 10여 분 후 사거리 갈림길에 이른다(10:09). 좌·우측 길 흔적이 희미하다. 직진으로 10여 분 내려가니 구 노채고개에 이른다(10:20). 비교적 뚜렷한 사거리로 용화사 갈림길이기도 하다. 작은 돌무덤이 있고 주변은 잡목과 작은 바위, 바닥에는 마사토가 깔렸다. 낙엽이 수북하다. 완만한 오르막이 시작되더니 오르내림을 반복한다. 서서히 고도가 높아지다가 무명봉에 이르고(10:40), 우측 아래는 포천시 강구동이다. 내려가 갈림길을 지나(11:05) 한참 후 전망대에 이르고(11:40), 운악산 암릉길에 들어선다. 한북정맥 중 가장 위험하다는 운악산 암릉 구간인데 다행히도 위험지대마다 우회로가 있다. 로프도 있다. 암릉을 오르내리다가 운악산 서봉 정상까지 0.8㎞ 남았다는 이정표를 만난다. 고사목을 지나 갈림길에 이른다(12:30). 직진은 암릉길, 우측은 우회로다. 그 유명한 사라키 능선이 시작된다. 거대한 암봉이 떡 버티고 있어 우측으로 우회한다. 우회로 역시 로프가

있지만 위험하다. 다시 능선갈림길에 이른다(13:08). 운악산 서봉이
400m 남았다는 이정표가 나오고, 운악산 바위들이 비경을 연출한
다. 수많은 봉우리를 넘었는데 아직도 끝이 없다. 저 봉우리만 넘으
면 정상이겠지 하면 다시 새로운 봉우리가 나타난다. 그러기를 여러
차례, 우리네 인생살이와 비슷하다. 언젠가 다시 와서 이 길을 여유
롭게 걸어보고 싶다. 오르막 주변은 잡목 일색. 군데군데 로프가 설
치되었다. 잠시 후 애기바위에 이른다(13:15). 노란 판에 해서체로 쓴
표지판이 있다. 작아서 애기바위인지, 큰 바위 옆에 애기처럼 있어
서인지? 원형의 운악산 등반안내도가 있고, 바로 옆에 '궁예 성터'라
는 표지판이 있다. 서봉으로 향하는 오름길도 암릉이고, 로프가 설
치되었다. 좌측은 서봉 정상, 우측은 운주사 방향이다. 좌측으로 오
르니 잠시 후 운악산 서봉에 이른다(13:30). 정상석과 이정표가 있다.
이곳에서 잠시 쉰다. 나이 들어 가면서 두려운 게 있다. 죽기 전에
갚아야 할 은혜를 다 갚지 못할까 봐서다. 세월은 마냥 기다려 주지
않는다. 서둘러야겠다.

### 운악산 서봉에서(13:30)

운악산은 가평군에서는 현등산이라고 부르고 포천시에서는 운악
산이라고 부른다. 서봉과 동봉이 있는데 첫 번째 봉우리가 서봉이
다. 서봉은 해발 935.5m로 기암으로 이루어지고 산세가 아름다워 '소
금강'이라고도 부른다. 동봉은 서봉에서 불과 2~3백 미터 거리에 있
다. 동봉으로 가기 전에 먼저 망경대에 들른다(13:35). 망경대에서는
동봉 정상에 있는 사람들이 보이고 가야 할 능선도 뚜렷하다. 발길
을 옮긴 지 10여 분 만에 동봉에 이른다(13:43). 정상석과 삼각점, 넓
은 헬기장이 있다. 정상 공터에는 큰 바위가 있고 건너편에는 지나

온 서봉과 망경대의 모습이 마주하고 있다. 앞으로 가야 할 마루금과 47번 국도도 내려다보인다. 절고개 방향으로 내려가 나무 계단을 지나 갈림길에 이른다(13:46). 직진은 현등사, 우측은 포천 방향이다. 직진으로 내려가면서 좌측의 남근석을 확인한다. 남근석촬영소에 이르니(13:48) 현등사 아래쪽 가평군 마을이 한눈에 들어온다. 내려간다. 잠시 후 절고개에 도착(13:59). 등로를 따라 직진으로 오른다. 아기봉 갈림길까지는 오르막이다. 철암재에 이르고(14:17), 아기봉 갈림길을 향해 5분 정도 오르니 헬기장이 나온다. 계속해서 오르니 채석장이 가까이 다가서면서 채석장 조망터에 이른다(14:25). 좌측에 아기봉이 보인다. 조망터를 지나 갈림길(14:45)에 이르고, 우측으로 진행하니 헬기장이 또 나온다(14:53). 등로는 마사토로 아주 미끄럽다. 한참 내려가니 군부대 철조망에 이르고(15:15), 이정표가 있다(47번 국도 0.53, 운악산 3.43). 좌측 철조망을 따라 진행하니 철조망 위에는 원형 철조망이 있고 깡통이 매달려 있다. 철조망을 지나니 군 진지가 나오고, 오른쪽 숲길로 진행한다. 한 발 한 발 걷다 보니 오늘의 종점인 47번 국도에 이른다(15:35). 아직도 해는 중천이다. 내일은 또 어떤 길에서, 무엇에 감동하게 될지…. 보내고 싶지 않은 4월의 마지막 토요일이 소리 없이 지난다.

### 🚶 오늘 걸은 길

노채고개 → 원통산, 구 노채고개, 사카리능선, 운악산 서봉, 망경대, 동봉, 절고개
→ 봉수리 47번 국도(10.5km, 5시간 15분).

### 🏔 교통편

- 갈 때: 상봉터미널에서 버스로 일동터미널까지. 노채고개까지는 도보로.
- 올 때: 7151부대 앞에서 마을버스로 광릉내까지, 광릉내에서 버스로 상봉터미널까지.

# 일곱째 구간
## 봉수리 지하차도에서 큰넓고개까지

오직 한 번의 꽃을 피운다는 인생의 봄, 쉽게 보낼 수는 없다.

한북정맥 일곱째 구간을 넘었다. 봉수리 47번 국도 지하차도에서 큰넓고개까지이다. 큰넓고개는 포천시 내촌면 진목리와 가산면 우금리를 잇는다. 이 구간에는 443봉, 명덕삼거리, 수원산갈림길, 585봉, 국사봉 등이 있다. 평이한 구간이나 들고나는 교통편이 좋지 않다.

### 2006. 5. 20.(토), 맑음

상봉터미널에서 출발한 버스는 빈자리가 없을 정도다(08:20). 승객이 늘어난 만큼 등산복 차림도 많다. 버스는 교문리, 광릉내를 지나고 서파를 거쳐 목적지인 봉수리에 도착(09:30). 내리는 사람은 나 혼자다. 버스 정류소는 한산하다. 할머니 한 분이 버스를 기다리시는지 세상에서 제일 편한 자세로 앉아서 담배를 피우고 있다. 맞은편 슈퍼 앞에는 두세 명의 젊은이가 서성거린다. 군부대 지하차도를 찾기 위해 물었다. "군부대가 한두 개가 아니라서…." 40대 젊은이가 한심하다는 듯한 표정으로 버스 진행 방향으로 가라고 손짓한다. 사실이다. 이곳은 군부대가 워낙 많아서 초행자는 웬만해선 찾기가 쉽지 않다. 버스 방향으로 진행해 본다. 언덕진 도로를 따라 5분을 올라가자 낯익은 군부대가 보인다. 지하차도도 보인다. 그때 보았던 7151부대다. 새로 난 47번 국도 아래로 뚫린 지하차도를 지나니 오른쪽 일동 방향으로 시멘트 길이 나 있다. 이 길을 따르면 한북정맥 7구간 들머리가 나온다고 했다. 그러고 보니 지난번 6구간 하산지점과 이어지는 지점이다. 우측(일동 방향) 시멘트 도로로 올라가는데 밭 옆에서 개 한 마리가 요란하게 짖는다. 들판에 드문드문 있는 민가라서 그런지 민가마다 개를 키운다. 한참 올라가니 좌측 산속으로 도로가 이어지고 곧이어 군부대 후문이 나온다(09:40). 후문은 굳게 닫혔다. 마루금은 우측 철조망을 따라 이어진다. 철조망 주변은 나무들을 다 베어버려 조금은 황량하고, 철조망 옆 방화선을 따라 올라가니 숲속으로 등산로가 이어진다. 산길에서 맨 먼저 느끼는 것은 숲의 향기다. 서서히 고도가 높아지면서 땀이 흐르기 시작한다. 443봉 정상 직전에서 능선은 남쪽으로 틀어진다. 능선 분기점에서 10여 분 정도 내려가니 갈림길이 나오고, 안내리본이 여러 개 걸린 곳으로 진행하니 군부대 철조망을 또 지난다. 철조망엔 '접근하면 발포한다!'라는 경고문이 있고, 철조망 안에는 큰 개가 눈을 부라리고 있다. 여차하면 달려들 기세다. 총을 멘 군인보다 더 위력이 있는 것 같다. 다시 숲길이다. 철조망과 숲길을 들락날락한다. 아주 높은 초소가 나온다. 초소 안에 군인이 있다. 허수아비다. 깜박 속을 뻔했다. 허수아비도 국토방위에 한몫을 한다. 30여 분 후 산림이 울창한 안부에서 10여 분 오르니 424봉에 이른다. 군 벙커가 있고, 잡풀이 우거져 바닥은 보이지 않는다. 여기서 오늘 처음으로 전망이 트인 곳에 선다. 운악산은 날씨가 흐려 희미하지만, 47번 국도와 지하차도 주변은 뚜렷하다. 등로는 뚜렷하지 않지만, 갈림길마다 안내리본이 펄럭이며 당황하는 나를 안심시킨다. 한참 내려가니 큰 아치가 보이고, 확 트인 명덕삼거리에 이른다.

## 명덕삼거리에서(11:35~)

명덕삼거리는 대형 선전탑들이 요란하다. 좌측(동쪽)은 서파사거리로, 우측(서쪽)은 굴고개를 거쳐 포천으로 이어지는 56번 도로다. 북쪽은 명덕온천으로 가는 길이고, 길을 건너면 남쪽으로 시멘트 길이 있는데 이곳이 오늘 가야 할 수원산 초입이다. 초입은 시멘트벽으로 둘러쳐 있다. 마치 축대를 쌓은 것처럼. 여기서도 안내리본이 없었다면 당황했을 것이다. 시멘트바닥에 그대로 앉아 휴식을 취한다. 배낭은 숲길을 헤칠 때 떨어진 꽃가루로 하얗다. 차들이 쌩쌩 달린다. 다시 출발이다. 시멘트벽에 올라서니 완만한 길로 이어지고 주위엔 낙엽송이 울창하다. 좌측 아래에 농장이 보이는데 냄새가 고약하다. 축사인 것 같다. 아니나 다를까 큰 멧돼지 두 마리가 어슬렁거린다. 언제 알았는지 축사를 지키는 개들이 짖어댄다. 한동안 오솔길 같은 숲길이 나오기에 다행이다 싶었는데, 그새 급경사 오르막이 시작된다. 다시 완경사, 급경사가 반복된다. 시장기를 참을 수 없어 점심을 먹기로 한다. 당초 계획은 능선 꼭대기에서 시원한 바람을 반찬 삼아 먹을 참이었다. 다시 출발이다. 한참 올라가니 군부대 철조망이 나온다. 이 지역은 사방이 군부대다. 군부대 철조망을 좌로 돌아 오르니 임도가 나오고, 마치 요새처럼 산꼭대기에 군부대가 있다. 넓은 공터에는 최근에 신축한 듯한 군 시설이 있고, 공터 쪽 숲길에는 어김없이 안내리본이 걸려 있다. 4~5분 내려가니 다시 넓은 공터가 나오고, 훈련장 비슷한 시설이 있다. 잡목이 우거진 급경사 능선 길을 오르니 헬기장이 나오고, 여기에서 오늘 처음으로 사람을 만난다. 노부부와 진돗개 한 마리다. 반갑다. 노부부는 등산 나온 것이 아니고, 당뇨가 있어서 운동 겸 약초를 캐려고 이렇게 일주일에 2번 정도 오른다고 한다. 바로 이 아래 가산면에 사신다면서 나에게 묻는다. '이렇게 혼자 산에 다니면 무섭지 않냐?'고. '괜찮다.'는 나의 대답에 이해할 수 없다는 표정이다. 듣고 보니 생각이 달라진다. 내가 이해할 수 없는 짓을 하는지도…. 정중하게 인사하고 내 길을 간다. 연속해서 헬기장 세 곳을 지나니 송전탑이 나온다. 송전탑도 다섯 개가 연속된다. 송전탑 하나를 지날 때마다 봉우리 몇 개를 넘는 기분이다. 지루하다. 날파리인지, 하루살이인지 초입부터 따라오던 것이 여기까지 따라와 괴롭힌다. 식수가 떨어져 할 수 없이 커피 물을 따라 마신다. 아껴야 될 것 같다. 갑자기 호랑나비 한 마리가 앞에 나타난다. 마치 어항 속의 금붕어가 물속을 헤엄치듯 여유롭다. 저런 나비에게도 고민이 있을까? 세 번째 송전탑에 서니 전망이 제법이다. 동남쪽으로는 베어스타운 스키장이 한 폭의 그림같이 아름답다. 4, 5번째 송전탑을 지나니 또 헬기장이 나오고, 조금 더 오르니 국사봉 정상이다(15:19). 삼각점이 있을 뿐, 잡목이 우거져 조망은 별로다. 급경사, 완경사를 반복해서 내려가니 채석장이 내려다보이는 능선에 닿는다. 산길에서는 시간이 흐를수록 발걸음은 무거워져도 마음은 점점 가벼워진다. 집 생각 때문일 것이다. 능선 아래는 절벽이라 철조망 울타리가 있다. 울타리 군데군데엔 '추락 주의' 팻말이 있다. 아래를 내려다보니, 아찔하다. 90도 직각으로 산을 깎아버렸다. 그 높이도 200m는 족히 될 것 같다. 완만한 능선도 잠시, 가파른 급경사 내리막길이 이어진다. 급경사 다음에 이어지는 봉우리 몇 개를 넘으니 자동차 소리가 들리고, 건물이 보이기 시작한다. 양지바른 산자락에 시설물이 보인다. '육사 생도 6.25 참전 기념비'이다. 6.25가 발발하자 당시 육사 2학년이던 생도들이 학업을 중단하고 바로 전투에 투입되었다고 한다. 이 전투에서 희생된 자들을 기리기 위한 기념비다. 그 아래쪽은 공장지대인 듯 비슷한 건물들이 도로에 연해 줄지어 있다. 이젠 최종 목적지가 코앞이다. 제법 넓은 도로엔 끊임없는 자동차 행렬이 산속의 정적을 깬다. 잠시 후 오늘 산행의 날머리인 큰넓고개에 이른다(16:01). 막상 내려오고 보니 막막하다. 현 위치가 가늠이 안 된다. 버스 정류장도 없고, 사람이라 곤 그림자도 보이지 않는다. 무턱대고 소리 나는 목재소 안으로 들어가니 예상외로 친절하게 안내해 준다. 이곳은 포천시 가산면 우금리인데, 의정부행 버스가 있긴 하지만 뜸하니 차라리 내촌으로 들어가서 서울행 버스를 타라고 한다. 답답했던 마음이 뻥 뚫린다.

**↟ 오늘 걸은 길**

봉수리 지하차도 → 443봉, 명덕삼거리, 수원산갈림길, 585봉, 국사봉 → 큰넓고개(12.5㎞, 6시간 21분).

**⛰ 교통편**

- 갈 때: 상봉터미널에서 버스로 가평군 상면 봉수리까지
- 올 때: 큰넓고개에서 버스로 내촌 버스 종점까지, 11번 버스로 서울까지

# 여덟째 구간
### 큰넓고개에서 다름고개까지

미래는 그냥 오는 것이 아니고, 내가 찾아가는 것이라고 했다. 오늘도 산길에 나서는 이유이다.

여덟째 구간을 넘었다. 큰넓고개에서 다름고개까지이다. 큰넓고개는 포천시 내촌면 진목리와 가산면 우금리를 잇는 고개이고, 다름고개는 포천시 소흘읍 이곡리와 이동교리를 잇는다. 이 구간에는 570봉, 601봉, 죽엽산, 비득재, 노고산, 천도교 공원묘지 등이 있다. 이 구간 죽엽산의 적송군락지는 한 폭의 동양화를 보는 듯한 황홀경 그 자체이고, 비득재에 줄지어 선 카페촌과 그 주변 풍광, 다름고개에 자리 잡은 삐노꼴레 레스토랑의 아름다운 건축 양식은 쉽게 볼 수 없는 비경이다.

## 2006. 5. 28.(일), 맑음

하늘은 맑고 나뭇잎은 더없이 새침하다. 뺨에 닿는 바람도 그렇고 지난밤 빗물로 정화된 공기도 신선하다. 날씨가 너무 쾌청해서인지 괜히 집에 남은 아내에게 미안해진다. 그동안 뻔질나게 드나들던 상봉터미널을 졸업하고, 오늘부터는 의정부터미널을 이용하게 된다.

변화라면 변화다. 새로운 지역에 대한 호기심도 인다. 의정부 전철역에는 9시에 도착. 막 가게 문을 여는 아저씨에게 버스터미널을 물었더니, "구터미널과 신 터미널이 있는데, 제대로 알고 물으라."면서 면박을 준다. 무조건 가까운 구터미널로 가기로 한다. 알고 보니 구터미널이든 신 터미널이든 33번 버스는 다 정차한다. 괜한 고민을 했다. 버스를 기다리는 동안 가게에 들러 간식을 준비한다. 가게 주인이 새로운 정보를 알려준다. 15번 버스는 노선이 폐지되어 33번만 다닌다고. 가게에서 나오자마자 33번 버스가 온다(09:26). 요금이 찍히는 카드기에서 '잔액 부족'이라는 기계음이 나온다. 동시에 기사 아저씨의 카랑카랑한 목소리가 튀어나온다. "현금으로 내세요." 그런데 기사 아저씨의 음성이 어디서 많이 듣던 목소리다. 내 귀를 의심했지만, 운전석 앞 거울을 통해 본 기사 아저씨는 분명히 어디서 본 얼굴이다. 맞다. 지난주 큰넓고개에서 내촌까지 33번 버스를 타고 갈 때 운전하던, 그러면서 종점까지 가서 11번으로 갈아타라고 하던 바로 그분이다. 이야기를 해보니 기사님도 나를 기억한다. 기사님은 안색을 바꿔 친절을 베푼다. 평소에 45분 걸리는데 오늘은 조금 빨리 도착할 것 같다고 한다. 묻지 않았는데 그 이유까지 설명한다. 주말에 서울로 외출 나간 외국인 근로자들이 일요일 오후에 들어오기 때문이란다. 큰넓고개에는 예상보다 빠른 10시 10분에 도착.

## 큰넓고개에서(10:10)

큰넓고개에는 육사 생도 6.25 참전 기념탑이 있고, 소규모 공단이 조성되었다. 썰렁하다. 도로를 질주하는 자동차들의 바쁜 움직임만 있을 뿐 사람이라곤 그림자도 찾아볼 수 없다. 들머리를 찾기 위해서는 먼저 GS 주유소를 찾아야 한다. 포천수지 건물 주변 녹색 철조망을 따라가니 GS 주유소가 나온다. 그런데 또 다른 장애물이 기다리고 있다. 4차선 도로를 건너야 되는데 중앙분리대가 설치되었다. 건널목은 보이지 않는다. 할 수 없이 무단 횡단한다. 절개지에 서고 보니 또 막막하다. 어느 쪽으로 올라가야 되나? 모를 땐 상식이 답이다. 지난주에 마친 7구간의 마지막 부분과 이어질 수 있는 부분을 찾기로 한다. 원래는 같은 산줄기였는데 도로를 내기 위해 절개했을 테니…. 7구간 마지막 부분과 이어진다고 생각되는 지점으로 올라가니 예상대로 수많은 안내리본이 펄럭이며 나를 기다린다. '이렇게 반가울 수가!' 오늘 걸을 길을 헤아려 본다. 오늘은 무엇이 또 나를 감동시킬지…. 산길은 언제나 설렌다. 초입은 완만한 능선. 등로는 좁을 뿐만 아니라 희미해서 사람이 다니는 길인지 분간조차 어렵다. 다행인 것은 고비마다 안내리본이 걸려 있다. 묘지가 자주 보인다. 아주 잘 정리된 큰 묘지를 지나자마자 앞이 확 뚫리고, 그 아래는 전체가 비닐로 덮인 밭이다. 또 그 아래는 낚시터다. 능선이 끝나고 작은넓고개에 이른다(11:00). 이 고개 역시 산허리를 잘라 만들었다. 작은넓고개라는 이름이 신기하다고 생각했는데, 현장을 보니 이해가 간다. 들머리였던 큰넓고개와는 천양지차다. 길이도 넓이도 높이도 다 그렇다. 작은넓고개를 가로지르는 위쪽에는 주택이 한 채 있다. 고개에 들어설 때부터 짖던 개가 계속 컹컹거린다. 이곳에서도 이동로 때문에 잠시 망설였지만, 역시 해답은 능선이다. 능선이 이어지는 방향으로 직진한다. 산허리를 절개한 고갯길이라 능선길은 꽤나 가파른 언덕을 올라야 된다. 다행히 로프가 설치되었다. 올라서자마자 펄럭이는 안내리본이 보인다. 다시 꽉 막힌 숲길이 시작되고, 주위는 아무것도 보이지 않는다. 옆에 산이 있는지 마을이 있는지 알 수 없다. 그토록 기다리던 봄날의 신록이지만 요즘 보니 꼭 그렇지만도 않다. 오히려 사방이 확 터져 주변을 시원스럽게 조망할 수 있는 겨울 산이 낫겠다는 생각이다. 이어지는 완만한 길로 오르니 묘지가 나오고, 10분 정도 더 오르니 전망이 트이는 무명봉에 이른다. 공터가 있어 잠시 휴식을 취한다. 가야 할 570봉 능선이 올려다보인다. 무명봉에서 완만한 오르막으로 한참 오르니 좌측에 푹 팬 곳이 나타난다. 이런 곳에 웬 계곡이? 작은 봉우리를 몇 개 넘으니 570봉에 이른다. 완만한 능선으로 내려가는 순간 갑자기 길옆에서 노인 한 분이 나타난다. 당황했지만 내가 먼저 인사한다. 이 적막한 산중에, 그것도 길이 아닌 숲속에서 나타나는 사람은 도대체 어떤 사람일까? 등에는 배낭을 짊어지고 지팡이 비슷한 막대기를 들고 있다. 짐작이 간다. 노인은 이 산 아래에 사신다. 이곳이 포천시 소흘면 고모리 한성골이라는 것도 알려 준다. 약초를 캐러 다니는 노인임에 틀림없다. 고맙다고 인사하고 걸음을 옮기려는데 갑자기 물으신다. "그런데 어디서 왔소?" 서울이라는 대답과 함께 다시 한번 인사하고 죽엽산을 향해 발걸음을 재촉한다. 4~5분 내려가니 송전탑이 나오고, 아래쪽 잡목이 제거되어 시야가 뻥 뚫린다. 시원스럽다. 다시 2~3분 내려가니 국립산림과학원에서 설치한 입산 통제를 알리는 경고판이 나온다. 허가 없이 출입하면 20만 원 이하의 벌금을 물린다고 한다. 아무 실효도 없는 경고판이다. 여기까지 와서 누가 되돌아가겠는가? 경고를 하려면 초입에서부터 했어야지. 무시하고 통과한다. 잣나무 숲이 계속 이어진다. 실험용인지 상업용인지는 알 수 없지만 쭉쭉 뻗은 잣나무가 시원스럽다. 경고판이 있던 안부에서 20여 분 오르니 601봉 정상에 이르고(12:23), 정상의 공터 중앙에는 국립건설연구소에서 설치한 동판으로 된 삼각점이 있다. 이곳에서 점심 식사를 하려는데 앉을 곳이 없다. 어제 내린 비로 바닥이 전부 젖었다. 하는 수 없이 삼각점 위에 깔판을 펼치고 앉는다. 다행히도 보는 사람은 없다. 볶은 멸치 반찬을 보니 초등학교 시절 도시락이 생각난다. 그렇게 먹고 싶던 멸치 반찬. 멸치 반찬을 싸 오는 친구가 그렇게 부럽던 초등학교 시절이 스친다. 식사가 끝날 무렵 아래쪽으로부터 한 젊은이가 올라온다. 등에는 작은 자루를 매고 손에는 날이 하나만 달린 쇠스랑을 들고 있다. 한눈에 봐도 알 수 있는 전문 약초꾼이다. 많이 캤냐고 물으니 요새는 별로 없다고 한다. 그러면서 장갑과 쇠스랑을 내려놓고 담배를 꺼내 문다. 휴식을 끝내고 바로 출발한다(13:00). 완만한 능선 길로 내려가니 큰 고목들이 쓰러져 길을 막기를 여러 번. 풀 속에 파묻힌 H자가 보일 듯 말 듯한 헬기장이 나온다. 헬기장에선 으레 어느 정도 조망이 가능한데 이곳은 아니다. 하늘만 보일 뿐이다. 숲이 사방을 가렸다. 헬기장에서 몇 걸음 옮기자 죽엽산 정상에 이른다. 내려가다가 갈림길에서 우측으로 3~4분 내려가니 갈림길에 이른다. 좌측은 마명리로, 우측은 비득재로 이어지는 마루금이다. 산 전체가 적송으로 가득한 군락지다. 뱀 껍질같이 생긴 적송 껍질이 하늘 높은 줄 모르고 쭉쭉 뻗었다. 가지 또한 일반 소나무와는 확연히 구분된다. 올려다보는 적송 위에는 바닷물보다 더 파란 하늘이 있고, 그 하늘 아래에는 유유자적하는 뭉게구름이 있다. 가파른 내리막길이 이어진다. 늘씬한 적송도 계속된다. 임도를 가로질러 내려가도 적송은 계속 나온다. 115번 송전탑 좌측으로 내려가니 40번 철탑이 나오고, 급경사로 내려가서 임도를 따라 5분 정도 내려가니 산길로 가라는 듯 안내리본이 보인다. 완만한 능선 길로 가니 송전탑이 또 나온다. 얼마를 내려갔을까? 지루하다고 느낄 때에 아래쪽으로부터 개 짖는 소리가 희미하게 들린다. 사람들의 웅성거림이 들리고 칼라풀한 간판들이 하나둘씩 보이더니 비득재에 이른다.

### 비득재에서(14:10~)

놀랍다. '이런 곳에 이런 고급레스토랑이 있다니! 이렇게 많은 사람들은 또 웬일일까? 도대체 여기가 어딜까?' 음식점들이 줄지어 있고 한쪽에는 족구장까지 있다. 생선구이를 전문으로 하는 음식점을 둘러보니 오후 두 시가 넘었는데도 홀 안은 손님으로 가득하다. 많은 괴목과 분재로 장식된 넓은 마당을 가진 음식점 마당 한쪽에 평상이 있다. 다행히 손님이 없어서 내가 자리를 잡는다. 사장인 듯한 젊은이가 다가와 말을 건다. 한눈에 알아채고, "한북정맥 종주를 하느냐?"고 묻는다. 그러면서 자기 동서도 지금 백두대간을 종주하고 있는데 방금 전에 충청도 쪽이라면서 전화가 왔다고 한다. 참지 못하고 나도 궁금한 것을 물었다. 사장의 빠른 입놀림은 계속된다. 여기는 행정구역상 포천시 소흘읍 고모리이고, 이곳이 전에는 예술가

들이 와서 공연도 할 정도로 잘나가던 카페촌이었다고 한다. 당초 문화의 마을로 조성할 계획으로 추진하다가 IMF로 수포로 돌아갔다고 한다. 산골 같지만 의정부나 포천시에서 차로 20분이면 충분히 올 수 있는 거리라면서 주말에는 단체 손님이 많다고 한다. 이야기를 나누는 중에도 손님을 나르는 봉고차가 수시로 드나든다. 고급차에서 내리는 노신사들도 보인다. 40대 초반으로 보이는 사장은 실제로 미남이고 아주 건장하다. "이런 공기 좋은 곳에서 살면 얼마나 좋냐?"고 물으니, "남자들은 괜찮은데, 여자들은 답답해한다."고 한다. 그러면서 자기는 10년 전에 이곳에 왔는데, 이제는 어느 정도 자리를 잡았다고 한다. 할 말이 더 있는 듯싶은데, 주방에서 부르는 소리에 조심해서 산행하라면서 자리를 뜬다. 부러운 젊은이다. 부러운 사람들이 많다. 고급 차에서 내린 노신사도 그렇고, 이곳에 온 모든 사람들이 다 부럽다. 내게도 저런 세월이 있었던가? 저런 시절이 올건가? 비득재는 2차선으로 잘 닦여진 포장도로다. 주말 드라이브 코스로도 그만일 것 같다. 다시 출발한다. 등로는 도로 위 시멘트 옹벽을 넘어서면서부터 시작된다. 길 건너편 옹벽 위로 올라서니 안내 리본이 펄럭이고, 송전탑이 떡 버티고 있다. 죽엽산과 연결된 송전탑이다. 완만한 능선을 올라가니 송전탑이 또 나오고 이제부터는 숲길로 연결된다. 성터 흔적으로 보이는 이끼 낀 돌이 나오고 다시 급경사 길이 시작된다. 조금 더 올라 전망암에서 조금 전에 지나온 죽엽산을 바라보니 환상적이다. 적송 군락도 그렇고 쇳덩어리로만 보이던 송전탑도 이곳에서 보니 일렬로 정렬된 모습이 마치 대가의 작품 같다. 비득재 우측으로 드문드문 보이는 레스토랑의 모습은 마치 유럽의 전원풍경을 보는 듯 예술촌의 이름값을 제대로 한다. 다시 급경사를 넘으니 방송 중계탑이 설치된 노고산 정상에 이른다(15:07).

정상 좌측의 큰 바위가 전망암 역할을 한다. 방송 중계탑을 돌아서
니 고모산성 안내판이 보이고, 안내판에는 고모리 산성은 북으로 철
원, 포천 일대를 장악하기에 편리한 비득재에 쌓은 군사상 요충지라
고 적혀 있다. 안내판을 지나니 급경사 내리막길이 시작된다. 긴 로
프지대를 통과하니 다시 완만한 능선길이 길게 이어지고 임도가 나
온다. 몇 번의 갈림길을 지나 임도를 가로지르니 천도교 공원묘지
에 이른다(15:48). 공원묘지는 길게 이어진다. 묘지는 양옆으로 조성
되었고, 묘지 중앙을 따라 걷다 보니 예상대로 군부대 초소가 나오
고 긴 철조망을 따라 내려가니 지방도로가 나온다. 천수답 같은 논
에서는 모내기가 한창이다. 다시 도로를 가로질러 철조망을 따라 오
른다. 철조망 옆 숲에는 가끔 안내리본이 있어 정맥임을 확신한다.
철조망을 따라 오르니 민가가 나오고, 계속 철조망을 따라 오르내리
니 또다시 많은 묘지가 나온다. 이곳에서부터는 철조망 길을 벗어나
서 좌측으로 이어지는 산길로 들어간다. 입구에 많은 리본이 걸려
있다. 산길 우측 낡은 철 울타리를 따라 내려가니 자동차 소리가 들
리고, 98번 지방도로가 나온다. 오늘의 종착지인 다름고개다(16:25).
고개에 도착하자마자 스피커에서 울려 퍼지는 잔잔한 음악이 질주
에 지친 심신을 사르르 녹여낸다. 아직도 해는 중천이나 오늘은 이
곳에서 마친다. 누군가 말했다. 이 세상에서 가장 아름다운 길은 집
으로 돌아가는 길이라고. 집이 그립다.

### 🚶 오늘 걸은 길

큰넓고개 → 570봉, 601봉, 죽엽산, 비득재, 노고산, 천도교 공원묘지 → 다름고개
(11.5km, 6시간 15분).

## 🔺 교통편

- 갈 때: 의정부 버스터미널에서 33번 버스를 타서, 큰넓고개에서 하차.
- 올 때: 다름고개에서 21번 버스로 의정부 버스터미널까지 이동.

# 아홉째 구간
## 다름고개에서 샘내고개까지

걷기 운동의 효과는 다양하다. 심폐기능 향상, 혈압 감소, 당뇨 예방, 관절 건강, 전신 근력 강화 등. 이럴 진 데 산속을 걷는 등산은 말해 무엇 하랴.

아홉째 구간을 넘었다. 포천시 다름고개에서 샘내고개까지이다. 다름고개는 이곡리와 이동교리를 잇고, 샘내고개는 양주시 산곡 동과 덕계동을 잇는다. 이 구간에서는 축석령, 287봉, 백석이고개, 255봉, 로얄골프장, 양주 고읍택지개발지구, 한승아파트 등을 지나 게 된다. 구간 중 일부가 택지개발지구로 개발되어 정맥 잇기에 어려 움이 예상된다.

### 2006. 6. 4.(일), 맑음

의정부 버스터미널에 도착하니 버스는 이미 대기 중(08:55). 기사는 차에 오르지 않았지만, 승객들은 자리를 잡았다. 9시 정각에 기사가 오르고, 내가 요금 카드를 찍자 앉아 있던 승객들도 우르르 앞으로 나와 버스 요금을 낸다. 9시에 출발한 21번 버스는 20분 만에 다름고개에 도착. 그런데 이게 웬일인가? 지난주에 봤던 고급스러운 레스토랑과 잔잔하게 흐르던 달콤한 음악은 온데간데없고 그저 평범한 음식점 하나만 덜렁 있다. 이해가 간다. 때와 분위기상의 문제다. 그때, 지치고 허기진 때에 보고 듣던 숲속의 건물과 음악은 마치 꿈속의 궁전처럼 보였을 것이다. 아쉬움을 안고 삐노꼴레 레스토랑을 둘러보는데, 바로 앞 정원에서 누군가 나를 부른다. "누구시지요?" 레스토랑 주인이다. 아침부터 자기 집을 훔쳐보는 것이 이상했던 모양이다. 내가 고개를 돌리자마자 나를 알아보고 "지난번에 왔던 분이구만." 하며 아는 체를 한다. 말끝에 오늘 산행 들머리까지 자세히 알려 준다. 친절이 몸에 밴 신사다. 삐노콜레 레스토랑 간판이 있는 곳에서 축석령쪽으로 20m 정도 내려가다 보면 좌측 산속으로 이어지는 정맥 길이 보인다. 초입에 안내리본도 몇 개 있다. 산길로 올라가서 완만한 능선 길에 들어서자마자 개들이 짖기 시작한다(09:30). 개들이 짖어대니 닭들도 따라 운다. 삽시간에 동물농장이 난리법석이다. 10여 분 올라가니, 임도가 나오고 정맥 길은 우측 산길로 이어진다. 그쪽으로 안내리본이 보인다. 이곳에서 바라보니 지난주에 노고산에서 천도교공원묘지를 거쳐 이곳까지 오던 능선이 그대로 펼쳐진다. 선답자에 의하면 이곳이 자칫하면 길을 잃을 수 있다는 바로 그 지점이다. 첫 번째 삼거리에서 우측의 공장 쪽으로 정맥 길이 이어진다고 했는데, 아무리 찾아봐도 없다. 한참 헤매다가 할 수 없이 첫 번째 삼거리로 되돌아가서 반복적인 시도 끝에 어렵사리 군부대 철조망을 발견한다. 지체되었다는 생각에 철조망을 따라 열심히 걷는데, 난데없이 바로 옆에서 천지가 떠나갈 듯이 개가 짖는다. 군부대에서 키우는 개다. 무서운 불도그류가 아닌 애완견인 발바리다. 저렇게 작은 몸집에서 어떻게 저런 카랑카랑한 소리가 나올까? 개 짖는 소리에 괜히 불안하다. 개와는 상대도 않고 앞만 보고 내달렸지만, 소리는 그칠 줄을 모른다. 군부대 울타리가 아주 길다. 이곳 철조망은 특이하다. 이중 철조망은 여러 번 봤지만, 이렇게 철조망 옆에 고래 심줄 같은 가느다란 줄을 매달아 놓은 부대는 처음이다. 자칫하면 줄에 걸려 넘어질 수도 있겠다. 넘어져서 다치는 것이 문제가 아니라 줄과 이어진 철조망이 흔들려 철조망에 매달아 놓은 돌이라도 떨어질까 봐 겁난다. '돌이 떨어지면 혹시 발사?'

계곡을 넘나드니 우측 철조망을 따라 올라오는 길과 만나는 갈림길이 나온다. 우측 길은 첫 번째 삼거리에서 공장으로 내려와 군부대 철조망을 따라 올라오는 코스다. 내가 처음부터 찾고자 했던 그 길이다. 갈림길에서 정맥 길은 좌측 산길로 이어진다. 여기서 철조망을 뒤로하고 좌측 산길로 올라가 10여 분 내려가니 임도가 나온다. 임도 우측 아래에 건물이 있다. 임도를 건너 다시 산길로 들어선다. 이곳에서도 헛고생을 하게 된다. 고난의 연속이다. 2차선 포장도로

에 이르면 좌측에는 귀락터널이 있고 우측에는 '포유(For You)모텔'이 있다고 했는데 한참 헤맨 끝에 도착한 곳은 귀락터널 위다. 우측을 바라보니 포유모텔이 보인다. 터널을 내려와 포유모텔과 귀락터널 중간쯤에 서서 정맥 길이 이어질 만한 곳을 찾아본다. 두 지점의 중간쯤 되는 곳에 산길이 나 있고 안내리본이 보인다. 여기서 정맥 길은 언덕 가든 뒷길로 해서 축석삼거리로 이어진다. 그런데 개발한답시고 모두 파헤쳐버렸다. 한참 가다 보니, 아래 언덕배기에 언덕 가든 간판이 보인다. 방갈로를 청소 중인 아줌마가 아래쪽으로 쭉 내려가라고 알려준다. 알고 보니 도로 위 산길을 따라 쭉 내려가면 되는 것인데 그걸 몰랐던 것이다. 아줌마 말을 믿고 아래쪽으로 내려가니 여러 기의 묘지가 나오고, 계속 직진하니 소나무 숲과 방공호가 나오면서 축석삼거리에 이른다. 그리 길지 않은 코스인데 고생은 고생대로 하고 40분이나 지체되었다.

### 축석삼거리에서(11:00)

축석삼거리는 의정부와 포천의 경계 지점이다. 삼거리에서 도로를 건너 의정부 쪽으로 가다 보면 바로 검문소가 있고, 3~4분 더 가면 축석령에 이른다. 축석령 구조물 바로 직전에 축석교회가 있다. 교회 주차장 뒤로 정맥이 이어진다. 그런데 주차장이 보이지 않는다. 교인에게 물어봐도 주차장은 없다고 한다. 마을 주민에게 물으니 마을 안쪽으로 올라가면 등산길이 나온다고 한다. 마을 안으로 올라간다. 산 중턱으로 갈수록 고급주택이 나온다. 시골에선 좀처럼 보기 드문 주택이다. 길은 자동차가 다닐 수 있을 정도로 넓다. 그런데 아무리 가도 안내리본은 커녕 등산로도 보이지 않고 시멘트길이 끝나고 소로로 이어진다. 약간은 으스스하다. 갈수록 좁고 희미해진다. 갑자기 폐차된 자동차가 나타난다. 무서운 생각에 1초도 머뭇거리지 않고 바로 뒤돌아서 내려온다. 마을에 거의 내려올 때쯤 올라오는 세 분의 가족을 만난다. 부부가 초등학생 아들을 데리고 산을 오르는 중이다. 자초지종을 이야기하면서 정맥길을 물으니, 나보고 "제대로 왔는데 왜 내려오느냐?"고 반문한다. 그러면서 자기도 전에 동료들과 함께 한북정맥 이 구간을 종주한 적이 있다고 한다. 구세주를 만난 기분이다. 그러면서 같이 걷던 가족들을 팽개치고 나에게로 와서 길을 가르쳐 준다. 충분히 이해가 되어 고맙다고 인사를 해도 계속 말을 걸면서 설명해 준다. 뒤따라오는 가족들한테 미안해진다. 이분의 말인즉, 교회 뒤로 가도 길은 있지만 이 길도 사람들이 많이 다니는 코스라고 한다. 그러면서 올라가다가 방공호에서 좌측 소로를 따라 약수터 위로 올라가서 능선을 따라 쭉 내려가라고 한다. 이렇게 고마울 수가…. 방공호는 아까 나 혼자 올라갈 때도 이미 봤던 터라 쉽게 찾을 수 있다. 가르쳐준 대로 약수터가 나온다. 산꼭대기에 있음에도 수량이 아주 많다. 꿀꺽꿀꺽 마시고 한 병을 가득 채워 출발한다. 능선에 오르니 바람이 분다. 완만한 능선길을 오르내리다 헬기장인 287봉 정상에 이르고, 중앙에 삼각점이 있다. 앞쪽에 천보산 통신탑이 희미하게 보이고, 우측 나뭇가지 사이로 골프장이 내려다보인다. 쉬고 싶지만 너무 지체되었기에 바로 출발한다. 급경사 내리막길에 굵은 로프가 설치되었다. 한참 내려가니 특이한 소나무 군락지었다. 나무껍질도 특이하지만 잎이 거의 없다. 사진으로 남긴다. 조금 더 내려가니 사거리가 뚜렷한 백석이고개에 돌탑과 이정표가 있다(좌측 자일동, 우측 회만동마을). 돌탑에 돌을 얹기 위해 사방을 뒤져도 돌이 보이지 않는다. 간신히 찾아 정성스럽게 올려놓고 출발한다. 10여 분 오르니 능선갈림길, 좌측에 큰 바위가 있다. 정맥은 우측으로 이어진다. 바람이 시원하고 숲으로 가려진 그늘도 제법이다. 그동안 얼마나 허둥댔는지 배도 고프다. 이곳에서 점심을 먹는다(12:30). 사람들이 드나드는 길목이어서 지나가는 사람마다 쳐다본다. 오늘은 이상하게도 일이 꼬였다. 얼마를 방황했는지 생각하기도 싫다. 다시 출발한다(13:15). 경사 심한 오르막. 그리 넓지 않은 암봉에 이른다. 전망이 탁 트였고, 동서남북 어디를 봐도 거침이 없다. 바로 지나온 287봉과 동북쪽으로 이어지는 천보산맥이 보이고, 서쪽으로는 천보산 정상으로 이어지는 산줄기가 한눈에 들어온다. 북쪽으로는 골프장이 한 폭의 그림같이 내려다보이고, 남쪽으로는 의정부 일대 아파트촌이 아련하다. 다시 출발한다. 완만한 능선길에 있는 봉우리를 오르내리면서 20분 정도 진행하니 삼거리가 나온다. 이정표(좌측 탑고개, 우측 로얄골프장)와 로얄골프장 방향으로 안내리본이 있다. 로얄골프장으로 내려가는 길은 급경사. 좁기도 하고 유독 옻나무가 많다. 길이 좁아 옻나무가 얼굴을 스친다. 급경사 내리막길을 15분 정도 내려가니 골프장이 나온다. 들어가도 되는지? 주인이 뭐라고 하지는 않을까? 굉장히 넓다. 홀과 홀 사이에 동산 같은 낮은 산들이 있어 매력을 더한다. 잔디가 이렇게 좋은 줄 몰랐다.

### 로얄골프장에서(13:57)

홀마다 몇 사람씩 무리 지어 다닌다. 남자도 있고 챙이 긴 모자를 쓴 여자도 있다. 잔디밭 위에 등산복으로 서 있기가 어색하다. 이곳에서는 5번 홀 끝에서 개구멍을 통해 나가야 되는데, 아무리 찾아도 5번 홀을 찾을 수가 없다. 캐디에게 물으니, 의외로 친절하게 알려준다. '바로 왼편 홀이고, 홀 끝은 지금 물을 뿌리고 있는 아저씨가 있

는 곳'이라고 한다. 생각보다 쉽게 찾았다. 물 뿌리는 아저씨를 지나
니 그늘집과 휴게소가 나온다. 뜨거운 뙤약볕과 대비되어 휴게소 안
은 시원하다. 건장한 점원 아가씨조차 시원스럽게 보인다. 휴게소를
지나니 철망 울타리가 나오고 예상대로 개구멍이 있다. 신기하다.
이 낯선 곳, 이 넓은 골프장에서 기록 하나에 의지해서 이 작은 개구
멍까지 한 치의 오차도 없이 단번에 찾을 수 있다는 것이. 그런데 개
구멍을 빠져나갔는데, 길이 보이지 않는다. 골프장 쓰레기를 치우는
두 사람이 나를 보더니, "여기는 길이 없으니 다른 곳으로 가라."고
한다. 그래도 샛길이나 산길이라도 찾아간다고 하니, "골프장 사유지
니 아무도 못 간다."고 한다. 자기네 땅이니 빨리 나가 달라는 뜻이
다. 분명히 길이 있을 텐데 횡포를 부리는 것이다. 망설이다가 다시
개구멍을 통해 골프장 안으로 들어와서 물 뿌리던 아저씨를 찾아
다시 물었다. "혹시 등산객들이 오면 어디로 나가는지?" "이 구멍으
로 나가기도 하고, 저 위 5번 홀 티샷 지점에서 왼쪽 산길로 나가기
도 한다."고 한다. 5번 홀 티샷 지점으로 가서 다시 캐디에게 물으니
아주 친절히 가르쳐 준다. 다른 등산객들도 이 지점에서 빠져나간다
면서 티샷 지점 왼쪽 산길을 가르쳐 준다. 이렇게 고마울 수가! 길
은 아니지만 사람이 지나간 흔적이 보이는 숲속이다. 5분도 안 되어
2차선 도로인 오리동고개에 이른다(14:25). 이곳에서 청송가든 입간
판이 있는 임도를 따라 20m쯤 가니 정맥 길이 이어지는 산길이 나온
다. 다시 5분도 안 되어 갈림길이 나오고, 우측으로 5분 정도 더 가
니 앞이 뻥 뚫린다. 길은 없고 앞은 전부 공사판이다. 포클레인은 땅
을 파고 대형 트럭들이 흙을 옮긴다. 사람은 보이지 않는다. 공사장
은 끝이 보이지 않을 정도로 넓다. 양주시 고읍택지개발지구다. '이
곳에서 어디로 가야 하나?' 안내리본도 없고, 물을 사람도 없다. 방

향도 알 수 없다. 포클레인 기사에게는 접근할 수가 없다. 20분 정도를 멍하니 공사장을 쳐다보다가 결정한다. 피장파장이다. 사람을 만나는 것이 급선무다. 우선 사람을 찾기로 한다. 산길 우측에 공장 비슷한 건물이 있다. 사람이 있을 만한 곳이다. 흙더미 위를 걷는다. 옥수수밭을 지나 산중 민가가 나오고, 밭에서 일하는 부부를 만나 물었다. "덕현초등학교를 어떻게 가는지요?" 의외로 친절하게 가르쳐 준다. "저 아래 마을 쪽으로 내려가다 삼거리 자유식품 가게에서 좌측으로 가라."고 한다. 30분 정도 걸릴 거라고 한다. 부부와 대화 중에도 사육장 개들이 계속 컹컹거린다. 떠나기 전에 한 번 더 물었다. 이곳이 행정구역상 어디냐고. 양주시 만송동이라고 한다. 정말 덥다. 최대한 모자를 눌러쓰고 농로를 달린다. 공사장이라 자주 대형트럭과 마주친다. 공사장의 먼지와 초여름의 뙤약볕이 견디기 어렵다. 나보다 먼저 이곳을 통과한 사람들은 어떻게 지나갔을까? 다음 사람을 위해서라도 이곳만큼은 자세히 기록해야겠다. 한참 후 부부의 말대로 덕현초등학교가 나온다(15:31).

### 덕현초등학교 도착(15:31)

학교 주변은 황량하다. 모든 것이 철거되어 허허벌판이다. 유일하게 남은 것은 학교 뒤에 덩그러니 남은 아파트다. 학교 운동장에서는 마을 운동회를 하는지 족구 경기가 한창이다. 어린이, 청년, 노인이 다 모인 마을잔치다. 여기에서도 방향을 알 수가 없다. 민가는 물론 도로까지 없어졌다. 주내순복음교회를 찾아야 된다. 족구 경기를 구경하는 청년에게 순복음교회를 물으니 건성으로 대답한다. 모른다는 것이다. 감각으로 결정하는 수밖에. 공사 전에 도로였던 곳으로 진행하기로 한다. '관계자 외 출입 금지' 입간판이 있지만 실례

한다. 우선 사람을 만나서 물어보기 위해서다. 한참 가다 보니 공장 비슷한 건물이 나오고 상가도 나온다. 대웅건설 공사 현장사무실에 들러 물으니, 자기가 출퇴근길에 순복음교회 안내판을 본 적이 있다고 한다. 횡재다. 길을 걸으면 왜 이리 고마운 사람들이 많은지…. 그분이 가르쳐 준 대로 올라가니 건설 중인 4차선 도로가 나오고, 도로를 가로질러 절개지를 오르니 수많은 안내리본이 펄럭인다. 반갑다. 절개지 위에 배낭을 내려놓고 잠시 숨을 고른다. 휴식을 취하면서 남쪽을 바라보니 천보산 주능선이 한눈에 들어온다. 이곳이 막은고개다. 막은고개에서 5분 정도 내려가니 대형 십자가가 보인다. 내가 찾는 주내순복음교회다(16:05). 교회 앞에 느티나무와 평상이 있어 잠시 휴식을 취한다. 남겨둔 수박을 마저 먹는다. 오늘 지나온 순간들이 스친다. 삐노꼴레 레스토랑 사장의 자상함, 언덕 가든 청소 아줌마의 친절함, 축석교회 지점에서 만난 아저씨의 지나칠 정도로 세세한 설명, 개 사육장에서 만난 부부의 순수함, 덕현초등학교에서 만난 젊은이의 냉대, 대웅건설 직원의 적극적인 배려가 연속해서 떠오른다. 사람 사는 세상이 아직은 괜찮은 것 같다. 이런 분들이 있어서다. 교회 앞 도로에서 산 쪽으로 시멘트길을 100m 정도 가다가 우측 산길로 들어가 20분 정도 더 가니 군부대 철조망이 나온다(16:29). 꽤나 큰 부대다. 철조망 중간쯤에서 위쪽으로 정맥길이 이어진다고 했는데, 어느 쪽이 위쪽인지 알 수 없다. 당황스럽다. 오늘은 왜 이렇게 꼬이기만 하는지! 눈짐작으로 위쪽을 판단하는 수밖에. 포천 방향이 위쪽일 거라는 막연한 생각을 한다. 확률은 50%다. 그런데 왜 이렇게 운도 따르지 않는지. 50% 확률도 벗어나 헛고생이다. 가도 가도 내가 찾는 쉼터는 나오지 않고 군부대 철조망 끝이 나온다. 마을 노인에게 물으니 잘못 왔다고 한다. 다시 원점으로 돌아가서 반대 방향으로 20분을 더 가야 된다. 예상보다 40여 분이 더 지체되어 쉼터에 이른다(17:17). 쉼터는 산꼭대기에 있다. 마을 사람들의 휴식 겸 운동 장소다. 벤치가 있고 훌라후프, 줄넘기 등 운동기구가 있다. 바닥은 아주 깨끗하게 청소되었다. 배낭을 내려놓고 휴식을 취한 후 다시 출발한다. 완만한 길로 10여 분을 내려가니 우측에 아파트공사장이 내려다보인다. 철망 울타리를 따라 5분 정도 가니 갈림길이 나오고, 좌측으로 올라가니 능선삼거리가 나온다. 삼거리에는 바닷가에서나 볼 수 있는 깨끗하고 하얀 차돌이 있다. 마을 주민으로 보이는 여인 세 분이 휴식을 취한다. 우측으로 5분 정도 내려가니 마을이 보이고 비포장도로가 나온다. 100여 미터를 더 가니 포장도로가 나오고, 좌측에 내가 찾는 한승아파트가 보인다 (17:40). 여기에서 다시 철길을 건너야 되고 GS 주유소를 찾아야 된다. 아파트 상가 뒤 텃밭에서 일하는 분들께 철길로 가는 방향을 물었다. 딸을 포함해서 여성 세 분이 일하고 있다. 자세히 가르쳐 주려는 나이 든 아주머니의 설명이 좀 길어지자, 옆에 있던 딸이 엄마에게 짜증을 낸다. "엄마는 말귀를 못 알아듣고." 길 찾는 나그네가 고생하지 않도록 자세히 가르쳐 주려는 아주머니의 깊은 뜻을 젊은 딸은 이해하지 못한 것이다. 괜히 내가 모녀간에 싸움을 시킨 셈이다. "아주머니 고맙습니다." 하고 빨리 자리를 뜬다. 고마운 분들이 이렇게 많아서 나처럼 길눈 어두운 놈도 살아갈 수 있다. 아파트 끝 쪽문으로 빠져나가 아주머니 말씀대로 경원선 철길을 건너 우측 산길로 들어서니 도로가 나오고, 대형 가구 전시장에 이어 만국기가 펄럭이는 GS 주유소가 보인다. 오늘의 최종 목적지인 샘내고개다(17:57). 해도 많이 기울었다. 주유소 앞 4차선 도로를 쌩쌩 달리는 차들을 보니 집 생각이 간절하다.

## 🚶 오늘 걸은 길

다름고개 → 축석령, 287봉, 백석이고개, 255봉, 로얄골프장, 양주 고읍택지개발지구, 한승아파트 → 샘내고개(14.0㎞, 8시간 37분).

## ⛰ 교통편

- 갈 때: 의정부 버스터미널에서 다름고개행 21번 버스 이용
- 올 때: 샘내 버스 정류장에서 의정부행 버스 이용

# 열째 구간
## 샘내고개에서 울대고개까지

광화문에 비가 내린다. 우기에 내리는 의례적인 비다. 친구의 메시지를 보고서야 알았다. '파전에 동동주 때리기' 여름날 시골의 연례행사였다. 연례행사마저도 까먹게 되는 현실이 조금은 슬프다.

열째 구간을 넘었다. 샘내고개에서 울대고개까지이다. 샘내고개는 양주시 산곡동과 덕계동을 잇는 잿등이고, 울대고개는 의정부 가능동과 양주시 장흥면 울대리를 잇는 잿등이다. 이 구간에서는 임꺽정봉, 오산삼거리, 작고개, 호명산, 한강봉, 챌봉 등을 넘게 된다. 쫓기는 산행이었다. 오로지 주파를 위한 행사 같아서 찜찜했다. 소득이라면 '임꺽정봉'의 실체를 확인한 것이다.

### 2006. 6. 18.(일), 맑음

평소보다 늦게 출발한 탓에 해지기 전에 마칠 수 있을지 염려된다. 고수들이 아홉 시간 걸렸다는데…. 지하철을 타고 가면서 내내 머리를 굴려보지만 묘안이 없다. 방법은 단 하나, 평지나 내리막길은 그냥 달리는 것이다. 어쨌든 산줄기 종주는 기분 좋은 일이다. 새로운 것을 접할 수 있어서다. 벌써부터 구간 날머리가 기대된다. 어느 정도 개발된 곳인지? 교통편은 어떤지? 서울과는 얼마나 떨어졌는지 등이. 의정부북부역에서 10시 48분에 출발한 25번 버스는 4차선 도로를 시원하게 달린다. 양주시청을 지나서 목적지인 샘내고개에는 11시가 조금 넘어서 도착. GS 칼텍스 주유소는 오늘도 역시 경쾌한 음악으로 고객들을 부른다. 주유소 앞 4차선 도로를 건너 의정부 쪽으로 5m 정도 가니, 우측 산길에 안내리본이 보인다. 오늘 산행 들머리인 샘내고개다(11:00). 지난번에 내려 올 때 봤던 곳이다. 산으로 오른다. 폐타이어로 만든 방공호를 따라 좌측으로 진행하니 능선이 이어지고, 갈림길에는 나무의자가 설치된 쉼터가 있다(11:13). 이 마을 덕계리 주민들의 등산로인 듯 길이 잘 닦였고, 간간이 이정표도 나온다. 산행을 마치고 내려오는 사람들을 하나둘씩 만난다. 다시 갈림길. 불곡산 정상과 임꺽정봉이 올려다보인다. 한쪽 구석에는 두 사람이 심각한 표정으로 먼 산을 응시하고 있다. 50대 후반 남자와 약간 젊어 보이는 여자다. 남자는 턱에 손을 괴고 있다. '무슨 고민이 있기에 아침부터 저렇게 심각할까?' 가파른 곳에 통나무 계단과 로프가 있다. 잠시 후 이정표가 나온다(좌측 정상, 우측 금광 아파트). 좌측으로 조금 진행하니 군 시설물이 나오고, 임도에서 좌측으로 10여 분 올라가니 갈림길이 나온다. 등산 안내도가 있다. 우측은 도락산으로, 좌측은 정맥길인 창업굴고개로 가는 길이다. 좌측으로 직진하니 산불감시초소가 나온다. 마치 시골 원두막처럼 생겼다. 조금 내려가니 임도와 다시 만나고, 좌측에는 군 유격장이 있다. 그 직전에 공사 현장이 나온다. 공사는 오래전에 중단된 듯 황량하다. 조금 더 가니 창업굴고개에 이른다(11:50). 바로 정면은 군 유격훈련장인데 철조망으로 굳게 잠겼고, 정맥길은 훈련장 안쪽으로 이어진다. 망설이고 있는데 유격장 안에서 안내리본이 펄럭인다. 맞다. 이곳으로 들어오라는 신호다. 철조망 옆 개구멍을 통해 들어간다. 훈련장은 절간처럼 조용하다. 중앙에 넓은 길이 있고, 양쪽으로 갖가지 훈련코스가 있다. 3단 뛰어오르기, 뒤에서 기어오르기, 경사판 오르기 등 들어보지도 못한 훈련장들이다. 한참 올라가니 통제대와 헬기장이 나오면서 잠시 후에 오르게 될 임꺽정봉이 훤히 보인다. 이제부터는 암릉이다. 군 훈련장으로도 쓰일 것 같다. 바위 사이사이에는 쇠고리도 박혔다. 암릉을 지나고, 철조망을 넘어서니 안내판이 나온다. 북쪽에 군부대 훈련장이 있으니 좌측 부흥사 쪽으로 진행하라는 것이다. 암릉에 설치된 로프를 잡고 오르니, 넓적한 바위가 나오고 주변 조망이 환상적이다. 북쪽으로는 광백저수지가 내려다보이고, 동쪽으로는 불곡산 정상이 한눈에 들어온다. 다시 10여 분 올라가니 주능선 갈림길에 이른다. 좌측은 임꺽정봉으로, 우측이 정맥길이다. 시간이 없어서 임꺽정봉은 그냥 지나치려다 다시 오르기로 한다. 잠시 후 임꺽정봉에 이른다(12:26). 정상 중앙에 표지석이 있고 임꺽정에 관한 것들이 적혀 있다. 임꺽정봉은 불곡산의 3번째 봉우리다. 이 지역을 '청송골'이라고 부르는데, 청송골이 임꺽정 소설 속에 나오는 청석골과 발음이 비슷하여 이 지역 사람들이 연관 지어 부른다고 한다. 임꺽정은 조선 시대 홍길동, 장길산과 함께 우리나라 3대 도적 중의 하나로, 조선 명종 때 약 3년간 황해도, 평안도, 경기도, 충청도 지방에서 활동한 도적의 우두머리로서 왕조실록에도 나오는 실존 인물이라고 한다. 원래 양주의 백정이었는데, 정치가 혼란하고 관리의 부패가 심해 민심이 좋지 않자 불평분자들을 규합하여 주로 황해도와 경기도 일대에서 창고를 털어 곡식을 빈민에게 나누어 주었다고 한다. 또 관청을 습격해 관원을 살해했다고도 하니, 단순한 도적만은 아니었을 듯싶다. 정상은 사방이 뚫려 전망이 아주 좋다. 특히 백석읍이 시원스럽게 한눈에 들어온다. 임꺽정 복장을 한 젊은 총각이 핸드폰으로 음악을 들으면서 막걸리를 팔고 있다. 신세대 임꺽정이다. 임꺽정봉에서 내려와 아까 망설이던 갈림길에서 우측으로 조금 진행하니 철제 난간이 설치된 암봉에 이른다. 남쪽으로는 백석읍 대교아파트와 오산삼거리가 선명하게 내려다보이고, 오산삼거리 너머에는 앞으로 가야 할 산성과 호명산, 한강봉이 한눈에 들어온다. 한강봉은 이곳에서 봐도 기를 죽일 만큼 웅장하다. 내려가는 길은 가파른 직벽. 로프가 설치되었지만 약간은 두렵다. 우회 길이 있지만 피하지 않고 로프를 탄다. 조금 더 내려가니 이정표가 있는 삼거리에 이르고, 정맥은 직진이지만 군부대가 있어 좌측으로 내려간다. 돌길이다. 한참 후 약수터에 이른다. 완만한 길로 20여 분을 내려가니 돌로 쌓은 제단이 나온다. 태백산 천제단의 축소판 정도다. 조금 더 내려가니 유원지인 듯 계곡에 천막을 치고 음료수를 파는 장사꾼이 있다. 군 훈련장 좌측으로 내려가니 많은 차들이 주차되었다. 이젠 오산삼거리를 찾으면 된다. 공장지대 아래로 내려와 슈퍼에 들러 물었다. 슈퍼에 있는 외국인이 뚜렷한 우리말로 대답한다. "그쪽 맞아요."라고. 신기하다. 한국인이 외국인한테 우리나라 지리를 묻고 있으니…. 외국인이 가르쳐준 대로 오산삼거리를 찾아가니(13:20) 오산삼거리가 두 군데나 있다. 두 번째 삼거리에서 조금 위에 있는 '삼거리 건재철물상' 옆으로 정맥길은 이어진다.

### 오산삼거리에서(13:20)

삼거리 건재철물상 왼쪽에 안내리본이 걸려 있고, 5~6분 올라가니 산기슭에 '세심정(洗心亭)'이라는 정자가 있다. 그 아래에서는 밭두렁 풀을 베는 예초기 소리가 요란하다. 정자 옆에는 물까지 흐른다. 마침 잘 됐다. 이곳에서 점심을 먹기로 한다. 소찬이지만 깔끔한 정자에서 식사를 하노라니 갑자기 신선이 된 기분이다. 중앙엔 탁자가 있고 탁자 위엔 책이 있다. 주민들이 공동으로 이용하는 정자겠지만, 함부로 책을 펼쳐보기도 뭐해서 그냥 눈으로만 본다. 세심(洗心)과 관련된 책이리라…. 오늘은 휴식 시간을 갖지 않기로 한다. 갈 길이 멀어서다. 옆에 있는 약수를 한잔 마시고 바로 출발한다. 이곳에서 정맥은 정자 바로 직전에 있는 우측 산길로 이어진다. 그런데 아무리 봐도 길은 없다. 한참 만에 빛바랜 안내리본을 발견한다. 안내리본을 따라 숲길을 헤치니 희미한 흔적이 보인다. 길은 아니지만, '맞겠지.' 하는 감으로 직진한다. 숲에 엉킨 거미줄이 몇 번이고 얼굴을 휘감는다. 조금씩 확신이 간다. 산성의 흔적이 드러난다. 10여 분을 더 가니 숲과 돌로만 이루어진 봉우리에 이른다. 산성의 정상인 것 같다. 잡목과 잡풀로 둘러싸여 주위는 아무것도 보이지 않는다. 산성을 지나니 내리막으로 연결되고 송전탑이 나오기 시작한다. 두 번째 송전탑과 잘 다듬어진 묘지를 지나니 자동차 소리가 들리기 시작하고, 파도처럼 넘실대는 넓은 비닐하우스 단지가 나타난다. 작고개에 이른 것이다(14:20). 작고개는 양주시 백석읍에 위치. 어둔동이라는 팻말이 세워졌고, 주변은 대형 비닐하우스 단지다. 하우스 안에서 작업하는 아줌마들의 목소리가 밖에까지 들리고 새참 먹는 여유로운 풍경도 보인다. 하우스 옆에는 임시 판매점을 설치해서 토마토, 오이 등을 팔고 있다. 이런 시골을 지날 때면 그 속에서 살던 나 자신을 돌아보게 된다. 판매점 건너편 간이 건물 우측으로 진행한다. 등로는 산길로 이어진다고 했는데, 아무리 찾아도 산길은 보이지 않는다. 안내리본을 발견했지만 길다운 길이 아니다. 숲을 헤치고 능선에 오르니 최근에 조성된 것으로 보이는 과수원이 나온다. 가장자리에는 외부인의 접근을 막는 금줄이 있다. 과수원을 지나니 꽤 넓은 간벌 지대가 나온다. 오르는 능선도 그만큼 길어진다. 끊어질 것 같은 허리를 들어 위를 쳐다보니 송전탑이 올려다보인다. 저 오르막을 다 넘어야 된다는 생각에…. 간벌 지대 우측 가장자리를 따라 한참 오르니 돌탑이 나오고, 송전탑이 또 나온다. 몇 개를 지났는지 알 수 없다. 마지막 송전탑이라고 생각되는 곳에 서니 주위가 훤하다. 백석읍 일대가 시원스럽게 내려다보인다. 올라오는 사람마다 이곳에 서서 백석읍을 내려다본다. 올라올 때는 죽을상이던 얼굴들이 이곳에 서면서 밝게 펴진다. 송전탑을 지나자 고만고만한 봉우리 서너 개가 연속으로 이어진다. 이 봉우리 중 하나가 호명산이다. 그런데 정상 표시가 없어서 어느 봉우리가 호명산인지 알수 없다. 올라오는 사람들에게 물어봐도 신통찮다. 마지막 봉우리에는 큰 바위가 있고 중앙에 안내 표지석도 있다. 정상의 공간도 다른 곳보다는 넓다(15:19). '여기가 호명산일까?' 60대 중반의 노인에게 물었다. "여기가 호명산인지요?" 자신도 확신할 수는 없다면서, 높이는 이전 봉우리가 더 높은데 옆에 있는 바위 높이까지 계산하면 이곳이 더 높아서 사람들이 이곳을 호명산이라고 부른다고 한다. 그리고 앉기에 편한 큰 돌도 많아서 백석읍 주민들은 거의 다 이곳을 호명산이라고 부른다고 한다. 그렇게 이해해야 될 것 같다. 이분에게 백석읍에 대해서도 물었다. 구파발에서 자동차로 40분이면 올 수 있고, 백석이 상당히 발전되어 옛날의 백석이 아니라는 것을 강조한다. 고맙다는 인사를 드리고 발길을 옮긴다. 이제부터는 다시 급경사 내리막이 시작된다. 봉우리를 넘어서니 사거리 길이 뚜렷한 안부에 이르고, 직진한다. 그런데 이상하다. 아무리 가도 예상한 지형지물이 나오지 않는다. 깜빡 착각을 한 것이다. 계속 안내리본이 나오기에 의심 없이 직행했는데, 그 리본은 지역 등반대회 코스를 안내하는 리본이었다. 되돌아간다. 최대한 속력을 내서 달린다. 시간을 단축 해도 모자랄 판에 허비하다니…. 안부까지 되돌아와서 자세히 살피니 갈림길 우측에 세로 흔적이 있다. 이것을 몰랐다니! 갈림길에서 우측으로 5분 정도 내려가니 헬기장이 나오고, 다시 갈림길이 나온다. 좌측으로 내려가니 묘지가 나오고 앞이 훤히 트인다. 한강봉이 올려다보인다. 엄청 높다. 묘지 뒤쪽으로 가서 우측 급경사로 내려가니 임도가 나온다. 좌측은 홍복고개 쪽이고, 정맥길은 우측이다. 우측으로 50m 정도 가니 녹슨 철문이 나오고 주위에는 많은 차들이 주차되었다. 넓은 공터 좌측으로 올라가니 묘지가 나오고, 계속 오르막이 이어진다. 이렇게 힘들 수가…. 가다 쉬다를 반복해 거의 죽다시피 해서 한강봉에 이른다(16:30). 정상은 넓은 공터에 삼각점이 하나 있을 뿐 아무것도 없다. 사방은 뻥 뚫렸다. 남쪽으로는 다음 목적지인 챌봉이 올려다보이고, 우측에는 백석읍으로 내려가는 길이 나 있다. 가야 할 정맥길은 안내리본이 펄럭이는 좌측이다. 배낭을 내려놓고 잠시 지친 다리를 쉬게 한다. 간식으로 참외를 깎는데 멋진 여성 한 분이 올라온다. 검정색 선글라스에 상하 하얀색 운동복이다. 신발은 등산화가 아닌 랜드로바다. 모르는 체 참외를 계속 깎는데 인사를 한다. 여성의 음성은 보기와는 달리 60대의 목소리다. 선글라스 사이로 보이는 얼굴도 그렇다. 영락없는 노인인데 저렇게 꼿꼿할 수가?! 안내리본이 펄럭이는 좌측 급경사로 내려간다. 곧 완만한 능선길로 이어지고, 갈림길이 나온다. 우측은 양주유스호스텔로, 정맥은 좌측으로 이어진다. 좌측으로 5분 정도 내려가니 안부에 이르고, 완만한 능선길로 오르니 군용 벙커와 시멘트 굴뚝이 나온다. 챌봉 정상이다. 챌봉은 한북정맥에서는 호명산, 한강봉을 이어받아 울대고개, 서울의 도봉산, 북한산과 연결해주는 의미 있는 봉우리이다. 조금 내려가니 산불감시 무인카메라가 나오고 그 옆에 헬기장이 있다. 이곳에서 등로는 좌측으로 이어지는데, 칡넝쿨로 덮여 찾기가 쉽지 않다. 한참 내려가니 사거리 길이 뚜렷한 안부에 이르고, 직진하니 또 임도가 나온다. 우측에 간이화장실이 있다. 좌측으로 내려가 삼거리에서 직진하니 갈림길이 나오고, 좌측으로 오르니 갈림길이 또 나온다. 우측 평평한 길로 진행하니 무명봉에 이르고, 내려가니 갑자기 앞이 훤하게 트이면서 넓은 평지가 나온다. 평지에는 바람개비 같은 시설물이 있고 그 뒤에는 현대식 건물이 있다. 항공무선 표시국이다(17:55). 항공무선 표시국 철조망을 따라 좌측으로 진행한다. 철조망이 끝나고 숲길로 들어서니 길이 거의 보이지 않을 정도로 잡목이 무성하다. 개들이 짖기 시작한다. 정문이 보이고, 시멘트 도로로 내려가니 좌측 산길로 이어진다. 안내리본이 있지만 조심해야 될 곳이다. 한참 올라가 무명봉에서 완만한 길로 내려가니 길음동 천주교공원묘지에 이른다. 묘지 좌측으로 내려가니 시멘트 임도와 성모마리아 상이 나온다. 30m 정도 더 내려가서 좌측 산길로 내려간다. 한참 내려가니 민가와 텃밭이 나오고, 조금 더 내려가니 삼거리에 이른다. 좌측은 장흥 사슴목장으로, 우측 시멘트길은 울대고개로 내려가는 길이다. 오늘 산행의 종점에 이른 것이다. 주위엔 별장인 듯 근사한 집들이 있다. 5~6분 후 39번 국도가 지나는 울대고개에 도착(18:38). 4차선 포장도로로 차량이 많다. 버스 정류장에 배낭을 내리고 무거운 궁둥이를 의자에 붙인다. 하루가 저물어 가는 시각, 멀리 서쪽으로 떨어지는 햇살이 아름답다.

## 🚶 오늘 걸은 길

샘내고개 → 창업굴고개, 임꺽정봉, 오산지역 사람, 작고개, 호명산, 한강봉, 챌봉
→ 울대고개(16.9㎞, 7시간 38분).

## ⛰ 교통편

- 갈 때: 의정부북부역에서 25번 버스로 샘내고개까지.
- 올 때: 울대고개에서 의정부나 서울 불광동으로 가는 버스 이용.

# 열한째 구간
## 울대고개에서 우이암갈림길까지

새벽 지하철 첫차 승객이 만땅으로 차고, 환승 구간에서 남녀노소 누구나 뛰는 나라는 대한민국 서울이 유일할 것이다. 씩씩거리며 달리는 지하철의 몸통과는 달리 세상의 근심 걱정을 혼자 다 짊어진 듯 고뇌에 찬 모습으로 차창만을 응시하는 승객들. 애처롭다.

열한째 구간을 넘었다. 울대고개에서 우이령까지이다. 울대고개는 의정부시 가능동과 양주시 장흥면 울대리를 잇는 잿등이고, 우이령은 도봉산과 북한산의 경계를 이룬다. 이 구간에서는 사패산, 도봉산 자운봉, 우이암 갈림길 등을 거쳐 우이령까지 가게 된다. 그런데 마지막 갈림길인 우이암 갈림길에서 등로를 찾지 못해 헤매다가 날이 저물어 하산해야만 했다. '조금 안다는 것'이 얼마나 위험한 것인지 새삼 깨달았다. 드디어 서울에 진입했다.

### 2006. 7. 1.(토), 흐림

구파발역 분수대 앞은 주말이면 등산객들로 만원이다(09:07). 주변은 뉴타운 조성 공사가 한창이다. 분수대 앞에서 불광동 쪽으로 100여 미터 내려가 34번 버스에 올라 일부러 우측 창가에 앉는다.

북한산 경치를 보기 위해서다. 안내방송에서 백화사입구, 북한산성 등 귀에 익은 지명이 나온다. 그때마다 북한산을 쳐다보게 된다. 송추를 지나자 약간 오르막이 나오고, 2~3분 후 다음이 '울대고개'라는 안내방송이 나온다. 버스에서 내리자마자 이슬비가 내린다. 지난번에 감탄했던 별장 같은 집들이 밀집된 울대고개가 눈앞이다. 의정부 쪽으로 찻길을 따라 발길을 옮긴다. 채 5분도 안 되어 들머리인 울대고개에 이르고(09:30), 고갯마루를 가로질러 도로 옆 시멘트 옹벽에 올라서니 길에서는 보이지 않던 안내리본이 무더기로 나타난다. '산사랑 이야기'와 '북한산 연가'가 눈에 띈다.

### 울대고개에서(09:30)

오른다. 등로 옆에는 민가가 있고, 민가 옆에는 밭이 있다. 개가 짖는다. 고요한 산골에 평화가 깨진다. 있는 힘을 다해 짖는 개소리와 자동차 소음이 범벅이 된다. 빨리 이 지점을 벗어나는 수밖에…. 방공호를 지난다. 풀과 나뭇잎에는 간밤에 내린 빗물이 그대로다. 다 털면서 오른다. 바람 한 점 없는 무더운 날. 30여 분이 지나자 송전탑이 나오고, 옆에 전망암이 있다. 구름에 가려 반쪽만 보이는 사패산이 장관이다. 뒤에는 지난번 내려올 때 감탄했던 울대리 별장들이 점으로 나타난다. 길은 완만하나 벌써부터 차오르는 땀이 문제다. 두 걸음 걷고서 한 번씩 땀을 훔쳐야 할 판이다. 방카와 화생방 깃대봉, 화생방경보 신호표지판이 나온다(10:06). 표지판에는 경계, 공습, 화생방 등 눈에 익은 단어들이 적혀 있다. 20분 정도 오르자 군사시설보호구역 표지석이 나오고(10:25), 10여 분 후 갈림길에서 통나무 계단을 지나 안골갈림길에 이르자(10:52) 이정표가 나온다. 사패산 정상이 눈앞이다. 암릉길로 오르니 웅성거림이 들리고, 잠시 후 사패산 정상에 이른다(11:00). 사방이 탁 트였다. 말문이 막힐 정도다. 올라올 때 반쯤만 보이던 정상이 지금 아래에서 본다면 조금도 보이지 않을 것 같다. 비구름이 자욱해서다. 사방은 트였으나 보이는 것은 아무것도 없다. 정상의 넓적한 바위와 환호하는 등산객, 그리고 흐르는 비구름뿐이다. 바람도 시원하다. 땀에 전 속옷이 바로 마르는 것 같다. 모두가 좋아서 흘러가는 구름을 잡으려 한다. 아쉬운 것은 내게 친숙한 포대능선, 도봉주능선, 북한산의 백운대와 인수봉들을 볼 수 없다는 것이다. 지금은 아무것도 볼 수 없다. 맘속으로 그것들을 그릴 뿐이다. 나도 흘러가는 구름을 잡아 본다. 한쪽에서는 정치 이야기로 열을 올린다. 정상에 서 있는 소나무와 벼랑에 서 있는 소나무를 가리켜 경상도에서 태어난 놈, 전라도에서 태어난 놈이라고 비유한다. 정상에서 이렇게 오래 머물러 본 적이 없는데, 오늘은 떠나고 싶지 않다. 구름으로 감싸인 정상도 좋지만, 잠시 후면 구름이 걷힐지도 모를 그 순간 때문이다. 그렇다고 마냥 있을 수만은 없어 떨어지지 않는 발걸음을 옮긴다. 사패능선으로 향한다. 올라오던 길로 내려가 안골갈림길에서 통나무 계단으로 내려간다. 원각사갈림길에서(11:45) 완만한 능선길을 20분 정도 오르내리니 회룡골재에 이른다. 여기서부터는 가파른 오르막길이다. 숲이 사방을 가려서 아무것도 볼 수 없다. 땀이 비 오듯 쏟아진다. 등산객들이 쉬고 있는 안부에서 잠시 쉰다. 내 손에 쥐어진 산행 안내도를 본 등산객이 묻는다. 어디서 얻은 자료냐고. 그것보다 훨씬 나은 것이 있다면서 그 사이트를 가르쳐 준다. 고맙다는 인사를 하고 내가 먼저 일어선다. 암릉길에 이어서 통나무 계단이 이어지고 649봉 갈림길에 닿는다. 우측은 649봉으로 올라가는 길인데 우회하라는 표지판이 있다. 좌측으로 조금 오르니 전망암에 이르면서 649봉이 코앞으로 다가선다. 암릉길을 오르니 산불감시초소가 나오고(12:44), 내려가니 망월사 갈림길에 이른다(12:52). 이정표(자운봉 1.4)와 안내판이 있다. 안내판에는 포대능선에 대한 설명도 있다. 포대능선은 도봉산의 주봉인 자운봉에서 북쪽으로 뻗은 능선으로 중간 중간에 포대가 있다고 해서 붙여진 이름이다. 갈림길을 지나 암릉길로 올라가니 다시 전망 좋은 바위가 나온다. 이곳에서 점심을 먹는다(13:10). 식사 중에 갑자기 드르륵 소리가 들린다. 핸드폰 배터리가 떨어졌다는 신호다. 괜히 불안해진다. 다시 출발한다. 암릉에서 쇠줄을 잡고 내려가니 좌측으로 망월사 방향이 내려다보인다. 암릉길은 계속이다. 다시 로프를 잡고 암릉길을 오르니 암봉에 닿는다. 날씨가 많이 풀렸다. 희미하게나마 동쪽으로 수락산과 불암산이, 남쪽으로는 자운봉, 만장봉, 선인봉이 보인다. 반복되는 암릉길. 어디가 어디인지 알 수 없다. 이정표를 보고서야 짐작한다. 어떻게 왔는지 모르게 포대능선을 걷고 있다. 자운봉으로 이어지는 암릉길은 험준하니 우회하라는 표지판이 있다. 갈림길에서 직진하여 철제 난간이 길게 설치된 암릉길로 올라가니 삼각점이 있는 포대능선 정상에 이른다. 이전에도 몇 번 왔던 곳이다. 시원한 조망이 펼쳐진다. 자운봉과 신선대, 만장봉이 눈앞이고 앞으로 가게 될 암릉길이 선명하다. 여기서부터는 오늘 가야 될 코스가 눈에 선하다. 이미 몇 번씩 걸었던 곳이다. 마당바위 갈림길을 지나고 주봉을 우회하여 나무 계단으로 내려가다가 안부에서 나무 계단으로 오른다. 오봉갈림길이다. 오봉까지는 단숨에 내달린다. 그런데 이상하다. 오봉이 가까워져 오는데도 오봉고개가 나오지 않는다. 분명히 오봉 직전에 있을 텐데⋯. 착각이었다. 오봉고개는 오봉 직전에 있는 것이 아니고, 우이암갈림길에서 칼바위를 오르다 보면 그 중간에 있는데 그냥 짐작으로 판단한 것이다. 눈앞이 캄캄하다. 다시 오봉갈림길까지 돌아가야 된다. 달리다시피 해서 오봉갈림길로 되돌아간다. 이곳에서 좌측으로 내려갔어야 했는데, 안다고 촐랑대다가…. 암릉길로 내려가니 오봉고개에 닿는다(16:29).

## 오봉고개에서(16:29)

조금 더 내려가니 전망대가 나온다. 계획보다 지체되었지만 애써 여유를 갖는다. 전망대에 서서 오봉을 바라본다. 이제부터는 걷기 편한 능선길이다. 3분 정도 내려가니 헬기장이 나오고, 5분 정도 더 내려가니, 우이암갈림길에 이른다. 이정표가 있다(우이암 280m). 이곳에서 542봉에서 내려오는 길과 만나는 갈림길을 찾아야 되는데 아무리 뒤져봐도 보이지 않는다. 있다던 원형 철조망과 군사지역 출입 금지를 알리는 표지판도 보이지 않는다. 난감하다. 그렇다고 마냥 찾고만 있을 수는 없다. 우이암을 넘는 목재 계단을 오른다. 사전에 조사한 지형과는 전혀 딴판이다. 원형 철조망은 가도 가도 나오지 않는다. 방법이 없다. 그렇다고 다시 우이암갈림길로 되돌아갈 수는 없다. 일단 진행하기로 한다. 잘 아는 산속이라 크게 불안하지는 않지만 계곡이 나오고, 로프를 타고 바윗길을 넘는 곡예를 하다 보니, 혼자 숲속에 갇혔다는 불길한 생각이 든다. 정맥길은 못 찾더라도 집에 가는 길은 찾아야 될 텐데… 아직도 시간은 남았지만, 산속은 벌써 어두워졌다. 오늘은 이곳에서 마쳐야 할 것 같다. 마음을 다잡고 하산 길을 찾는다. 무조건 아래쪽으로 내려가기로 한다. 미끄러운 돌길을 무시하고 내달리다 발목이 접질린다. 한동안 움직일 수가 없다. 주무르고 뒤틀어 본다. 조금은 좋아지는 것 같다. 다시 걷는다. 이제는 얌전하게…. 얼마를 내려왔을까? 어디선가 사람들의 말

소리가 들린다. 올려다보니 능선을 걷는 등산객의 모습이 나무 사이로 보인다. 안심이다. 방향을 바꿔 능선으로 오른다. 사람들을 만나 현 위치를 확인하기 위해서다. 등산객은 말한다. 이곳은 우이동과 방학동으로 내려가는 길이라고. 자초지종을 말하니 웃으면서 설명해 주신다. 길은 잘못 들었지만, 정맥길을 찾았더라도 통과하지 못했을 거라고. 그곳은 군사시설이기 때문에 경찰이 지키고 있고, 신분증을 검사하면서 절대로 통과시키지 않는다고 한다. 집채만 한 군견도 있어서 무섭기도 하다고 한다. 자기도 한 5년 전에 갔었는데, 경찰이 다시 올라가라고 해서 자기는 늙어서 올라갈 힘이 없어서 못 간다고 하니 경찰이 다음 초소까지 안내해줬다고 한다. 그러면서 나 같은 젊은 사람은 봐주지 않을 거라고 한다. 그분은 방학동으로 내려가면서 나보고는 우이동으로 내려가라고 일러준다. 지하철 타기에 빠르다면서… 오늘 산행을 곰곰이 생각해 본다(17:58). 정맥길을 놓친 것이 잘된 것인지, 잘못된 것인지를. 모르겠다. 원형 철조망을 찾았더라면 우이령을 갔을 것이고, 그러면 경찰들과 실랑이를 했을 것이다. 실랑이 끝에 통과했을지, 아니면 되돌아왔을지는 알 수 없다. 아니면 정맥길을 놓쳤기에 그분 말씀대로 헛고생을 안 했는지도 모른다. 좌우간에 실수는 했다. 그 쉬운 길을 조금 안다고 촐랑대다가 삼천포로 빠졌으니. 산길은 혼자 걸어도 혼자가 아니다. 곳곳에 고마운 사람들이 있다. 오늘도 그랬다.

**🚶 오늘 걸은 길**

울대고개 → 사패산, 자운봉 → 우이암 갈림길(10.5㎞, 7시간 10분).

## 우이암갈림길에서 우이령까지 재도전: 2006. 7. 15.(토), 장대비

지지난 주에 마무리하지 못한 한북정맥 11구간의 끝부분인 도봉산 우이령 구간을 마무리하기 위하여 다시 시도했다. 하지만 한 치 앞을 가늠할 수 없는 비구름 때문에 역시 실패. 연속된 두 번의 실패를 통해서 많은 걸 깨달았다. 초행지 빗속 산행은 금물이라는 것. 실패담도 도움이 될 것 같아 소개한다.

3일 연휴가 시작되는 첫날. 지난주에 마무리하지 못한 도봉산 우이령 구간을 향해 출발한다. 그런데 망설여진다. 일기예보는 오늘 비 올 확률이 오전 60%, 오후 100%라고 했다. 천둥 번개도 예상된다고 한다. 가야 할까? 말까? 비를 좋아하는 그것이 빗속에 감춰진 위험을 알아채지 못하게 한다. 가기로 한다. 낮게 깔린 구름이 당장 비라도 쏟아 낼 기세다. 집을 나선다. 도봉산 입구에 줄지어 있는 상가도 이제야 영업 준비를 한다. 나처럼 망설였던 모양이다. 빗방울이 셀 수 있을 정도로 뜸하게 내린다. 도봉산 매표소는 한산하다(09:05). 도봉산은 반쪽만 보인다. 오늘은 저 구름 속을 걸어야 할 것 같다. 빗방울이 굵어진다. 배낭 커버를 씌우고 보문능선을 향해 출발한다(09:10). 햇빛이 보이는가 싶더니 바로 들어간다. 다시 날은 어두워진다. 소싯적 시골에선 이런 날을 도깨비 장가가는 날이라고 했다. 내려오는 사람과 마주친다. 얼마나 부지런하면 벌써 내려올까! 우이암 0.7㎞ 남았다는 이정표가 나온다. 1차 목표 지점인 우이암갈림길이 가깝다는 암시다. 달리듯 뛰어간다. 또 다른 이정표를 빨리 보고 싶어서다. 우이암 갈림길이다(10:20). 보문능선이 끝나고 도봉주능선과 만나는 교차점이다. 지난주 우이령 가는 길목을 찾지 못하고 방황했던 바로 그곳이다. 오늘은 어떤 일이 있더라도 찾을 생각이다. 선답자의 산행기보다는 지난주 그 아저씨가 말해 준 대로 갈 생각이다. 선답자 산행기는 우이암갈림길에서 직진하여 542봉으로 가라고 했지만, 지난주에 그렇게 했다가 실패했다. 우이암갈림길에서 바로 우측으로 빠지기로 한다. 지난주에 그 아저씨가 가르쳐 준 길이다. 길이 좁고 미끄럽다. 빗방울 숫자도 갈수록 많아진다. 미심쩍은 길이라선지 시간이 많이 걸린다. 계속 가도 되는지 불안해진다. 자꾸만 뒤돌아봐진다. 아무도 없다. 빗방울만 보일 뿐, 시야도 훨씬 좁아졌다. 삼거리가 나온다. 542봉에서 내려오는 길과 만나는 지점인 것 같다. 우측으로 희미한 흔적이 보인다. 감이 이상하다. 그 흔적을 따라간다. 보인다. 원형 철조망이 나오고 바로 그 뒤쪽엔 팻말이 있다. '출입 금지' 표지판이다(10:38). 반갑다. 이곳을 찾으려고 얼마나 애를 태웠던가! '출입 금지' 구역을 넘어야 하나 말아야 하나? 그렇게 찾던 원형 철조망이지만 막상 앞에 서고 보니 망설여진다. 영화에서 보던 군사분계선 생각이 난다. 길게 고민하지 않았다. 이곳을 향했을 때 이미 넘기로 결정했었다. 가장 낮은 지점으로 원형 철조망을 통과한다. 사방은 조용하다. 빗소리만 들릴 뿐 아무도 없다. 혼자다. 묘한 기분이 든다. 단도리를 한다. 우의를 꺼내 입고 물을 마신다. 내리막길이다. 내려가다 보면 안부가 나오고, 그곳에서 올라가면 무명봉우리가 나온다고 했다. 일차로 안부를 찾아야 된다. 길은 그런대로 괜찮다. 다만 갈수록 날이 어두워지고 비구름이 심해져 시야가 짧아지는 것이 문제다. 비에 젖은 풀과 나무들이 몸을 적시는 것도 영 불편하다. 시간상으로는 안부가 나올 때가 됐는데 계속 능선으로 이어진다. 숲속이라 방향 감각이 없다. 이제는 비구름으로 5㎝ 앞도 분간하기가 어렵다. 다시 오르막이 시작된다. '그렇다면 이곳이 안부란 말인가?' 아무튼 올라가 보자. 다시 봉우리가 나온다. '그렇다면 이곳이 무명봉?' 이상하다. 내려가는 길이 있어야 되는데 없다. 잘못 온 걸까? 주위를 살펴봐도 알 수가 없다. 어디가 어딘지 도무지 알 수 없다. 비는 계속 내린다. 갈수록 세차진다. 고난의 연속이다. 모자는 이미 다 젖었고, 우의를 입었지만 속옷까지 젖기 시작한다. 비는 그칠 기미가 보이지 않는다. 주머니에 있는 지갑이랑 핸드폰을 배낭 속으로 이동시킨다. 오던 길로 되돌아가 본다. 오던 길도 찾기 힘들 정도다. 불안해지기 시작한다. 시간상으로 보면 우이령 초소에 거의 다 왔을 시간이다. 비만 오지 않는다면, 비구름이 시야만 가리지 않는다면 어떻게 해서라도 길을 찾아보겠는데 어렵다. 길이 바로 눈앞에 있는데도 못 찾는지도 모르겠다. 비가 그치기를 기다려 본다. 갈수록 태산이다. 갈수록 장대비로 변한다. 비구름 역시 더욱 짙어져 한 치 앞을 분간하기 어렵다. 엎친데 덮친다고 바람까지 불기 시작한다. 모든 것이 빗속에 묻혀 버린다. 없는 길을 만들어 갈 수도 없고, 그렇다고 되돌아가기는 너무 아쉽다. 다시 무명봉우리로 가 본다. 다시 한번 우이령 가는 길을 찾아보기 위해서다. 역시 없다. 어떻게 해야 하나? 답이 없다. 비는 오기로 되어 있었다. 자연현상을 따르기로 한다. 기회는 또 있을 것이다. 되돌아가자. 모든 것이 침묵인데 빗소리만 꾸준하다. 흠뻑 젖은 등산화가 무겁다. 또 실패라는 참담함이 더 무겁게 다가온다.

# 열두째 구간
### 우이암 갈림길에서 솔고개까지

한북정맥 열두째 구간을 넘었다. 이 구간은 2006년 7월에만 두 번에 걸쳐 시도했지만, 모두 실패했다. 첫 번째는 길을 몰라서였고, 두 번째는 억수같이 쏟아지는 비 때문이었다. 그런데 지금 와서 생각해보니 원인은 두려움이었던 것 같다. 이 구간이 출입통제 구간이고 강력하게 단속한다는 선입견을 가지고 있었다. 실제로 우이령길은 출입통제 구간으로 지정되어 경찰이 상주하면서 강력하게 단속하다가 2009년에 해제되어 시민들에게 개방되었다. 정확하게는 우이령길(교현탐방지원센터에서 우이동까지)만 둘레길로 개방되었고, 길 좌·우측인 도봉산 우이암 갈림길에서 우이령길 그리고 우이령길에서 북한산 상장능선까지는 지금도 여전히 통제구간으로 지정되어 단속하고 있다. 두 번의 실패 이후 벼르고 벼른 게 오늘이다. 이번에는 진행 방향을 변경했다. 솔고개에서 우이암갈림길로 진행하는 북진이다. 이유는 단속 등으로 우이령에서 상장능선으로 진입하는 것이 어렵기 때문이다. 또 두 번의 실패에 따른 두려움도 계획 변경에 작용했다. 결과는 절반의 성공이었다. 그러나 만족한다. 사실 정맥 종주자들이 이 구간에 대해서 막연하게 두려움을 갖고 있다. 그래서 많은 사람들이 이 구간을 건너뛰는 것 같다. 그런데 이번 종주를 통해서 확실하게 알았다. 결코 어려운 구간이 아니다. 단속은 하지만 방법은 있다. 정확한 정맥 루트는 도봉산 우이암갈림길에서 우이령을 거쳐 북한산 상장능선을 따라 솔고개로 이어지지만, 지금은 우이령 길이 개방되었기 때문에 우이암갈림길에서 우이령까지 내려와서 상장능선 대신 우이령 둘레길을 이용하여 교현탐방지원센터를 거쳐 솔고개로 가면 된다. 나는 이번에 솔고개에서 출발해서 상장능선을 오르다가 악천후로 중간쯤에서 후퇴하여 교현탐방지원센터에서 우이령까지는 둘레길을 이용했고, 우이령에서 통제구간을 넘어 우이암 갈림길까지 올라갔다.

### 2017. 2. 22.(수), 눈

그제에 이어 연속해서 구파발역을 찾는다(09:43). 역 주변이 몰라 보게 변했다. 쇼핑센터, 아파트 등 새로운 건물들로 즐비하다. 34번 버스에 올라(08:47) 솔고개에 도착(09:08). 버스에서 내리자마자 입구에 있는 이정표를 확인하고 촬영한다. '충의길 구간 입구'라는 안내 문이 인상적이다. 몇 채의 민가가 있는 안길로 들어선다. 시멘트 포장도로다. 앞쪽에 상장능선이 보이지만 그곳까지 찾아가는 길이 쉽지는 않다. 도로를 지나면서 높게 설치된 '미르'라는 간판만 보면서 가면 된다. 미르라는 건물 앞에 이르면 바로 충의길 구간 입구가 보이고, 입구에 서면(09:14) 이정표와 목재 계단이 보인다. 목재 계단을 통과하면 흙길로 된 완만한 오르막이 이어지고, 주변에 잡목이 보인다. 갈수록 많은 눈이 내린다. 오늘 날씨가 수상하다. 잠시 후 지킴터에 이른다(09:24). 초소에 사람은 없다. 둘레길 안내도는 좌측으로 교현탐방지원센터가 있음을 알린다. 진행 방향으로는 넘지 말라고 목책 울타리가 설치되었고, 출입 금지 안내판이 있다. 사람은 없지만 울타리를 넘으려니 괜히 주위를 둘러보게 된다. 눈 딱 감고 넘는다. 등로 흔적이 있다. 출입통제 구간이지만, 갈 사람은 다 갔다는 방증이다. 등로는 아주 좁다. 바닥은 내리는 눈으로 반쯤 덮였고, 오를수록 가팔라진다. 돌길이 나오더니 첫 번째 봉우리에 이른다(09:42). 봉우리라고 하기에는 좀 그렇다. 좌우로 길게 늘어선 공터가 있고, 주변에 소나무가 있다. 바로 내려가자마자 오름이 시작된다. 또 출입 금지를 알리는 금줄과 안내판이 나온다. 무시하고 오른다. 오르막은 갈수록 가팔라지고 눈도 무척 열심히 내린다. 마치 밀린 숙제라도 하듯이. 내리는 양도 갈수록 많다. 우리나라 일기예보가 틀리는 경우가 많은데, 오늘은 예외인가? 이젠 눈이 땅바닥을 완전히 덮었다. 주변이 점점 어두워지기까지 한다. 바닥에 깔린 바위가 미끄럽다. 쉽게 생각하고 아이젠을 가져오지 않았는데, 실수다. 그러는 사이에 두 번째 봉우리에 이른다(10:11). 두 번째 봉우리도 좌우로 이어진다. 바람이 일고 주변이 보이지 않는다. 가까운 다음 봉우리조차도 보이지 않는다. 이 난리 속에서도 주변 사격장에서는 사격훈련이 한창이다. 쾅쾅 터지는 총소리가 끊이질 않는다. 봉우리 좌측은 길이 없어 우측으로 이동해 본다. 노란 표지기를 발견한다. 내려가는 흔적이 보인다. 망설이다가 일단 내려간다. 급경사 내리막이 이어진다. 엄청 미끄럽다. 바위를 내려가다가 뒤로 꽈당한다. 다음 봉우리 아래에 섰지만 봉우리 정상은 보이지 않는다. 더구나 오르는 길은 바위로 막혔다. 우회한다. 한참 돌아보지만 바위만 계속되고 봉우리는 찾을 수 없다. 눈은 계속 내리고 이젠 시야가 거의 제로다. 결단을 내려야 할 것 같다. 눈이 그칠 기미가 보이지 않는다. 오늘 상장능선을 넘기는 불가할 것 같다. 되돌아가기로 한다. 세 번째 시도마저 실패한다면 말이 아닌데…. 일기예보를 무시한 게 잘못이다. 나에겐 인연이 없는 걸까? 할 수 없이 일단 후퇴한다. 다시 지킴터로 내려간다. 아직도 지키는 사람은 없다. 어떻게 할까를 고민한다. 기다렸다가 눈이 그치면 재도전? 한참 고민하다가 상장능선을 포기하고 대신 둘레길을 통해 우이령까지 가기로 한다. 지킴터에서 이정표가 가리키는 대로 좌측으로 진행한다. 교현탐방지원센터를 찾아가는 것이다. 바로 사격장이 나온다. 출입을 통제한다. 할 수 없이 원점인 솔고개로 되돌아와서 송추방향으로 향한다. 단군농원을 지나고 한 정거장 정도 진행하니, 교현탐방지원센터 표지판 앞에 이른다(11:52). 이곳에서 조금만 올라가면 교현탐방지원센터가 나오고, 오르는 동안 몇 번의 안내판이 나온다. 이 우이령길은 예약제로 시행한다면서 사전에 예약한 사람에 한해서만 통과시킨다고 적혀 있다. 주변은 온통 군부대다. 잠시 후 교현탐방지원센터에 도착(11:59). 직원이 예약했느냐고 묻는다. 사실대로 말했다. 주민등록번호와 전화번호만 확인하고 통과시킨다. 이렇게 고마울 수가! 그런데 사전 예약제라면서 왜 통과시키는 걸까? 안내도까지 얻어 쥐고서 출발한다. 우이령길을 개방한다는 소리를 듣긴 했지만 이렇게 넓은 도로가 있을 줄은 몰랐다. 2차선 정도의 넓은 시멘트 길이다. 눈 덮인 산길을 혼자 독차지해서 걷는다. 이런 호사가? 야속한 날씨가 상장능선을 막더니 이런 선물을 주려고 그랬을까? 계속되는 넓은 길. 30여 분 오르니 유격장이 나온다(12:31). 이정표가 있다(소귀고개 1.0). 주변 촬영 후 출발한다. 길 폭이 반으로 준다. 잠시 후 초소가 있지만 통제하지 않는다. 최대한 천천히 걷는다. 귀한 길(?)에서 맘껏 즐기기 위해서다. 채 10분도 못 가서 우이령 중간 쉼터에 이르고(12:40), 좌측으로 오봉 일부가 보이기 시작한다. 5분 정도 지나니 오봉전망대에 이른다(12:47). 눈은 계속 내리고 드디어 우이령에 도착(12:53).

## 우이령에서(12:53)

이정표와 대전차 차단시설이 있고, 도로 좌·우측은 출입통제 구간이다. 출입통제 안내문과 로프가 설치되었다. 이곳에서 많은 생각을 하게 된다. 이곳을 통과하기 위해 그동안 몇 날 며칠을 고민하던 바로 그 현장이다. 감시인이 있을 걸로만 생각했고 신비스러운 곳으로만 여겨졌던 바로 그곳이다. 그 현장에 서 있다. 이곳에서 금줄을 넘어 좌측 우이암 방향으로 올라가야 한다. 감시인은 없다. 울타리를 넘는다. 법을 어기는 순간이다. 다시 산길 오르막이 시작된다. 눈으로 덮였다. 한참 오르다가 내 표지기를 나뭇가지에 매달고 셀카까지. 주변은 잡목과 소나무가 섞였다. 눈이 덮였지만 등로 흔적은 느낄 수 있다. 한참 오르다가 표지기를 발견한다. 없던 힘이 솟는다. 제대로 오르고 있다는 방증이다. 좌측에 군 벙커가 있다(13:19). 한참 오르다가 암릉을 만나고(13:39), 잠시 후 공터에서 우측으로 오르니 무명봉에 이른다. 내려가다가 오르막에서 원형 철조망을 만난다 (13:49). 출입 금지판과 금줄이 설치되었다. 죄송한 마음으로 금줄을 넘는다. 오르막이 더욱 가팔라지더니 목책 울타리가 나오고 드디어 우이암 갈림길에 이른다. 오늘의 최종 목적지다(13:55). 그동안 마음 졸이고 갈망했던 우이암갈림길에서 솔고개 구간을 마치는 순간이 다. 앞에는 큰 바위가 서너 개 엉켜 있다. 눈길이고 평일이어서인지 등산객은 없다. 바위도 나무들도 전부 눈으로 덮였다. 상장능선에서 눈 속을 헤매던 순간이 떠오른다. 눈 속 산행을 중단하고 과감하게 후퇴하기를 잘했다. 불가능할 것만 같던 12구간. 천신만고 끝에 성 공이다. 나에게도 적이 있다면 누구, 무엇일까? 아무리 생각해도 나 자신인 것 같다.

### 🚶 오늘 걸은 길

우이암갈림길 → 우이령, 우이령 둘레길, 교현탐방지원센터 → 솔고개(4.3㎞, 4시 간 47분).

### ⛰️ 교통편

- 갈 때: 구파발역에서 34번 버스 이용, 솔고개에서 하차.
- 올 때: 우이암갈림길에서 도봉산역으로 내려와 버스나 지하철 이용.

# 열셋째 구간
### 솔고개에서 고양중학교 뒷산까지

산길 걷기만큼 공정하고 평등한 게 있을까? 권력도 부도 통하지 않는다. 오로지 내 걸음만이 해결할 수 있다.

열셋째 구간을 넘었다. 솔고개에서 고양중학교 뒷산까지로 노고산을 넘어 한북누리길과 고양 옛길을 걷게 된다. 거리가 짧아 쉽게 마칠 수 있다. 여름휴가를 맞아 평일에 널널한 마음으로 집을 나섰다.

### 2006. 7. 9.(수), 맑음
구파발역에서 출발한 34번 버스가 막힘없이 달려 솔고개에 도착 (10:15). 날씨는 그런대로 괜찮다. 버스 정류장에서 송추 쪽으로 조금 이동하여 횡단보도를 건너, 군부대 정문을 지나 좌측 시멘트 길로 오른다. 길 우측에는 '화랑애견학교'가 있다. 군부대와 시멘트 길 사이를 흐르는 작은 도랑이 깨끗하다. 잠시 후 마을 사거리에서 직진하여 길옆 폐가 우측으로 오른다. 그런데 사방을 뒤져도 등산로가 보이지 않는다. 마을 주민에게 물으니, 이제는 등산로가 없어졌다면서 손으로 가리키며 "저 계곡 쪽으로 올라가면 묘지가 나오고, 묘지 위 밤나무 숲으로 올라가면 군부대 철조망이 나온다."고 한다. 주민의 말씀대로 우측에 묘지가 있고, 묘지 위에 밤나무 숲이 있다. 길은 없지만 숲을 헤치고 올라가니 길이 나온다. 능선으로 올라 군부대 철조망을 따라 우측으로 진행하여 한참 내려가니 안부에 이른다. 안부에는 군부대를 관통하는 시멘트 길이 나 있고, 우측에는 청룡사 표지판이 있다. 여기에서 정맥길은 철조망을 따라 오르면 된다. 가파른 언덕이다. 왼쪽에는 군부대 철조망이, 우측에는 아무것도 없다. 가파른 언덕길은 물기가 남아서 미끄럽다. 지형상으로는 뭔가 잡고 올라가야 되겠지만, 잡을 수 있는 것은 철조망뿐 아무것도 없다. 그냥 오른다. 대신 미끄러지지 않기 위해서 최대한 빠른 속도로 양발을 움직인다. 중간쯤 올랐을 때 갑자기 왼발 장딴지에 큰 충격이 온다. 마치 돌이 날아와서 세게 때린 것처럼. 그대로 주저앉는다. 움직일 수가 없다. 뭔가 끊어진 기분이다. 아픈 발을 주물러 보지만 소용이 없다. 간신히 한 발을 끌며 언덕을 벗어난다. 이유를 모르겠다. 튀겨져 나온 돌을 맞은 기분이지만 그럴 상황이 아니었다. 아픈 곳에 어떤 자국도 없다. 왼발은 사용할 수가 없다. 병원 진찰이 시급하다. 서울은 너무 멀다. 얼마 남지 않은 이 산을 넘기로 한다. 왼손은 철조망을 잡고 기어오른다. 산꼭대기에 이르니 반대편에 마을이 보인다. 내려선 곳은 일영유원지. 식당 주인은 이곳에는 병원이 없다며 고양시로 가라면서 택시를 불러준다. 의사는 웃는다. 심각한 상태가 아니란다. 근육파열이라면서 일주일 정도 치료하면 된다고 한다. 엑스레이를 찍어보자고 했지만, 근육이라서 확인되지 않는다고 한다. 의사 말을 들으니 안심이 된다. 몰골은 볼 것 없지만 자신에 찬 의사의 설명. 흰 가운의 위력이 대단하다. 아쉽지만 중단된 나머지는 다음을 기약하고 오늘은 이곳에서 마친다. 쓸쓸한 퇴장? 아니다. 언젠가 다시 올 것이다. 누가 내 삶을 대신 살아줄 수

없듯이, 이 산줄기 넘기도 내 몫이다.

## 2017. 2. 20.(월), 맑음

지난 2006년 7월 19일 한북정맥 13구간 종주 중 발목 인대가 파열되는 부상으로 중단. 11년이 지난 오늘 재도전에 나선다. 솔고개에서 고양고등학교 뒷산까지이다. 솔고개는 노고산 아래에 있는 고개로 구파발과 송추를 잇는 잿등이고, 고양고등학교는 고양시 삼송역 근처에 있다(2006년 당시에는 고양중학교라는 이름으로 정맥 종주자들에게 알려졌지만, 이번에 확인해보니 고양중학교는 다른 곳으로 이전하고 고등학교만 남았다). 이 구간에는 노고산 외에는 높은 산이 없고, 노고산을 내려서면 삼송역까지는 한북누리길과 고양시 옛길을 걷게 된다. 이 구간에는 표지기가 거의 없어 당황하게 될 곳이 있는데, 삼하리와 금바위 저수지로 갈라지는 갈림길이다. 이곳에서는 직진으로 내려가야 한다.

### 솔고개에서(09:31)

구파발역에서 솔고개행 버스를 확인하니 34번이다. 11년 전에도 34번이었는데 아직도 그대로다. 버스는 막힘없이 달려 솔고개에 도착(09:31). 버스에서 내리자마자 송추 쪽으로 50ｍ 정도 이동하여 횡단보도를 건너 부대 앞에 이른다. 이곳에서 등로는 부대 우측 시멘트 도로로 이어진다. 초입에 '노고산등산로 입구'라는 이정표가 있다. 개들이 짓기 시작한다. 11년 전 그때도 그랬다. 도로 우측은 농원이고 좌측은 작은 도랑이다. 한참 후 사거리가 나온다. 계속해서 120ｍ 정도 더 가니 좌측에 이정표가 있다(청룡사 1.6, 노고산 정상 3.3). 좌측 산길로 오른다(09:53). 낙엽이 쌓인 좁은 흙길. 경사도 완만하다. 주변은 잡목이 대세이고, 계곡이어서 바람도 없다. 계곡을 벗어나니 소나무가 나오고 경사도 가팔라진다. 잠시 후 바위 지대에 이르고, 공터에 나무의자 두 개가 있다(10:02). 10여 분 오르니 봉우리 꼭대기에 이르고(10:12), 여기서부터 군부대 철망이 시작된다. 표지기와 삼각점, 이정표가 있다. 우측으로 철망을 좌측에 끼고 진행하니 연속해서 갈림길이 나온다(10:21). 철망을 따라 한참 진행하여 안부에 내려서니, 2006년 종주 때 사고가 떠오른다. 이곳이 그때의 사고 지점이다. 이곳이 그 당시는 흙길이고 가팔랐는데, 지금은 시멘트로 포장되었다. 이제는 그런 사고 위험은 없게 되었다. 안부에서 오르자마자 등로는 다시 철망을 따라 이어진다. 오르막 끝에 서니 노고산 정상이 보이고, 잠시 후 공터가 있는 무명봉에 이른다(10:40). 삼각점과 블록으로 쌓은 사각기둥이 있다. 바로 내려간다. 역시 좌측에는 철망이 따라온다. 임도로 이어지는 안부에서(10:48) 철망은 좌측 아래로 이어지고 정맥은 임도를 따라 위쪽으로 이어진다. 임도를 따라 한참 가다가 출입통제 지점에 직면한다(11:08). 군부대 정문이면서 노고산 정상이다. 군부대 철망을 따라 좌측으로 우회하니 잠시 후 넓은 헬기장에 도착한다. 이정표가 있다(삼하리 2.4, 금바위저수지 3.1). 장쾌하고 환상적인 조망이 펼쳐진다. 헬기장에서 한참 머물다가 내려간다. 내려가는 길은 하나뿐. 표지기도 있다. 이곳도 등로 주변은 잡목이 대세다. 약간의 바람이 있지만 흙길이라 걷기는 좋다. 계속 내려가니 소나무가 군락진 쉼터에 이르고, 이어서 안부에서 오르니 무명봉 직전 갈림길에 이른다. 이정표가 있다(우측 삼하리 2.0, 직진 금바위저수지).

한참 망설이다가 등산객들의 말을 믿고 우측 삼하리 방향으로 내려간다. 로프가 길게 설치된 급경사다. 한참 가다가 반가운 표지기를 발견한다. '국토사랑 진도국악고'. 진도 고향 사람을 만난 것처럼 반갑다. 한참 내려가니 경사가 완만해지더니 안부 갈림길에 이른다(12:13). 벤치가 있고 이정표도 있다. 좌측으로

내려간다. 등로는 계속해서 완만한 길. 10여 분 내려가니 시멘트 도로에 이르고(12:26), 잠시 후 삼하리 마을 회관을 지나 내려가니 전원일기 마을이라는 광고판이 서 있다. '왜 이곳이 전원일기 마을일까?' 마을을 통과하여 대로에 이른다. 대로를 보는 순간 깜짝 놀란다. 잘 못 내려온 것이다. 알고 보니 이정표가 있던 갈림길에서 무명봉을 넘어 직진 금바위저수지로 내려갔어야 했다. 당황스럽다. 그렇다고 다시 올라갈 수도 없다. 마루금을 만날 수 있는 방도를 찾아야 한다. 도로를 따라서 구파발 쪽으로 가기로 한다. 일영마을과 이수광 묘지를 지난다. 계속해서 대로를 따라간다. 굴다리를 지나니 사거리에 이른다. 예상대로 이곳 사거리 좌우로 한북정맥이 이어진다. 제대로 찾아왔다. 이제라도 마루금을 찾았으니 다행이다. 이정표가 있다(삼송역 3.29). 우측 정맥길을 따르니 바로 '한북누리길과 군사시설'이라는 안내판이 나온다. 이제부터는 한북누리길을 걷게 된다. 안내판 설명을 그대로 옮긴다. "한북누리길은 북쪽에서 내려오는 세력

을 막아내기 위한 군사적 요충지에 해당한다. 예전부터 현재에 이르기까지 파주와 양주 지역에서 서울 구파발로 진입하는 것을 방어하는데 중요한 장소이다. 특히 6.25 전쟁 당시 이 부근에서 영국군과 중공군이 전투를 벌인 일명 '해피 밸리' 전투지 등으로 유명하다…"

길은 완만한 능선. 운동 시설과 정자, 삼송역까지의 거리를 알려주는 이정표가 계속 나온다. 한참 후 계단으로 이어지더니 '북한산전망대'라는 무명봉에 오른다(13:23). 통나무 의자가 두 개 있고 공터도 있다. 전망대 안내문에는 "이곳은 오금동과 지축동의 경계 지점으로 고양시의 동서로 길게 이어진 한북누리길 중 가장 전망이 좋은 곳이다…"라고 적혀 있다. 전망대에서 내려가니 이정표가 나오고, 또 정자와 '옛길'이라는 안내판이 나온다. 잠시 후 삼송동 마을이 훤히 보이더니 일명 '숯돌고개정자'라는 여석정에 이른다. 앞에 있는 삼송동 택지개발지구가 훤히 내려다보인다. 내려가는 길은 계단으로 이어지고, 잠시 후 도로변에 이른다. 문산 통일로로 가는 길이다. 도로를 건너니 삼송역에 이르고(13:51), 이어서 고양고등학교에 이른다(14:03). 2006년 당시는 고양중학교와 고등학교가 같이 있었기에 이곳 지명을 고양중학교라고 불렀는데, 이제는 바뀌어야 할 것 같다. 중학교가 다른 곳으로 이전되었다. 오늘은 이곳에서 마친다. 삼송역 주변은 그때나 지금이나 시끌벅적하다. 아직도 해는 중천이다. 이렇게 해서 2006년에 종주하다가 중단했던 '솔고개-고양 중학교 구간'을 마치게 된다. 후련하다. 산길엔 변수가 많다. 끝날 때까지 결코 끝을 알 수 없다. 쉽다는 구간에서의 돌발 사고가 그것을 입증한다.

### 🚶 오늘 걸은 길

솔고개 → 노고산, 한북누리길, 고양 옛길 → 고양중학교 뒷산(9.7㎞, 4시간 32분).

## ▲ 교통편

- 갈 때: 구파발에서 34번 버스 이용, 솔고개에서 하차.
- 올 때: 시내버스나 삼송역에서 지하철 이용.

# 열넷째 구간
## 고양중학교 뒷산에서 문봉동재까지

어느 대중가요 가수가 말했다. 자기는 "Keep going"이라고. 더 가 봐야 끝을 안다고. 그렇다. 끝을 봐야 끝을 안다. 계속 뛸 것이다.

열넷째 구간을 넘었다. 고양중학교 뒷산에서 문봉동재 삼거리까지 다. 고양중학교는 삼송역 근처에 있고, 문봉동재는 고양시 문봉동에 있는 잿둥이다. 이 구간에서는 천일약수터, 농협대, 51탄약대대 입 구, 현달산 등을 넘게 된다. 한북정맥 마지막 지점을 눈앞에 둔 요즘 은 유종의 미를 거둬야 한다는 소심함이 앞서고, 갈수록 마루금의 흔적도 희미해져 어려움이 가중된다.

### 2006. 8. 3.(목), 맑음
아침부터 악을 쓰는 매미 울음이 오늘의 날씨를 예고한다. 삼송역 구내 실내탁구장은 아줌마들의 스매싱이 한창이다. 좋아 보인다. 복 지국가? 그저 상상에 머물던 현상들이 하나둘씩 현실이 되고 있다. 지하철 내 주변 약도를 통해 고양중학교 위치를 확인 후 출발한다. 고양중학교는 일산방향으로 200m쯤 떨어진 도로 옆에 있다. 좌측엔 고등학교, 우측엔 중학교 현관이 나란히 걸려 있다.

### 고양중학교 뒷산에서(09:40)

오늘의 들머리는 고양중학교 뒷산. 학교 운동장엔 테니스부 학생들이 기합 소리와 함께 구슬땀을 흘리고 있고, 그 옆 그늘엔 탤런트 허준호를 닮은 코치가 앉아서 선수들을 지켜본다. 운동장을 오가는 학생들에게 물었다. "학교 뒷산 등산로가 어디냐?"고. 한 학생이 적극적으로 나서서 말한다. 아침에 아줌마들이 오르내리는 걸 봤다면서 좌측으로 난 등산로를 가르쳐 준다. 산행 중에 고마운 사람들을 자주 만난다. 바로 이런 경우다. 학생이 가르쳐 준 뒷산 입구에는 7~8개의 안내리본이 넘실대고, 산은 뒷동산처럼 야트막하다. 8부 능선쯤 오르자 우측으로 군부대 철조망이 보이고, 무명봉에 이른다. 그런데 진행 방향이 헷갈린다. 등로는 이곳에서 우측 철조망을 따라 이어진다고 했는데, 철조망엔 걸을 만한 공간이 없다. 한참 헤매다가 어렵게 우회해서 가보지만 아무래도 이상하다. 불안하다. 한참 만에 군부대 정문에 도착하여 초병에게 물었으나, 두 병사의 대답이 갈린다. 옆에서 병사의 대답을 듣던 민간인이 말한다. 그게 아니고 좌측이라고. 길을 헤맨 지 벌써 2시간이 흘렀다. 왕짜증이다. 요즘 들어서 왜 이리도 꼬이는지? 다 때려치우고 중단하고 싶다. 민간인의 말을 믿기로 한다. 이 동네 주민이기 때문이다. 다시 무명봉으로 되돌아간다. 날이 무척 덥다. 한번 올랐던 길을 다시 오르려니 열 받치고 힘 빠진다. 다시 삼각점이 있는 무명봉에 도착. 생각에 잠긴다. 선답자의 안내가 잘못인지, 아니면 내가 해석을 잘못하는지를. 일단 민간인의 말을 믿기로 했으니 부딪쳐 보자. 민간인이 말한 방향으로 계속 진행한다. 그런데 이게 웬일인가! 노란 안내리본이 이곳에 있다니! 다행이다. 무명봉에서 10여 분 내려가니 예상대로 13번 송전탑이 나오고(11:55), 우측으로 철조망이 이어진다.

그렇다면 이제 천일 약수터만 찾으면 된다. 산길치고는 넓고 아늑하다. 사방이 막혀 무더운 게 문제지만. 이 지역은 유달리 철조망이 많다. 비닐하우스가 보이고 민가가 나오더니 산 밑에 약수터가 있다. 천일약수터다(12:03). 제대로 왔다. 이렇게 좋을 수가! 약수터에는 햇볕 차단용 지붕이 씌워졌고, 여러 가지 운동기구도 있다. 이렇게 간단한 걸 그렇게 헤매다니! 약수터엔 노인 서너 분과 할머니를 따라온 어린 손자가 있다. 약수터 안내판에는 '식수 부적합' 확인서가 부착되었다. 약수터 좌측으로 시멘트 계단을 오르니 임도로 이어진다. 좌측에 잔디밭, 원두막, 정자가 두 개 있다. 바로 이어지는 잔디밭엔 족구장과 농구대가 설치되었고, 잠시 후 임도가 끝나고 능선 소로가 시작된다. 조금 올라가니 좌측 숲속에 건물이 있고, 소로는 우측 능선으로 계속된다. 10여 분 올라가니 좌측에 철조망이 또 나온다. 철조망 한쪽이 터진 곳이 나오고, 조금 더 올라가니 앞쪽에도 철조망이 나오는데 이곳이 뉴코리아CC와 농협대 철조망이 만나는 곳이다. 철조망 한쪽이 터진 곳으로 들어가면 된다. 그런데 조금만 주의하면 쉽게 찾을 수 있는 것을 못 찾고 여기서도 한동안 헤맨다. 대충 감으로 진행하다가 50분 이상을 헤맨 끝에 겨우 찾았다. 평소 쉽게 판단해버리는 습관. 이것이 오늘도 위력(?)을 발휘한다. 이 더운 날에. 이쪽저쪽 다 뒤져봐도 마루금은 보이지 않아, 밥부터 먹고 차분하게 생각하기로 하고 식사 후 다시 검토한 선답자의 산행기엔 분명하게 그 답이 있었다. 자구 중심으로 세심하게 읽었어야 했다. '왜 이렇게 기록했을까?'를 한 번 더 생각했어야 했다. 이젠 두 번 다시 같은 실수를 하지 않을 것이다. 피곤해서인지, 더위에 지친 탓인지 밥맛을 모르겠다. 꿀맛이던 그런 점심은 어디로 갔는지…. 한쪽이 터진 철조망 안쪽으로 들어가니 길이 나 있고, 우측에는 뉴코리아 골프장에서 설치한 원형 철조망이 있다. 여기서부터는 호젓한 등산로가 이어진다. 능선치고는 꽤나 넓고 아늑하다. 조금 내려가니 좌측으로 농협대 건물이 보이기 시작하고, 좀 더 내려가니 우측에 마사회 종마장이 눈에 들어온다. 소로가 끝나고, 농협대 정문을 통과하면서 졸고 있는 수위 아저씨에게 물으니 퉁명스럽게 대답한다. 우측 시멘트길을 따라서 쭉 가라고. 여기서부터는 포장도로다. 바람 한 점 없는 뜨거운 날씨. 가로수도 없다. 뜨거운 햇볕을 몽땅 받아야 된다. 살이 익는지 구워지는지 알 수 없다. 한참 지나니 우측에 철거 중인 허브랜드가 나온다. 다시 고급 음식점으로 보이는 황토포크에 이어 마을 사거리에서 직진하니 서울외곽순환고속국도가 나온다. 국도 아래를 통과하는 지하차도가 있다(14:20). 더위 때문인지 많은 차들이 주차되었다. 나도 더 이상 걷기 힘들어 이곳에서 쉰다. 그늘을 찾아 무조건 주저앉았다. 할머니 한 분이 지나가면서 뭐라고 말씀하신다. 알아들을 수 없는 말씨. 대구를 않고 있는데, 저만치 가다가 또 서서 말씀하신다. 뭔가 부르는 것 같기도 하고, 물으시는 것 같기도 하다. 귀 기울였다. 밥 먹었냐고 묻는 것 같다. 대답했다. 밥 먹었다고. 또다시 말씀하신다. 당신의 집에서 밥을 먹고 가라고 하시는 것 같다. 밥 먹었다고 재차 말씀드리고 고개를 돌렸다. 그래도 자리를 뜨지 않으시고 계속 나를 보면서 뭐라고 말씀하신다. 할 말이 더 있는 것처럼 보인다. 땅바닥에 주저앉은 내 몰골을 보니 아마도 객지에 있는 당신 자식이 생각났던 모양이다. 조금은 실성하신 분 같기도 하다. 자식에게 끝없이 헌신하시는 부모님의 사랑일 것이다. 갑자기 돌아가신 어머니 생각이 난다. 살아 계시면 지금 88세가 되신다. 저분보다는 연로하시겠지만, 우리 어머니가 저 자리에 계셨더라도 같은 말씀을 하셨을 것이다. 철없는 불효자로 자식 도리

를 못 하고 어머님을 보낸 회한이 너무 크다. 내가 지금 잘 살고 있
는 걸까? 뒤돌아보면 후회투성이다. 지하차도를 흐르는 바람 끝이
시원하다. 물 한 모금으로 다시 목을 축이고 갈 길을 정리한다. 지하
차도를 나서자마자 바로 39번 국도가 나오고, 우측엔 S-오일 주유소
가 있다. 도로를 건너야 되는데 좌, 우측 어디에도 횡단보도가 없다.
무단 횡단하는 수밖에. 도로를 건너니 바로 석재 공장이 나오고, 정
맥은 석재공장 좌측으로 이어진다. 여기서부터는 바닥이 보이지 않
을 정도로 키 큰 풀들이 장악하고 있다. 다시 철로를 무단 횡단하
여 39번 도로를 건너 우측으로 조금 오르니 51탄약대대 입구에 이
른다(14:50). 무서운 날씨다. 살인적인 날씨가 바로 이런 날인가? 원래
는 여기까지를 13구간으로 정했는데, 생각보다 빨리 도달했다. 쉬고
싶지만 마땅한 그늘이 없어 계속 진행한다. 탄약대대 입구에서 포장
도로를 따라 올라가니 좌측에 하나은행 축구장과 농구장이 보이고,
우측에 군부대가 있다. 가끔 나오는 가로수가 이렇게 고마울 수가!
잠시나마 땡볕을 피할 수 있다. 걷다가 가로수가 보이면 무조건 달려
간다. 도로는 완만하지만 뙤약볕 시멘트라 급경사 오르막보다도 힘
이 든다. 이런 때에 한 그루의 가로수는 사막의 오아시스다. 30여 분
후 도로의 끝부분에 바리게이트가 보인다. 그 뒤에 51탄약대대 정문
이 있고, 초병들이 지키고 있다. 정문 우측의 공터로 오른다. 우회하
여 후문을 찾아간다. 다시 산길 행군이 시작된다. 여기서부터는 어
찌하든 탄약대대 후문을 찾아가야 한다. 우선 급한 것은 군부대 철
조망을 찾는 것이다. 철조망을 따라가면 군부대 후문이 나온다고 했
다. 희미한 길이 연속되고 많은 묘지가 나온다. 농지가 보이고 대단
위 비닐하우스가 나온다. 비닐하우스에서 올려다보니 군부대 철조
망이 보인다. 제대로 온 것이다. 철조망은 이중으로 되었다. 새로 설

치한 철조망이 안으로 이어지고 밖으로는 낡은 철조망이 있다. 그 사이로 가면 된다. 아주 길다. 뙤약볕 아래서 걷기 때문에 더 길고 지루하다. 한참 후 후문이 나오고, 망루에는 초병이 근무 중이다. 후문에도 정문과 마찬가지로 바리게이트가 설치되었다. 바리게이트를 지나 비포장도로를 따라 내려가니 좌측으로 현달산이 보이고, 잠시 후 2차선 포장도로에 이른다(16:10). 고양시 식사동과 사리현동을 잇는 고개인데, 꽤 많은 차들이 달린다. 도로를 건너 모래 적재함 좌측으로 가니 능선 초입에 이르고, 여러 개의 안내리본이 걸려 있다. 제대로 왔음이 확인되는 순간이다. 마음이 놓인다. 쉬어야 될 것 같다. 현기증이 나고 구토 증세가 온다. 다리가 아픈 것은 참을 수 있지만 구토 증세는 견디기 어렵다. 갈증도 나고 배도 고프다. 그늘을 찾아 배낭을 벗어 던지고 남은 간식을 해치운다. 반병 남은 물은 아껴야 할 판이라 몇 모금만 마신다. 어디까지 더 가야 할지를 생각해 본다. 아직 시간이 남았지만 어차피 하루는 더 와야 될 것 같다. 그럴 바에야 무리할 필요가 없다. 오늘은 현달산까지 가기로 한다. 모래 적재함 좌측에서 이어지는 능선을 따라 오른다. 길은 거의 보이지 않는다. 희미한 흔적만 남은 길은 최근에는 아무도 가지 않은 듯 거미줄 천국이다. 나뭇가지와 거미줄을 헤치면서 나아간다. 묘지가 나오더니 희미한 흔적마저 사라진다. 좌측 아래의 임도로 내려가니 광목장 정문이 나오고, 양쪽에 나란히 기둥이 서 있다. 등로는 광목장 정문 좌측의 비포장 소로로 이어진다. 이제부터 오늘의 마지막 코스인 현달산을 오르는 것이다. 등로 우측은 밭이다. 묘지를 지나 오르니 헬기장이 나오고, 소나무 숲으로 오르니 바로 현달산 정상에 이른다(16:55). 정상엔 삼각점과 깃대봉이 있다. 높지 않지만 주변이 다 보일 정도로 전망이 괜찮다. 서쪽으로 고봉산 정상에 우뚝

선 통신탑이 보인다. 햇볕 때문에 길게 머무를 수 없다. '쉬는 둥 마는 둥' 하고, 바로 좌측 급경사로 내려가니 교통호가 나오고, 좀 더 내려가니 우측에 철조망이 나오더니 농장에 이른다. 이곳이 문봉동재 삼거리다. 주위엔 군부대와 공장만 보인다. 날도 저물고 다리도 아프다. 더 견딜 수 없는 것은 계속되는 구토 증세다. 오늘은 이곳에서 마친다. 살면서 누구나, 어디에서나 크고 작은 고통을 겪게 된다. 하물며 험난한 산길에서는 더 하면 더 할 것이다. 군부대 정문에서 등로를 알려준 민간인이 생각난다. 은인은 그렇게 오늘도 내 주위에 있었다.

### 🔼 오늘 걸은 길

고양중 뒷산 → 천일약수터, 농협대, 51탄약대대 입구, 현달산 → 문봉동재 삼거리 (10.5㎞, 7시간 20분).

### 🔺 교통편

- 갈 때: 버스 또는 지하철로 고양중학교까지.
- 올 때: 문봉동 삼거리에서 한마음 슈퍼로 이동, 33번 버스로 원당역까지.

# 마지막 구간

## 문봉동재에서 장명산까지

가장 기억에 남는 한 해가 언제냐고 묻는다면 주저 없이 2006년을 꼽겠다. 어설프고 무모했지만 1대간 9정맥 종주를 계획했고, 1차 관문인 한북정맥을 완주했기 때문이다. 잊지 않을 것이다. 추억으로만 남게 하지도 않을 것이다. 몇 년이 걸릴지도 모른다. 1대간 9정맥 완주 탑이 완성되는 그날까지 뛸 것이다.

한북정맥 마지막 구간을 넘었다. 문봉동재 삼거리에서 장명산까지이다. 문봉동재 삼거리는 고양시 문봉동에 있고, 장명산은 파주시 교하동에 있다. 이 구간에는 성동고개, 고봉산삼거리, 파주 목동삼거리, 교하중학교 후문, 폐기물 처리장 등이 있다. 이 구간은 대부분 주택단지로 개발되었기에 산길보다는 들판이나 주택단지를 더 많이 걷게 된다. 한북정맥을 3월에 시작해서 8월에 끝냈으니 반년이 걸린 셈이다. 장명산에서 안내리본을 보는 순간 울컥하는 심정에 노란 리본을 꼭 안았고, 유유히 흐르는 곡릉천과 교하 들녘을 바라볼 때는 뭐라 표현할 수 없는 짜릿한 감동을 느꼈다.

## 2006. 8. 12.(토), 맑음

일찍 나섰지만 중간에 환승하느라 원당역에는 9시가 넘어서 도착 (09:15). 다행히도 문봉동재행 33번 마을버스가 바로 대기하고 있다. 오르자마자 출발한 버스는 동국대병원과 가구단지를 거쳐 신나게 달린다. 한 번 지나온 거리라서 낯이 익다. 폐가가 자주 보이고 상당수 외국인도 눈에 띈다. 문봉동재 '한마음 슈퍼'에는 9시 44분에 도착. 버스에서 내리자마자 현달산의 둥그스레한 봉우리가 나를 반긴다. 높지도, 험하지도 않은 편안함을 주는 산. 슈퍼에 들러 물 한 병과 간식을 사서 지난주 기억들과 함께 문봉동재로 향한다(09:59). 삼거리에는 여전히 화물차량이 많다. 인도가 따로 없는 이 길은 차가 올 때는 비켜설 공간이 없다. 군부대 담장을 따라 이동하니 우측에 타워 골프 연습장이 나오고, 조금 더 가니 '인선이엔티' 폐기물처리장이 나온다. 아마도 이 폐기물 처리장 때문에 대형 트럭이 수시로 드나들 것이다. 손에 쥔 지도를 코에 대고 먼지를 막아보지만 역부족이다. 10분쯤 먼지를 마시니 인도가 있는 도로에 이르고, 직진하니 '예빛교회' 간판이 나온다(10:15). 여기서 정맥은 교회 건너편 우측 비포장도로로 이어진다. 비포장도로는 저절로 시골길을 연상시킨다. 매미 소리, 떨어진 설익은 밤송이, 겁 없이 달려드는 하루살이 등. 소싯적 흔히 보던 것들이다. 비포장길로 10여 분 진행하니 갈림길이 나오고, 직진하니 개 사육장이 나오면서 곧이어 마을 입구에 들어선다. 어느 집 문패에 일산구 성석동으로 적혔다. 마을 안 좁은 길로 하얀색 승용차가 들어온다. 운전자는 60대 할머니. 뒷좌석에는 사람이 아닌 채소 바구니와 옥수수가 앉아 있다. 놀랍다. 우리나라 시골에도…. 예전에는 상상도 못 했던 광경이다. 마을 도로를 통과해 좌측으로 조금 가니 군부대가 나오고, 우측 시멘트 길로 오르니 '아그레망'이라는 공장이 나온다. 그 옆에는 군부대 철조망이 있다. 철조망을 따라 10여 분 오르니 군부대 망루 초소에 이른다(10:52). 정맥은 이곳에서 우측으로 이어지는데, '아차' 하면 길을 잃을 수도 있다. 소나무 숲이 우거질 뿐만 아니라 길도 뚜렷하지 않고 갈림길엔 표식이 없어서다. 우측으로 조금 내려가다가 좌측으로 오른다. 긴가민가하겠지만 무조건 내려가야 한다. 가다 보면 전선 두 가닥이 계속 이어지고, 절개지에서 우측으로 내려가면 음식점이 나오면서 2차선 포장도로에 닿는다. 성동고개다(11:02). 이곳에서 등로는 고봉산으로 이어진다. 고봉산을 찾기 위해 근사한 음식으로 들어가 물었다. 대답은 "모르겠는데요."뿐이다. 불청객이 반가울 리 없다. 두말없이 나와서 찾아보지만 쉽지 않다. 날은 덥고 미칠 지경이다. 음식점 맞은편 공장 직원에게 물었다. 잘 알지는 못하면서도 성의를 다해 알려준다. 음식점에서 도로 위로 오르면 고개가 나오고, 길을 건너면 위쪽에 시멘트 길이 있다고 한다. 이렇게 고마울 수가! 이 길이 만경사로 오르는 길이다. 초입의 고봉산 등산 안내도가 지친 나를 반긴다. 시멘트 길로 10여 분 오르니 만경사가 나오고(11:15) 그 앞에는 큰 느티나무가 있다. 절 안에서는 징 소리 비슷한 장단이 요란하다. 여느 절과는 분위기가 다르다. 만경사에서 좀 더 오르니 약수터가 있는 갈림길이 나오고, 10m 정도 오르니 또 갈림길이 나온다. 좌측은 영천사로, 우측은 장사바위 쪽으로 오르는 길이다. 고봉산 정상에는 군부대가 있어 올라가지 못한다. 정상을 못 갈 바에야 편한 길로 가기로 한다.

### 고봉산에서(12:10)

우측 장사바위 쪽으로 발길을 옮긴다. 고봉산은 그리 높지 않지만

이 지역에서는 꽤나 알려진 산이다. 계속해서 등산객과 만난다. 장사바위 갈림길에서 우측으로 내려가니 헬기장이 나오고(12:10), 고봉산 정상이 올려다보인다. 헬기장 옆 공터에는 운동 시설이 있고 몇 사람이 운동을 하고 있다. 나도 쉴 겸 해서 나무의자에 앉는다. 갈길을 점검하기 위해 지도를 살피는데 나를 본 아저씨가 묻는다. "어디까지 가느냐?"고. 행선지를 설명하고, "어디서 오셨냐?"고 내가 물으니 "일산에서 왔다."면서 "이곳은 구일산이고 신도시 일산은 건너편"이라고 한다. 그러면서 고봉산이 일산에서는 산행할 수 있는 유일한 산이이어서 일산(一山)이라면서 그 유래까지 설명해 준다. 이정표에 표시된 대로 중산배수지 방향으로 10여 분 내려가니 갈림길이 나오고, 좌측으로 내려가니 철조망이 나오면서 곧이어 고봉정에 이른다. 8각 정자에는 서너 명의 아낙들이 음식 보따리를 옆에 두고 담소 중이다. 갈림길에서 우측으로 내려가니 대형 순두부마을 간판이 나오고, 차량이 많은 포장도로에 이른다. 이곳이 중산고개인데 '고봉산삼거리'라는 큰 표지판이 있다(12:26). 좌측은 두산아파트, 우측에는 고봉산 주유소가 있다. 좌측은 일산으로, 우측은 봉일천을 거쳐 통일로로 이어진다. 도로를 건너 좌측으로 조금 가니 초입에 금정굴을 알리는 안내판과 장승이 있다. 우측 능선을 따라 조금 올라가니 금정굴이 나온다. 금정굴은 비닐로 덮여서 안을 볼 수는 없다. 약간 무시무시해서 그냥 지나친다. 금정굴은 6.25 전쟁 중, 부역자를 색출한다는 명분으로 부역자 가족을 포함해 억울한 양민들이 반공단체와 경찰에 의해 대량으로 학살된 현장이다. 금정굴을 지나니 우측에 골프 연습장이 나오고, 이어서 쉼터가 있다. 쉼터에는 운동 시설과 나무의자가 있어 이곳에서 점심을 먹고, 출발한다(12:40). 야트막한 능선을 오르니 군 철조망과 사격장 경고판이 나오더니, 바로 봉우리에 정상에 이른다. 108봉인데 삼각점만 있다. 정상에서 오던 길로 내려간다. '큰마을 이정표'를 찾기 위해서다. 그런데 아무리 찾아봐도 보이지 않는다. 지나가는 사람에게 물으니 전에는 이정표가 있었다고 한다. 대충 예상되는 지점에서 우측으로 내려가니 돌무덤 7기가 나온다. 돌무덤을 보고서야 정맥길임을 확신한다. 돌무덤에 작은 돌 2개를 올리고 내 길을 간다. 돌무덤을 지나 완만한 길로 내려가니 삼거리가 나오고, 단풍농원 입간판이 있는 곳에서 좌측 비포장도로를 따라 호곡중학교 뒷길로 내려가니, 2차선 포장도로와 아파트단지가 나온다. 좌측은 현대아파트, 우측은 큰마을 아파트다. 아파트 안으로 들어가서 대림아파트 정문으로 나가니 4차선 포장도로가 나오고, 도로에서 우측으로 3분 정도 가서 탄현큰마을교를 지나니 4차선 포장도로가 나온다. 이곳이 송산고개 삼거리로 좌측은 탄현역으로, 우측은 금촌으로 가는 길이다. 도로 건너편에 대형 '일산가구공단' 간판이 있다. 정맥은 도로를 건너 가구단지 안으로 이어진다. 안으로 들어서니 좌측에 삼화 골프 연습장이 보이고, 길 양쪽으로 가구대리점이 줄지어 있다. 이곳에서 '모드니에' 가구점을 찾아야 되는데 아무리 뒤져도 보이지 않는다. 가구단지 끝까지 갔다가 되돌아오기를 여러 번. 어슬렁거리는 나를 본 어느 가구점 직원이 "아저씨!" 하고 불러 세우더니, 등산길을 찾느냐고 묻는다. 그렇다고 하니 전에 길을 찾는 등산객을 봤다면서 가르쳐 준다. 모드니에 가구점은 '이탈리아 디자인'으로 개칭되었다면서 우측 시멘트 길로 가라고 한다. 감사! 감사! 체면 불고하고 진작 사람을 만나 물었어야 했는데, 없는 모드니에를 찾고 돌아다녔으니…. 허무하지만 이탈리아 디자인을 보니 반갑고, 고맙다.

## 아미가 골프 연습장에서(14:25)

시멘트 도로로 한참 진행하니 공장지대가 나오고, 도로는 비포장도로로 바뀌면서 아미가 골프 연습장이 나온다(14:25). 골프 연습장에서 우측 철망을 따라가니 창건사 공장이 있는 사거리에 이르고, 직진으로 20분 정도 가니 사거리가 또 나온다. 우측에는 현대파크아파트가, 바로 앞은 유물 발굴 현장이다. 발굴 현장을 우측에 두고 좌측으로 돌아 사거리에서 직진하니 좌측에 경기인력개발원이 보이고, 삼거리에서 등로는 직진인데 가시넝쿨이 우거져서 도저히 진행할 수가 없다. 좌측 시멘트길로 우회하니 4차선 포장도로에 이르고, 우측으로 조금 가니 현대모비스 정문이 나오면서 파주 목동삼거리에 이른다(15:00). 말로만 듣던 파주 땅을 처음으로 밟는다. 한여름 열기를 온몸으로 맞으며 걷는다. 살갗이 타들어 가는 것 같다. 목동삼거리에서 좌측으로 몇 분 가니 월드메르디앙 아파트 정문에 이른다. 그런데 도저히 더 이상 걸을 수가 없다. 햇볕은 따갑고 숨이 막힌다. 아파트 그늘막에서 잠시 쉰 후 열이 식자 출발한다. 등로는 아파트 후문으로 이어진다. 슈퍼에 들러 물과 아이스크림을 사서 들고, 후문에서 우측 도로를 따라 10여 분 가다가 대신교회와 생명의교회 사이로 들어가니 주차장이 나온다. 앞에 있는 광진테크에서 우측 시멘트길로 나가 공장 앞을 지나니 비포장도로에 이른다. 도로 입구에 'HID 설악산업개발' 팻말이 있고, 직진하니 좌측 어린이집을 지나 삼거리에 이른다. 삼거리에서 정맥은 직진인데 절개지로 길이 막혀서 좌측으로 우회하여 56번 신도로 밑으로 난 지하차도를 통해 성재암으로 향한다. 비포장도로를 따라 10여 분 진행하니 성재암 갈림길이 나오고, 삼거리에서 직진하여 5분 정도 가니 교하중학교 후문에 이른다(16:20). 갈림길에서 좌측으로 학교 담장을 따라 돌아가니 정문에 이르고, 정문 바로 옆에 군부대가 있다. 군부대 담장을 따라 내려가니 2차선 포장도로에 이르고, 좌측으로 조금 올라가면 버스 정류장이 나오는데 이곳이 핑고개이다. 우측 아래에 '유진케미컬' 회사가 있다. 우측 도로로 내려가니 유진 케미컬 정문이 나오고, 정맥은 정문 건너편 절개지로 이어지는데 옹벽이 있어 더 이상 오를 수가 없다. 우측 도로로 20m 정도 내려가서 좌측 능선으로 올라간다. 길은 아니지만 정상을 찾아가는 우회로다. 능선으로 오르니 길은 없고 잡목과 가시넝쿨이 우거져 진행하기가 어렵다. 무조건 위를 쳐다보면서 오른다. 가시넝쿨과 사투를 하다 보니 별생각이 다 든다. '지금 제대로 올라가고 있는지?' 길은 없고 숲은 키를 넘고 땅바닥 자체가 보이지를 않으니 너무 불안하다. 더구나 숲속에는 온갖 쓰레기 조각들이 뒤덮여 불결하기까지 하다. 몸은 거미줄과 먼지와 땀으로 범벅이 된다. 가쁜 숨을 몰아쉬며 간신히 올라서니 산불감시초소가 있는 봉우리에 이른다(16:45). 감시초소는 목재로 된 2층 가건물인데, 이대로 놔두면 곧 쓰러질 것 같다. 정상은 사방으로 잡목이 우거져 주변 조망은 불가하다. 우측 아래는 뭔가 공사 중인 듯 기계 소리가 요란하고 숲속은 온갖 먼지로 도배되었다. 잡목 때문에 확인할 수는 없다(나중에 알고 보니 이 아래에 폐기물처리장이 있다). 빨리 이 지역을 벗어나고 싶다. 앞과 우측은 낭떠러지다. 서둘러 좌측 능선으로 내려가니 뭔가 뻥 뚫린 듯 넓은 공터가 내려다보인다. 조금 내려가니 절개지가 나오는데 너무 급경사라 겁부터 난다. 엉금엉금 기어서 가까스로 내려가니 공터는 웬만한 들녘만큼이나 넓다. 전방 우측에는 폐기물처리장이 있고 대형트럭들이 쉬지 않고 드나든다. 전방에는 깃봉이 보이는 봉우리가 하나 우뚝 서 있다. 오늘의 최종 목표 지점인 장명산이다. 바로 눈앞에 있다. 폐기물 위를 곡예 하듯 움직이는 대형트럭의 행렬이 아슬아슬하다. 장명산을 오르기 위해서는 저 폐기물처리장을 통과해야만 한다. 민간인 출입이 가능한지는 모르겠지만 무조건 폐기물처리장으로 들어간다. 다행히도 제지하지 않는다. 별도의 길은 없어 트럭이 다니는 길을 따라간다. 먼지방지를 위해 물을 뿌려서 질퍽하다. 비도 안 오는 대낮에 신발이 젖어 보기도 처음이다. 정문을 통과하여 우측 시멘트 길로 내려가니 곡릉천이 나오고, 곡릉천엔 세월을 낚는 강태공들로 만원이다. 곡릉천 매점 직전에 장명산을 오르는 길이 나 있다. 오늘 구간의 마지막 오름길이다. 돌계단 입구에 벙커가 있다.

### 장명산 정상에서(17:25)

장명산은 높지도 가파르지도 않다. 그런데 발길은 왜 이리도 더딘지! 한시가 급한데. 6개월을 고대하던 정상이 바로 저긴데 왜 이리도 발걸음은 속마음을 따라주지 못하는지! 드디어

장명산 정상이다(17:25). 정상엔 깃봉과 타종이 있다. 시원스러운 조망이 펼쳐진다. 좌측 멀리로는 오두산 통일전망대가 눈에 들어오고, 곡릉천 주변 교하 들판이 한 폭의 그림같이 내려다보인다. 이때를, 오늘을 영원히 기억하고 싶다. 2006년 8월 12일 17시 25분. 가장자리 나뭇가지에 걸린 노란 리본들은 종주를 시작할 때부터 오늘까지 하루도 빠지지 않은 충실한 안내자들이다. 먼지를 뒤집어쓴 채 여리게 떨고 있는 노란 리본에 다가가 나의 모든 것을 다해 어루만진다. 특히 '북한산 연가'와 '산사랑 이야기'는 상해봉 빙벽을 오를 때부터

오늘까지 고비마다 함께한 충실한 안내자였다. 이 자리를 빌려서 감사드린다. 지난 6개월 동안의 순간들이 영상처럼 스친다. 반신반의하면서 광덕산행 첫차를 타던 첫날, 국망봉에서 광활한 대지를 바라보며 환호하던 일, 내의까지 젖는 폭우 속에서 우이령을 넘던 일, 근육파열로 병원까지 실려 갔던 기억들이 오늘 이 순간을 있게 했고, 소중한 추억으로 자리할 것이다. 걸으면서 눈으로, 가슴으로 보고 느낀 것들을 모두 담으려고 했지만 아쉬움이 남는다. 이렇게 지난 6개월 동안 마음 졸이던 한북정맥 종주 대단원의 막을 내린다.

### 🚶 오늘 걸은 길

문봉동재 삼거리 → 성동고개, 고봉산삼거리, 108봉, 파주 목동삼거리, 교하중학교 후문 → 장명산(15.4㎞, 7시간 26분).

### ⛰ 교통편

- 갈 때: 원당역에서 33번 버스로 문봉동재까지.
- 올 때: 장명산에서 교하파출소 앞 정류장까지 도보로, 567번 버스로 신촌으로.

# 한북정맥 종주를 마치면서
## 2006. 8. 12.

정맥이 무엇인지도 모르면서, 한국의 산줄기를 모두 넘겠다고 달려들던 때가 엊그제 같은데 벌써 9정맥 중 하나의 종주가 마무리되었다. 첫날 살을 에는 추위 속에서 상해봉 빙벽을 로프 타고 오르던 기억이 생생하다. 그 상해봉 정상에서 끝없이 펼쳐진 철원 들녘을 바라보면서 '시종일관'을 다짐했었다. 그사이 겨울이 지나고 봄이 가고, 여름이 끝나고 있다. 9정맥 중 하나를 끝낸 지금, 지난 6개월간의 걸음을 되돌아보니 감회가 새롭다. 종주 첫날부터 길을 잃고 산속을 헤매다 철원의 어느 산골로 빠져 당황했던 일, 도봉산 우이령을 넘다 폭우 때문에 길을 못 찾고 되돌아오던 일, 노고산을 오르다가 발목 근육파열로 병원으로 실려 가던 일, 마지막 날 파주 장명산 정상에 올라 유유히 흐르는 곡릉천과 교하 들녘을 넋을 잃고 바라보던 일들이 마치 영화의 장면들처럼 한 컷 한 컷 떠오른다. 이제 겨우 첫걸음을 디뎠을 뿐이다. 새로운 지역에 들어설 때마다 확인되는 '깨달음'에 대한 호기심이 날로 커지고, 홀로 걷는 시간이 내게는 가장 행복한 순간이었다는 것을 감출 수 없다. 건강한 몸 외에 아무것도 없는 나에게는 마음대로 오를 수 있는 산이 있고, 끝없이 걸을 수 있는 길이 있다는 것이 참으로 다행이다. 그런

구속 없는 시간을 맘껏 누릴 수 있다는 것이 내일도 또 산을 오르
게 하는지도 모른다.

2

한남정맥

# 한남정맥 개념도

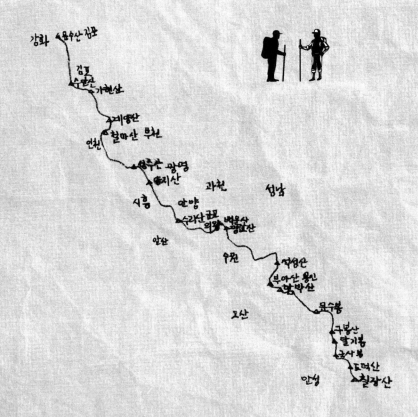

강화 용수산 김포
김포
수안산 가현산
계양산
인천 철마산 부천
원주산 광명
슬기산
시흥 안양
과천 성남
수라단고개 변봉산
의왕 광교산
안산
수원 석용산
부아산 용인
함박산
오산 묘수봉
구봉산
달기봉
국사봉 도덕산
안성 칠장산

한남정맥은 우리나라 13개 정맥 중의 하나로 안성의 칠장산에서 김포의 문수산까지 이어지는 산줄기이다. 3정맥 분기점인 칠장산에서 서북을 향해 도덕산, 구봉산, 함박산 등을 거쳐 김포의 문수산으로 이어진다. 한강 유역과 경기 서해안 지역을 분계하는 산줄기로 한강 줄기의 남쪽에 있는 분수령이라 하여 '한남정맥'이라 부른다. 대부분 해발 고도 100m 미만의 낮은 산등성이가 계속되나 용인과 수원에 이르러 해발 고도가 높아지기도 한다. 최근에는 경인 아라뱃길에 의해 산줄기의 일부가 잘려 나갔고, 인천 검단 지역은 각종 개발로 이전의 마루금 모습이 사라지기도 했다. 이 산줄기에는 칠장산, 관해봉, 도덕산, 국사봉, 가현치, 상봉, 달기봉, 구봉산, 두창리고개, 미리내마을, 망덕고개, 무너미고개, 함박산, 하고개, 부아산, 석성산, 할미성, 응봉, 형제봉, 광교산, 백운산, 지지대고개, 수리산, 소래산, 성주산, 원적산, 철마산, 계양산, 둑실마을, 가현산, 수안산, 것고개, 문수산 등의 산과 잿등이 있다. 도상거리는 칠장산 분기점에서 문수산 아래 보구곶리까지 178.5㎞이다. 종주는 역으로 문수산에서 칠장산으로 남진할 것이다. 도상거리가 178.5㎞이니 10회 정도면 마무리될 것 같고, 홀로 주말에 대중교통을 이용하여 당일 산행으로 나설 것이다.

# 첫째 구간
### 보구곶리에서 것고개까지

 

사소한 것에 감격하면서 때로는 홀로 눈물 흘리기도 하고, 산길에서 부딪치는 것들에 마음을 열고 황혼녘에 그걸 닫기를 반복하니 작년 12월이 후딱 넘어갔다. 늘어나는 흰머리의 아픔을 삭이며 중년의 마지막 몸부림인지 속절없이 서성대다가 무자년 2월이 열렸다. 한북정맥을 끝내고 한동안 공백기를 가진 후 지난주부터 한남정맥 종주를 시작했다. 첫째 구간은 문수산 아래 보구곶리에서 것고개까지이다. 보구곶리는 김포시 월곶면에서도 최북단에 위치해 북한 황해도와 강 하나를 사이에 두고 마주보고 있는 접경지이고, 것고개는 김포시 통진읍 서암리 해병대삼거리가 있는 48번 국도상이다. 이 구간에서는 문수산, 쌍룡대로, 에덴농축 정문, 금파가든, 승룡아파트 후문 등을 지나게 된다. 전반적으로 한반도 서부지역의 특징인 낮은 산 능선이 이어진다. 그런데, 첫날부터 어이없는 실수로 목표지점까지 가지 못하고 문수산에서 마쳐야만 했다.

### 2008. 1. 26.(토), 맑음
서울의 동쪽 끝인 강동구 고덕역에서 출발한 지하철이 반대편인 김포공항역에 다다른다(10:50). 오랜만에 발 딛는 김포공항. 국내선

청사 로비까지 나오니 지방으로 가는 버스 안내판이 보인다. 이곳에서 1번이나 3번 버스가 강화를 간다고 했는데 3번 버스가 이미 도착해서 기다리고 있다. 승객 대부분은 노인들. 버스는 공항을 빠져나가면서 약간 지체. 자연스럽게 시선이 창가로 간다. 도로변이 낯설지가 않다. 그런데 특이한 버스다. 조수석 앞 유리창에 '당 버스는 안내방송을 하지 않습니다.'라고 붙어 있다. 왜 안 할까? 무슨 배짱으로 저렇게 붙여 놨을까? 오늘 같은 날 나 같은 젊은이(?)도 안내방송이 절실한데…. 이런저런 불편한 심사 속에 기사 아저씨의 음성이 들린다. 다음이 성동검문소라고. 하차한다(11:50). 버스에서 내리자마자 귀순 가수 김용이 운영하는 '모란각'이 보인다. 그 옆에는 문수산을 알리는 등산로 표지가 있고 몇몇 사람이 등산화 끈을 조인다. 내가 찾는 곳은 문수산 입구가 아니다. 한남정맥 종주 들머리인 보구곶리이다. 보구곶리는 이곳에서 도보로 30분 거리에 있다. 모란각 옆으로 난 길을 따라간다. 나아갈수록, 강가에 가까워질수록 사람 흔적은 사라지고 바람은 싸해진다. 생각보다 멀다. 강을 따라 걷는다. 이따금 가옥이 보일 뿐 사람은 볼 수 없다. 한 번쯤은 물어야 될 것 같다. 슈퍼 주인은 도로를 따라서 계속 가라고 한다. 산어귀를 돌아서니 훤해지면서 무슨 표지판이 나온다. 남파간첩이 생포된 곳이라면서 주의를 당부한 안내판이다. 강은 철조망으로 둘러쳐졌다. 멀리 산 끄트머리에 바다가 보인다. 실제로는 바다가 아니지만 그렇게 보인다. 더 이상 갈 곳이 없을 것 같다. 다시 작은 동네가 나오고 안내판이 또 보인다. '보구곶리'. 또 경고판이 나온다. 주민에게 또 물었다. 문수산 올라가는 입구가 어디냐고? 입구는 한두 군데가 아니라고 한다. 우문이었나? 그분 말도 맞다. 그러나 내가 찾는 곳은 한남정맥이 시작되는 들머리이다. 우선 마을회관을 찾아야 될 것 같다. 그리고 군부대 정문이 보이는 곳까지 가야 된다. 회관을 지나서, 마을을 벗어날 정도로 멀리 가니 군부대가 나오고 농로 사거리 우측에서 시작되는 산기슭을 살피니 수많은 안내리본이 나뭇가지에 걸려 있다. '찾았다! 저것이다.'

### 보구곶리에서(12:50)

마을 개들이 짖는다. 이방인을 경계하는 일종의 텃세다. 이곳 들머리에는 등산로라면 흔하게 볼 수 있는 그런 음식점이나 상가가 없고, 농로에서 작은 도랑을 건너면 바로 산으로 이어진다. 얼어서 움직이지 않는 나뭇가지에 많은 안내리본이 걸려 있다. 출발한다. 등로는 눈으로 덮여 초입부터 아이젠이 필요하다. 그리 높지 않은 산이지만 간간히 급경사도 나온다. 누군가 이미 올랐는지 발자국이 있어 길 잃을 염려는 없겠다. 오르자마자 벙커가 나온다. 완만한 능선으로 연결되고 잘 다듬어진 묘지가 나오더니, 잠시 후 TV 안테나가 설치된 무명봉에서 좌측으로 주능선이 이어진다. 다시 내리막길이 시작되고 이어지는 오르막은 작은 봉우리로 연결된다. 잠시 쉰다. 전망이 아주 좋다. 강화대교가 훤히 보이고 강 건너 북한 지역도 뚜렷하다. 북한이 이렇게 가깝다는 것이 실감이 안 간다. 점심때가 이미 지났는데 밥 먹을 자리가 마땅찮다. 그냥 눈 위에 깔판을 깔고 대충 해치운다. 삶은 달걀 3개, 사과 하나, 김밥 두 줄이 오늘 점심이다. 위에서 내려오는 사람들의 웅성거림이 들린다. 걷는 폼이며, 주고받는 이야기가 이 마을의 주민들이다. 예정된 것고개까지 가기 위해서는 오늘 일정이 빠듯하다. 다시 출발한다. 길은 걷기에 좋다. 쌓인 눈 밑에는 무엇이 있는지 알 수 없으나 촉감으로 느낄 수 있다. 푸근한 흙길일 것이다. 산 자체가 높지가 않아서 급경사도 거의 없다. 갈림길이 나오더니 다시 내리막길이다. 작은 봉우리가 나온다. 지도상에는 270봉으로 표시되었다. 정상에 삼각점이 있다. 이곳도 전망이 좋다. 강화도 전역이 한눈에 들어온다. 뚜렷하지는 않지만 저 산들이 마니산, 혈구산, 고려산 등 강화도를 대표하는 산들일 것이다. 넓은 공터가 나오더니 철조망이 보인다. 녹이 슬대로 슬었다. 성터 흔적도 있다. 들머리에 이르기 전에 봤던 문수산성의 일부일 것이다. 문수산성은 조선 시대에 축조된 산성이라고 했다. 길이가 2.4㎞가 넘는 성인데 병인양요 때는 이곳에서 프랑스군과 일대 격전을 치렀다고 한다. 낮은 봉우리 몇 개를 더 넘으니 경고판이 나온다. '군사지역이니 민간인은 출입하지 말라'고. 우회로가 있고, 정상에 군 막사 비슷한 것이 있다. 경고판이 가리키는 대로 우회하니 로프가 설치되었고, 다시 비탈이 시작된다. 역시 로프가 있다. 폐타이어로 만든 교통호가 나오더니 등로는 좌측으로 계속된다. 철문이 나온다. 문수산 정상을 오르기 위해서는 반드시 통과해야 하는 문으로 개방 시간이 적혀 있다. 나오는 반대편에서 많은 사람들이 올라온다. 등로가 남향이어서 눈이 녹아 군데군데 질퍽하다. 오늘 처음으로 흙길을 밟는다. 정상까지는 그리 오랜 시간이 걸리지 않고, 몇 사람을 추월하니 바로 정상이다.

### 문수산 정상에서(14:49)

정상에는 넓은 공터가 있다. 헬기장으로도 쓰이는 듯, 'H' 표시가 뚜렷하고, 삼각점과 문수 산악회에서 세운 정상 표지석이 있다. 북한의 넓은 평야와 산들이 지척이다. 저 산들 중 멀리로는 개성의 송악산도 있다고 산객 중의 누군가가 말한다. 북동쪽으로는 크리스마스 때면 늘 얘기하는 애기봉 정상도 보인다고 한다. 남쪽으로는 마니산과 시내 일대가 한 폭의 그림처럼 다가서고, 그 아래로는 강화대교가 떠 있고…. 남은 간식을 이곳에서 해치우고, 바로 출발한다. 아직도 갈 길이 멀어서다. 이제는 내려간다는 생각에, 오르막이 없다는 생각에 마음이 한결 가볍다. 내려가는 산객들의 수가 올라 올 때보다 훨씬 많아졌다. 정상을 오를 때 통과했던 철문을 다시 나선다. 흙길이 눈길로 변하고, 길은 성곽으로 이어진다. 성곽을 따라 내려가는 산객들의 모습이 영상의 한 컷처럼 나타났다 사라진다. 등산로를 이용하라는 김포시의 경고에도 아랑곳없이 산객들은 성곽을 따라서 걷는다. 나도 그렇게 한다. 쉼터에 나무의자가 있고, 주변엔 그림자를 넓게 드리우는 소나무가 무리 지어 있다. 서너 사람이 담소 중이고, 그 옆에서는 간식 파티가 벌어진다. 이 시각에도 문수산 정상을 오르는 사람이 줄을 잇는다. 지역 명산이라더니 그 값을 하는 것 같다. 서울의 북한산이나 도봉산처럼. 갈림길이 나오고 이 정표가 보인다. 그런데 이상하다. 내가 찾는 지명은 적혀 있지 않다. 올라가는 사람에게 물었다. "어느 쪽이 것고개 방향입니까?" 하고. 이쪽이 아니라고 한다. 정상에서 좌측으로 가라고 한다. 순간 당황 스럽다. 삼십 분 이상을 내려왔는데, 다시 올라가라니···. 지도를 살 펴보니 스스로가 한심할 뿐이다. 정상에서 내려오기 전에 단 1분 만 이라도 지도를 봤더라면 이런 어처구니없는 실수는 하지 않았을 텐 데···. 하산하는 산객들의 꽁무니만 아무 생각 없이 따라 내려가다 가 이 꼴을 당했다. 남 따라서 장에 간 꼴···. 다 잊기로 한다. 지금 올라가서 다시 목적지를 찾아간다는 것은 어렵다. 이젠 그럴 힘도 없다. 이대로 그냥 하산하기로 한다. 야심차게 준비한 종주 첫날, 허 무하다.

## 2008. 2. 2.(토), 맑음(지난 1월 26일에 이어서 1구간 계속)

성동검문소에서 하차하여 1시간 정도 오르니 문수산 정상(11:08). 바로 정맥길을 찾아 나선다. 정맥은 정상에서 좌측으로 이어진다(진 행 방향 기준). 이어지는 지점에 안내리본이 걸려 있다. 이 리본만 따 라 내려가면 된다. 지난번에는 이렇게 쉬운 걸 보지 못하고 삼천포 로 빠졌으니···. 가야 할 마루금이 한눈에 들어온다. 내려가는 능선 은 완만하다. 아직 눈이 녹지 않은 곳도 있지만, 아이젠을 착용할 정 도는 아니다. 갈림길에서 안내리본을 따라간다. 안내리본 중에는 대 전시청 산악회 리본인 '보만식계의 산줄기 잇기'가 눈에 띈다(11:27). 완만한 능선도 잠시, 정맥길은 수직 비탈로 이어진다. 신경을 써야 할 정도다. 다시 갈림길이 나오고, 조금은 애매하지만 흐름대로 내 려간다. 잘못 들었다. 다시 올라와서 바윗길을 지나 완만한 길로 한참 내려가니 폐타이어로 만든 군 진지가 나오고(11:35), 이어서 임도가 시작된다. 몇 분을 더 내려가니 삼거리가 나오고, 군 진지가 나온다. 길은 소나무 숲으로 이어지고, 아래에 도로가 보인다. 뜸하기는 하지만 자동차도 지나간다. 1차선으로 포장된 22번 군도이다. 이제 '쌍룡대로' 간판만 찾으면 된다. 바로 보인다. 도로 건너편 위에 늠름하게 서 있다(11:41). 쌍룡대로는 자동차가 다니는 포장도로를 벗어나 산속으로 향하는 비포장 황톳길이다. 아마도 군사용일 것 같다. 쌍룡대로를 따라 오른다. 가파르지는 않지만 조금은 길다. 좌측에 군사시설로 보이는 차고지 같은 것들이 있다. 조금 더 오르니 운동장처럼 넓은 곳에 헬기장이 있고, 헬기장을 지나 갈림길에서 좌측 임도로 가니 또 갈림길이다(12:02). 우측 산길로 진행하니 폐타이어 군 진지가 나오고 10여 분 더 가니 다시 갈림길이다. 갈림길에서 우측 산길로 몇 분을 더 오르니 작은 봉우리에 이른다. 지도에 표시된 100봉이다. 정상에 삼각점, 귤껍질이 널려 있고 주변에 여러 훈련 시설이 있다. 이곳에서 점심을 먹고, 출발한다. 조금은 지루하다. 홀로 종주가 그렇다. 산길은 걸어서만 갈 수 있다. 날아갈 수도, 자동차로도, 누가 대신 가줄 수도 없다. 오로지 내 몫이다. 야트막한 내리막길로 계속 내려가니 군부대 철조망이 나오고, 정맥길은 좌측 철조망을 따라 이어진다. 정성 들여 조성된 묘지에서 좌측 산길로 조금 올라가니 작은 봉우리가 나온다. 80봉이다. 봉우리 가운데가 움푹 패였다. 계속해서 내려가니 밭이 나오고, 옆에는 군 시설이 있고 밭 너머는 56번 도로다. 그런데 당황스럽다. 선답자가 말한 산길은 보이지 않고 새로 지은 듯한 깨끗한 건물이 들어섰다. 산이 건물로 바뀐 것이다. 이제부터는 감으로 찾는 수밖에…. 도로를 따라 100여 미터 내려가니 좌측으로 벋은 길이 나오고, '호영테크'라는 깨끗한 건물 뒤로 이어진다. 예상대로 건물 뒤 산길에는 안내리본이 걸려 있다. 폐타이어로 만든 군 진지가 나오고 시멘트 도로가 있다. 꿩 요리 전문점도 보인다. 도로를 따라가니 경포농장 정문이 나오고, 포장도로는 계속된다. 군부대 위병소를 지나 포장도로 좌측으로 진행하니 제일 폐차장이 나오고 에덴농축 정문이 보인다.

### 에덴농축 정문에서(12:58)

정문 바로 옆에 경고판이 있다. 지위고하를 막론하고 누구든지 이곳을 통과하는 사람은 허가를 받아야 한다고. 가축 전염병 예방 차원이라면서. 망설여진다. 건물 안으로는 들어가지 않고 정문 옆에 있는 산길로 가면 되는데…. 보는 사람이 없어 무시하고 통과한다. 정맥길은 에덴농축 좌측 산길로 이어지고, 산길로 들어서기 위해서는 작은 둔덕을 넘어서야 된다. 오르는 턱은 양지라 황토 흙길이 눈과 함께 녹아서 미끄럽다. 스틱 2개를 찍고 점프를 시도한다. 우측에는 에덴농축 건물이 계속되고, 주변은 농장 폐기물로 지저분하다. 다시 작은 봉우리가 나온다. 삼각점이 있는 80봉이다. 완만한 길로 내려가니 여러 기의 묘지가 있는 기독교 공원묘지가 나오고, 조금 더 내려가니 비포장도로가 나온다. 비포장도로를 건너 완만한 산길로 20분 정도 오르니 폐타이어와 블록으로 만든 교통호가 있는 봉우리에 이르고, 더 진행하니 절개지에 이른다. 아래는 2차선 포장도로가 지난다. 절개지에서 건물이 보이는 좌측으로 진행하여 도로 근처에 이르자 개들이 짓기 시작하고, 도로 맞은편에 식당과 대형 입간판이 있다. '금파가든'(13:45). 식당 옆에는 이색적인 안내판이 있다. 식당 뒤 100여 미터에 경기도 문화재인 '고정리 지석묘'가 있다는 것이다. 이 금파가든을 시작으로 해서 한남정맥 종주도 분기점을 맞는

다. 월곶면을 지나 통진읍에 들어선다. 그런데 금파가든 뒤로 시작
되는 정맥길이 보이지 않는다. 아까 절개지에서 중단된 길과 연결된
다면 분명히 이 지역이 맞을 텐데…. 안내리본도 보이지 않는다. 짐
작으로 오르니 금파가든 뒤로 작은 절개지가 또 있다. 좌측에 리본
이, 절개지 우측에 계단이 보인다. 지석묘에 오르는 계단이다. 문화
재답게 주변 정리가 잘 되었고 귀중한 유산을 훼손하지 말라는 주
의판도 있다. 그런데 약간은 실망이다. 저 정도의 지석묘가 문화재
급이라면 내 고향 진도에는 이보다 100배는 더 가치 있는 지석묘가
있는데…. 지석묘에서 내려와 낮은 절개지 좌측에 난 길로 오르니
길은 바로 군부대 철조망 좌측으로 이어지고, 철조망을 따라서 올
라가니 폐타이어로 만든 교통호가 나온다. 상당히 길다. 한참 걷다
보니 완전히 혼자가 된다. 교통호 끝 갈림길에서 철조망을 뒤로하고
좌측 교통호를 따라 걷는다. 폐타이어가 쌓인 곳이 또 나오고, 묘지
를 지나 올라가니 또 군부대 철조망. 여기서 다시 좌측 교통호를 따
라서 계속 걷는다. 군 건물이 나오고 망루초소가 있는 곳에 이른다.
초소에는 근무자 2명이 있고, 그 옆 철조망에는 '개 조심'이라는 팻
말이 걸려 있다. 계속 철조망을 따라 올라가 초소를 지나 우측 교통
호를 따라 걷는다. 갈림길에서 희미한 길 때문에 망설여지지만 무턱
대고 아래쪽으로 걷는다. 밭이 나오고 맞은편에 건물이 있다. 저층
아파트다. 승룡아파트는 아니지만, 일단 아파트 단지로 들어가 물어
보기로 한다. 한쪽에서는 자동차를 수리 중이고, 주변엔 사람들이
모여 있다. 그중 나이 많은 분에게 승룡아파트를 물으니, 바로 이곳
이 승룡아파트라고 한다(14:52). 이상하다. 아파트에는 '푸른 미르'라
고 쓰여 있는데…. 승룡아파트 정문을 찾으니 바로 대로다. 아파트
주민에게 통진교회를 물으니 바로 앞쪽 건물이라고 한다. 이젠 시간

이 문제다. 승룡아파트도 찾았고, 통진교회도 찾았으니. 통진교회에서 아래를 내려다보니 큰 도로가 보이고, 아파트가 나온다. 황룡아파트다. 아파트에서 채 5분도 못 가서 오늘 산행의 날머리인 것고개에 이른다(15:22). 드디어 첫 구간 종주를 마치게 된다. 목적지를 두 발로 좁혀 나갔다는 뿌듯함, '가자! 칠장산까지.'

### 🚶 오늘 걸은 길

보구곶리 → 문수산, 쌍룡대로, 에덴농축 정문, 금파가든, 승룡아파트 후문 → 것고개(15.0㎞, 6시간 14분).

### 🏔 교통편

- 갈 때: 김포공항에서 강화행 버스로 성동검문소까지. 보구곶리까지는 도보로.
- 올 때: 청룡사 입구 정류소에서 버스로 김포공항까지.

# 둘째 구간
## 것고개에서 스무네미고개까지

이 세상에 무한한 것이 있을까? 우리도 언젠가는 이승을 떠난다. 그걸, 우리는 지금 기다리는지, 준비하는지, 막아보려고 발버둥 치는지?

둘째 구간을 넘었다. 것고개에서 스무네미고개까지다. 것고개는 김포시 통진읍 서암리 해병대삼거리가 있는 48번 국도상이고, 스무네미고개는 인천과 김포를 연결하는 355번 봉수대로를 넘는 고개이다. 이 구간에서는 80봉, 75봉, 대곶초등학교, 수안산 등을 넘고, 김포시를 벗어나 인천시에 진입하게 된다.

### 2008. 2. 9.(토), 맑음
유쾌하지 못한 설 연휴를 보낸 탓인지 유달리 토요일이 기다려진다. 산을 찾을 수 있다는 생각에. 김포공항에 비교적 이른 시각에 도착(08:30). 연휴 끝이라 복잡할 줄 알았는데 그렇지도 않다. 강화행 버스에 올라, 청룡사 입구에서 하차(09:20). 오늘의 들머리인 것고개를 향해 완만한 고개를 넘는다. 잠시 후 것고개에 도착. 해병대 부대가 나오고, '젊은이여 해병대로 오라'라는 큼지막한 입간판이 보인다. 그것도 빨간색 글씨로. 다시 군대 갈 기회가 있다면 해병대를 지원하겠다는 생각을 해본다. 도로를 건너야 하는데 횡단보도가 없어 할 수 없이 무단 횡단한다. 나뭇가지에 걸린 노란 안내리본이 나를 맞는다. 언제 봐도 반가운 산행길의 영원한 동지. 완만한 경사로인 솔밭길에 접어들고, 갑자기 눈 덮인 더미가 나타난다. 쓰레기 무덤이다. 급경사가 시작되더니 채 20분도 안 되어 80봉에 이른다. 정상에 삼각점이 두 개 있다. 좌측으로 내려가다 작은 봉우리를 넘고 다시 내려가니 정성스럽게 단장된 묘지가 나오고, 10여 분 더 가서 군부대 철조망을 만난다. 군부대 담장을 따라 진행하니 정문이 나오고, 정맥은 다시 능선으로 이어지면서 또 철조망이…. 산인지 밭인지 모를 과수원이 나오고, 끝에 시멘트 도로로 이어진다. 다시 능선이 시작되고 또 군부대 철조망을 만난다. 무슨 철조망이 이렇게 많은지. 이상한 냄새와 함께 개들이 캥캥거리는 울부짖음이 산골을 찌른다. 개 사육장이다. 처량하다. 날카로운 이빨을 가졌지만 우리 안의 개들이다. 철조망을 따라 오르니 초소가 나오고, 우측으로 내려가니 공동묘지가 나온다. 넓다. 갈 길이 뚜렷하지 않아 가장 번들거리는 묘지 중앙으로 내려가니 포장도로가 나오고 삼거리에 이른다. 삼거리에는 '대창무늬목'이, 우측에는 '한성신약' 간판이 있다. 정맥은 (주)금성공압 쪽으로 이어진다. 금성공압을 지나 좌측 건물을 우회하니 정맥길이 나온다. 경사가 완만한 산길이 시작되고 바로 철망이 앞을 막는다. 철망 아래쪽은 뚫렸다. 밑으로 통과하여 능선으로 올라 묘지를 지날 즈음, 내가 넘어지는 바람에 꿩들이 놀라 푸다닥 날아간다. 그 소리에 내가 놀란다. 조금 더 올라 SK텔레콤 옹정리 기지국을 지나 잠시 후 75봉에 이른다. 밤나무밭이 시작되고, 길은 명확하지 않다. 다시 2차선 포장도로에서 좌측으로 조금 가니 '(주)뉴팜 회사가 나온다. 정맥은 이 도로를 따라 이어진다. 예전에는 이 도로가 산길이었을 것이다. 이곳에서 약간의 주의가 필요하다. 좁은 도로에 별도의 인도가 없다. 한참 내려가니 '송마1리 팔거리부락'이라는 표지석이 나온다. 아주 크다. 오거리나 육거리는 봤어도 팔거리는 처음이다(11:55). 팔거리 부락에서 10여 분 더 가니, '(주)대기이엔씨'라는 허름한 공장이 나오고, 정맥은 우측 산길로 이어진다. 낮은 봉우리를 넘으니 사거리 안부에 이르고, 우측에 민가가 있다. 연립주택 비슷한 집들이 많다. 갑자기 개 한 마리가 열심히 짖는다. 대곶초등학교 앞을 지나 대곶사거리에서 직진하니 대곶중학교가 나오면서 앞이 확 터진다. 대곶 신사거리다. 신호 대기 중에 옆 노인에게 길을 물었다. 예상대로 앞에 보이는 산이 수안산이라고 한다. 정맥길은 대곶 신사거리에서 도로를 건너 좌측으로 조금 내려가다가 우측에 있는 비포장도로로 이어진다. 초입에 안내리본이 많다. 밭 가운데를 지난다. 흐릿한 길이지만 바로 앞에 수안산이 보이니 마음이 놓인다. 밭두렁을 걷다가 끝에서 산길로 접어든다. 벙커가 나오고, 교통호를 따라가니 목의자가 나오고, 주변엔 운동 시설이 많다. 허리 돌리기, 철봉대…. 이곳에서 점심을 먹는다. 날씨 탓일까? 밥맛이 별로다. 다시 출발하자마자 거대한 송전탑(15번)이 앞을 막는다. 교통호가 나오고, 그 옆에 널찍한 등산로가 있다. 바로 임도 비슷한 도로가 나오고, 특이한 리본이 걸려 있다. '수안산 3,000번 오르기. 현재 1173회째'라고 적혀 있다. 대단하다. 우측 임도를 따라 조금 오르니 수안산성 표지판이 나온다. 수안산성은 경기도 기념물 159호로 삼국시대에 돌로 쌓은 성벽이다. 안내판 반대쪽으로 둔덕을 오르니 벌판 비슷한 곳이 나온다. 수안산 정상이다.

## 수안산 정상에서(13:10)

정상은 황량하다. 산 정상이라고 전부 풍광이 주어지는 것은 아닌 것 같다. 나무 한 그루 없이 마른풀만 가득하고 중앙엔 공동묘지가 조성되었다. 한쪽에 산불감시 초소가 있다. 정상에서 내려와 온 길을 되돌아가니 '수안산 신령지단'이라는 비석이 나온다. 계속 임도를 따르니 헬기장이 나오고 다시 삼거리에 이른다. 좌측 산길로 오르는데 누군가 나를 노려보는 것만 같다. 잠시 멈춰 쳐다보니 아니나 다를까 어떤 노인이 뚫어져라 쳐다본다. 순간 가슴이 철렁한다. 이 깊은 산중에 노인이? 손에는 국궁이 들려 있다. 산중에서 혼자인 나를 보고서 노인도 놀라고 나도 놀랐다. 세상 참…. 등산객임을 확인한 노인은 화살을 자전거에 싣고 조준장으로 되돌아가고, 나는 내 길을 간다. 국궁장을 벗어나니 교통호와 철망이 나오고, 우측 완만한 능선길로 내려가 사거리에서 우측으로 내려가니 전주 이씨 묘지가 나온다. 묘지 아래로 목재 계단이 끝나고 포도밭 끝 지점에서 포장도로로 이어진다. 도로 건너편에 오성화학 건물이 보이고 학당 슈퍼가 있다. 정맥길은 슈퍼 왼쪽 시멘트길로 이어진다. 올라가니 포도밭이 나온다. 길 찾기가 쉽지 않다. 다시 민가가 나오고, 삼거리에서 다시 한번 더 물었다. 폐차장을 찾기 위해서다. 가던 길을 멈추고 발걸음을 옮겨가면서까지 자세하게 설명해주는 아주머니의 가르침대로 반대쪽으로 올라가니 거짓말처럼 폐차장이 나온다. 폐차장에는 고물차들이 산더미처럼 쌓였고, 정문 앞에는 '아름다운 집'이라는 표지판이 있고 그 뒤에는 정말로 예쁜 집이 있다. 정맥길은 전봇대 뒤 산길로 이어진다. 산길로 오르니 삼거리에 이어 공동묘지가 나온다. 묘지에 이어 송전탑(47번)을 지나 오르니 벙커가 있는 무명봉에 이르고, 내려가다 안부에서 오르니 또 봉우리, 봉우리, 봉우리…. 봉우리에서 내려오니 포장도로가 지나는 고갯마루에 이른다. 군부대 안내판이 있고 정맥길은 고개 너머 군사 도로로 이어진다. 산길을 오르니 안테나가 있는 군부대 철조망에 이른다. 오늘은 종일 철조망과 함께 걷는다. 상엿집 같은 시설도 보인다. '접근금지'라고 경고한다. 접근해 볼 엄두가 나지 않아 뒤도 돌아보지 않고 내뺀다. 자꾸 뭣이 따라오는 것만 같다. 철조망에서 좌측으로 진행하니 철문이 나오고, 도로를 따라 50m 정도 내려가니 삼거리가 나온다. 계속 직진하니 삼거리가 또 나오고, 군사 도로와 만난다. 우측으로 올라 묘지를 지나니 밤나무가 많은 산이 나오고, 경고판이 나무에 부착되었다. 밤나무는 주인이 있으니 들어가지 말라는 것이다. 밤나무 단지가 끝나고 자동차 소리가 들리기 시작한다. 바로 아래에 절개지가 나온다. 오늘의 최종 목표 지점인 스무네미고개다(16:14). 드디어 인천상륙작전에 성공하는 순간이다. 4차선 포장도로에 이르기 전에 먼저 2차선 포장도로에 이른다. 이곳은 구도로다. 옛날에는 이 도로를 스무네미고개라고 했을 것이다. 2차선 도로에서 4차선 포장도로 갓길로 내려간다. 김포를 벗어나 인천에 접어드는 순간이다. 몸도 마음도 피로하다. 집 생각이 간절하다.

### 🥾 오늘 걸은 길
것고개 → 80봉, 75봉, 대곶초등학교, 수안산 → 스무네미고개(15.3㎞, 6시간 54분).

### 🏔 교통편
- 갈 때: 김포공항에서 강화행 버스 이용, 청룡사 입구에서 하차.
- 올 때: 스무네미고개 인근 해병 제2사단 사거리 정류장에서 버스 이용.

# 셋째 구간
## 스무네미고개에서 장명이고개까지

밤새 한기에 젖어 움츠러든 몸을 털며, 내색하지 않고 깨어나는 아침 산을 대할 때마다 경외로움을 느낀다. 그런 산에서 우직함을 배운다. 산을 닮고 싶다.

한남정맥 셋째 구간을 넘었다. 스무네미고개에서 장명이고개까지이다. 스무네미고개는 김포시와 인천시를 잇고, 장명이고개는 효성산과 계양산을 연결한다. 이 구간에는 가현산, 서낭당고개, 할메산, 골막산, 둑실마을, 207봉, 계양산 등이 있다. 이 구간에서는 요즘 화두인 경인 운하 건설 현장을 만나게 되고, 개발로 정맥의 흔적이 사라져 자칫 길 찾는 데 애를 먹을 수도 있다.

### 2008. 2. 16.(토), 맑음

김포공항 버스 정류장에서 양곡행 버스에 오른다(09:22). 천 원짜리 한 장을 요금함에 넣고 부랴부랴 좌석으로 향하는 어느 할머니, 서둘러 자리를 확보한다. "이 차는 1600원짜리라요. 할머니."라는 버스 기사의 호통에 순간 버스 안은 긴장. 좌석에 앉은 할머니는 기사 아저씨의 말에는 아랑곳없이 좌석을 잡았다는 안도감에 흐뭇해

하는 표정이 역력하다. 기사 아저씨가 다시 한번 "할머니, 이 버스는 1600원짜리란 말이에요."라고 한다. 아주 큰 소리로. 그때서야 사태 파악을 한 할머니는 요금함에 천 원짜리 한 장을 더 넣고 거스름돈을 집어낸다. 자리로 되돌아오는 할머니는 연신 궁시렁궁시렁이다. 누구의 잘못도 아닌 것 같다. 버스의 크기도, 생김새도 특별히 다르지 않다. 다만 좌석이 있을 뿐이다. 실은 나도 일반버스인 줄 알았다. 양곡에서 갈아탄 버스는 열 시가 조금 넘어 해병 2사단 입구에 도착. 여기서 스무네미고개까지는 온 방향으로 10여 분을 되돌아가야 된다. 고개를 들면 가현산이 코앞이다. 날씨는 쌀쌀하지만 햇볕은 맑다. 잠시 후 스무네미고개에 도착(10:19). '자연 사랑 후손 사랑'이라는 육중한 시멘트 구조물이 있다. 안내리본을 따라 고개를 절개하여 도로를 만든, 잘린 산허리 쪽으로 오른다. 고개마다 이런 식이다. 많은 산들이 도로나 아파트 건설 때문에 이렇게 허리가 동강나고 있다. 능선까지는 짧지만 아주 가파르다. 벌써부터 숨이 헉헉거린다. 오르자마자 산불감시초소가 나오고, 10여 분 오르니 벙커가 있는 봉우리에 이른다. 검단지역이 한눈에 들어온다. 갈림길에서 좌측으로 내려가니 삼거리가 나오고, 다시 좌측으로 내려가니 여러 기의 묘지가 나오면서 솔향 그윽한 소나무 숲길로 이어진다. 양쪽에 쭉쭉 뻗은 소나무들이 빽빽하다. 아까부터 등로 우측은 로프가 이어진다. 표지판을 보니 궁금증이 풀린다. 이 아래쪽에 사격장이 있으니 출입하지 말라는 금줄이다. 다 썩어가는 나무의자가 설치된 쉼터를 지나 완만한 능선을 오르니 가현산 산악회에서 세운 이정표가 있다. 좌측은 구레골 약수터, 직진은 묘각사라고 알린다. 넓은 공터가 나오고 완만한 능선을 10여 분 오르니 바위 세 개가 나란히 있는 삼형제 바위가 나온다. 그 위에 정자가 있다. 가현정이다(11:00). 그리고 보니 지금 걷는 이 산이 가현산이다. 가현산은 인천 서구와 김포시 양촌읍에 걸쳐 있다. 그리 높지는 않지만 바다를 바라보는 경치가 뛰어나 예전부터 이 산에 오면 노래를 부르게 된다고 한다. 가현정은 양쪽이 확 터져 김포와 인천 검단 지역이 한눈에 들어온다. 정자에는 나이 드신 분이 와서 쉬고 있다. 어르신은 자랑스럽게 말씀하신다. 가현산 능선을 중심으로 좌측은 인천 검단, 우측은 김포라고 한다. 그런데 검단도 최근에야 인천으로 편입되었고 원래는 김포에 속했다고 한다. 말이 나온 김에 하나 더 물었다. 이곳을 찾아오면서 보게 된 '양촌'이란 지명이 TV 전원일기에 나온 그 동네가 맞느냐고. 그렇다고 한다. 그렇다면 김 회장 최불암 씨가 살던 그 동네? 과수원이 나오고 배추밭이 자주 보이던…. 응삼이도, 김회장 둘째 아들 용식이도 나오던. 그 용식이가 이제는 우리 부 장관으로 온다고 한다. 가현정 근처에는 소나무 쉼터와 등산 안내도가 있다. 쉼터를 지나 완만한 길로 오르니 위장망을 씌운 시설물이 있고, 조금 더 가니 진달래 군락지가 나온다. 만개하는 봄이면 굉장할 것 같다. 그 광경이 벌써 눈에 그려진다. 조금 더 가니 널찍한 헬기장이 나온다. 김포시 일대는 물론 남동쪽으로 향동 저수지가 보이고, 서구 금곡동 일대가 시원스럽게 내려다보인다. 지금까지 지나온 마루금도 한눈에 들어온다. 헬기장 위쪽에는 '가현산 수애단'이라는 비석과 가현산 정상을 알리는 표지석이 있다. 특이하다. 비석처럼 만들었고 그 아래에는 '천기영산 가현산'이라고 적었다. 하늘의 기운을 받은 신령한 산이라는 뜻이다. 정상에서 내려가니 시멘트 도로가 나오고, 위쪽에는 한국이동통신 탑이 있다. 얼른 보면 남산 타워 같다. 직진 길엔 군부대 시설물이 있어서 우측으로 우회한다. 조금 전 가현산 정상 표지석이 있던 곳도 실은 정상이 아닌데 군 시설물 때문에 그곳에 세웠을 것이다. 군 시설물 때문에 정맥이 자주 끊기고, 재미없는 철조망을 따라다녀야 하고, 정상을 눈앞에 두고도 오르지 못하는 사례가 수없이 많다. 가장자리에 이정표가 보인다. 묘각사는 우회하라고 표시되었다. 5분 정도 내려가니 묘각사가 나온다(11:15). 몇 대의 자동차가 주차되었고 불심을 얻으려는 맹렬 아줌마들이 기도에 열중이다. 정맥은 절 밖으로 이어지는 능선으로 연결된다. 조금 내려가자 폐타이어로 만든 계단길이 끝나고, 묘각사 정문을 지나 비포장도로로 삼거리에서 직진하니 산길로 이어진다. 작은 봉우리를 넘으니 위장망을 씌운 시설물이 나오고(11:25), 좌측 완만한 길로 조금 더 올라가니 170봉에 이른다. 정상에는 삼각점, 나무의자 3개가 있다(11:33). 로프가 설치된 급경사로 내려가 갈림길에서 좌측으로 내려가니 시멘트 도로가 나온다. 서낭당고개다(11:45). 주변에 공장 비슷한 건물들이 많다. 개가 짖기 시작한다. 서낭당고개를 가로질러 산길로 오르니 공원묘지가 나오고, 다시 임도를 따라 올라가니 나무의자가 설치된 74봉에 이른다. 임도를 따라 내려간다. 주변엔 마을이 있다. 좌측으로 풍림아파트가 보이고 곧이어 군부대 철조망이 나온다. 이제부터는 철조망을 따라 걷게 된다. 좌측 철조망을 따라 오르니 좌측에 소로가 나 있고, 다시 갈림길에서 우측 길로 내려가니 궁도장이 나온다(12:00). 궁도장 우측 가장자리로 내려가 궁도장 입구에 이르니 동남아파트가 나온다. 좌측 도로로 조금 가다가 전봇대가 있는 곳에서 우측 산길로 오르니 인라인스케이트장이 나오고, 남녀 청춘들이 겨울바람을 가르고 있다. 내 청춘에는 저런 모습이 없었는데…. 스케이트장에서 계단을 따라 내려가니 포장도로가 나오고, 도로에서 우측으로 내려가니 영진아파트 정문 앞 4차선 포장도로가 지나는 사거리에 이른다. 사거리에서 횡단보도를 건너 우측으로 가면 버스 정류장이 나오는데 이곳이 좀 복잡하다. 개발한답시고 모두 파헤쳐버렸다. 버스 정류장 뒤에 공터가 있고 그 공터 뒤에 현대아이파크아파트가 있다.

### 현대아이파크아파트 정문에서(12:20)

아이파크아파트 정문 앞을 통과하니 검단복지회관이 나온다. 아마 이곳이 요즘 신문에서 떠들썩한 아파트 분양지역인 것 같다. 정문 입구가 그럴싸하고, 주변 복덕방에는 '분양 중' 알림판이 너절하게 붙었다. 그 아래로 내려가니 4차선 포장도로가 지나는 사거리에 이르고 건너편에는 마전중학교가, 그 우측에 문고개가 있다. 횡단보도를 건너 마전중학교 옆 도로에서 우측 능선으로 올라가면 마루금이 나올 것 같은데, 산으로 오르는 길이 보이지 않는다. 무조건 산속으로 올라가기로 한다. 방법이 없을 때는 일단 산과 산이 연결될 수 있는 지점을 찾으면 확률이 높아서다. 마른 숲을 헤치고 길을 만들어 오르니 묘지가 나온다. 무조건 높은 방향으로 오른다. 교통호가 나오고 더 올라가니 화생방 깃봉과 타종이 있는 곳에 이른다. 주변에는 군 시설물이 있다. 여기서 약간 넓은 길을 따라 조금 가다가 좌측 계단으로 오르니 헬기장이 나온다(12:30). 전망이 아주 좋다. 지나온 가현산과 앞으로 가게 될 할메산까지 보인다. 아래에는 천주교 공원묘지가 조성되었다. 정맥길은 묘지 중앙으로 이어진다. 다음에 이어질 산이 보이지는 하지만 그 산까지 연결되기 위해서는 보이는 난관만 해도 너무 많다. 아래에 공장이 있고, 다음에는 공터가 있다. 그다음은 넓은 도로가 있다. 일단 내려가자. 그리고 부딪치자. 묘지 관리소가 나오고, 그 뒤에는 고물상이 있다. 냄새가 고약하다. 고물상을 지키는 개들이 밥값을 한답시고 짖어댄다. 이젠 약수상회를 찾아야 하는데 보이지 않는다. 이런 공장지대에 있을 것 같지도 않다. 아파트 지역으로 내려간다. 사람을 만나기 위해서다. 폐지 수집상이 리어카를 밀고 올라온다. 물었다. 이 근방에서 그런 상회는 보지 못했다고 한다. 폐지 수집상이라면 이 지역 사정을 잘 알 텐데…. 난감하다. 약수상회를 찾는 것을 포기하고, 공장지대를 벗어나 공터를 지나 도로를 건너 가장 정상 접근이 쉬울 것으로 보이는 산길을 찾는다. 그런데 누군가 도로 건너편에서 손짓하면서 나를 부른다. 아까 리어카를 몰고 오던 그분이다. 약수상회를 발견했다면서 손짓을 한다. 고마울시고! 그냥 대충 흘려듣는 줄 알았는데…. 산길을 찾던 중 초입에서 안내리본을 발견한다. 이렇게 반가울 수가! 조금은 가파른 산길이다. 응달이라 아직도 눈이 녹지 않아 미끄럽기까지 하다. 정확하지는 않지만 가끔 보이는 안내리본에 힘입어 의심 없이 오른다. 드디어 작은 봉우리 정상에 선다. 할메산이다(12:59). 정상에는 화생방 깃발과 타종, 삼각점이 있고 가장자리에 산불감시초소가 있다. 벙커인지 창고인지 모르겠지만 음침한 곳에 타이어 등 군용품들이 채워졌다. 이곳에서 잠시 쉬면서 점심을 먹는다. 햇빛이 잘 들고 바람도 많지 않다. 마냥 쉬고 싶다. 이대로 드러눕고 싶다. 이어폰을 낀 청년이 올라온다. 다시 출발한다. 이곳에서도 등로가 좌측인지, 우측인지 망설여진다. 양쪽에 안내리본이 있어서다. 이럴 땐 산 전체의 맥을 보면 된다. 종주 산행을 통해 터득한 지혜다. 완만한 경사로 10분 정도 내려가니 사거리 안부가 나오고, 길은 다시 걷기 좋은 능선. 21번 송전탑에 이어 갑자기 골프 연습장이 보인다. 백석스포렉스다(13:34). 백석스포렉스는 골프 연습장, 찜질방을 겸한다. 정맥길은 골프 연습장 안으로 이어진다. 갑자기 당황스럽다. 들어가도 되는 걸까? 바로 주차장으로 연결되고, 주차장 옆에는 찜질방이 있다. 길은 주차장을 통과하니 바로 절개지로 이어지고, 절개지 아래로는 많은 화물차들이 쌩쌩 달린다. 정맥은 절개지 맞은편 산으로 이어진다. 이 도로를 통과해야 되는데, 횡단보도가 보이지 않는다. 맞은편에는 인천 신생요양원이 있다. 건널 수 있는 방법이 없어 무단횡단한다. 무사히 건넜지만 산길로 올라가는 초입이 보이지 않는다. 요양원 옆에 산이 있다. 무조건 오른다. 절개지를 생각하면서 산줄기를 이어보는 것이다. 중턱쯤에 밭이 나오고 그 옆에 허름한 건물이 있다. 드디어 안내리본이 보인다. 제대로 올라 온 것이다. 희미한 길이지만 따라 오른다. 봉우리인지 알 수 없을 정도로 평평한 산 정상에 이른다. 지도에서 말하는 골막산이다. 정맥은 이곳에서 좌측으로 연결된다. 이 길은 아까 본 인천신생요양원 건물 뒤가 아닌가? 이럴 줄 알았으면 바로 요양원 뒤로 가는 것인데…. 19번 송전탑을 지나자(13:50) 주택이 나오고 도로에 이어진다. 전라도식 백반집 간판이 보인다. 군침이 돈다. 구운 조기에 젓갈 넣어 만든 김장김치가 생각난다. 횡단보도에서 신호 대기 중인 옆 학생에게 물었다. "이곳이 인천 어디쯤인가요?"라고. 서구 백석동이라고 한다. 도로 맞은편에 에덴 꽃 직매장 간판이 있고, 정맥은 저 꽃집 좌측으로 돌아서 산길로 이어진다. 길을 건너서 꽃집을 지났지만 감을 잡을 수가 없다. 그새 개발이 되어서다. 무조건 산으로 오르니 예상대로 안내리본이 나온다. 삼거리에서 좌측으로 오르니 우측에 노끈으로 줄이 쳐졌고 출입 금지 팻말이 있다. 군 훈련장이 나오고 그 끝에 군부대 철조망이 시작된다. 또 철조망을 따라가는 신세다. 철조망이 끝나는 지점에서 우측으로 내려가니 포장도로가 나오고 군부대 정문이 보인다. 포장도로를 건너니 또 군부대 철조망과 만난다. 10여 분 만에 능선에 올라선다. 능선에서 철조망을 뒤로하고 우측 완만한 길을 걷는다. 군부대 훈련시설이 자주 나온다. 6번 송전탑이 나오더니 계속해서 훈련장이 나오고 벙커가 있는 봉우리에 이르니 시야가 트인다. 맞은편에 계양산이 보이고, 그 아래로 경인운하를 건설 중인 굴포천과 신공항고속국도가 내려다보인다. 좌측으로 한참 내려가니 도로에 이르고, '둑실마을'이라는 큼지막한 간판이 있다.

### 둑실마을 입구에서(14:44)

간판은 둑실마을을 비롯해서 여러 음식점을 안내한다. 이곳에서는 세심한 관찰이 필요하다. 목표 지점인 계양산이 바로 보이지만, 그 전에 굴포천을 건너야 되고 신공항 고속국도를 넘어야 한다. 우선 철문을 통과해야 하는데 보이지가 않는다. 굴포천 공사 때문이다. 철문 대신 공사장 가림막과 출입 금지 팻말이 있다. 이제 방법은 철다리를 통과하는 것뿐이다. 우측으로 한참 가면 철다리가 있다. 이 철다리를 건너야 신공항 고속국도를 건너게 되고, 계양산을 오르는 입구를 찾을 수 있다. 굴포천은 경인운하를 건설하려고 뚫고 있다. 거의 다 공사가 되었는지 방수작업이 진행 중이고, 하얗게 얼어 있다. 공사장 흙길을 10여 분

걷다 보니 철다리에 이른다. 철다리 아래는 굴포천이 흐르고, 끝에는 신공항고속국도가 가로지른다. 철다리가 끝나자 바로 굴다리를 건넌다. 굴다리 위에는 신공항고속국도가 있다. 지금 신공항 고속국도를 건너고 있다. 느낌상 머리가 무

거워짐을 느낀다. 고속국도를 달리는 자동차들을 내 머리에 이고 있다는 생각이다. 굴다리를 건너 사거리에서 우측 포장도로로 진행한다. 한적한 도로 가운데에 충남 번호판을 가진 자동차가 세워졌고, 빨간 잠바를 입은 청년이 그 옆에서 소변을 보고 있다. 자동차 안에는 두 명의 청년이 더 있다. 그 청년들은 지나가는 나를 계속 쳐다본다. '이렇게 한적한 곳에 왜 자동차를 세우고 있을까?' 소변이 끝났을 시간이 되었는데도 머리를 짧게 한 청년은 그대로 서 있다. '혹시 조폭?' 갑자기 두려워진다. 걸음을 빨리한다. 포장도로가 끝나고 비포장도로 끝에 능선으로 오르는 길이 보인다. 어김없이 안내리본이 펄럭인다. 그 아래로는 인천공항을 향하는 수많은 자동차들이 신공항 고속국도를 쌩쌩 달린다. 가끔 지나가는 지하철은 마치 큰 뱀이 허리를 트는 것처럼 곡선길을 달린다. 조금은 가파른 능선을 오르니 주능선이 바로 나오고, 좌측 길로 오르니 또 다른 봉우리에 이른다. 꽃메산 정상이다. 안내리본을 따르니 잠시 후 133봉에 이르고(15:33), 계양산이 지척으로 올려다보인다. 갑자기 새소리가 들린다. 지체할 여유가 없다. 갈 길은 멀고 해는 지려 한다. 급경사가 시작되고 삼거리에서 좌측 완만한 길로 오르다가 봉우리를 넘어서니 군부대 철조망과 또 만난다. 우측 철조망을 따라 내려가니 군부대 후문이 나오고, 보초병 두 명이 문을 지키고 있다. 나를 보고서도 잡담을 계속한다. 후문 옆으로 올라가니 또 철조망으로 이어진다. 시멘트 계단을 오르니 우측으로 올라가는 계단이 또 있다. 여기서 철조망과 이별하고 계단으로 오른다. 계단을 올라가자마자 군 훈련 통제대가 나오고, 통제대와 훈련장을 지나 올라가니 가파른 오르막이 시작되고 송전탑이 나온다. 이어서 급경사 길을 오르니 다시 주능선에 닿는다. 인천시 검단동에서 올라오는 길과 만나는 지점이다. 이곳에서 정맥길은 좌측으로 이어지고 조금 더 가니 헬기장이 있는 207봉에 이른다. 이젠 계양산이 눈앞이다. 오늘 많이 걸었다. 험한 길은 아니지만 이젠 힘이 부친다. 먹을 것이라곤 점심 먹다가 남겨놓은 배가 하나 있을 뿐이다. 물이 떨어진 지도 오래다. 헬기장에서 내려가니 철조망과 다시 만나면서 갈림길로 이어진다. 좌측 철조망을 따라 올라가니 무명봉에 이르고, 철조망을 따라 급경사가 또 시작된다. 응달이어서 아주 미끄럽다. 아이젠을 착용할까도 생각했지만 대신 로프를 잡고 걷는다. 철조망이 끝나고 다시 급경사가 시작된다. 죽을 힘을 다해 올라가니 넓은 공터가 나온다. 203봉이다. 공터 가장자리에 커다란 돌이 있어 쉬어 가기에 좋다. 배낭을 그대로 멘 채로 걸터앉으면 된다. 잠시 쉬었다가 출발한다. 마지막 고비일 것 같다. 남은 힘은 별로 없다. 발로 걷는 것이 아니라 두 스틱에 의지해 전진한다. 제정신으로는 오를 수가 없다. 주문을 외운다. 70보 걷고 쉬기로 한다. 50보 걷고 쉬기로 한다. 30보 걷고 쉬기로 한다. 이런 고통을 감수하고 내가 산길을 걷는 이유가 뭘까? 초심, 흔들려선 안 된다. 정상도 가까워 오지만 날도 급속도로 저문다. 드디어 널찍한 헬기장이 나오고, 여기저기 코너에서 계양산을 올라오는 사람들이 보인다. 이렇게 늦은 시각에도 올라오는 사람들이 있는 것을 보니 계양산의 유명세를 알 것 같다. 곧이어서 통신 중계탑이 나오고, 바로 계양산 정상에 도착한다(17:08). 중앙에 정상 표지석이, 그 옆에는 음료수를 파는 사람이 진을 치고 있다. 가장자리 의자에는 많은 등산객들이 앉아 있다. 어떤 이들은 주변 조망을, 또 어떤 이들은 운동을 하느라 발을 난간에 올려놓고 있다. 만사를 제치고 의자에 걸터앉는다. 체면 불고하고 배낭을 뒤져 배를 꺼낸다. 피곤하기도 하지만 배가 고파서 견딜 수가 없다. 큼직한 배를 삽시간에 먹고 보니 그런대로 살 것 같다. 이제 하산을 준비해야 된다. 정상에서는 사방에 막힘이 없다. 서쪽으로 영종도, 강화도 등 주변 섬들이 한눈에 들어오고, 동쪽으로는 김포공항을 비롯한 서울 시내까지 보이고, 북쪽으로는 고양시가, 남쪽으로는 부평 시내가 바로 아래에 펼쳐진다. 이대로 하산을 하려니 뭔가 아쉽다. 내 또래로 보이는 부부 등산객에게 물었다. 등산객은 기다렸다는 듯이 자세히 설명해 준다. 부평 시내며, 그 너머에 있는 인천 시내를 자세하게. 그러면서 서울로 가기 위해서는 지하철로 부평역에서 1호선으로 갈아타라는 방법까지 가르쳐 준다. 한 가지 더 물었다. 이종환의 쉘부르가 있는 장명이고개를 찾는다고 하니 그것도 설명해 준다. 정상 바로 아래에 있는 헬기장에서 부평 쪽으로 무조건 내려가라고 한다. 잘은 모르지만 이종환의 쉘부르도 도로변에 있다고 한다. 이제 큰 걱정은 덜었다. 무조건 아래로 내려가면 된다. 찾으려는 장명이고개도 찾을 수 있다는 확신이 선다. 내려가는 길이 조금은 가파르다. 그러나 그것보다는 날이 어두워지는 것이 더 문제다. 중간 중간에 갈림길이 나온다. 하지만 망설일 것이 없다. 무조건 아래쪽으로 향하면 된다. 차츰 경사가 완만해지고 부평 시내가 가까워 온다. 자동차 소리도 들린다. 도로에 내려선 때는 이미 해가 진 뒤. 날씨가 쌀쌀해졌고 길거리를 걷는 사람들의 발걸음도 빨라졌다. 도로를 건너서 부평 시내 쪽으로 내려가니 낯익은 간판이 눈에 띈다. '이종환의 쉘부르'라는 음악 카페다. 널따란 주차장도 있다. 그렇다면 반대 방향으로 올라가는 저 고개가 장명이고개임에 틀림없다. 다음 주에는 저 길을 걷게 되겠지. 오늘은 여기서 마치기로 한다(17:41). 도로를 꽉 메운 자동차들이 모두 헤드라이트를 켰다. 상가도 하나둘씩 셔터를 내린다. 옛말에 '눈길을 걸을 때 함부로 걷지 말라' 했다. 나의 발자국이 훗날 뒷사람의 이정표기 되기 때문이다. 오늘 복잡한 산길이 제대로 기록되었을지 염려된다.

## 🚶 오늘 걸은 길

스무네미고개 → 가현산, 서낭당고개, 골막산, 둑실마을, 207봉, 계양산 → 장명이
고개(24.6㎞, 7시간 22분).

## 🏔 교통편

- 갈 때: 김포공항에서 버스로 양곡 터미널까지, 검단행 70번 버스로 해병 2사단
  입구까지, 스무네미고개까지는 도보로.
- 올 때: 장명이고개에서 지하철로 부평역까지.

# 넷째 구간
## 장명이고개에서 만월산터널요금소까지

멀게 느껴지지만, 가까이 다가설 수 있는 산이 겨울 산이다. 벌거 벗은 채 모든 걸 드러내기 때문이다. 황량하고 처량하게 보이는 산 이 겨울 산이지만, 그것이 결코 패배나 절망을 의미하지 않는다. 묵 언 수행 중이다. 한겨울 눈 다 받아내고, 불어오는 바람도 가지 사 이로 흘려보낼 뿐 일체 대꾸하지 않는 겨울 산. 그런 겨울 산의 묵 직함이 좋다. 이제는 산길 걷기를 즐기기로 했다. 사연이 있다. 지난 2, 3구간에서 무리한 탓에 오른쪽 다리 근육이 고장 났다. 산의 침 묵을 방해했다는 죄목일지도….

한남정맥 넷째 구간을 넘었다. 장명이고개에서 만월산터널요금소 까지이다. 장명이고개는 인천 효성산과 계양산을 잇고, 만월산터널요 금소는 인천 남동구에 위치한다. 이 구간에는 276봉, 철마산, 226봉, 원적산, 장고개, 구루지고개, 만월산 등이 있다. 인천 서구, 남동구와 계양구, 부평구를 가로지르는 경계 능선을 따라 걷게 된다.

### 2008. 3. 1.(토), 맑음
인천 계산역에 도착하니 9시 10분. 바로 김밥집에 들르니 김밥천국 아줌마가 김밥 말기에 열중하면서도 반갑게 맞는다. 비록 한 줄을 팔면서도 나갈 때는 더 공손하게 인사한다. 그것도 남편과 함께. '이런 집은 장사가 잘되어야 하는데…' 아침이라선지 바람 끝이 차다. 지난번에 봤던 휘황찬란한 인천 거리가 아니다. 해 질 녘 어둠에 가려졌던 볼썽사나운 쓰레기들이 속속 원래 모습을 드러낸다. 들머리인 장명이고개까지는 20여 분을 걸어야 된다. 번쩍번쩍하던 이종환의 쉘부르 음악 카페도 그냥 노상의 단층건물일 뿐 지난번에 봤던 화려함은 온데간데없다. 밤과 낮의 차이리라. 장명이고개 정상에 이르기 직전에 좌측 산으로 오르는 길목에 안내리본이 펄럭인다(09:40). 오르는 길은 얼었던 땅이 녹아 조금은 미끄럽다. 시작부터 가파른 오르막. 절개지다 보니 그럴 수밖에…. 철망이 터진 곳으로 넘으니 완만한 능선길이 이어진다. 무명봉을 넘고, 오래된 철조망을 통과하니 돌탑이 보이면서 276봉에 도착한다(10:13). 정상의 이정표가 신기하다. 통통한 둥근 원목, 지금까지 보지 못했던 형태다. 현 위치가 '중구봉'이라고 표시되었고, 철마산과 인천 교대 방향을 알린다. 계양산의 통신탑이 마치 건너편에 있는 것처럼 가깝게 보인다. 철조망을 따라 좌측으로 내려가니 21번 송전탑이 있는 사거리에 이르고(10:22), 60대 노인이 좌판을 열고 막걸리를 판다. 정맥길은 직진이다. 낡은 초소를 지나 꽤 넓은 공간에 이른다. 286봉 정상이다(10:29). 많은 사람들이 있고, 사방으로 전망이 좋다. 계양산은 물론 이어지는 마루금까지 시원스럽다. 정맥길은 우측 철망 문을 통과하여 이어지는데 좌측에도 철조망이 있다. 유달리 철망이나 철조망이 많다. 완만한 능선길이 시작된다. 헬기장을 지나 내려가니(10:38) 좌측에 원형 철조망이, 곳곳에 나무의자가 있다. 육각정이 나오고(10:46), 이정표가 눈에 띈다. 넓고 운동 시설이 많은 두 번째 헬기장에 이른다(10:51). 서구 전역이 한눈에 들어온다. 마루금이 뚜렷해서 오늘은 길 때문에 고민하지는 않겠다. 다시 세 번째 헬기장에 이르고, 완만한 길로 한참 올라가니 네 번째 헬기장이 나온다. 철마산 정상이다(11:09). 많은 헬기장을 보니 생각난다. 현재 어디나 마찬가지로 정맥 마루금 파괴가 심각하다. 도로·기상관측소·헬기장 건설이나 자연 침식 등으로 훼손되고 있어 대책이 시급할 정도다. 철마산은 부평구와 서구를 경계 짓는다. 그런데 인천에 이름이 같은 철마산이 세 개나 있다. 정상임을 확인하고 계속 걷는다. 다시 봉우리가 나온다. 226봉이다(11:16). 삼각점과 이정표, 폐막사와 나무의자가 있다. 잠시 휴식을 취한다. 순간 봄바람이 코끝을 스치고, 북쪽으로 경인고속도로가 내려다보인다. 다시 출발한다. 갈림길 옆에 돌탑이 있다. 정맥은 급경사로 이어지고, 갈림길에서 정맥은 직진이지만 군부대가 있어 우측으로 우회한다. 밭을 지나 사격연습장이 나오고, 여기저기에 탄피가 보인다. 길은 없지만 만들어서 가야 될 판. 밭두렁을 따라 걷는다. 이어서 하나아파트 후문으로 들어가서 단지를 통과하니 4차선 포장도로가 나온다(11:40). 6번 국도다. 좌측에 아나지고개가 보인다. 정맥길은 6번 국도를 건너서 다시 경인고속도로를 건너야 된다. 육교를 건너면 된다. 우측 육교에 올라서니 도로를 달리는 차량들의 행렬이 볼만하다. 다시 아파트 입구에 닿는다. 이곳에서 정맥길은 좌측 어린이 놀이터 쪽으로 이어진다. 놀이터를 지나니 4차선 포장도로가 나오고, 횡단보도를 건너니 좌측에 조아텔 모텔, 우측에는 'JY정공'이 있다. JY정공 뒤를 돌아가니 골목이 나오고 작은 텃밭이 나온다. 등로가 복잡하다. 밭은 산으로 이어지고, 산기슭에는 22번 송전탑이 있다. 밭을 건너니, 산길이 나오고 노란 안내리본이 펄럭인다. 22번 송전탑을 지나니, 다시 밭이 나오고 또 송전탑이 보인다. 오르막 끝에 바위가 있는 134봉에 이른다(12:16). 내려가다 안부 사거리에서 직진하니 돌탑이 있는 삼거리가 나오고, 이어서 배드민턴장이 나온다. 아직 마르지 않은 배드민턴장에서는 시합이 한창이다. 잠시 후 8각 정자가 보인다. 철마정이다(12:33). 사람들이 많다. 좌측은 부평구, 우측은 인천 서구다. 양쪽 주민이 다 모인 듯하다. 쉴 겸 해서 이곳에서 점심을 먹고, 출발한다. 가파른 바윗길. 동네 뒷산 같은 낮은 산치고는 힘이 든다. 원적산 정상 표지석이 보인다.

### 원적산 정상에서(13:00)

역시 주변 조망이 좋다. 지나온 길을 돌아본다. 계양산 통신 안테나가 뚜렷하고 여기까지의 마루금도 시원스럽다. 앞쪽에 조금 있으면 밟게 될 두 번째 철마산이 보인다. 정상에서 내려가자마자 작은 봉우리에 이른다((13:06). 좌측 급경사로 한참 내려가 갈림길에서 좌측으로 내려가니 6차선 포장도로에 이른다. 횡단보도를 건너니 새사미 아파트가 나오고(13:22), 아파트 입구 우측 철계단을 넘어 한참 올라가니 두 번째 철마산에 이른다(13:35). 정상에는 통신 안테나와 반쯤 부서진 삼각점이 있다. 이곳에서 한남정맥 종주객을 만난다. 우측으로 내려가니 사격장 경고문이 나오고, 27번 송전탑을 지난다. 정상에서 봤던 산불감시초소를 지나고 급경사로 내려가니 경고판이 있는 안부 사거리에 이른다. 직진하여 군부대 담장을 따라 우측으로 내려가니 망루초소가 있는 장고개에 이르고, 밭을 지나 우측 능선으로 오르니 운동 시설이 있는 공터에 이른다. 좌측 능선으로 오르니 이정표가 있는 삼거리가 나오고, 3번 송전탑과 군부대 담장을 지나 사거리에서 직진하니 임도가 있는 구루지고개에 이른다

(14:24). 통나무 계단과 2번 송전탑을 지나 계속 오르니 산불 감시초소와 6번 송전탑이 있는 봉우리에 이르고, 좌측 길로 내려가다 삼거리에서 직진하니 돌탑이 허물어진 삼거리에 이른다. 돌탑이 자주 나오고, 갑자기 정적이 감돈다. 완전히 혼자가 된다. 삼거리에서 우측으로 한국아파트가 보인다. 삼거리에서 좌측 로프가 설치된 곳으로 내려가니 갈림길이 나오고, 우측으로 내려가니 넓은 공터가 나온다. 공터에는 창고인지 공장인지 모를 건물이 있다. 좌측 소로로 내려가니 부평도서관이 나온다(14:52). 도서관 앞은 6차선 도로다. 정맥은 도로를 건너 우측의 백운공원 쪽으로 이어지고, 공원 도로를 따라 직진하니 십정과선교가 나온다. 다리 이름이 신기하다. 다리 밑에는 1호선 전철이 지난다. 다리를 지나니 초록색 펜스로 가려진 산기슭과 맞닿고, 펜스를 따라 시멘트 계단을 걷는다. 펜스가 터진 곳에서 우측 산길로 올라가니 공터가 나오고, 이곳에서 잠시 쉬면서 지도를 살피는데 누군가 다가선다. 스포츠 모자를 쓰고, 무전기를 들고 있다. 내게 무슨 공부를 하냐고 묻는다. 지도를 펼치고 먼 산을 바라보는 나를 산 공부를 하는 사람으로 알았던 모양이다. 자초지종을 설명하니, 자기는 산불감시 요원이라면서 앞으로 가게 될 방향에 대해서 설명한다. 우쭐대는 기색이 역력하지만 고맙다고 인사하니 그때서야 자리를 비켜준다. 나도 바로 출발한다. 완만한 능선이 계속된다. 산악자전거 팀을 만난다. 다시 산불감시초소가 나오고 그 옆에는 넓은 공터가 있다. 공터 우측으로 신동아 아파트가 보인다. 내려간다. 어린 묘목이 심어진 임도를 건너 완만한 능선으로 오르니 무명봉에 이르고, 녹슨 철조망이 나온다. 조금 더 내려가서 철조망 터진 곳으로 내려가니 길이 막힌다. 시멘트 담장 안에는 건축자재가 쌓였다. 사유지다. 이곳저곳을 기웃거렸으나 길은 없다. 할 수 없이

민가 담을 넘을 수밖에. 다행히도 사람은 없다. 그런데 대문이 잠겨 나갈 수가 없다. 다시 옆집 담을 넘는다. 이곳도 주택이 아니고 대양 지엔피라는 주식회사다(15:45). 주인도 없고 대문도 열렸다. 여유 있게 밖으로 나온다. 하마터면 큰일 날 뻔…. 대양 지엔피에서 좌측으로 올라가 연립주택 사이를 통과하니 6차선 포장도로가 나온다. 정맥길은 횡단보도를 건너 팬더아파트로 이어지고(15:52), 아파트 끝에서 산길로 올라 우측으로 돌아서니 완만한 능선으로 이어진다. 조금 가파른 오르막이 시작되더니 긴 목재 계단이 나온다. 계단이 끝나고 쉼터에서 조금 오르니 팔각정과 삼각점이 있는 만월산에 이른다(16:15). 만월산의 원래 이름은 주안산이다. 인천시 남동구 일대가 내려다보인다. 궁금한 것이 있어 옆 노인에게 물으니 기다렸다는 듯이 자세히 설명한다. 남동구 끝자락에 있는 문학경기장도, 건축 중인 송도 고층아파트도 설명한다. 송도가 아직은 바닷바람이 심해서 문제지만 개발이 완료되면 인천의 명물이 될 것이라고 한다. 지금까지는 서구와 부평구, 계양구를 가로지르는 산을 넘었는데 이제부터는 남동구가 시작된다. 내려가다가 갈림길에서 부평농장 쪽으로 직진하니 나무 계단이 나오고, 끝에 한국방송공사에서 세운 송신탑이 있다(16:35). 잠시 후 운동 시설이 있는 삼거리에서 좌측 나무 계단으로 한참 내려가니 절개지가 나오고, 절개지 끝은 철망으로 막혔다. 우측으로 우회하여 4차선 도로를 건너니 만월산터널 요금소가 내려다보이는 절개지에 닿는다. 이곳에서 마루금은 절개지 아래 요금소 건물 뒤 소로로 이어지고, 잠시 후 시멘트 도로가 나온다. 해도 많이 기울었다. 오늘은 여기서 마치기로 한다(16:47). 눈에 가슴 속에 인천을 가득 채운 하루다.

## 🚶 오늘 걸은 길

장명이고개 → 286봉, 철마산, 226봉, 원적산, 장고개, 구루지고개 → 만월산터널
요금소(16.3㎞, 7시간 7분).

## ⛰ 교통편

- 갈 때: 인천 계산역에서 도보로 장명이고개까지.
- 올 때: 만월산터널 요금소에서 우측으로 내려오면 버스 정류장이 있음.

# 다섯째 구간
## 만월산터널요금소에서 비룡사 입구까지

요즘 여기저기서 퇴임식, 취임식 소식이 들린다. 노무현 전 대통령
도 얼마 전 기차 타고 봉화마을로 내려갔다. 주연 자리가 바뀌는 현
상이다. 젊음도 인생의 한 시절일 뿐 결국은 다 지나간다. 나이 듦이
시간이 간다고 저절로 되는 것이 아니라던데, 어떻게 나이 들어야
하는지. 고민이 크다.

다섯째 구간은 인천시 남동구에 위치한 만월산터널요금소 뒤에서
시흥 계수동에 있는 비룡사까지다. 이 구간에는 철마산, 208봉, 하
우고개, 120봉, 소사고교, 101봉 등이 있다. 비로소 인천을 벗어나
부천, 시흥에 진입하게 된다.

### 2008. 3. 8.(토), 맑음
인천 동암역사 출구를 빠져나와 버스에 오른다(09:25). 벽산아파트
정류장에서 내려(09:45), 점심 대용 김밥을 구입. 이곳에서 들머리는
만월산 터널 요금소를 지나게 된다. 자동차 도로 갓길로 접근한다.
터널이 가까워 오지만 산으로 오를 수 있는 길은 없고, 대신 '보행자
출입 금지'라는 입간판이 보인다. 할 수 없이 되돌아와서 샛길로 오

른다. 등산객들이 모두 샛길을 이용한다. '만삼이네 도룡뇽 마을'이라는 간판이 나오고(09:50), 장승 형태의 대문이 있다. 그런데 들머리를 알리는 안내리본이 무소식이다. 등산로는 계속 안쪽으로 이어진다. 당초 생각했던 등로는 벗어난 지 오래다. 예측을 잘못했을 수도 있지만 계속 오르기로 한다. 어쨌든 꼭대기에 오르면 정맥길은 찾을 수 있으니까. 길은 적당한 가파름에 꾸불꾸불해서 지루하지도 않다. 갈수록 사람이 많다. 하산하는 사람들에게 철마산을 물었으나 안다는 사람은 없다. 희망적인 것은 송전탑이 보인다는 것이다. 송전탑을 바라보면서 정상으로 향한다. 그런데 이곳에서도 철마산을 안다는 사람은 없다. 주변에서 가장 높은 산꼭대기에 허름한 창고처럼 생긴 산불감시초소가 있다. 그 옆엔 다 썩어 내리는 나무로 된 이정표가 있다. 내가 찾는 '철마산'이라고 표시되었다.

### 철마산 정상에서(10:50)

인천에서만 세 번째로 만나는 철마산이다. 한 지역에 같은 이름의 산이 세 개나 있다는 것도 기록이다. 부평 시내가 한눈에 들어온다. 좌측에는 아주 넓은 공원묘지가 있다. 철마산 정상을 찾았지만 이대로 진행할 수는 없다. 오르는 과정이 잘못되었기 때문이다. 송전탑을 거치지 못했다. 예정보다 지체되었지만, 다시 송전탑으로 내려가서 송전탑을 확인하고 철마산 정상으로 되돌아온다. 세상사가 다 그렇듯이 산길 걷기에도 정직해야 한다. 아무도 모를 것 같지만 하늘만은 보고 있다. 이제부터 오늘 정맥 종주가 시작된다. 정맥길은 직진이다. 노란 안내리본이 보인다. 상당한 경사지에 원형 철조망이 나오더니 사거리에 이른다. 직진하여 안부삼거리에서 오르니 로프가 설치되었고, 잠시 후 187봉에 이른다(11:06). 나무의자에 걸터앉는다. 쉬는 동안에도 등산객들은 계속해서 올라온다. 정상 좌측은 부천시 송내가, 우측으로는 인천시 남동구 만수동이 한눈에 들어온다. 아파트가 참 많다. 내려간다. 갈림길에서 정맥길은 직진이 아닌 좌측이다. 주의가 필요한 곳이다. 이어서 사거리 안부에서 직진하니 군사 도로와 만난다. 오르막 도로를 따르니 우측 산길로 이어지고, 바로 군부대 후문에 이른다. 후문에서 우측 철조망을 따라가니 뚜렷한 길이 나오고, 14번 송전탑을 지나(11:30) 좌측으로 내려가니 4차선 포장도로에 이른다. 도로에서 산으로 오르는 초입에는 노란 안내리본이 걸려 있고 그 옆에는 다 썩어가는 나무판에 '철마로 등산로 2.5㎞'라는 이정표가 비스듬히 서 있다. 도로를 따라 마을 쪽으로 내려가니 '수현부락' 버스 정류소가 나오고(11:40), 정맥길은 이곳에서 서울외곽순환고속도로 아래로 이어진다. 이제부터는 그 길을 찾아야 된다. '이가백숙'에 이어서 '버드나무집'이라는 허술한 음식점을 지나니 지하 통로가 나온다. 일종의 굴다리다. 그런데 지하 통로는 철문으로 막혔다. 할 수 없이 철문 옆 갓길을 이용한다(11:50). 지하 통로를 지나자마자 끝에 있는 안내리본이 발길을 붙잡는다. 바로 도로 위로 오른다. 여기서는 외곽순환 고속도로를 건너기 위한 지점을 찾아야 된다. 고속도로는 바로 보이지만 그곳을 찾아가는 길은 하나가 아니다. 어느 길로 가야 할지? 지레짐작으로 움직이다가 헛고생만 하고, 많은 시간을 허비했다. 시간은 가는데 애가 탄다. 개발 탓이다. 이곳에서는 눈 딱 감고 '불심정사'라는 표지석을 찾으면 된다. 외곽순환 고속도로 아래를 찾아가는 길은 두 군데인데, 그중 좀 더 멀리 있는 위쪽으로 가면 불심정사 표지석이 나온다(12:30). 이곳을 찾느라 30분 이상을 헛고생했다. 표지석을 따라가다가 서울 외곽순환 고속도로 아래를 통과하여 바로 좌측 배수로를 따라서 올라가니 정맥길이 이어진다. 배수로에 안내리본이 있는 것은 물론이다. 유격훈련장을 지나니(12:35) 군 훈련병 시절이 생각난다. 가스 실습장을 지나 계속 올라간다. 시멘트 도로를 지나 유격장 정문에 이를 무렵(12:40) 안쪽에서 군인이 다가와서 왜 이쪽으로 오느냐면서 왼쪽으로 가라고 알려준다. 다른 등산객들도 왼쪽으로 가더라면서. 계급은 상병인데 마치 고등학생처럼 어려 보인다. 어째서 완전군장을 했냐고 물으니 벌 받는 중이라면서 웃는다. 그 모습이 너무 맑다. 유격장 정문에서 좌측 철망을 따라 올라가니 초소가 나온다. 근무 중인 군인들의 모습이 인상적이다. 키도 크고 덩치가 보통이 아니다. 거기다가 베레모를 썼다. 다시 한참 올라가니 야외 강의장이 나온다. 조금 전 외곽고속도로 아래에서 그렇게 찾아 헤매던 야외강의장이다. 이 강의장을 찾으려고 얼마나 시간을 허비했는데…. 강의장에서 조금 올라가니 208봉 정상이다(12:50). 정상에는 삼각점이 있고, 휴식 중인 몇 사람이 있다. 산길은 오로지 나를 위한 걸음이다. 걸을수록 가벼워지고 채워진다. 잠시 쉬면서 이곳에서 점심을 먹고, 출발한다. 등로는 경사가 거의 없는 능선. 바로 군부대 철조망과 만나고 급격한 경사길로 이어진다. 아파트가 보이기 시작하면서 경사는 더 심해진다. 겨울에는 조심해야 될 것 같다. 전진아파트 정문에서(13:23) 정맥길은 아파트 아래쪽에서 산으로 이어진다. 아파트 아래쪽으로 50m 정도 내려가 아파트 옹벽이 끝나는 지점에서 올라가면 된다. 전진아파트 뒤를 돌아서 올라가는 셈이다. 아파트 뒤를 통과하자마자 군부대 철조망과 만나고, 길은 철조망 좌측을 따라 내려가게 된다. 긴 목재 계단을 넘으니 삼거리가 나오고, 이정표는 하우고개 방향을 알린다. 철조망을 따라가니 하우고개와 소래산 방향으로 갈라지는 갈림길이 나오고, 소래산은 직진이고 정맥

길은 좌측으로 이어진다. 조금 내려가니 정명약수터에서 올라오는 길과 만난다. 이 지점에서는 우측 소래산이 더 잘 보인다. 삼각뿔처럼 생긴 것이 유난히 높고 아름답다. 이렇듯 산길엔 늘 진경이 함께한다. 다시 완만한 길이 시작되더니 쉼터가 나온다. 나무 계단에 이어 운동 시설이 나오고, 팔각정과 구름다리가 보이더니 잠시 후 하우고개에 이른다.

### 하우고개에서(13:58)

사람들이 아주 많다. 등산객이 아니고 관광객들이다. 음식 냄새가 진동한다. 하우고개 다리를 건넌다. 출렁이는 구름다리다. 아래로는 2차선 포장도로가 지나고, 양쪽으로 오가는 차량의 행렬이 대조적이다. 하우고개는 옛날부터 소래와 김포의 장사꾼들이 많이 지나다니던 고개인데, 숲이 우거지고 산이 험해서 도적이 많았다고 한다.

그래서 장사꾼들은 도적에게 잡히지 않기 위해서 빨리 뛰느라 숨이 차서 '하우하우' 거렸다고 해서 붙여진 이름이다. 구름다리가 끝나고 가파른 오르막이 나무 계단으로 이어지고 작은 봉우리가 나온다. 갈림길에 여우고개를 알리는 이정표가 있다. 길은 오르락내리락하지만 경사는 완만하다. 돌멩이도 없는 흙길이다. 삼거리에서 우측으로 내려가니 또 삼거리. 이어서 나무의자가 설치된 쉼터가 나온다. 이곳에서는 소래산이 더 뚜렷하다. 가파른 계단이 시작되고 잠시 후 2차선 포장도로인 여우고개에 이른다. 여우고개는 부천시 소사구와 시흥시 대야동을 잇는다. 이곳에서 정맥길은 좌측 임도로 이어진다. 임도가 끝나고, 삼거리에서 직진하니 소로가 이어지고, 다시 기를 쓰고 오르니 120봉 정상이다. 완만한 길로 내려가 갈림길에서 좌측으로 내려가니 작은 공터가 나오고, 옆에 약수터가 있다. 공터에서 운동 중인 분에게 소사고등학교를 물으니 자세히 가르쳐 준다. 바로 눈앞에 마을이 보이고, 그 가운데에 소사고교가 있다. 약수터에서 내려가니 농부가 밭 가운데에 나뭇가지를 모아놓고 불을 지핀다. 시골에서 흔히 보던 풍경이다. 마을에 이르러 현대가든에서 좌측 시멘트길로 올라가니 4차선 포장도로가 나오고, 도로 건너편에 소사고등학교가 있다(15:00). 이곳에서도 길을 잘못 들어서 고생을 했다. 선답자는 소사고교 끝에서 옹벽을 타고 산으로 오르라고 했지만, 이것은 잘못이다. 소사고교에서 도로를 따라서 무조건 아래쪽으로 내려가야 한다. 그러면 이조가든이 나오고, 거기서 도로를 따라서 계속 내려가면 현대오일뱅크 주유소가 나온다. 여기서도 계속해서 내려가면 된다. 그런데 조심할 것은, 이 도로는 인도는 없고 갓길이 좁아서 자칫하면 위험할 수도 있다. 내려가다 보면 시흥인터체인지로 이어지는 신설도로가 나오고, 그 앞에 민들레농원이라는 음식점이 있다(15:25). 음식점 뒤는 농장이고 농장 안에는 축사가 있고, 가운데에 '민들레농원'이라는 큼지막한 간판이 있다. 정맥길은 신설된 도로 쪽으로 난 민들레농원 끝 지점에 있는 철계단으로 이어진다. 아주 가파르고 좁은 철계단이다. 겨울이라서 다행이지 여름이라면 잡풀 때문에 올라갈 수도 없을 것 같다. 철계단 끝은 농장으로 이어진다. 농장을 통해 산길로 오르니 101봉 정상에 이른다. 완만한 능선이 이어지고, 곧 임도가 나온다. 우측으로 내려가니 시멘트 도로에 이르고 (15:35), 올라가니 철조망과 송전탑이 나온다(15:38). 여기에서 또 독도에 신경 써야 된다. 철조망을 따라 내려가다가 두 번째 갈림길에서 좌측으로 내려가면 초록색 철조망이 터진 곳이 나오는데(16:15), 이 안으로 들어가야 된다. 그런데 이 철조망 터진 곳을 찾기가 쉽지 않다. 몇 번을 오르내리다가 겨우 찾았다. 구멍이 좁아서다. 철망을 넘으면 송전탑에 이어서 어린 잣나무가 심어진 농장이 나오고, 농장 가운데를 통과하여 산봉우리 쪽을 찾으면 노란 안내리본 두 개가 걸려 있다. 그쪽으로 오르면 봉우리로 오르는 능선이 나온다. 이 능선을 따라 오르다가 낮은 봉우리를 넘고 완만한 능선을 따라 내려가면 철망이 나오는데, 이곳에서도 철망 터진 곳을 찾아야 된다. 터진 철망을 통과하여 내려가면 2차선 도로에 이르고, 그 바로 뒤에는 4차선 도로가 있다. 4차선 도로를 횡단해야 되는데 횡단보도는 까마득하게 먼 곳에 있다. 무단횡단을 시도했지만 허사다. 중앙분리대가 이중으로 되었다. 횡단보도를 통해 도로를 건넌 후 무단횡단하려고 했던 지점으로 돌아오니 절개지의 한쪽에 노란 안내리본이 가로수에 걸려 있다. 절개지 위를 오르니 산을 개간한 공터가 나오고 임도가 시작된다. 임도로 조금 내려가니 산길로 이어지고, 철조망이 또 나온다. 능선을 따라 오르다가 갈림길에서 좌측으로 내려가니 시멘트 도로가 나온다. 도로 좌측에 비룡사가 있고, 우측은 시흥시 계수동으로 가는 길이다. 도로를 가로질러 올라가는 초입에 안내리 본 여러 개가 걸려 있다. 오늘은 여기서 마치기로 한다(16:48). 다산 정약용이 걷기를 청복(淸福)이라고 했다는데, 내가 오늘 그런 복을 누린 것 같다.

### 🚶 오늘 걸은 길

만월산터널요금소뒤 → 철마산, 187봉, 208봉, 하우고개, 120봉, 소사고교, 101봉 → 비룡사(13.4㎞, 5시간 58분).

### ⛰ 교통편

- 갈 때: 인천 동암역에서 538번 승차, 남동구 이삭아파트 정류소에서 하차. 만월 산터널 요금소까지 도보로.
- 올 때: 비룡사에서 버스 정류장(피정의 집)까지 도보로 이동.

# 여섯째 구간
## 비룡사 입구에서 슬기봉 아래 공터까지

"내 영혼이 떠나간 뒤에 행복한 너는 나를 잊어도 어느 순간 홀로인 듯한 쓸쓸함이 찾아올 거야. 바람이 불어오면 귀기울여봐 작은 일에 행복하고 괴로워하며…" 지난 일요일 우연히 듣게 된 대중가요 노랫말이다. 케이블 불교방송이었다. 여승의 짙은 눈썹에 매료되어서가 아니라 원곡자보다 더 구성지게 부르는 가창력과 알 듯 모를 듯한 노랫말이 와 닿아서 채널을 고정시켰다.

한남정맥 여섯째 구간은 비룡사 입구에서 안산시 상록구 수암동과 만안구 안양동에 걸쳐 있는 수암봉까지다. 이 구간에는 양지산, 147봉, 도리재, 102봉, 223봉, 335봉, 수암봉 등이 있다. 그동안의 시흥을 벗어나서 안양에 들어섰다.

### 2008. 3. 15.(토), 맑음
이른 시각에 집을 나섰다. 역곡역에 도착하여(07:58) 김밥집에서 간단히 아침 식사와 점심용 김밥을 구입한 후 버스로 계수동으로 향한다. 꾸불꾸불한 골목을 헤집고 들어서는 노선이지만 이른 아침이라 막힘이 없다. 고물상이 유달리 많다. 들머리인 비룡사 입구에 도착(08:50). 오늘은 좀 멀리 갈 수 있을지 기대된다. 시멘트 도로 우측에 표시된 희미한 등산로를 따르니 야산이 시작되면서 32번 송전탑을 지난다. 등로엔 상수리 잎이 깔렸다. 가을 길을 걷는 기분이다. 묘지를 지나 계속 오르니 또 송전탑이 나온다(09:05). 완만한 길로 내려가다 임도사거리에서 직진하여 우측 길로 내려가니 철망 갈림길이 나오고, 오르니 송전탑이 나온다. 앞에 있는 봉우리를 통과해야 되는데 갈 수가 없다. 도로를 내기 위해서 봉우리를 절개해 버렸다. 우회로도 공사 중이다. 파헤쳐진 공사장으로 내려가니 시멘트 길이 나오고, 공사 현장 사무소를 거쳐 제2 경인 고속국도에 이른다. 고속도로를 횡단하기 위해 좌측으로 내려가니 지하차도가 나온다(09:21). 우측은 인천과 일산으로, 좌측은 안양, 광명, 서해안고속도로 방향이다. 지하차도를 통과하니 우측으로 올라가는 시멘트 도로가 보인다. 경사는 완만하고, 주변에 허름한 음식점이 있다. 고갯마루에 창성포장(주)이 있고(09:26), 정맥길은 이 공장 정문 맞은편 능선으로 이어진다. 초입에 안내리본이 많다. 산길 완만한 능선에 소나무가 많다. 진한 솔향이 콧속에 가득차고, 잠시 후 111봉에 이른다(09:38). 군부대 철조망을 따라 내려가니 가파른 오르막이 이어지고, 이정표가 나오더니 양지산 정상에 이른다.

### 양지산 정상에서(10:01)

정상에 팔각정이 있다. 30대로 보이는 청년이 애완견을 데리고 올라온다. 정상에서 정맥은 능안말쪽으로 이어지고, 이곳에서부터는 군부대 철조망을 따라가게 된다. 40번 송전탑을 지나 삼거리가 나오더니 다시 작은 봉우리에 이른다. 147봉이다. 계속 철조망을 따라 내려가다 철조망이 합쳐지는 곳에서 우측으로 진행하니 자동차 소리가 점점 가까워지고 군부대 철조망 끝에 이른다. 보초병이 말한다. 더 이상은 못 가니 바로 내려가라고. 서울외곽순환고속도로 갓길에 이른다(10:20). 이젠 고속도로 건너편 능선으로 올라가서 다시 고속도로를 건너야 되는데, 고속도로를 건널 수 없어서 갓길에서 정맥길을 찾기로 한다. 주행 차량의 역방향으로 갓길을 따라간다. 방음벽 끝 지점에 노란 안내리본이 엄청 걸려 있다. 이렇게 반가울 수가! 나 혼자만의 느낌이 아닐 것이다. 이곳을 통과한 종주자들의 공통된 심사일 것이다. 고속도로에서 산으로 올라 바로 철조망을 따라서 진행하니 초소가 나오면서 완만한 산길이 이어진다. 잘 조성된 묘지가 나온다. 이곳에 철학박사 묘지가 있다고 했다. 대체 어떤 묘지기에? 가운데에 있다(10:37). 다른 묘지들과 큰 차이는 없다. 크기도 형태도 그렇다. 그런데 묘지 근처에서 작업 중인 근로자 대여섯 명이 맨손체조를 하고 있다. 산길에서 처음 보는 광경이다. 철학박사 묘지를 지나 완만한 능선을 내려간다. 이 산은 전체가 군 훈련장이다. 여러 종류의 훈련시설이 산재되었다. 갑자기 경사가 급해지더니 마을이 보인다. 산과 도로 사이에 난 군부대 배수구를 통과해서 2차선 포장도로에 이른다. 도로 좌측에 군부대 후문이, 우측에는 제일기계 공장이 있다. 좌측 고갯마루 쪽으로 50m 정도 올라가니 도로 건너편 산으로 올라가는 길목에 안내리본이 있다. 그런데 경고판이 있다. '사격 중 출입 금지' 조금은 망설여지지만 올라가는 수밖에…. 길 흔적이 거의 없다. 무조건 위로 오른다. 사격장이 나온다(10:55). 다행히도 사격은 하지 않는다. 내빼듯 빠른 걸음으로 올라간다. 이곳에서 또 헛걸음을 한다. 선답자가 말하기를, 이곳에서는 철조망을 따라가다가 좌측으로 난 희미한 길을 찾아서 내려가라고 했는데, 아무리 찾아도 좌측 희미한 길이 보이지 않는다. 한

참 헤매다가 다시 되돌아온다. 산지를 개간한 땅에서 작업 중인 노
인에게 이 근처에 버스 정류장 있느냐고 물었다. 없다고 한다. 모른
다는 것이 아니라 없다고 단정한다. 그러면 혹시 주유소는 보셨느
냐고 하니 역시 없다고 한다. 난감하다. 갈수록 꼬인다. 산길을 내
려가면 정류장이 나오고 그 근처에 주유소가 있다고 했는데…. 일
단 부딪치기로 한다. 헛걸음하는 셈 치고 일단 내려가서 찾아보기
로 한다. 그런데 이게 웬일인가? 농부가 작업하던 땅에서 200㎙도 떨
어지지 않은 도로에 이르자 바로 정류장이 있는 게 아닌가. 그 옆
에는 칼텍스 GS 주유소가 있고(11:20). 세상 참. 맥이 빠진다. 이렇
게 쉬운 걸 놔두고 온 산을 헤맸으니. 그 농부는 왜 없다고 했을까?
차라리 자신이 없으면 모른다고나 하시지. 정류장 이름은 방죽머리
다. 그런데 아무리 기다려도 신호가 바뀌지 않고 빨간불 그대로다.
이상하다 싶어서 신호등 근처에 가보니 건널 사람은 버튼을 누르라
는 안내문이 있다. 정맥길은 도로 건너편 능선으로 이어지지만 능선
으로 올라갈 필요가 없다. 올라가는 능선도 보이지 않고 산 앞은 민
가가 가로막고 있어서다. 바로 도로를 따라서 자동차가 오는 방향으
로 올라간다. 갓길이 좁아 주의가 필요한 곳이다. 도로를 내느라 절
개한 절개지가 끝나는 지점에 이르니 좌측으로 비포장도로가 보인
다. 흙길을 따라서 계속 가다가 고속도로 아래를 통과하니 바로 좌
측에 배수로가 있고, 배수로를 따라서 올라가니 고속도로 갓길이 나
온다. 갓길 우측 산으로 올라가는 길목이 보이고, 안내리본이 걸려
있다. 조금은 가파르다. 정상 직전에 갈림길이 나온다. 우측은 이 봉
우리 정상으로, 좌측 내리막은 정맥길로 이어진다. 꽤 가파른 내리
막으로 내려가니 공원묘지가 나오고(12:06), 중앙으로 내려가니 시멘
트 계단이 나오면서 도리재에 닿는다(12:11). 주변은 온통 파헤쳐진

공사판이다. 이곳에서도 작은 봉우리를 하나 넘어야 되는데 그 봉우리는 3분의 1 정도만 남고 사라져 버렸다. 중장비가 까버렸다. 답답해서 지나가는 어른에게 이곳 지명을 물으니 시흥이라고 한다. 그러면서 좀 더 알고 싶다면 자세히 말해주겠다면서 내 대답을 듣기도 전에 설명부터 한다. 1895년에 시흥현이 시흥군으로 개편되고, 1914년에 시흥군, 안산군, 과천군이 통합되어 시흥군으로 재개편되었다고 한다. 1989년에는 시흥시로 개편되고 일부지역도 변경되었다면서 현재 인구는 40만 정도라고 한다. 장황한 설명이지만, 듣고 보니 시흥시가 꽤 큰 도시라는 생각이 든다. 정맥길 방향으로 아주 높은 봉우리가 하나 있다. 저 봉우리를 넘어야 한다. 그런데 그 산 아래까지 접근할 수 있는 길이 없다. 온통 파헤쳐져서 그냥 흙덩이를 밟고 갈 수밖에. 무턱대고 위로 오른다. 정상에만 오르면 될 것이기에. 생각보다 힘이 든다. 가파른 오르막을 한참 오르니 정상에 이르고, 내려가니 갈림길이다. 우측은 운흥산으로, 정맥길은 좌측이다. 다시 봉우리 정상에 이른다. 산불감시초소가 있다(12:42). 초소 그늘에 앉아 땀을 식힌다. 벌써 그늘을 찾게 되는 시절이다. 주변 정취가 일품이다. 남동쪽으로는 앞으로 가게 될 수암봉과 슬기봉이 한눈에 들어오고, 우측으로는 물왕저수지가 한 폭의 그림처럼 내려다보인다. 바로 앞 고속도로에는 자동차들이 숨 가쁘게 달리고 있다. 이곳에서 점심을 먹는다. 바로 앞에 진달래나무가 보인다. 터질 듯한 꽃망울을 달고 있다. 다다음 주면 필 것 같다. 내려가는 길은 가파른 통나무 계단. 안부에서 오르니 팔각정이 나온다. 잠시 앉는다. 쉬기 위해서가 아니라 팔각정이라는 편안함에 그냥 앉게 된다. 이곳에서는 수암봉과 수리산 능선이 더 가까이 보인다. 바로 아래에는 서울외곽순환고속도로가 내려다보이고, 정맥길은 고속도로를 건너서 산

능선으로 이어진다. 팔각정 우측 송전탑을 경유하여 고속도로로 내려가면 된다. 팔각정에서 절개지를 내려가는 철계단이 끝나고 시멘트길이 이어진다. 길은 넝쿨로 우거진 잡풀 속으로 이어진다. 무조건 아래로 내려가서 고속도로 갓길에 이르면 된다. 갓길 배수구 우측 방향에 안내리본이 걸려 있다. 5분 정도 걸으니 고속도로를 통과할 수 있는 지하차도가 나온다(13:33). 지하차도를 통과한 후에는 다시 고속도로 갓길로 올라가야 되는데 길목이 막혔다. 이미 공장이 들어서 버렸다. 할 수 없이 우회하여 갓길에 들어선다. 이곳에서 산으로 오르는 정맥길을 찾아야 된다. 리본만 있을 뿐 길은 없다. 이럴 때는 방법이 하나다. 무조건 위쪽으로 올라가서 능선을 찾는 것이다. 결국 능선이 나오고 간간이 리본도 보인다. 완만한 오르막을 넘으니 조그만 돌무더기가 있는 102봉에 이른다(13:50). 주변이 훤하다. 바로 아래는 상당히 큰 동네가 있다. 시흥시 목감동이다. 산 아래에는 목감 초등학교가, 그 너머에 정맥길이 이어지는 농원이 보인다. 반대쪽은 지금 막 내가 떠나온 고속도로가 뱀 등처럼 늘어져 있다. 바로 출발한다. 완만한 내리막길이라 걷기에 좋다. 또 목표 지점이 보이니 힘이 난다. 산기슭에 걸친 밭을 지나니 바로 목감 초등학교 정문이 나온다(13:55). 초등학교 바로 아래에 있는 황제 아파트 앞 도로로 내려가니 2차선 포장도로가 나오고, 좌측으로 내려가니 목감 사거리가 나온다. 사거리에서는 반대편에 있는 금강산 농원을 찾아가야 되는데 아무리 둘러봐도 횡단보도가 보이지 않는다. 할 수 없이 주민에게 묻는다. 바로 옆에 있다고 손짓한다. 그런데 금강산 농원은 굳게 닫혔다. 능선 오르는 것은 고사하고 출입 자체가 불가능하다. 할 수 없이 금강산 농원 좌측으로 뚫린 도로를 따라서 10여 분 올라가니 목감 우회로 삼거리가 나온다. 이때 도로를 오를 때 상당히 조심해야 된다. 인도가 별도로 없어서 갓길을 걷게 되는데 무척 위험하다. 삼거리에 이르렀을 때 등산객을 만난다. 한남정맥 종주자다. 나와는 반대 방향으로 종주 중인데, 이곳에서 금강산 농원을 찾기 위해서 1시간 정도를 헤맸다고 한다. 자세히 가르쳐 주니 고맙다면서 거듭 머리를 조아린다. 나도 그런 경험이 많다. 등산객과 헤어지면서 바로 삼거리 우측 도로로 내려간다. 서해안 고속도로 아래를 통과하는 지하차도가 나오고, 5분 정도 걸으니 서해안 고속도로가 달리는 지하차도 앞에 이른다(14:30). 신호등이 있다. 지하차도를 건너니 바로 마을로 이어지는 도로가 나오고, 우측에는 중장비 회사가 있다. 차는 뜸하지만 날리는 먼지를 다 뒤집어써야 될 판이다. 마을 도로를 따라가니 두 번의 갈림길이 나오고, 그때마다 우측으로 진행하니 마지막 민가가 나온다(14:40). 가건물처럼 보이는 교회 건물이다. 교회를 넘어서니 고개에 이르고, 우측 능선에 안내리본이 보인다. 반갑고 고맙다. 이런 안내리본 덕분에 나 홀로 정맥 종주가 가능한 것이다. 능선은 희미하다. 무조건 위쪽으로 오르니 갈림길이 나오고, 직진하니 철망이 나오면서 등로는 좌측으로 이어진다. 오르막이다. 이젠 힘이 달린다. 계속 오르니 간간이 리본이 나오고, 봉우리 정상이 가까워지면서 앞이 훤해진다. 벌목지에 군부대 철조망이 길게 이어진다. 우측 방향으로 철조망을 따라서 걷는다. 잠시 후 철조망은 좌측으로 이어지고 정맥길은 그대로 직진이다(15:02). 내리막이 끝나고 안부에서 가파른 오르막이 시작된다. 주능선은 전부 바위다. 그 바위에는 철조망이 쳐졌다. 계속 철조망 아래를 따라가니 안부가 나오고, 다시 가파른 오르막이 시작된다. 이런 지형이 반복된다. 지루하고 힘이 든다. 주변 소나무숲에서 잠시 쉰다(15:59). 간식을 먹고 아예 눕는다. 쭉 뻗어 쉬고 싶다. 휴식 중에 두 사람을 만난다. 먼저 만난 약초꾼에게 현 위치를 물으니, 좌측은 시흥이고 우측은 안양이라고 한다. 앞에 보이는 봉우리는 수암봉과 슬기봉이라고 한다. 안양 아파트 단지도 알려준다. 두 번째 사람은 한남정맥 종주인데, 그분도 쉬어가겠다고 한다. 나이는 나보다 9살이나 어린데 벌써 백두대간을 완주했다고 한다. 그러면서 종주를 제대로 하려면 투자를 하고, 평소에 근력운동을 해야 한다고 한다. 요즘 내가 절실하게 느끼는 점이다. 등산객을 먼저 보내고 더 쉬었다가 출발한다. 철조망을 따라 내려가다가 다시 오르니 223봉에 이른다(16:30). 정상은 바위가 많고 갈림길인데, 우측은 시흥시 조남동에서 올라오는 길이고 정맥길은 좌측으로 확 틀어지면서 오르게 된다. 철조망을 따라서 계속 오른다. 잠시 후 철조망은 좌측으로 이어지고 정맥길은 직진이다. 철조망과 헤어져 완만한 능선길로 오르니 바위가 나오고, 철계단으로 이어진다. 옆에는 로프가 있다. 바위를 지나 완만한 능선 길로 올라가니 넓은 공터가 있는 335봉에 이른다(16:50). 배낭을 벗고 그대로 주저앉아 가게 될 방향을 확인한다. 앞쪽에서 등산객들이 오고 있다. 수암봉에서 내려오는 사람들이다. 모두 안양 쪽으로 내려간다. 이 지점도 갈림길이다. 좌측은 안양동에서 올라오는 길이고 우측은 수암봉으로 이어진다고 주변 사람들이 알려준다. 다시 출발한다. 우측으로 조금 내려가니 원형 철조망과 경고문이 있는 삼거리가 나오고, 여기서부터는 양쪽에 소나무가 군락을 이룬다. 여름철에는 좋은 등산로가 될 것 같다. 갈수록 내려오는 사람들이 많다. 사거리에서 직진하니 가파른 오르막이 시작되고, 다시 바윗길로 변한다. 잠시 후 전체가 바위 덩어리인 수암봉 정상에 이른다.

## 수암봉 정상에서(17:20)

많은 사람들이 토요일 오후의 석양을 즐기고 있다. 조망이 좋다. 북쪽으로는 서해안고속도로를 지나 지금까지 지나온 정맥길이 한눈에 들어오고, 북동쪽으로는 삼성산과 그 옆 관악산이 아주 가깝게 보인다. 동쪽으로는 태을봉이, 그 우측에는 슬기봉이 보인다. 서쪽으로는 안산의 아파트 단지가 희미하게 조망된다. 지도를 꺼내 보이며 설명해주는 친절한 아저씨도 있다. 더 듣고 싶지만 갈 길이 멀어 서둘러 고맙다는 인사를 하고 떠난다. 바람도 심하고 날도 어두워지기 시작한다. 서둘러야겠다. 내려가는 길은 온통 바위. 헬기장을 지나 사거리 쉼터가 나오고, 막걸리를 파는 아저씨가 젊은 아가씨와 잔을 기울이고 있다. 날은 어둑해지는데…. 사거리에서 직진하여 완만한 능선길로 오르니 군부대 철조망이 있는 갈림길이 나온다. 우측은 안산으로 내려가는 길, 좌측은 슬기봉으로 오르는 길이다. 좌측으로 오르니 가파른 오르막이 이어진다. 배낭을 맨 채로 그대로 서서 잠시 숨을 고른다. 다시 오르니 능선 갈림길에 이른다. 철조망은 우측으로 이어지고, 좌측으로 조금 오르니 철조망이 다시 등장한다. 451봉에 있는 군부대 철조망이다. 할 수 없이 좌측으로 우회하니 길이 좁고 미끄럽다. 응달이라 아직도 물기가 있다. 좁은 길은 차츰 아래로 연결되고 공사 중인 넓은 공터에 이른다(18:09). 옆에 중장비가 있다. 이렇게 높은 산 속에 도로라니…. 군사 도로인 것 같다. 날은 갈수록 어둑해진다. 고민이다. 여기에서 더 가야 할지, 중단해야 할지? 어떻든 귀경 교통편이 있는 곳으로 가야 되는데 가늠이 쉽지 않다. 아쉽지만 오늘은 여기서 접는다(이곳에서 도로를 따라 내려가면 제3 산림욕장 → 천주교 수리산 성지 → 안양 병목안에 이른다).

비룡사 → 양지산, 147봉, 도리재, 223봉, 335봉 → 수암봉(14.5㎞, 8시간 30분).

### 교통편

- 갈 때: 역곡역에서 버스 승차, 시흥 계수동 '피정의 집' 정류소에서 하차. 비룡사 입구까지 도보로.
- 올 때: 슬기봉 중턱 공터에서 군사 도로로 안양 병목안까지 도보로.

# 일곱째 구간
## 슬기봉 아래 공터에서 지지대고개까지

한 때 '최고'를 생각하던 때가 있었다. 그때가 20대였다. 그 후로 '최선'으로 바뀌었다. 30대 후반이었다. 이것도 저것도 아닌 지금은 '할 일을 하자'라는 생각이다. 약해질 대로 약해졌다. 어쩌겠는가. 세월이 저만치 가버렸으니…

한남정맥 일곱째 구간을 넘었다. 슬기봉 아래 공터에서 수원시 장안구 파장동에 위치한 지지대고개까지다. 이 구간에는 슬기봉, 감투봉, 고고리고개, 167봉, 지지대고개 등이 있다. 이 구간에서 봄을 확인했다. 처음으로 진달래꽃을 본 것이다. 색다른 경험도 했다. 고고리고개에서는 생태계 연결 통로를 직접 통과했고, 지지대고개에서는 조선조 정조의 효행을 엿볼 수 있는 지지대비도 확인했다.

### 2008. 3. 22.(토), 맑음

안양 병목안 삼거리 슈퍼에 도착하여(08:30) 김밥을 사기 위해 인근을 뒤졌으나 없다. 할 수 없이 찹쌀떡으로 대신한다. 이른 아침이라선지 사람은 보이지 않고 이곳저곳에 개들만 몇 마리 보인다. 띄엄띄엄 피어오르는 굴뚝 연기가 산속의 아침 풍경을 대변한다. 수암터널로 연결되는 고가도로가 보이더니 수리산 성지 건물이 나오고 이어 제3 산림욕장에 이른다. 지난주 하산할 때는 좁은 도로에 꽉꽉 들어찼던 차량들이 하나도 안 보인다. 그때 얼었던 계곡은 아직도 그대로다. 봄은 왔는데 겨울은 아직 가지 않았다. 꾸불꾸불한 오르막이라 경사는 심하지 않다. 그래도 오래 걷다 보니 땀이 난다. '저속 2단', '저속 3단'이라는 표지판과 적사함 간판을 지나고, 공터에 이른다(09:26). 지난주에 산행을 마친 지점이다. 오늘도 중장비가 세워져 있다. 공사가 있는 모양이다. 배낭을 벗고 땀을 식힌다. 지도를 꺼내서 갈 길을 살핀다. 오늘은 수원까지 들어설 것 같다. 수암봉 쪽에서 오는 산객들이 공터를 거쳐서 안양 쪽으로 내려간다. 어디서 출발했기에 벌써 내려가는 걸까? 바로 출발한다. 군사 도로를 5분 정도 오르니 군부대 정문이 나온다. 문은 굳게 닫혔고, 빨간 글씨로 '접근금지'라고 적혀 있다. 정문 10m 전방 좌측으로 길이 나 있고, 안내리본도 있다. 우회한다. 샛길이라 좁고, 응달이라 미끄럽다. 또 돌길이다. 바로 골짜기에 이른다. 돌길이고 바위가 계속된다. 좌측으로 우회하는 소로가 있지만 낭떠러지라 위험해서 포기하고 정석대로 직진한다. 꼭대기에 이르니 군부대 철조망으로 막힌다. 공군부대장이 경고판을 세웠다. '접근금지' 좌측으로 돌아간다. 오를 수 있는 한 최고로 오르니 슬기봉 정상이다. 더 이상은 군 시설이라 불가능하다. 길은 두 갈래다. 직진하여 태을봉 쪽으로 가는 길과 우측 철조망 아래로 우회하는 길이다. 정맥길은 우측으로 돌게 된다. 종주자들이 헷갈리기 쉬운 곳이다. 그러나 전체적인 지형을 이해하면 고민하지 않아도 될 것이다. 정맥길은 군포 쪽으로 내려간다고 생각하고 군부대를 돌아가면 된다. 이곳저곳에서 사람들이 몰려든다. 저마다 한마디씩 한다. '이곳이 슬기봉 정상이다, 아니다'로 다툰다. 예상했던 논란거리다. 갈림길에서 우측으로 진행하니 검은 PVC관이 나온다(10:20). 슬기봉에 있는 공군부대 상수도관이다. 상수도관을 지나니 넓은 공터가 나온다(10:40). 용진사로 가는 갈림길이다. 계속 직진하니 길이 넓고 호젓하다. 양쪽으로 나무가 있어 분위기도 좋다. 사람들이 차츰 많아진다. 뒤돌아보니 막 지나온 슬기봉이 올려다보인다. 10분 정도 내려가니 사거리가 나오고, 정자에 많은 사람들이 쉬고 있다. 직진하여 오르니 산불감시초소가 나오고, 10분쯤 진행하니 258봉 쉼터에 이른다(10:58). 삼각점과 나무의자가 있다. 두 아이와 함께 체조를 하고 있는 젊은이에게 현 위치를 물으니 좌측은 군포, 우측은 안산이라고 한다. 벌써 군포에 들어섰다. 직진하니 16번 송전탑이 나오고, 오르막이 이어진다. 삼거리에서 좌측 평범한 능선 길로 5분 정도 더 가니 사거리 쉼터가 나온다(11:14). 정자가 있고 많은 사람들이 쉬고 있다. 등산객들이 꼬리에 꼬리를 잇는다. 이곳이 서울로 치면 도봉산이나 북한산쯤 되겠다는 생각이다. 삼거리 우측 아래로 도로가 보인다. 도장터널로 이어지는 도로다. 가파른 나무 계단이 나오고, 산불감시초소가 보이더니 감투봉 정상에 이른다.

## 감투봉 정상에서(11:28)

정상에는 나무의자와 운동 시설, 이정표가 있고, 학생들이 야외 수업 중이다. 잠시 쉰다. 요즘 아들놈으로부터 꼰대 소리를 듣고 있다. 자식한테 당연히 해야 할 말을 하는데도 그렇다. 해야 할 말을 못 해도 아버지라고 할 수 있을까? 이곳에서 정맥길은 좌측 내리막으로 이어진다. 우측 양지바른 곳에 묘 2기가 있고, 아래에 도로가 보인다. 능선 양쪽 골짜기 마을은 주택들이 헐리고 뼈대만 남았다. '문스힐'이라는 레스토랑도 헐리고 있다. 산책 중인 노부부에게 왜 헐리는지를 물었다. '재개발 중'이라고 한다. 문스힐 좌측으로 난 시멘트길을 따라서 내려가니 4차선 포장도로가 나온다(11:50). 도로 건너편 바로 앞은 안양 베네스트 골프장이다. 현 위치는 군포시 부곡동. 안양골프장 정문에서 좌측 도로를 따라 몇 분 내려가니 용호고등학교가 나오고, 학교 담장과 안양골프장 담장 사이로 신기천이 흐른다. 산책로가 조성되었고, 정맥길은 이곳으로 이어진다. 산책로를 따르니 좌측에 용호중학교, 용호초등학교, 주공아파트가 나오고, 곳곳에 놀이 시설이 있다. 산책로 끝 지점에 경부선 철도가 지나고, 그 앞에는 '군포파출소 당동기동순찰대' 컨테이너 사무실이 있다. 순찰차도 보인다. 순찰대 사무실 앞에는 군포시 노인복지회관이 있고, 회관 우측에는 경부선 철로를 건너는 지하 통로 입구가 있다. 지하 통로를 빠져나오니 새로운 도시가 나타난다. 아파트가 빽빽하고, 건축 중인 건물도 많다. 한참 직진하니 한세대학교 건물이 보인다(12:15). 이 학교를 통과해야 된다. 정문에서 경비실을 거쳐 주차장으로, 주차장에서 좌측 적벽돌 건물 있는 곳으로 올라가서 학생 복지회관 쪽으로, 복지회관 끝에서 학교 밖으로 나가면 등로가 이어진다. 역시 안내리본이 있다. 그런데 아쉬운 것은, 이 학교 관리인은 한사코 등로가 없다고 막무가내다. 모르겠다는 것과 없다는 것은 큰 차이다. 가벼운 생각으로 내던지는 한마디가 종주자들에게는 치명타가 될 수도 있다. 등로가 없다고 강변하는 관리인의 억지 때문에 많은 시간을 허비했다. 몇 번을 왔다 갔다 한 끝에 겨우 찾았다. 복지회관 끝에서 빠져나가니 2차선 도로에 닿는다. 큰말고개다. 이곳에서 정맥길은 좌측 '종가집' 음식점 앞으로 이어진다. 그런데 이곳에서도 정맥길 찾기가 쉽지 않다. 종가집 앞 도로 건너편에 작은 산이 있다. 산이라기보다는 동산 정도인데 정맥길은 이 동산으로 이어진다. 동산에 오르니 바로 초록색 철조망이 나오고, 철조망 안에는 어린 묘목들이 심어졌다. 철조망을 넘어서 농장을 지나니 절개지가 나오고, 그 아래는 4차선 도로가 이어진다. 이 도로를 통과해야 되는데 횡단보도가 없다. 절개지 좌측으로 내려가니 지하 통로가 나온다(12:55). 통로를 통과하여 다시 산으로 오르니 초입에 노란 안내 리본이 기다리고 있다. 절개지 맨 위로 올라간다. 배낭을 벗고 이곳에서 점심을 먹고, 출발한다. 송전탑을 지나(13:22) 계속 오른다. 완만한 경사지라 걷기는 좋다. 와! 진달래꽃이다((13:25). 금년 들어서 처음 본다. 그 옆에 산수유도 있다. 이 지역이 다른 곳보다 더 따뜻해서인가? 완만한 능선은 계속되고 안부사거리에서 직진하니 고인돌이 나온다. 내 고향 진도 고인돌과는 비교할 수 없이 초라하지만, 받침돌이 있는 등 형식은 갖췄다. 완만한 길이 계속되고 묘지가 있는 갈림길이 나온다. 그런데 묘지 우측은 통행할 수 없도록 나뭇가지로 막았고, '들어가지 마시오'라는 경고판도 있다. 묘지 위쪽에서 직진하는 길은 오봉산으로 올라가는 길이고, 정맥길은 우측 터진 곳으로 이어진다. 우측 터진 곳으로 내려가 송전탑에서 좌측으로 내려가다가 절개지에서 좌측으로 내려가니 고고리고개에 이른다.

### 고고리고개에서(13:48)

도로에서 횡단보도를 건너 우측으로 조금 가니 삼거리가 나온다. 교통표지판에는 아래쪽은 '영동고속도로', 위쪽은 '안양삼거리, 의왕시청'이라고 적혀 있다. 버스 정류장이 보이고, 정맥길은 정류장 뒤로 이어진다. 배수지 철망에서 좌측으로 올라가다가 다시 우측으로 돌아가니 송전탑이 나오고 바로 공동묘지에 이른다. 공동묘지 위쪽으로 올라 철조망 안쪽으로 진행하니 갈림길이 나오고, 우측으로 오르다가 곧 좌측 능선으로 올라가니 다시 철조망이 나온다. 철조망 우측으로 오르니 무명봉에 이르고, 좌측 능선으로 내려가니 절개지에 이른다. 그 아래는 의왕-고색 간 고속도로다. 지루할 법도 하건만 전혀 그렇지 않다. 이젠 철망이나 능선, 봉우리가 모두 동무들이다. 이들과 함께 걷는다. 절개지에서 좌측을 쳐다보니 고속도로 위로 구조물이 보인다. 고속도로를 건너는 통로이자 동물 이동로이다. 정식 명칭은 '생태연결통로'이다. 그 구조물에는 '다람쥐, 노루가 마음 놓고 폴짝폴짝'이라고 적혀 있다. 이동로를 건너자 돌탑이 보이고, 그 아래 고속도로에는 차량들이 시원스럽게 질주한다. 다시 산길로 오르니 묘 여러 기가 나오고, 우측 완만한 능선으로 오르니 삼거리가 나온다. 바로 직전에 수원시 경계를 알리는 이정표가 있다 (14:21). 현 위치는 의왕시 이동과 수원시 이목동의 경계 지점이다. 이제부터 수원시에 접어들었다. 이정표에서 10m 정도 지나니 삼거리가 나오고, 정맥길은 좌측으로 이어지는데 잠시 방심하다가 직진하는 바람에 생고생을 한다. 시간은 시간대로 허비하고… 좌측 넓은 임도를 따라가 나무의자가 있는 쉼터 삼거리에서 직진하여 완만한 길로 오르다가 송전탑을 지나 내려가니 안부사거리에 이른다. 직진하여 송전탑을 지나니 오르막 내리막이 반복되고, 안부에서 오르니 넓은 임도가 나오면서 곧 167봉에 이른다. 좌측의 완만한 내리막길로 진행하니 갈림길이 나오고, 좌측으로 내려가니 누각이 나온다. 그 유명한 지지대비가 있는 누각이다(15:05). 누각에 설명문이 있다. 지지대비는 수원시 장안구 파장동에 있는 비석인데, 이 비석은 조선조 정조의 지극한 효성을 추모하고 본받기 위해 1807년에 화성 어사 신현이 건립했고, 정조가 아버지 장헌세자의 산소인 현륭원 전배를 마치고 환궁하는 길에 이 고개를 넘으면서 멀리서나마 현륭원이 있는 화산을 바라보며 이곳에 행차를 멈추게 하고 현륭원 쪽을 뒤돌아보면서 떠나기를 아쉬워했다고 한다. 이때 정조의 행차가 느릿느릿했다고 해서 이곳의 이름을 한자의 느릴 지(遲)자 두 자를 붙여 지지대(遲遲臺)라고 부르게 되었다고 한다. 지지대비 바로 아래에 있는 6차선 포장도로가 그 유명한 지지대고개이다. 고개 건너편에는 프랑스군 참전비가 있다. 여기서 정맥길은 이 도로를 건너야 된다. 그런데 아무리 둘러봐도 건널목은 보이지 않는다. 일단 쉬기로 한다. 도로 우측에 지지대 쉼터가 있다. 한식 기와집이다. 관광안내소도 겸하고 있다. 주변 사람들에게 이 도로를 건너는 방법을 물었다. 아래쪽에 있는 오목동 오거리로 내려가라고 한다. 어렵게 도로를 건너서 다시 지지대고개 쪽으로 오른다. 효행공원에 이어 프랑스군 참전비가 나온다. 바로 앞에는 '광교산 등산 안내도'가 있다(16:25). 아무리 계산해도 이 시각에 광교산을 오르는 것은 무리다. 오늘은 여기서 마치기로 한다. 모처럼 이른 시각에 끝내는 산행. 아직도 봄볕은 따스하다.

### 🚶 오늘 걸은 길

슬기봉 아래 공터 → 감투봉, 고고리고개, 167봉 → 지지대고개(14.6㎞, 6시간 59분).

### ⛰ 교통편

- 갈 때: 안양역에서 버스로 병목안까지, 도보로 수리산 성지를 거쳐 군사 도로를 타고 공터까지.
- 올 때: 지지대고개에서 버스로 수원역까지 이동.

# 여덟째 구간
### 지지대고개에서 용인 면허시험장까지

4월 들어서 처음으로 내 시간을 갖는다. 총선 덕분이다. 언론은 나중에 후회하지 말고 잘 뽑으라고 한다. 한때는 누구를 생각해서, 무슨 정부를 위해서 찍는다는 기준이 있었는데, 이제는 이것도 저것도 아니다. 찍을 만한 인물이나 정당이 없다면 그것은 자연스럽겠지만, 세상사에 관심이 없어서 그렇다면 한 번쯤 곱씹어야 될 것 같다.

한남정맥 여덟째 구간을 넘었다. 지지대고개에서 용인시 구성면까지이다. 이 구간에는 범봉, 박달령, 359봉, 노루목대피소, 시루봉, 토끼재, 비로봉, 망가리고개, 소실봉 등이 있다. 수원의 광교산을 넘고, 한때 경기도 개발의 대명사로 떠들썩했던 용인시를 가로지르게 된다.

## 2008. 3. 29.(토), 비

집을 나설 때 내리던 비는 이곳 수원역에서도 계속이다. 그 비가 따라 온 걸까? 지난주 해 질 녘에 그렇게도 붐비던 수원역이 아니다(08:58). 이른 아침이기도 하지만 비 때문일 거다. 수원역과 연결된 지하도를 빠져나오자 김밥집이 바로 보인다. 한 줄에 1,500원. 그새 올랐다. 승객을 기다리는 버스들이 뒤엉켜 있다. 777번 버스에 승차, 지지대고개 직전인 효행공원 앞에서 하차한다. 이곳도 봄비는 열심이다. 이젠 우산을 펴야 될 정도다. 프랑스군 참전 기념비가 나오고, 우측에 광교산 등산 안내도가 있다. 뒤에는 고속도로가 있고, 고속도로를 통과할 수 있는 지하 통로가 아래에 있다. 오늘 산행이 시작되는 들머리인 셈이다. 지하 통로를 지나니 조금은 가파른 시멘트길이 이어진다. 시멘트 길이 끝나고, 임도에서 좌측으로 오르니 바로 송전탑이 보인다(10:03). 완만한 오르막 능선이 시작된다. 길은 좁지만 흙길이라 촉감이 좋다. 봄비가 그새 길을 미끄럽게 만들었다. 진달래가 보인다. 금년 들어서 두 번째 보는 진달래다. 이정표 옆에 폐건물이 있고, 능선 옆에는 철조망이 있다. 우산을 쓰고 등산하는 것도 처음이다. 이제는 자동차 소리도 들리지 않고, 가끔씩 비행기 소리가 산속의 정적을 깬다. 내리막 좌측에 철조망이 계속이다. 바로 범봉을 넘고 내려간다. 안부 사거리에서 직진하여 능선길을 오르내리다 오르막 끝에 281봉에 이른다. 전망은 제로다. 내리막이 미끄럽지만 길은 좋다. 바로 356봉이 나오고 조금 더 오르니 산불감시초소가 나온다. 박달령이다. 조금 더 오르니 광교헬기장에 이른다(10:45). 사람들 모두 우산을 쓰고 있고, 우측 아래에서도 사람들이 올라온다. 좌측 급경사로 내려가다가 오르니 완만한 능선길로 이어지고, 안부 사거리에서 직진하니 곳곳에 나무의자가 있다. 비를 맞는 나무의자가 조금은 쓸쓸하게 보인다. 무명봉을 넘고, 359봉에서 다시 오르내리기를 반복하니 또 헬기장. 통신대 헬기장이다(11:10). 바닥 전체가 시멘트로 되었고, 주변에 나무의자가 있다. 수원시와 의왕시를 가르는 경계표시 팻말이 보인다. 좌측은 의왕시 왕곡동, 우측은 수원시 상광교동이다. 시멘트 도로를 따라 오르니 군부대가 나온다. 미군 통신대대. 대대 정문에서 철조망을 따라서 우측으로 나선다. 기억이 떠오른다. 언제인가 광교산을 오를 때 한번 지났던 길이다. 그때는 겨울이었고, 이 철조망 길에는 많은 눈이 있었다. 후문에 이르고, 직진하니 갈림길이 나온다. 좌측은 백운산 정상으로, 정맥길은 우측으로 이어진다. 마음 같아서는 백운산을 들르고 싶지만 날씨 때문에 지나친다. 갈림길에서 좌측으로 조금 가니 억새밭이 나온다(11:50). 돌탑이 있고 그 옆에 화장실이 있다. 봄비는 여전하고, 시계는 제로다. 가끔 내려오는 사람들도 말없이 휙 지나간다. 검은 물체를 마주하는 것만 같다. 나무의자가 설치된 쉼터에서 내려가니 산불감시초소가 나온다. 노루목 대피소다(12:05). 대피소 안에는 비를 피하느라 사람들이 웅성거린다. 합류하고 싶지만 그냥 통과한다. 비 때문인지 괜히 마음이 바쁘다. 조금은 가파른 오르막에 시루봉 가는 갈림길이 나온다. 정맥길은 우측이지만, 좌측의 시루봉을 들르기로 한다(12:13). 옛 생각이 떠오른다. 아내와 함께 이곳 시루봉을 오른 적이 있다. 그때는 많은 사람들이 올라와 있었고 날씨도 좋아서 주변 조망이 좋았었다. 이곳에서는 백운산, 관악산, 청계산이 눈앞에 펼쳐지고 용인시 고기동이 훤하게 보이는데 오늘은 아무것도 볼 수 없다. 정상 중앙에 삼각점이 있고, 그 옆에 특이한 모습의 정상석이 있다. 한쪽 모퉁이에서는 중년의 아저씨가 아까부터 계속 핸드폰에 빠져 있다. 봄비가 여전한 가운데 가끔씩 비행기 소리가 들린다. 내려가기 전에 핸드폰 놀이에 열중인 아저씨에게 방향을 물었다. 귀찮다는 듯이 대답한다. 자기는 이곳이 초행이라고…. 내려와 갈림길에서 토끼재 방향으로 향한다. 완만한 능선 끝에 무명봉에 이르고, 급경사 내리막을 지나 봉우리를 넘으니 안부에 이른다. 토끼재다(12:35). 앞을 쳐다보니 한숨이 절로 나온다. 가파른 오르막이다. 이 오르막을 넘으면 비로봉 정상에 서게 된다. 지금까지 너무 편한 길만 걸어선지 힘들게 느껴진다. 갈림길이 나올 때마다 직진하니 비로봉 정상에 이른다(12:44). 정상에는 팔각정이 있고 주변엔 나무의자가 있다. 팔각정에서 사람들의 웅성거림이 새어 나온다. 비를 피하면서 점심을 해결하는 것 같다. 나도 점심을 해결해야 되는데 마땅한 정소가 없다. 팔각정에 오르고 싶지만 사람들 속으로 끼어들 자신이 없다. 그냥 내려간다. 급경사 내리막에 로프가 설치되었다. 한참 내려가니 쉼터가 나오고, 완만한 능선길이 이어진다. 산불감시초소를 지나자 다시 가파른 오르막이 시작되면서 아주 긴 나무 계단으로 이어진다. 계단이 끝나자 갈림길이 나온다. 좌측은 형제봉 정상으로 오르는 직선길이고, 우측은 우회로다. 힘들다고 반칙하고 싶지 않아 직선 길로 오른다. 목표 지점 도착도 중요하지만 그 과정 하나하나를 기억하고 싶다. 힘듦 하나하나를 기록하고 싶다. 형제봉 정상에는 아무도 없다(13:20). 봉우리가 두 개 있어서 형제봉이라고 부르는 모양이다. 내려가는 길은 바윗길. 로프가 설치되었지만, 오늘같이 궂은날은 조심해야 될 것 같다. 한 손은 우산을 쥐고 다른 손으로는 로프를 잡고 내려간다. 갈림길에서 정맥길은 좌측인데 무심코 내려가다가는 직진하기 십상이다. 내리막이 계속되고, 이젠 제법 미끄럽다. 백년수 정상 사거리에서 능선길을 오르니 이의동 입구라는 갈림길이 나온다(13:40). 좌측으로 진행하니 또 사거리가 나오고, 수원시 경계를 알리는 이정표가 있다. 좌측은 용인시 수지읍이고 우측은 수원시 하광교동이다. 이젠 용인시 수지에 들어섰다. 직진 끝에 사거리 쉼터에 이르고, 좌측에 천년약수터가 있다. 완만한 오르막을 지나니 송전탑이 나오고 이어서 269봉에 이른다. 완만한 능선길로 한참 내려가다 갈림길에서 우측으로 내려가니 시멘트 도로인 버들치고개에 이른다.

## 버들치고개에서(14:10)

버들치고개는 수원과 용인을 오가는 고개로 자동차 한 대가 다닐 정도다. 산으로 오르는 입구에는 안내리본이 많이 걸려 있다. 한쪽에는 포장마차 비슷한 간이음식점이 있고, 장사를 시작하려는지 끝내려는지 어른 한 사람이 꼼지락거린다. 날씨 때문일 것이다. 저런 사람들에게는 오늘 같은 휴일은 대목일 텐데 날씨가⋯. 그 맞은편에는 광교산 등산 안내도가 있다. 오늘 아침 지지대고개에서 본 것과 똑같다. 다시 출발한다. 산길로 들어선다. 나무 계단을 넘으니 갈림길이 나온다. 직진하는 것이 원래 코스이지만 군부대가 들어섰기 때문에 좌측으로 우회한다. 나무의자가 나온다. 잠시 쉬려는데 배낭을 내려놓을 만한 곳이 없다. 계속 비가 내려서다. 그 비 참 끈질기다. 아직까지 점심을 못 먹었다. 그냥 서서 간식을 먹는다. 삶은 달걀과 고구마를 먹고, 출발하니 운동 시설에 이어 군부대 후문이 나온다. 문은 굳게 잠겼지만, 사람이 드나들 수 있도록 되었다. 그 문에서 특이한 것을 발견한다. '등산객 분실물 보관함'과 그 아래에 '즐거운 날 되세요. 도움 필요시 부대로 전화 주세요.'라고 적혀 있다. 부대 전화번호까지. 신세대 부대다. 후문을 지나 산으로 오르니 가파른 오르막이 시작되고, 로프가 설치되었다. 한동안 땀을 흘린다. 짧은 오르막이지만 여태껏 오른 길 중 가장 힘이 든다. 오후라서 더 그럴 것이다. 우측에 철조망이 있고, 공터가 있는 삼거리에 이른다. 응봉이다(14:42). 공터 주변에 군 훈련시설이 보인다. 정맥길은 우측으로 이어지고, 계속 철조망과 함께 걷는다. 좌·우측 모두가 철조망이다. 한쪽은 군부대 철조망이지만 반대쪽은 다른 용도의 철망이다. 그 사이를 내가 걷는다. 영화에서 본 장면 같다. 한참 후 좌측 철망은 아래로 이어지고, 정맥길도 좌측 철망을 따라서 아래쪽으로 내려간다.

잠시 후 정맥길은 우측 세로로 이어진다. 독도에 주의해야 할 곳이다. 직진길은 훤하게 뻥 뚫렸지만, 우측 세로는 거의 보이지 않을 정도다. 이쯤에 묘지가 있고 조금 더 내려가면 삼거리가 나온다고 했는데 묘지도 삼거리도 보이지 않는다. 길을 잘못 든 것은 아닌 것 같은데 약간 이상하다. 어느 정도 내려오니 아파트가 보이기 시작한다. 공사 가림막 끝에 도로가 지난다. 용인시 수지 망가리고개다 (15:00). 말로만 듣던 곳인데 이곳을 밟게 될 줄이야. 도로 건너편에 수지교회와 골프 연습장이 보인다. 정맥은 아파트 안으로 이어진다. 벽산 아파트로 들어가니 노인정이 나온다. 잘 됐다. 이곳에서 점심을 먹기로 한다. 배낭을 벗고 모처럼 앉는다. 노인정 지붕에서 떨어지는 낙숫물로 대충 손을 씻고 고구마와 자유시간 몇 개를 해치우고, 다시 출발한다. 벽산아파트 후문을 빠져나왔지만 갈 길이 막막하다. 등로는 없고 전부가 아파트나 건물로 변해버렸다. 자전거를 타고 내려오는 학생을 세워 물었다. 자세하게 가르쳐 준다. 심곡초등학교에 이어 삼성쉐르빌아파트를 지나니 앞이 훤하게 터진다. 큰 도로가 보이고 그 뒤로는 대단지 아파트촌이 펼쳐진다. 도로를 건너 현대 아이파크 10단지 정문 앞을 지나니 만현마을 아이파크 5단지 정문이 나오고, 좌측으로 내려가니 삼거리가 나온다. 정말 복잡하다. 개발이 사람 잡는다. 5단지 아파트를 따라서 우측으로 돌아가니 상현초등학교가 나온다(15:50). 정맥길은 상현초등학교 맞은편 봉우리인 소실봉으로 이어진다. 오르는 길목에 안내리본이 걸려 있다. 비는 계속 내린다. 소실봉을 오르는 우측에 만현마을 6, 7단지가 내려다보인다. 산을 깎아 지은 아파트다. 절개지에는 추락 사고를 막기 위해 난간이 설치되었다. 잠시 후 소실봉 정상에 이른다.

## 소실봉 정상에서(16:06)

정상에는 운동기구와 삼각점이 있다. 아랫마을에 학교 건물과 공장지대가 보인다. 정상에서 정맥길은 우측으로 이어지는데, 이곳에서도 독도에 주의해야 된다. 정맥길은 수자원 공사 뒤로 이어지는데 그 사이를 학교 건물이 막아버렸다. 무조건 소현초등학교로 들어가서 운동장 좌측 모퉁이를 통해 소현중학교 운동장으로 가서, 담장을 넘어 산으로 오르면 된다. 그렇게 하지 않으면 동네를 빙 돌아서 몇십 분을 더 걸어야 될지도 모른다. 철망을 넘으니 바로 산길이 나오고, 가끔씩 안내리본도 보인다. 휴~ 살았다. 길을 제대로 찾은 것이다. 정말 어렵다. 그놈의 개발이 정맥을 흩트린 탓이다. 소현중학교와 소현초등학교를 경계 지으며 담장 역할을 하는 철망을 따라 쭈욱 가니 갈림길이 나온다. 갈림길에서 좌측으로 진행하니 여러 기의 묘지가 나오고 앞쪽에 수자원 공사 망루초소가 보인다. 길은 뚜렷하지 않지만 무조건 수자원공사 망루초소를 보면서 진행한다. 밭둑이 끝나고 능선길을 오르니 망루초소가 나온다(16:46). 초소에 사람은 없다. 갈림길에서 좌측으로 진행하니 시멘트 도로가 나오면서 고약한 냄새가 난다. 뭔가 썩는 냄새다. 이상한 생각이 든다. 무섭기도 해서 그냥 앞만 보고 내뺀다. 한참 내려가니 폐건물이 나오고(17:02), 건물 안을 들여다보니 칸막이만 남았다. 더 무서운 생각이 든다. 더 속도를 낸다. 갈림길에서 좌측으로 내려가니 마을이 보이기 시작하고, 제일 가까이 보이는 건물이 한진교통 건물이다. 제대로 찾아온 것이다. 건설 중인 도로를 통과하니 4차선 포장도로가 나오고, 차들이 쌩쌩 달린다. 드디어 백마 표시가 뚜렷한 한진교통 건물에 이른다(17:12). 건물 뒤 임도를 따라 200m 정도 진행하다가 좌측으로 가니 한진교통 건물에서 내려오는 도로와 마주친다. 도로를 따라 우측으로 진행하여 높이가 1.8m라고 적힌 고속도로 지하 통로를 지나 우측으로 올라서니 넓은 아스팔트 공터에 이른다(17:35). 공터 뒤에 보이는 철조망을 따라 우측으로 진행하다가 잠시 후 좌측으로 틀어 200m 정도 가니 철조망은 좌측으로 이어지고, 우측으로 진행하니 폐타이어 진지가 나온다. 안내 표지도 보인다(강성원 우유와 홀대모 홀산). 개발 탓으로 등로가 헷갈리지만 이런 안내 표지가 있어 힘을 얻는다. 잠시 후 초록색 철망이 나오고, 우측으로 진행하니 다시 철조망을 만난다. 한참 후 좌측 빨간 건물 앞을 지나자 경기도 여성능력개발센터에 이른다(18:03). 센터 정문 앞에서 우측으로 진행하니 잠시 후 GS 칼텍스 주유소와 고물상 앞에 이르고, 이곳에서 횡단보도를 건너 우측 영동고속도로 지하 통로를 통과하니 오늘의 종점인 양고개에 이른다(18:14). 앞에 용인 운전면허시험장이 있다. 많이 저물었다. 오늘은 이곳에서 마치기로 한다. 홀로 걷는 종주 산행은 외로움과의 싸움이면서도 다음 산길이 기다려진다. 그걸 즐기는지도 모르겠다. 봄비는 아직도 계속이다.

### 🏔 오늘 걸은 길

지지대고개 → 범봉, 박달령, 359봉, 노루목대피소, 시루봉, 토끼재, 비로봉, 망가리고개, 소실봉 → 용인면허시험장(24.6㎞, 8시간 11분).

### 🏔 교통편

- 갈 때: 수원역에서 시내버스 777번 이용. 효행공원 앞에서 하차.
- 올 때: 용인 면허시험장에서 버스로 보정역까지.

# 아홉째 구간
### 용인 면허시험장에서 현대오일뱅크까지

'모든 것은 생각하기 나름이다. 생각이 생활을 바꾼다.' 많이 듣던 소리다. 사실 미세한 생각의 차이가 경우에 따라선 엄청난 결과를 초래할 수도 있다. 등산도 늘 찾는 산, 늘 오르는 루트에서 벗어나 새로운 산이나 루트를 오를 때 의외의 소득을 얻을 수 있다.

한남정맥 아홉째 구간을 넘었다. 용인운전면허시험장에서 현대오일뱅크까지다. 현대오일뱅크는 용인시 기흥구 상하동에 있다. 이 구간에서는 먹고개, 아차지고개 등의 잿등과 할미산성, 석성산 등을 넘게 된다. 향린동산이라는 산속 마을을 거치기도 한다.

## 2008. 4. 12.(토), 맑음

지루한 것을 모르고 용인 보정역에 도착(08:30). 조간신문 덕분이다. 조선일보 주말판 'Why'가 그 주인공. 조용필 씨의 음악 인생이 실렸다. 고고 때부터 기타를 치고 화성학을 독학했고 무대에서는 철저했다는 것이 기사의 요지다. 그런 내공이 있었기에 오늘날의 성공이 있었겠지…. 와르르 쏟아지는 종점역 승객들의 인파와 함께 개찰구를 나선다. 바로 앞 버스 정류장에 27번 버스가 대기하고 있다.

"면허시험장 가느냐?"는 내 말이 떨어지기도 전에 기사님은 "빨리 타라."고 한다. 이른 아침인데도 시험장에는 벌써 응시생들이 웅성거린다(08:55). 시험장 앞 도로 건너편에 주공아파트가 있고, 아파트 좌측에 영동고속도로가 지난다. 고속도로 차량 행렬은 거의 멈춘 상태. 정맥길은 영동고속도로와 주공아파트 104동 사이 산으로 이어진다. 도로를 건너 주공아파트를 찾아간다. 횡단보도는 우측 먼 곳에 있다. 큰 돌로 쌓은 주공아파트 축대에 올라 영동고속도로와 주공아파트 사이의 산에 선다. 내 걸음이 고속도로 자동차 속도보다 빠르다. 그것참 고소하다. 고속도로 옆 방음벽 아래에서는 아줌마 몇 분이 나물을 캐고 있다. 이정표가 가르키는 대로 들꽃계곡 방향으로 진행하니 이정표가 나온다. 체육시설 방향을 가리킨다. 운동기구가 설치된 쉼터가 나오면서 우측에 학교 건물이 있다. 등로는 계속 아파트 뒤 작은 산 능선으로 이어지고, 진달래가 만개했다. 우측에 아파트 경계를 구분 짓는 철망이 설치되었고, 학교 건물이 또 나온다. 언남초등학교다. 정맥은 언남초등학교와 그 옆 건물 사이로 이어진다. 통로는 좁고, 거미줄 천지다. 거미줄을 몽땅 뒤집어쓰면서 통과한다. 산을 파서 아파트를 짓고 학교를 세웠다. 개발이 사람 잡는다. 언남초등학교 정문에서(09:25) 도로를 건너니 녹원마을 새천년 그린빌 5단지 정문에 이르고, 509동 옆으로 올라가니 노인정과 어린이집이 나온다. 그 뒤에는 대나무 숲이 있고 그 숲 사이로 목재데크 계단이 설치되었다. 등로는 아파트 옆을 따라 계속 이어진다. 약수터가 나오고, 약수터와 다음 길이 연결되는 곳에 철문이 있다. 산책로를 통과하니 정맥길은 골프장 철망을 따라 오르게 된다. 몇 번의 삼거리가 나올 때마다 우측의 골프장을 따라 오른다. 가파른 통나무 계단을 통과하니 200봉에 이른다. 정상에 피뢰침이 있는 것이 특이하다. 주민들이 와서 쉬고 있다. 앞쪽에 수원골프장이 내려다보이고, 그 너머에 초원마을 아파트가 있다. 잠시 휴식을 취한 후 내려간다. 골프장 철망과 멀어지고 완만한 능선길이 이어진다. 갈림길에 이정표가 있다. 강남대학교와 원일사 방향을 알린다. 정맥길은 강남대 방향으로 이어지는데, 누군가 이정표에 '한남정맥'이라고 써 놓았다. 갈림길에서 좌측으로 내려가니 앞이 탁 트인 임도가 나오고 또 갈림길이다. 좌측으로 확 돌아서 내려가니 사거리에 이르고, 좌측에서 요란한 기계 소리가 들린다. 건축폐기물처리장이다. 계속 직진하다가 갈림길에서 좌측으로 진행하니 많은 안내리본이 걸려 있고, 절개지에서 좌측으로 내려가니 시멘트 포장도로와 만난다. 아차지고개다. 용인시 구성면장의 안내문이 있다. 우측에는 어정가구단지를 알리는 대형 팻말이 설치되었고, 도로를 가로질러 능선으로 오르니 철조망을 좌측에 두고 산길은 계속된다. 자동차 소리가 멎었다. 상수리 나뭇잎이 깔린 낙엽길. 나비가 날아가고 찔레나무 새순이 돋고 있다. 저 찔레가 우리들 초등학교 시절에는 아주 중요한 간식거리였는데…. 깊은 산속에서 사람이라곤 나 혼자다. 생각만으로도 황홀하다. 어디에서 이런 뿌듯함을 독차지하겠는가? 홀로 종주가 고통도 있지만 이런 것은 큰 혜택이다. 완만한 능선길이 이어지더니 갑자기 민가가 나온다. 개들이 짖는다. 이런 개 짖는 소리도 이젠 아무렇지 않다. 수없이 겪었고 개들의 심정을 충분히 알고 있어서다. 철망을 따라 옆으로 내려가니 산 능선으로 이어지고, 철망을 좌측에 두고 우측으로 진행하니 도로에 내려선다. 좌측에 창덕마을 아파트가 보인다. 밭을 지나 석축에 올라서니 다시 산 능선으로 이어지고, 창덕마을 103동 아파트가 보인다. 훼손된 삼각점이 나오더니 182봉에 이르고, 내리막길에 갈림길이 자주 나온다. 그때마다 좌측으로 진행한다. 임야 소유인이 세운 팻말이 있다. 조상님들이 쉬는 곳이니 등산객들은 조용하라는 것이다. 갈림길에서 우측으로 진행하니 완만한 소로가 이어지고 영동고속도로가 보이기 시작한다. 산에서 내려와 도로에 이르니(11:59) 좌측에 영동고속도로를 건너는 지하차도가, 우측에는 아파트 단지가 있다. 이곳에서는 길 찾기에 신경 써야 된다. 선답자는 지하차도를 건너서 향린촌 입구를 찾으라고 했는데, 이런 식으로 찾으려다 엄청 고생만 했다. 아파트 건설이 한창인 용인 동백지구는 수없이 도로와 아파트가 신축되어 아주 복잡해졌다. 옛 모습은 완전히 사라졌다. 지하차도를 건너면 도로를 횡단할 방법이 없다. 그래서 지하차도를 건너지 말고 반대쪽 아파트로 내려가서 도로를 건너 다시 올라와 영동고속도로 아래를 통과하여 고속도로 옆 도로를 따라서 내려가면 된다. 걸으면 머리가 맑아지고 좋은 생각이 떠오른다고 했는데 이런 순간만큼은 아니다. 어지럽다. 도로를 따라가면 동막골이란 음식점이 나오고, 이곳에서 좌측 시멘트 도로를 따라 88컨트리클럽과 향린동산을 가리키는 곳으로 찾아가면 된다. 도로 바닥에도 그 표시가 있고, 안내판도 있다. 우측에 검문소 비슷한 것이 나온다. 향린촌 입구다.

### 향린촌 입구에서(12:40)

입구에는 검문소가 있고 그 옆에는 이곳 거주자들이 준수해야 할 규칙이 적혀 있다. 쉴 겸 해서 잠깐 낮은 담장에 걸터앉아 땀을 식히면서 작업 중인 근로자에게 향린촌에 대해 물었다. 자기도 외부에서 왔기 때문에 자세히는 모른다면서, 연예인들이 주로 살고 있다고 한다. 나중에 알았지만 향린촌은 이미 37년 전에 뜻있는 사람들이 도심을 벗어나서 공기 좋은 곳에서 살기 위해 산속에 마을을 조성한 것이다. 그 당시에 이곳은 완전히 산골이었다. 산속에 띄엄띄엄 주택이 있다. 산자락에도, 중턱에도, 꼭대기에도 있다. 산 전체를 보안업체가 책임지고, 출입도 엄격하게 통제한다. 별천지 같다. 계속 오르니 좌측에 88컨트리클럽이 있다는 이정표가 나오고, 더 올라가니 우측에 금호베스트빌리지라는 간판이 나온다. 문은 잠겼고, 경고문이 부착되었다. 이곳은 사유지로서 일반인의 출입을 금한다는 것이다. 그런데 정맥길은 이 안으로 이어지고 있으니… 철문 우측 사람들이 통과한 흔적이 있는 곳으로 통과하니 시멘트 도로가 시작된다. 도로엔 낙엽이 쌓였고 잡풀이 무성하다. 어쩐지 으스스하다. 출입하지 말라는 곳을 통과해서 그런지 조금은 두렵다. 사거리 한쪽 이정표에는 향린순환로, 향린정상로 등이 표시되었다. 정맥은 좌측 능선으로 이어지고, 잠시 후 삼거리에서 정맥길은 우측으로 이어진다. 좌측은 향수산으로 가는 길이다. 완만한 능선이 계속된다. 능선 옆에는 아까 걷던 향린 순환로가 계속 따라온다. 사거리에서 직진하여 완만한 능선길로 조금 오르니 가파른 오르막이 시작되고, 좌측에 철조망이 이어진다. 한참 오르니 등로는 좌측으로 휘어지면서 조금은 가파른 능선길로 변한다. 좌측에 글로렌스 골프장이 보이고, 이어서 산성임을 추측케 하는 돌들이 보이더니 할미산성에 이른다 (13:34). 정상의 공터 한쪽에 산불감시초소가 있다.

할미산성은 기흥구 동백동과 포곡읍 경계에 위치한 할미산의 정상과 그 남쪽의 일부를 둘러싼 석축산성이다. 어디서 딱딱거리는 소리가 들려 쳐다보니 딱따구리가 나무를 쪼고 있다. 말로만 듣던 딱따구리를 이곳에서 보게 되다니. 우측으로 조금 내려가 헬기장을 통과하니 급경사 내리막이 이어지면서 갈림길이 나온다. 우측 급경사로 내려가니 좌측에 마성 톨게이트가 보인다. '아! 이곳이 그곳이구나.' 기억은 가물가물하지만 언젠가 한 번 들렀던 곳이다. 바윗길에 이어서 절개지가 나온다. 아래로는 고속도로가 보이고 터키군 참전 기념비도 보인다. 절개지에서 배수로를 따라 내려가 도로에 이른다. 작고개다. 이곳에서도 도로를 무단 횡단해야만 한다. 터키군 참전 기념비 광장은 봄맞이 행락객들로 만원이다. 바로 눈앞에 보이는 석성산으로 올라가야 한다. 입구에 이르니 '마가실서낭'이라는 표지석이 보인다. 무슨 뜻일까? 서낭이라는 것은 마을이나 인간에게 안녕과 풍요를 가져다준다는 수호신으로 알고 있다. 서낭당이나 마찬가지다. 그렇다면 마가실서낭은 일종의 서낭당? 석성산 오름이 시작된다. 축대에 올라서니 완만한 능선길이 이어지고, 한참 올라가니 갈림길을 지나 무명봉에 이른다. 노송과 바위가 어우러져 멋진 경관을 연출한다. 다시 가파른 오르막이 시작된다. 바윗길과 갈림길이 나오더니 급경사 오르막 끝에 무명봉에 이르고, 완만한 능선이 이어지더니 로프가 설치된 가파른 바윗길이 시작된다. 이곳을 통과하니 석성산 정상이다.

### 석성산 정상에서(15:15)

정상에는 많은 사람들이 올라와 있다. 정상 표지목과 삼각점이 있고, 한쪽에 목재 테이블과 태극기가 게양되었다. 망원경도 있다. 육안으로는 보이지 않는 자동차들이 눈앞에 있는 것처럼 뚜렷하게 보인다. 북쪽으로는 동백리 향린촌에서 할미산성을 거쳐 이곳까지 이어지는 정맥길이 뚜렷하고, 서쪽은 용인 동백지구 아파트단지가 한눈에 들어온다. 지친 마음을 씻겨주는 환상적인 풍광이다. 오늘은 풍광이 마음까지 치료하는 것 같다. 용인시가 참 넓다는 생각이다. 옆 젊은이에게 물으니 의외의 대답을 한다. 지금까지 내가 지나온 곳은 한창 개발 중인 용인시의 북쪽 일부이고, 아래쪽에 보이는 곳이 원래의 용인시라는 것이다. 용인시청도 이 아래쪽에 있다고 한다. 다시 한번 더 놀란다. 마냥 머무를 수만은 없어 조금 내려가니 헬기장이 나오고, 경고판이 있다. 사고다발지역이니 좌측으로 우회하라고 한다. 좌측으로 내려가니 가파른 나무 계단이 시작되고, 조금 더 내려가니 넓은 공터가 나온다. 운동 시설과 약수터가 있다(15:35). 빈 병을 채우고, 다시 완만한 길로 내려가니 통화사에 이른다. 우측 시멘트 길로 내려가니 군부대 입구가 있는 사거리에 이르고, 등로는 좌측 산길로 이어진다. 좌측 완만한 능선길로 내려가니 넓은 임도가 시작된다. 걷기 좋은 흙길이다. 한참 내려가다가 올라가니 우측에 송전탑이 나오고, 나무 계단을 올라 갈림길에서 직진하니 넓은 길이 끝나면서 우측 좁은 능선길로 이어진다. 잠시 후 324봉에서(16:07) 우측 급경사로 내려가니 또 송전탑이 나온다. 좌측 골짜기에는 많은 비닐하우스가 있고, 우측에는 높은 굴뚝이 세워져 있다. 한국난방공사 건물이다. 한참 내려가니 공사 중인 큰 절개지에 이른다. 맞은편 용인배수지로 올라가야 되는데 어느 지점에서 횡단해야 될지 감이 잡히지 않는다. 일단 좁고 급경사인 철계단을 따라 내려간다. 무엇을 뿌렸는지 공사장에서 퀴퀴한 냄새가 난다. 잠시 후 멱고개에 이른다. 공사 중인 근로자에게 횡단로를 물으니, 우측 아래에 있는 초당마을까지 내려가야 된다고 한다. 날은 덥고 다리는 아프다. 초당마을에서 도로를 횡단하여 다시 올라오니 용인배수지를 알리는 안내판이 보인다. 배수지 위로 올라 철망을 따라서 5분 정도 오르니 갈림길이 나오고, 정맥길은 우측 능선으로 이어진다. 작은 봉우리를 넘고, 무명봉에서 완만한 길로 내려가 안부 사거리에서 직진하니 갈림길이 나오고, 좌측으로 올라가니 갑자기 TV 안테나가 보인다. 계속 내려가니 절개지가 나오고, 아래는 42번 국도가 지난다. 절개지 좌측으로 내려가니 바로 현대오일뱅크 주유소 뒷마당에 이른다(17:23). 오후 다섯 시가 넘었다. 오늘은 이곳에서 마치기로 한다. 자신이 원했던 삶을 사는 사람은 그리 많지 않다고 한다. '9정맥 종주' 내가 원했던 걸까?

## 🚶 오늘 걸은 길

용인 운전면허시험장 → 멱고개, 182봉, 향린촌, 할미산성, 작고개, 석성산, 324봉
→ 현대오일뱅크(19.8㎞, 8시간 28분).

## ⛰ 교통편

- 갈 때: 용인 보정역에서 버스로 용인 면허시험장까지.
- 올 때: 현대 오일뱅크 버스 정류장에서 5001, 5001-1번 버스 이용.

# 열째 구간
## 현대오일뱅크에서 망덕고개까지

'자연스러움'의 중요성을 TV를 통해 알았다. 나이 든 여가수의 제스처를 통해서다. 나이는 들었지만, 아직도 노래를 잘할 수 있다는 것을 보여주었어야 했는데, 자기 몸이 아직 젊다는 것만을 보여주려고 발버둥 쳤다. 바지와 가슴이 패인 윗도리를 입고 노래하면서 다리를 심하게 벌리는 등 젊은이에게도 과한 제스처를 썼다. 의상과 제스처는 나이로 인해 자연스럽게 굽은 허리와 조화를 이루지 못했다. 풍부한 성량과 가창력만 보여주었더라면 훨씬 더 좋았을 텐데…

한남정맥 열째 구간을 넘었다. 용인시 상하동에 위치한 현대 오일뱅크에서 바래기산 너머 망덕고개까지다. 이 구간에서는 부아산, 부이산, 함박산, 재주봉, 바래기산 등을 넘게 되고, 김대건 신부의 생전 활동지였고 사후에 유해를 운구했다는 망덕고개를 지나게 된다.

### 2008. 4. 19.(토), 맑음

버스 하차 지점을 놓친 바람에 아침부터 행군이다. 용인 정신병원에서 내려야 되는데 효자병원이라고 방송하는 통에 지나치고 말았다. 용인 정신병원까지 걷는 수밖에. 헛걸음이라고 생각하니 부아가 치민다. 택시를 탈까도 생각했지만 이내 마음을 바꾼다. 사치라는 생각에서다. 오늘도 예외 없이 들머리의 안내리본이 먼저 눈에 띈다 (09:30). 절개지 시멘트 턱을 넘어 말라빠진 풀숲에 올라선다. 마른 풀 아래는 푸석푸석한 흙이다. 절개지 상단부 능선에 이르니 뚜렷한 소로가 나오면서 바로 임도로 연결된다. 임도에서 산길로 오르니 아래로는 임도가 계속 따라온다. 이른 아침 숲속. 혼자라는 것이 조금은 허전하지만 뿌듯하다. 넓은 나뭇잎이 보인다. 언제 저렇게 자랐을까? 걷기 편한 능선길이 이어진다. 송전탑이 유달리 많다. 번호가 두 개인 송전탑도 있다. 정맥길은 능선과 임도가 반복된다. 보이는 것은 산뿐. 낮은 산, 평퍼짐한 산…. 곳곳에 묘지도 많다. 송전탑을 지나고 삼거리에서 좌측 임도를 따르니 철탑이 나오고 내리막이 시작되더니 절개지에 이른다. 아래는 자동차도로다. 절개지 상단부에서 좌측으로 이동하여 철계단을 내려가니 기흥읍 지곡리와 용인시 삼가동을 잇는 도로에 이르고, 도로 뒤쪽에는 골프 연습장이 있다. 도로 절개지 양쪽에는 낙석방지용 철망이 있다. 차가 뜸한 틈을 이용해 횡단한다. 산으로 오르는 오르막에는 안내리본이 걸려 있다. 맞은편 절개지 상단부에서 능선길로 들어서니 좌측에서는 골프 연습이 한창이다. 어느덧 나뭇잎이 시야를 가리는 철이 왔다. 자연은 어김없다. 가파른 오르막에 벚꽃이 수를 놓았다. 예쁜 것들…. 날리는 모습은 더 예쁘다. 한참 오르니 송전탑이 나오고, 이어 부아산 정상에 이른다.

**부아산 정상에서(10:01)**
정상 좌측에 정자가 있고, 바로 아래에 산불감시탑이 있다. 사이렌, 철봉, 이정표도 있다(직진 상덕저수지, 좌측 진우아파트). 안개 탓에 주변 조망은 제로지만, 전혀 문제 되지 않는다. 안개를 보는 것도 또 다른 조망이다. 부아산 높이가 403.6m라고 팻말에 적혀 있다. 더 높아 보인다. 안개가 띄워 주기 때문일까? 덩달아 나도 하늘에 오른 기분이다. 정맥은 정상에서 우측 목재 계단으로 이어지고, 바로 오른 무명봉에 나무의자가 있다. 누군가를 배려한 흔적이다. 내려가는 길은 완만하고, 곳곳에 운동 시설이 있다. 다시 또 오르막 끝에 부이산 정상에 선다. 이정표가 있다. 그것참 신기하다. 방금 전에 부아산을 거쳤는데 이젠 부이산이라니. 정상에서 좌측으로 내려가니 왼쪽에 용인대가 내려다보이고 우측에 공원묘지가 있다. 현 위치가 '무덤가'라고 적혀 있다. 왠지 무시무시하다. 갈림길이 나오고(좌측 용인대, 우측 하고개), 바로 앞은 절개지다. 아래쪽에 넓은 공터가 보인다. 바로 내려가 반대쪽 절개지 상단부에 이른다. 아직 얼마 걷지 않았는데도 벌써 힘에 부친다. 오늘 웬일이지? 절개지 상단에 서니 조망이 괜찮다. 부아산 정상에서 이곳까지 이어지는 능선이 한눈에 들어온다. 마치 지나온 궤적을 정리하는 것 같다. 통상 5월이 되어야 신록이라는 표현을 쓰는데, 오늘은 저절로 나온다. 산들이 푸르다. 아래에 용인대 캠퍼스가 보인다. 절개지 상단부에서 완만한 능선길로 나아간다. 갈림길, 송전탑을 지나 어느 종교집단의 공원묘지에 이른다. 양지바른 곳에 모셔진 묘지들이 보기에도 좋다. 조금 오르니 338봉에 이르고(11:02), 북동쪽으로 용인시 일대가 내려다보인다. 완만한 능선 내리막에서 53번 송전탑을 지나, 임도에서 등로는 좌측 산길로 이어진다. 오르막에서 송전탑을 지나 산불감시탑에 이른다. 완만한 길로 내려가다 51번 송전탑을 지나 함박산 정상에 이른다(11:29). 정상에는 삼각점과 정상 표지판이 있다. 그런데 목재 표지판이 너무 초라하다. 곧 쓰러질 것만 같다. 우측 완만한 길로 내려간다. 송전탑과 공동묘지를 거쳐 삼거리에서 우측 임도로 내려가니 '대동군 시족 면민회장'이라는 안내판이 나온다. 이곳에서는 정맥 잇기에 신경을 써야 된다. 정맥길은 우측으로 이어지는데, 우축은 농장을 조성해 버렸기에 허허벌판이다. 한참 헤맨 끝에 쉬운 길을 택한다. 다음 코스가 한우촌과 은화삼 골프장이니 그 길을 찾기로 한다. 홀로 종주의 어려움이 여실히 드러난다. 주변에 물어볼 사람도, 상의할 사람도 없다. 모든 것은 혼자 결정해야 하고, 위험도 혼자 감수해야 된다. 무조건 아래로 내려가 사람을 만나 물어보기로 한다. 우측이 아니라 좌측이 가깝고 건물이 보여서 좌측으로 내려간다. 큰 도로에 이르러, 갓길에서 라면을 파는 아줌마에게 골프장 위치를 물었다. "이 도로를 건너면 된다."면서 손짓으로 골프장 쪽을 가리킨다. "도로는 어디에서 건너느냐?"고 물으니, 좌측 굴다리를 가르쳐 준다. 마음이 놓인다. 무조건 아래로 내려오길 잘했다는 생각이다. 이것도 수많은 시행착오 후 깨우친 노하우다. 작은 마을을 지나 큰 도로를 따라서 올라가니 내가 찾는 한우촌이 나오고, 그 앞은 골프장 입구다. 금년 들어서 최고로 더운 날이다. 한여름이나 마찬가지다. 제대로 된 봄날이 며칠이나 있었다고, 벌써. 길을 못 찾을까 조마조마하던 마음도 풀리고 시장하기도 해서 점심을 먹기로 한다. 한우촌은 꽤 괜찮은 음식점이다(12:45). 갈비탕 국물이 맑으면서도 진하다. 배가 든든하니 널찍한 마룻바닥에 드러눕고 싶다. 한우촌을 나선다. 이곳 삼거리에서 정맥길은 은화삼골프장 입구로 이어진다. 입구를 향해 중간쯤 들어갔을 때 경비원이 제지한다. "이 땅은 개인 소유이니 들어가지 말라."고. 들어가도 철망으로 막았기 때문에 소용이 없다면서. 황당하다. 땀 흘려 여기까지 왔는데 돌아가라니. 알았다면서 경비원이 사라지기를 기다린다. 도둑고양이 슬금슬금 내빼듯 몰래 산을 오른다. 헛고생이다. 철망으로 막아버렸다. 돌아가서 우회하는 수밖에. 다시 삼거리까지 나와서 연화사 쪽으로 향한다. 신세 처량하다. 내 산하 정맥을 놔두고 오르지를 못하다니?! 연화사 입구를 향해 5분 정도 오르니 우측에 산길이 보인다. 안내리본도 걸려 있다. '반가운 것! 이 리본을 건 산님들도 나와 같은 분노를 삼키며 은화삼 골프장에서 되돌아왔겠지?' 지름길이라서 초입부터 급경사가 시작된다. 완만한 능선길이 이어지더니 송전탑이 나오고, 송전탑에서 우측 완만한 능선길로 오르니 좌측에 골프장이 보인다. 좀 전에 들어가려다가 못 간 은화삼골프장이다. 평평한 솔밭길이 계속된다. 한참 오르니 골프장이 훤히 보이면서 골프장 내부 도로에 들어선다. 도로를 따라서 오르니 9번 홀이 나온다. 산꼭대기에서 골프장은 뒤편 아래로 계속되고 정맥길은 우측 능선으로 이어진다. 완만한 경사가 시작되고 갑자기 키 큰 수목들이 사라지고 시야가 탁 트인다. 몇 번의 삼거리와 송전탑을 지나 가파른 오르막이 나온다. 잠시 후 운동 시설과 이정표가 있는 무명봉에서 '원삼면 와우정사'라고 표시된 쪽으로 내려가, 안부에서 직진으로 오르니 우측 아래에서 개들이 요란하게 짖는다. 시멘트 도로가 나온다. 좌측에 이곳을 절개하여 도로를 만들면서 세운 옹벽이 있다. 우측에는 개 사육장이 있고, 좌측은 용인승마장으로 가는 길이다. 도로를 가로질러 오르니 '한강수변구역 No 경안천'이라는 기둥이 나온다. 송전탑을 지나 갈림길에서 좌측으로 오르니 292봉에 이르고, 내려가서 다시 오르니 374봉에 이른다.

### 374봉 정상에서(15:45)

정상에서 내려가자마자 오르막이 시작된다. 우측에 신원골프장이 보이고, 무명봉을 넘고 오르니 길 중앙에 묘지가 있다. '묘지 조성 후에 길이 난 걸까?' 우측 아래에 신원골프장 연못이 보인다. 오후의 햇살에 물결이 일렁인다. '저런 걸 은빛이라고 하던가?' 산 전체가 휜한 곳이 나온다. 벌목지다. 큰 철탑 위에 아주 큰 십자가가 있다. 신기한 일은 계속된다. 봉우리에도 묘지가 있다. 관리되지도 않은 듯 봉분이 낮아졌다. 다시 무명봉을 넘고, 344봉에서 우측으로 한참 내려가니 봉우리가 계속된다. 몇 개의 봉우리를 넘었는지 모르겠다. 재주봉과 바래기산이 지도에는 표시되었는데 구분이 어렵다. 짐작은 하지만 자신이 없어 기록은 피한다. 바래기산이라고 생각되는 곳에서 좌측으로 내달리니 철탑과 갈림길이 나오고, 직진으로 계속 내려가니 오늘 산행의 날머리인 망덕고개에 이른다(17:08). 좌측에 김대건 신부의 추모비가 있다. 생전엔 사목활동하면서 다니던 길이고, 순교 후에는 유해를 운구하던 길이라고 새겨진 비석이다. 오늘은 이곳에서 마친다. 해실리 마을의 봄날이 서서히 저문다. 이 아래 해실리 마을에서 막차를 타기 위해서는 서둘러 내려가야 한다(해실리 마을에 도착하니 배낭 지퍼가 양쪽으로 열려 있고, 배낭에 있던 간식과 등산복 윗도리가 없어졌다. 뛰어내려올 때 배낭 속 물건들이 쏟아진 것이다. 다시 망덕고개로 올라가서 잃은 물건을 찾았지만, 해실리 마을 막차는 놓쳤다).

### 🚶 오늘 걸은 길

현대오일뱅크 → 부아산, 부이산, 함박산, 374봉, 재주봉, 바래기산 → 망덕고개
(20.6㎞, 7시간 38분).

## 🏔 교통편

- 갈 때: 강남역이나 양재역에서 용인행 버스 이용, 현대 오일뱅크에서 하차.
- 올 때: 망덕고개에서 해실리 마을회관으로 이동. 용인행 버스 이용.

# 열한째 구간
### 망덕고개에서 가현치까지

어느 때부턴지는 몰라도 내 얼굴에 깊은 그늘이 졌다는 걸 알았다. 초등학교 때까지만 해도 대표적인 개구쟁이였고, 생활 자체가 히죽 히죽이었는데. 생각해보면 고개를 젖히고 입이 째질 정도로 웃어본 기억이 없다. '그날' 이후, 나도 모르게 싹 튼 한이 이제는 일상을 지배한 것 같다.

한남정맥 열한째 구간을 넘었다. 망덕고개에서 가현치까지다. 망덕고개는 용인시 원삼면 문촌리 해실리 마을 뒷산에 있는 고개이고, 가현치는 안성시 삼죽면과 보구면의 경계를 이루는 고개이다. 이 구간에는 문수봉, 미리내마을, 구봉산, 465봉, 달기봉, 가현치 등이 있다. 산행을 마치고 하산 길에 천사를 만났다. 저녁이 다 된 늦은 시각에 버스도 없는 곳에서 교통편 때문에 불안해하던 나를 안성의 농부가 자기 차로 안성터미널까지 데려다주었다.

### 2008. 4. 27.(일), 비 오다가 갬

용인 터미널에 도착했지만(08:58) 막막하다. '무슨 차를 어디에서 타야 할지?' 지난주에 해실리 마을에서 용인 터미널로 오면서 교통편을 유심히 살피지 못한 탓이다. 사무실에 들어가서 물었으나 밖에 있는 안내판을 보라며 시선을 돌린다. 안내판에는 나타나지도 않았다. 어떤 경우에도 죽으라는 법은 없다더니 구세주가 나타난다. 와우정사까지 간다는 아저씨가 말한다. "이 버스를 타고 가다가 별미에서 내려 걸어가면 된다."고. 다행이다. 와우정사행 10-4번 버스는 9시 33분에 출발한다. 별미 정류장은 아무것도 없다. 바람막이 시설에 의자 하나가 전부다. 지난주 이곳에 앉아서 고구마를 먹었다. 이곳에서 해실리 마을까지는 도보로 15분 정도. 해실리 마을을 거쳐 망덕고개에 도착(10:16). 지난주에 시간에 쫓겨 제대로 보지 못한 김대건 신부의 비석을 좀 더 자세히 살핀다. 망덕고개에서 능선을 타고 오르니 우측에 시멘트로 포장된 임도가 있고, 처음부터 오르막이 시작된다. 길은 전날 내린 비로 약간 젖은 상태. 일주일 전보다 나뭇잎들이 더 파래졌고 잎사귀도 넓어졌다. 바로 무명봉에 이른다. 정상에서 좌측을 내려다보니 나뭇잎 사이로 해실리 마을이 언뜻언뜻 나타난다. 완만한 능선이 이어지고, 좌측에 하얀 원형 지붕이 보인다. 대한석유공사 석유비축기지다. 무명봉에서 내려가는 길 양쪽에 키 큰 쪽동백이 아치를 그리며 꽃을 피운다. 황홀하다. 이런 쪽동백을 작년에도 본 기억이 있다. 하남 검단산을 지나 용마산을 오를 때였다. 그때 쪽동백은 키가 홀쩍 컸다. 쪽동백이 시절의 오고 감을 알린다. 쉼터 삼거리에 이른다. 나무의자와 이정표가 있다(좌측 문수봉, 우측 고초골 낚시터). 인근에 교회가 있는지 종소리가 울린다. 그리고 보니 일요일 산행도 오랜만이다. 좌측으로 내려가니 석유공사 철망과 만난다. 조금 전에 언뜻언뜻 보이던 석공 시설이 더 뚜렷하고, 아주 넓다. 철망 근처에서는 세분의 아낙이 산나물을 캐고 있다. 봄비 내리고 산안개가 자욱할 때는 으레 고사리를 캤는데…. 내리막에 목재 계단이 시작되더니 안부에 이른다. 가파른 오르막이 시작되고, 무명봉에서 우측으로 올라가니 문수봉 정상이다.

### 문수봉 정상에서(11:17)

정상은 아주 넓다. 가운데에 팔각정자가, 주변에 삼각점, 정상표시목, 사이렌, 이정표가 있다. 소나무 한 그루가 정상에 있는 것도 이색적이다. 바로 매봉재 방향으로 내려간다. 로프가 설치되었고 통나무 계단으로 이어진다. 양쪽에 산죽이 있고, 우측에 문수산 마애보살상이 있다는 안내판이 나온다. 그냥 지나칠 수 없어 우측으로 조금 들어가니 양쪽 바위에 조각 작품 2개가 있다. 왼쪽은 문수보살, 오른쪽은 보현보살로 추정된다. 안내문을 보니 경기도 문화재로 지정되었고, 현 위치는 용인시 원삼면 문촌리다. 되돌아와서 정맥길로 향한다. 갈수록 산죽이 많고, 약수터를 알리는 안내판이 나온다. 어제 내린 비 때문인지 수량이 많다. 산죽은 계속된다. 급경사로 내려가니 삼거리가 나오고, 직진하니 갑자기 빨간 플래카드가 나타난다. 섬뜩하다. '등산로 중앙에 송전탑이 웬 말인가!'라고 적혔다. 나도 대찬성이다. 삼거리에서 좌측으로 내려가니 이정표가 있는 갈림길에 이르고, 직진하니 사암리 갈림길에 이른다. 이곳에서는 독도에 신경을 써야 된다. 매봉 쪽으로 빠지지 말고 좌측으로 돌아가야 된다. 좌측 사암리 쪽으로 내려가니 좌측은 훤칠한 잣나무들로 숲을 이룬다. 그 아래에서 웅성거림이 들린다. 알고 보니 이곳이 우리랜드 놀이공원이다. 우측에는 와우정사가 있다. 계속해서 불경소리가 들린다. 우리랜드와 와우정사 사이의 능선을 타고 내려간다. 능선이 도로에 가까워지더니 절개지 상단부에 이르고, 내려서니 2차선 포장도로인 안골도로에 이른다. 좌측에 미리내 마을을 알리는 큼지막한 간판이 서 있다. 길 위에 서면 항시 새롭다. 복잡하거나 지루한 등로조차도 내게는 그렇다. 도로를 건너 산길로 올라서니 좌측에 전원주택이 있다. 산길이 끝나고 도로에 내려서기 전에 묘지를 지난다. 내 또래 정도의 장년이 묘지를 손질하고 있다. 인사를 해도 고개는 돌리지도 않고 일에 열중이다. 빗방울이 떨어진다. '오늘은 갠다고 했는데…' 도로에서 내려가니 이곳에도 범상치 않은 집들이 수두룩하다. 도대체 이 동네가 무슨 동네? 민가가 끝나는 지점에서 도로가 끝나고 다시 산길로 들어선다. 길목에 안내리본이 펄럭인다. 잡목이 있어 뚫고 가기가 쉽지 않다. 그사이 내린 빗방울이 물이 되어 옷을 적신다. 희미한 길을 따라 잡목을 헤치면서 나아간다. 옆에는 2차선 포장도로가 이어진다. 옆 도로를 두고 절개지 날등을 따라가다가 무덤이 있는 곳에서 우측으로 내려간다. 길이 잘 보이지 않지만 무조건 아래쪽으로 내려간다. 도로에 닿기 위해서다. 시멘트 도로에서 다시 산으로 올라서야 되지만, 우회한다. 길 찾기가 너무 험해서다. 시멘트 길을 따라 산을 돌아서니 임도가 나오고, 임도를 따라 올라가니 하얀 전원주택이 나온다. 아까 도로에서 산길로 올라갔더라면 이 전원주택과 맞부딪쳤을 것이다. 전원주택을 지나 임도가 끝나는 곳에서 다시 민가를 만난다. 그 옆에는 공장 비슷한 건물이 있다. 정맥길은 이 민가와 공장 사이로 이어진다. 빗방울은 더 굵어진다. 민가와 공장 사이로 내려가 철문을 통과하니 삼거리가 나오고, 우측 도로로 내려가니 2차선 포장도로가 나온다. 우리랜드와 와우정사 입구이기도 하다(12:35). 빗방울이 너무 커서 더 진행할 수가 없다. 잠시 비를 피해야겠다. 좌측에 큼지막한 도로 표지판이 있다. 이곳에서 정맥길은 도로를 건너서 이어진다. 일단 비를 피하기 위해 민가 처마 밑으로 들어간다. 당분간 비는 갤 것 같지 않아 점심부터 먹기로 한다. 남의 집 처마 밑에 쭈그려 앉기가 어색하다. 우산을 쓰고 지나는 행인마다 쳐다본다. 비가 약해지자 바로 출발한다. 정맥길은 도로 건너편 컨테이너 박스 쪽으로 이어진다. 임도가 시작되고, 좌측에 석재공장이 나온다. 계속 임도를 따르니 삼거리에 이르고, 정맥길은 산길로 이어진다. 초입에 안내리본이 많지만 길은 거의 보이지 않는다. 무조건 산속으로 들어가서 길을 찾기로 한다. 한참 진행하니 시멘트 도로가 지나는 고갯마루에 이르고, 도로를 건너 임도에 이른다. 좌측 산길로 올라 평범한 능선길로 한참 진행하니 안부 사거리에 이르고, 완만한 길로 한동안 진행하니 포장도로에 닿는다. 정맥길은 도로를 건너서 능선으로 이어진다. 비가 개고, 햇빛이 나온다. 등로는 상수리나무와 솔잎으로 가득 찼다. 다시 시멘트 도로를 따라 우측으로 내려가니 우측에 공장이 있고, 조금 더 내려가니 패밀리승마목장 정문이 나온다. 목장을 지나니 바로 가재울도로에 이른다. 표지판에는 독성로라고 적혀 있고, 도로를 건너서 직진하니 가야 할 앞쪽에 커다란 안테나가 보인다. 직선 안테나가 셋, 원형 안테나가 한 개다. 극동기상연구소 시설이다. 이곳에서 연구소까지는 논길을 걸어야 된다. 논길이 끝나니 배밭이 나온다. 극동기상연구소 담장을 따라서 진행하니 정문이 나오고, 직진하니 연구소 담장은 우측으로 사라지고 산길로 들어선다. 산속이지만 아직은 시멘트 도로이다. 양쪽에 키 큰 소나무들이 울창하다. 시멘트 숲길도 끝나고 2차선 포장도로인 두창리고개에 이른다(14:22). 두창리고개는 백암면과 원삼면을 잇는다. 정맥길은 도로를 건너서 절개지로 이어지고, 오르는 길은 완만한 능선길. 임도 사거리에서 직진으로 오르니 앞이 훤해진다. 벌목지대. 묘지를 지나 240봉에서 내려간다. 갈림길을 거쳐 안부사거리에서 직진하여 282봉을 넘고, 내려가다가 운동 시설이 설치된 곳에서 좌측으로 내려가니 갑자기 주택이 나오는데, 완전히 불에 타서 시커멓게 그을린 뼈대만 남았다. 뒤뜰은 아주 고급스러운 금잔디가 깔렸다. 불탄 모습을 보니 무서운 생각이 든다. 주택을 지나 다시 산속으로 들어서니 이번에는 폐건물이 나오고 지하 벙커 같은 시설이 연속해서 나온다. 무서운 생각이 더 든다. 빨리 이곳을 벗어나고 싶다. 완만한 길로 올라가니 우측에 태영골프장이 내려다보이고, 계속 오르니 갈림길에 원삼면 두창리 골안마을을 알리는 이정표가 있다. 바로 골안마을 갈림길에 이른다. 완만한 능선길은 가파른 오르막으로 바뀌고 한참 오르니 로프가 설치된 통나무 계단이 시작된다. 이정표를 지나 우측으로 이어지는 길은 좁지만 낙엽이 쌓여 걷기에 좋다. 가을을 걷는 기분이다. 무명봉을 몇 개 넘으니 구봉산 정상에 이른다.

### 구봉산 정상에서(15:57)

정상에는 삼각점과 최근에 설치한 삼각 받침대가 있다. 정상은 근방에서 가장 높지만 조망은 제로다. 아까부터 나무 사이로 간간이 봐왔던 태영골프장만 보일 뿐이다. 날씨 탓이다. 완만한 능선길로 내려가니 잠시 후 시설물이 부서진 흔적이 있는 무명봉에 이른다. 이곳에 있을 시설은 산불감시초소일 텐데 왜 부서버렸을까? 내려간다. 이번에는 구봉산보다 더 높게 보이는 465봉에 이르고, 내려서니 바로 달기봉을 알리는 이정표가 나온다. 이정표가 가리키는 대로 좌측으로 내려서니 아주 가파른 급경사가 이어진다. 로프가 길게 설치되었고 통나무 계단이 조성되었다. 한참 내려가는데 아래쪽에서 두 사람이 올라온다. 배낭을 보니 정맥 종주자임이 틀림없다. 길을 비켜 주면서 인사를 건넨다. 상대방은 인사를 받을 정신도 아닐 것이다. 내려가기도 버거울 경사를 올라가고 있으니. 안부에서 가파른 오르막을 다시 오르니 달기봉 정상이다 (16:42). 정상은 넓지만 아무것도 없다. 주변 조망 역시 제로다. 바로 출발한다. 생각보다 많이 지체됐다. 완경사와 급경사를 거치니 이정표가 있는 안부사거리에 이른다. 우측 시멘트 길은 안성시 보개면으로, 직진은 황새울 방향으로 가는 길이다. 정맥길은 직진이다. 이곳에서 결정해야 한다. 멈출 것인지 더 갈 것인지를. 시간상으로는 오늘 최종 목적지인 가현치까지 갈 수 없을 것 같다. 그렇다고 중단할 수도 없다. 인근에 마을이 없어서다. 일단 더 가기로 한다. 가다가 마을이 보이는 곳에서 중단하기로 한다. 안부사거리에서 직진하니 바로 통나무 계단이 나온다. 운동 시설과 나무의자가 있는 쉼터를 지나 내려가니 임도가 나오고, 송전탑을 통과하니 완만한 능선길이 계속되면서 안부사거리에 이른다. 이곳에서 또 갈등이 시작된다. 이곳에서 중단이냐? 더가느냐? 역시 귀경 교통편 때문에 난감하다. 일단 무리하더라도 가현치까지 가기로 한다. 이제부터는 달려야 된다. 해가 얼마 남지 않았다. 정창진 씨 텃밭이라는 팻말이 나오고 오르막을 넘으니 절개지 상단부에 이른다. 앞이 훤하게 트이면서 아주 넓은 공원묘지가 나온다. 납골당도 같이 있다. 공원묘지는 산꼭대기까지 이어졌고, 한걸음에 달릴 수 있을 것 같다. 산꼭대기에는 송전탑이 있고, 정맥길은 공원묘지 좌측 갓길로 이어진다. 잠시 후 산꼭대기인 346봉에 이른다. 346봉에서 공원묘지 경계를 따라 내려간다. 길은 들락날락하지만 결국에는 공원묘지 안 시멘트 도로와 다시 만난다. 아래쪽에서 자동차 소리가 들린다. 가현치에 다 온 것이다. 공원묘지 좌측 터진 곳에 가현치로 내려가는 길이 있다. 아주 급경사다. 사람이 다닌 흔적은 없지만 도로만 내려다보면서 무조건 아래쪽으로 향한다. 자동차 소리가 더 가깝게 들리고, 드디어 가현치에 이른다(17:50). 어렵게 목적지까지 왔다. 오늘은 이곳에서 마친다. 이제는 집에 갈 일이 고민이다. 어디로 가야 버스를 탈지? 사방을 둘러봐도 마을이 보이지 않는다. 다급해서 삼죽면사무소에 전화로 물었다. 안성을 가려면 어떻게 해야 되는지를. 보개면 방향으로 가면 국도변에 이를 수 있다면서 그쪽으로 가라고 한다. 사람을 만나는 것이 급선무다. 공원묘지 정문을 지나니 논에서 트랙터로 작업 중인 농부가 보인다. 달려가서 물으니 앞쪽에 보이는 산 아래까지 가야 버스를 탈 수 있다고 한다. 그러면서 되묻는다. 작업이 끝나면 안성으로 들어가는데 그때까지 기다렸다가 자기 차로 가겠느냐고. 이런 고마운 일이! 틈나는 대로 아버지의 농사일을 돕는다는 47세 농부는 안성에 도착해서도 고속버스와 일반버스를 구분해서 타라는 친절함도 잊지 않았다.

### 🚶 오늘 걸은 길

망덕고개 → 문수봉, 미리내마을, 구봉산, 465봉, 달기봉 → 가현치(22.1㎞, 7시간 34분).

### ⛰ 교통편

- 갈 때: 용인 터미널에서 10-4번 버스로 별미까지. 해실리까지는 걷거나 택시 이용.
- 올 때: 가현치에서 삼죽면까지 택시로, 삼죽면에서 안성행 버스 이용.

# 마지막 구간
## 가현치에서 칠장산 3정맥 분기점까지

마지막이란 단어를 떠올리면 두 가지가 생각난다. '후련하다'와 '새로운 시작'이다. 한남정맥이 그동안 좀 길었다는 생각이 들지만 후련하다. 이제 금북정맥이 새로 시작될 것이다. 모르긴 해도 우리가 살아 숨 쉬는 한 마지막이라는 것은 없는 것 같다.

한남정맥 마지막 구간은 안성시 보구면과 삼죽면의 경계를 이루는 가현치에서 칠장산 3정맥 분기점까지다. 이 구간에서는 상봉, 국사봉, 녹배고개, 도덕산, 관해봉 등을 넘게 된다. 이 구간 38번 국도에 있는 '죽산 만남의 광장'에서 도로 횡단하기가 약간 어려울 수 있다.

### 2008. 5. 3.(토), 맑음

7호선 지하철이 한강대교를 지날 때 전동차에서 음악이 흐른다. 창가에 비치는 또 다른 한강대교의 모습과 상쾌한 아침 햇살이 음악과 함께 조화를 이룬다. 오늘은 뭔가 좋은 일이 있으려나…. 남부터미널을 빠져나간 버스는 1시간이 조금 넘어서 안성터미널에 도착(08:40). 이곳에서는 37번 버스를 타야 된다. 하차 지점을 놓치지 않으려고 맨 앞좌석에 앉는다. 삼죽면 삼거리에 도착한 버스는 나를 내려주고 쏜살같이 내뺀다. 이곳에서 들머리인 가현치까지는 택시를 타기로 한다. 아침부터 힘 빼고 싶지 않아서다. 택시 기사가 먼저 아는 체를 한다. "한남정맥 종주하시나 보죠?"라고. 그러면서 야간산행은 무슨 재미로 하는지 이해를 못 하겠다며 혼잣말을 한다. 택시기사와 몇 마디 주고받지도 못했는데 가현치에 도착(09:33). 나를 내려 준 택시는 소리 없이 돌아간다. 이렇듯 '산다는 것'은 만나고 헤어짐의 연속이다. 가현치는 숲속의 아침 모습을 그대로 보여준다. 아무 소리도, 움직임도 없다. 태양도 산 끝을 넘느라 조급해했고, 나도 갈 곳을 찾지 못해 당황했던 지난주 이곳 해질 무렵의 풍경과는 너무나 대조적이다. 이렇게 다를 수가…. 장비를 챙기고 도로를 건너 맞은편 들머리로 올라선다. 역시 안내리본이 나를 반긴다. 가파른 경사가 시작된다. 미끄러운 흙길은 완만한 능선 길로 바뀌고, 좌측에는 아주 오래된 녹슨 철조망이 따라온다. 바로 무명 봉에 이르고, 다시 봉우리에 선다. 상봉으로 추측되지만 정상에는 아무런 표시가 없다. 조금 후면 오르게 될 국사봉이 훤하게 보인다. 헬기장을 지나 5분 정도 내려가니 안부 사거리에 이르고, 좌측에 돌탑이 있다. 직진하니 작은 봉우리에 이르고, 완만한 능선길로 한참 오르니 갈림길이다. 정맥은 좌측으로, 우측은 국사봉으로 오르는 길이다. 우측 국사봉에서 갈림길로 되돌아와서 직진으로 내려가니 반가운 안내리본이 보인다. '홀대모달님'과 '배창랑과 그 일행'이다. 전에도 몇 번 본적이 있지만 오늘도 나를 반긴다. 좌측에 큰 바위가 있다. 길은 계속 내리막길. 송전탑 아래를 통과하니 산을 깎은 절개지가 나오고, 마루금은 절개지 위로 이어진다. 절개지 날등을 따라 조금 오르니 헬기장이 나온다. 갈림길에서 좌측으로 내려가니 포장도로에 이르고, 좌측으로 오르니 사찰이 보이면서 불경 소리가 들린다. 입구에는

'대선사 노인복지원 마음의 샘터'라는 대형 표지석이 있다. 표지석을 뒤로하고 조금 지나니 마루금은 좌측 산길로 이어진다. 바로 아래쪽은 시멘트 도로가 계속 따라온다. 덕산 저수지가 보인다. 아침에 택시로 가현치를 올라가면서 본 그 저수지이다. 잠시 후 급경사를 내려와 포장도로를 건너 산길에 들어서니 초입에 최근에 설치한 듯 깔끔한 통나무 계단이 설치되었다. 통나무 계단이 끝나고 조금 오르니 내리막길이 시작된다. 한참 내려가니 시멘트 도로에 닿는다. 개들이 짖기 시작한다. 시멘트 도로에서 좌측으로 진행하니 하얗고 예쁜 주택이 나오고, 마당에는 자동차가 세워졌다. 규모는 크지 않지만, 유럽풍 주택이다. 우리나라도 이렇게 전원주택이 일반화되는 것 같다. 전원주택을 지나 붉은 벽돌집 우측 임도를 따라가니 축사 끝 지점에서 정맥길은 산속으로 이어진다. 묘지와 시멘트 도로를 지나 2차선 포장도로를 따르니 대형 입간판이 보인다. 삼죽면사무소다 (11:48). 정맥길은 면사무소 안으로 이어진다. 정면의 복지회관 뒤로 돌아가니 바로 산으로 오르는 길이 보이고, 초입에 안내리본이 걸려 있다. 산길로 오르니 바로 묘지가 나오고 안부사거리에 이른다. 직진하여 완만한 능선길로 오르니 또 묘지가 나오면서 앞이 훤해진다. 산을 깎아 도로를 낸 절개지가 나오면서 도덕산이 보인다. 좌측으로 올라가니 절개지 상단부에 이르고, 아래 도로에는 자동차들이 쌩쌩 달린다. 도로 맞은편 절개지를 오르는 철계단이 뚜렷하다. 이곳에서 내려가는 철계단은 급경사라 위험해서 좌측으로 절개지 위를 계속 걸으니 '죽산 만남의 광장' 뒤쪽에 이른다. 휴게소에는 대형트럭 운전사들이 저마다 아이스크림을 물고 더위를 식히고 있다. 먼저 화장실에 들러 세수를 하니 땀으로 범벅이 된 몸이 조금은 개운해진다. 앞 국도는 중앙분리대가 높아 횡단을 포기하고 우회하기로 한다. 지하 통로를 찾아야 한다. 이런 도로에는 반드시 지하 통로가 있다는 것을 그동안의 경험을 통해서 알고 있다. 우측으로 가느냐, 좌측으로 가느냐가 문제다. 선택에 따라서 수고가 줄어든다. 좌측으로 간다. 민가와 농지가 더 있어서 지하 통로가 있을 확률이 높아서다. 아니나 다를까 10여 분 만에 지하 통로가 나온다. 지하 통로를 통과해 도로 위로 올라서서 갓길을 타고 만남의 광장 맞은편으로 되돌아간다. 걷기에 아주 위험하다. 커브길에서도 대형 트럭들이 쌩쌩 달린다. 등로는 절개지 중앙에 있는 철계단으로 올라가는 것이 정석이겠지만 산허리를 타고 오르기로 한다. 만남의 광장 맞은편에 주유소가 있고 그 아래쪽에 다른 시설물이 있다. 그 시설물 뒤 산길로 들어선다. 역시 안내리본이 있다. 초입의 급경사는 잠시 후 완만한 능선길로 변한다. 우측 능선길을 따르니 갈림길이 나온다. 아래쪽에서 오는 길은 절개지에 설치된 철계단을 타고 올라올 때 오르는 길이다. 갈림길에도 안내리본이 걸려 있다. 이곳에서 점심을 먹고, 출발한다. 갈림길에서 직진하니 내리막길로 이어지고, 등로는 녹배고개에서 도로를 건너 산길로 이어진다. 초입에 천으로 된 줄이 설치되었다. 줄을 잡고 가파른 오르막을 오른다. 잠시 후 무명봉에서 내려와 다시 능선길로 올라가다가 봉우리 직전에서 우측으로 돌아가니 봉우리에서 내려오는 길과 만난다. 우측 길로 오르니 여러 기의 묘지가 나오고, 한참 오르니 로프가 길게 설치된 급경사가 나온다. 힘들게 넘으니 도덕산 정상이다(14:22). 정상은 초라하다. 플라스틱 정상 표지판과 삼각점이 있을 뿐 아무것도 없다. 바로 출발한다. 고만고만한 봉우리가 수없이 나온다. 몇 개를 넘었는지 헤아릴 수도 없다. 조금은 지루하다. 하지만 이 길도 세월이 흐르면 다시 그리워질 것이다. 산길 덕분에 내가 많이 변해있을 테니까. 갈림길에서 좌측으로 내려가니 임도 사거리에 이르고, 직진하니 좌측에 철조망 울타리가 있다. 임도를 따라 한참 올라가니 좌측 산길로 오르는 갈림길이 나오고, 역시 좌측에 철조망이 따라온다. 철조망을 옆에 두고 한참 오르내리다가 급경사 길에 올라서니 능선갈림길에 이른다. 갈림길에서 철조망은 좌측으로 내려가고 정맥길은 우측으로 이어진다. 우측으로 조금 오르니 관해봉에 이르고, 우측으로 내려가니 안부를 지나 완만한 능선길로 이어진다. 무명봉을 넘고 다시 오르니 칠장산 정상이다.

### 칠장산 정상에서(15:36)

칠장산은 한남정맥을 마무리하는 마지막 봉우리다. 마지막 봉우리답게 정상에는 삼각점과 정상 표지석, 수많은 안내리본이 걸려 있다. 우측에는 세븐힐스CC가, 좌측에는 안성CC가 한 폭의 그림처럼 내려다보인다. 그동안의 감회가 일순간 주마등처럼 스친다. 할 말이 많지만 입 안에서만 맴돈다. 정상에서 내려가는 길은 삼거리 길인데 우측은 삼죽면 미장리로, 직진은 3정맥 분기점으로 내려가는 길이다. 직진으로 5~6분 내려가니 헬기장이 나온다. 잔디가 골프장 잔디처럼 작고 촘촘하다. 그런데 이상하다. 이곳에도 칠장산 정상석이 있다. 최근에 세운 듯 깨끗하다. 높이가 492m라고 적혀 있다. 헬기장에서 보는 조망이 오히려 앞서 본 칠장산 조망보다 뚜렷하다. 남쪽으로는 칠현산으로 이어지는 금북정맥이 보이고, 동쪽으로는 한남금북정맥과 안성골프장이 내려다보인다. 헬기장에서 내려가니 일군의 소나무가 군락진 3정맥 분기점에 이른다.

한남정맥, 금북정맥, 한남금북정맥이 갈라지는 곳이다. 부산건건
산악회에서 세운 이정표가 있고, 그 옆에는 레저토피아 수요회에서
세운 3정맥 표석이 있다. 이곳에 발을 내딛는 순간 한남정맥 종주가
끝이 난다. 시원하고 섭섭하다. 주변 산하를 좀 더 여유롭게 관찰하
지 못한 게 못내 아쉽다. 작은 꿈 하나를 넘었다. 그 무엇도 대신 할
수 없고, 스스로의 걸음만이 해결할 수 있는 꿈이어서 더욱 기쁘다.
저절로 콧노래가 나온다. 칠장사 기와지붕 모퉁이가 나뭇잎 사이로
어렴풋이 보인다.

### 🚶 오늘 걸은 길

가현치 → 상봉, 국사봉, 녹배고개, 도덕산, 관해봉 → 칠장산3정맥분기점(14.2㎞,
6시간 3분).

### ⛰️ 교통편

- 갈 때: 안성 터미널에서 37번 버스로 삼죽면 삼거리까지. 가현치까지는 택시로.
- 올 때: 칠장사에서 버스로 죽산 버스터미널까지.

# 한남정맥 종주를 마치면서

### 2008. 5. 12.

늘 그렇듯 이번 종주도 시작 전에 많이 망설였다. 일단 결정하면 올인해야 한다는 두려움 때문이었다. 하지만 완주한 지금, 지나온 과정을 즐거운 마음으로 되뇌고 있다. 마지막 봉우리인 칠장산 정상을 밟는 순간, 그리고 그곳에 걸린 수많은 안내리본들을 보았을 때는 정말 모든 것을 다 이룬 듯했다. 완주했다는 희열과 정맥 종주자의 대열에 합류했다는 작은 성취감 때문이다. 물론 어려움도 있었다. 종주 첫날 문수산에서 내려오면서 길을 잘못 들어 시작부터 순조롭지 못했고, 광교산을 넘을 때는 종일 내리는 비 때문에 걸으면서 점심을 해결해야 했다. 또 망덕고개에서 막차 시간에 맞추기 위해 돌길을 뛰어내려오다가 배낭 속 소지품을 다 떨어뜨리기도 했다. 고비 때마다 큰 힘을 줬던 것들이 있다. '북한산 연가', '홀대모와 그 일행', '산 친구', '비실이 부부' 등 안내리본이다. 길이 헷갈리는 지점마다 나타나서 이끌어주곤 했다. 가현치에서 해는 저물고 버스도 없는 산중 고갯길에서 본인 차로 안성까지 데려다주신 안성 농부님도 잊지 못할 분이다. 해실리 마을, 둑실마을, 스무네미고개, 하우고개 등 예쁜 이름을 가진 마을과 고개들도 오래 기억될 것이다. 함부로 넘볼 수 없을 것만 같던 정맥 종주도 벌써 두 개가 끝났다. 종주를 통해 '깨달음'이 채워져 가고 새로운 것에 대한 호기심이 날로 커진다. 종주를 하며 혼자 걷는 시간이 내게는 가장 행복한 순간이었다. 너 많은 세월이 지난 어느 날, 오늘을 기억하며 대한민국의 산하를 밟은 궤적을 뒤적거리는 그런 날이 오기를 소망한다.

3

금북정맥

# 금북정맥 개념도

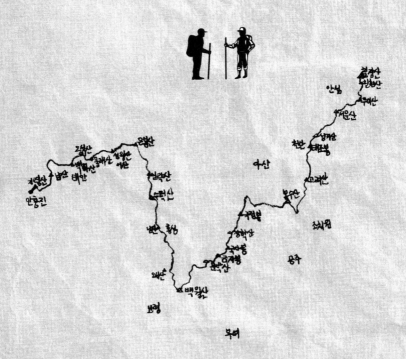

금북정맥은 우리나라 13개 정맥 중의 하나로 3정맥 분기점인 안성 칠장산에서 시작해서 태안반도의 안흥진까지 이어지는 산줄기이다. 안성 칠장산에서 남서쪽으로 이어지다가 백월산에 이르러 북서쪽으로 방향을 틀고, 가야산을 거쳐 성거산에서 다시 서쪽으로 진행하여 태안반도로 향하는 금강 북쪽의 산줄기이다. 금강 북쪽에 있어 금북정맥이라 부른다. 금북정맥을 분수령으로 하여 북사면으로는 안성천·삽교천이 흐르고, 남쪽 사면을 따라 흐르는 물은 금강으로 흘러든다. 이 산줄기에는 지령산, 죽림고개, 유득재, 매봉산, 퇴비산, 모래기재, 백화산, 물래산, 장군봉, 내동고개, 성왕산, 간대산, 나분들고개, 은봉산, 가루고개, 상왕산, 일락산, 가야산, 한치고개, 덕숭산, 수덕고개, 홍동산, 백월산, 하고개, 남산, 아홉굴고개, 생미고개, 금자봉, 오서산, 물편고개, 백월산, 구봉산, 문박산, 국사봉, 야광고개, 장학산, 차동고개, 각홀고개, 국사봉, 덕고개, 고려산, 한치고개, 유랑리고개, 태조산, 유왕골고개, 성거산, 위례산, 엽돈재, 서운산, 배티고개, 칠현산, 칠장산 등의 산과 잿등이 있다. 도상거리는 칠장산분기점에서 안흥진까지 총 282.4km이다.

# 첫째 구간

## 안흥진 방파제에서 근흥중학교 뒷산까지

금북정맥 종주를 시작했다. 한북정맥, 한남정맥을 완주하고 세 번째로 오르는 산줄기이다. 도상거리가 280㎞ 정도니 매주 거르지 않고 넘으면 4개월 정도 걸릴 것이고, 끝날 때쯤이면 시절은 가을로 변해 있을 것 같다. 실로 세월이 덧없다. 눈 깜짝할 사이에 새잎과 그 잎이 낙엽으로 화(化)하는 자연현상을 길 위에서 목격해야만 하는 아찔함에, 순간 두렵기까지 하다. 아주 작은 해찰의 겨를도 없이…. 종주는 안흥진에서 시작해서 안성 칠장산을 향해 동진할 계획이며, 금북정맥도 집과 그리 멀지 않아 주말을 이용하여 당일 산행으로 마칠 생각이다. 첫째 구간은 태안 안흥진 방파제에서 시작해서 태안 군 근흥면 용신리 신대삼거리에 있는 근흥중학교까지이다. 이 구간에는 127봉, 143봉, 갈음이고개, 죽림고개, 124봉, 115봉, 용새골 등이 있다. 첫날임에도 소득이 컸다. 갯내 물씬한 갯바람을 맘껏 마셨고, 서해바다를 실컷 구경했다. 반면 삶의 터전을 잃고 아우성치는 태안 주민들의 울분과 피해보상을 요구하는 현장을 목격하고서는 울컥하기도 했다.

## 2008. 5. 17.(토), 쾌청

서울 남부터미널에서 6시 40분에 출발한 첫차는 8시 55분에 태안에 도착. 그런데 환승하려는 신진도행 첫차는 5분 전에 출발해버렸다. 다음 버스는 1시간 뒤에 있다. 아침밥으로 터미널 맞은편에 새로 오픈한 금영마트에서 컵라면을 먹는데, 라면 하나 팔면서 집에서 먹는 김치까지 서비스하는 인심에 감동. 대박 나기를 기원한다. 그래도 시간이 남아 시내를 둘러본다. 유난히 안경점과 치과병원이 많다. 신진도행 버스는 9시 50분 정시에 출발. 신기하다. 아직도 버스안내양이 있다. 하늘색 유니폼을 입은 안내양은 정차하는 곳마다 승객과 정담을 나눈다. 우는 아이에게는 사탕을, 노인들은 손을 잡아 이끌어 준다. 신진대교에는 10시 30분에 도착. 바닷바람이 콧속을 파고든다. 소싯적부터 익숙해진 냄새다. 방파제가 보이고 그 옆에 태안 비치컨트리클럽이 있다. 이곳에서 들머리까지 방파제를 따라 걷는다. 좌측은 바다, 우측은 끝 모를 골프장. 잠시 후 들머리인 안흥진 방파제 끝, 산기슭에 이른다.

### 들머리에서(10:54)

들머리에 도착하자 나를 반기는 형형색색의 안내리본들. 그중에 낯익은 이름도 있다. 바다와 산이 접한 지점에 서 있다. 산에 오르기 전에 팔각 정자를 먼저 들린다. 고급스러운 휴식처이자 전망대다. 역사적인 첫걸음, 우측 산길로 오른다. 금북정맥 종주를 축하한다는 입간판이 세워졌다.

　입간판 주인공은 '괜찮뷰'. 완만한 능선길로 오르니 묘 2기를 지나 비교적 가파른 오르막이 시작되고 곧 봉우리에 이른다. 127봉이다. 나뭇잎이 우거져 전망은 별로다. 바로 돌이 많은 급경사로 내려간다. 안부 갈림길에서 우측으로 진행하니 나무 계단이 나오고, 한참 내려가니 임도에 닿는다. 임도 옆에는 군용으로 보이는 폐막사가 있다. 지저분하고 무시무시하다. 폐막사 뒤 능선으로 올라가니 갈림길이 나오고, 좌측으로 내려가니 폐가가 나온다. 산중에서 느닷없이 폐가와 일대일로 서니 무섭다. 좌측에 갈음이 해수욕장이 보이고, 등로는 저 해수욕장을 통과하여 산으로 이어진다. 길이 뚜렷하지는 않지만, 앞만 보고 해수욕장으로 내려간다. 넓지는 않지만, 모래가 곱고 아늑한 해수욕장(11:33). 양쪽으로 산이 둘러쳤고 앞쪽은 망망대해다. 비수기라 사람은 없다. 모래사장 뒤에 방갈로와 노송들이 줄지었다. 이곳에서 등로는 방갈로와 노송 사이를 지나 앞쪽 산으로

이어진다. 등로가 희미하지만 무조건 산으로 오른다. 산길에 들어서
자마자 고개 비슷한 곳이 나오고 너덜이 시작된다. 가파른 오르막
끝에 143봉에 이른다. 이곳 역시 전망이 없다. 부쩍 자란 나뭇잎 탓
이다. 내려가자마자 무명봉에 이르고, 우측 길로 한참 내려가니 넓
은 묘역이 나온다. 이어서 민가가 보이더니 시멘트 도로에 이른다.
갈음이고개다. 도로를 가로질러 산으로 오르니 임도가 나오고, 좌측
으로 올라가니 또 갈림길이다. 몇 번의 갈림길을 거쳐 군부대 철조
망과 만난다. 철조망은 최근에 설치한 듯 아직도 벌목한 등걸이 그
티를 낸다. 중장비에 할퀸 듯 줄이 그어진 돌도 있다. 이제부터는 땡
볕을 다 받으며 철조망을 따라 걸어야 된다. 어느 때부턴지 철조망
은 길동무가 되었다. 영근 땀이 한꺼번에 쏟아지는지 아무리 훔쳐도
끝이 없다. 철조망은 우측으로, 마루금은 직진으로 이어지지만 길이
험해 철조망을 따라가기로 한다. 200m 정도 올라가니 절개지가 나오
고, 절개지 상층부에 이르니 앞이 탁 터진다. 지나온 흔적이 뚜렷하
고 아래쪽에 군 막사도 보인다. 너럭바위에 앉아 잠시 휴식을 취한
다. 아예 이곳에서 점심을 먹고, 출발한다. 길은 뚜렷하지 않지만 염
려할 필요는 없다. 무조건 위쪽으로 오르면 된다. 얼마 가지 않아서
국방과학연구소 담장 철조망과 만난다. 이렇게 높은 산꼭대기에 연
구소가 있는 것이 놀랍다. 이곳에서도 정맥길은 철조망을 따라 우측
으로 이어진다. 철조망과의 동행은 계속된다. 초여름 햇빛이 인정사
정 볼 것 없이 내리쬔다. 발부리에 뭔가 걸린다. 이제 막 돋은 칡 순
이다. 건물이 보이고 시멘트길이 가까워지더니 국방과학연구소 정
문에 이른다(13:30). 정문은 굳게 잠겼고, 두 마리의 군견만이 냄새를
맡았는지 킁킁거린다. 출입 금지는 물론 근처에는 얼씬도 하지 말라
는 경고문이 부착되었다. 군견이 무서워 정문 안쪽은 들여다볼 생

각도 못 하고 바로 이동한다. 이곳에서 정맥길은 연구소 건물 안으로 이어지지만 불가피하게 우회할 수밖에. 건물 우측으로 포장도로가 조성되었다. 내리막이다. 햇볕을 피해 가로수 그늘을 따라 걷는다. 곳곳에 민간인 출입 통제 표시가 있다. 삼거리에서 좌측 임도로 들어서니 바로 우측 산길로 이어지는 초입에 많은 안내리본이 있다. 길이 좁고 숲이 우거져 얼굴에 거미줄이 자주 감긴다. 무명봉에서 내려가니 갑자기 절벽이 나타나고, 그 아래는 시멘트 도로가 이어진다. 내려가는 길을 찾을 수 없어 가장자리로 내려간다. 너무 가팔라서 어린 소나무 가지를 잡고 내려간다. 도로는 조금 전 국방과학연구소에서 내려오던 그 도로다. 이곳에서 정맥길은 도로를 건너 맞은편 산으로 이어진다. 산으로 오르니 희미한 길이 나오고 반가운 안내리본이 보인다. '보만식계의 산줄기 잇기'. 바로 무명봉에 이르고, 완만한 길로 내려가니 길옆에 작은 바위가 있다. 바위 중앙에 삼각점이 표시되었다. 특이하다. 보통 삼각점은 봉우리 정상에 있는데 이곳에서는 중턱에 있다. 삼각점이 있는 바위를 지나니 다시 포장도로에 이르고, 200m 정도 내려가니 정맥길은 좌측 산길로 이어진다. 묘지가 나오고 계속 내려가니 작은 도로와 만난다. 죽림고개다. 좌측에 현대오일뱅크 주유소가, 우측에는 '정죽2리(낙당골주유소)'라는 버스 정류소가 있다. 이곳에서 정맥길은 우측 도로로 조금 가다가 좌측 임도를 따라 산으로 이어진다. 그런데 무슨 공사를 하는지 온통 산을 까발렸다. 바로 직전까지도 중장비 작업을 했는지 포클레인이 있다. 무조건 높은 지대로 오른다. 문명의 발전에는 개발이 큰 몫을 했을 것이다. 그리고 그 발전이 인간생활을 편리하게 한 것도 사실이다. 하지만 이런 식으로 깊은 산속까지 마구잡이로 파헤치면서까지 발전을 이룰 필요는 없다. 어렵게 절개지 상단에 오르니 완만한 오르막이 시작된다. 바로 갈림길에서 좌측으로 진행하여 안부 사거리에서 직진하니 가족묘가 나오고, 우측으로 내려가니 안부 사거리에 이른다. 다시 직진하니 갈림길과 사거리가 반복된다. 시멘트 도로 삼거리에서 도로를 건너 100m 정도 올라가니 우측 산길로 올라가는 갈림길이 나오고, 우측 완만한 능선길로 오르니 또 갈림길이다. 좌측으로 내려가니 묘지가 나온다. 그런데 묘지 주변의 전나무 새순이 신기하다. 색깔이 아주 노랗다. 아직까지 한 번도 보지 못한 색이다. 무서운 생각이 든다. 속도를 내 앞만 보고 내달린다. 우측 대나무 숲을 통과하니 도로에 이르고, 위에는 밭과 주택이 있다. 정맥길은 집 뒤로 통과해야 된다. 마당에 이를 즈음에 노인이 나타나기에 인사를 드렸으나, 쳐다만 본다. 그렇다고 후퇴할 수도 없는 노릇. 눈치를 살피면서 집 뒤로 향한다. 뒤에는 쓰레기랑 부서진 어구들이 어지럽게 널려 있다. 주인의 무표정이 이해가 간다. 낯선 이방인에게 치부를 드러내고 싶지 않았겠지…. 집 뒤 임도를 따라 내려가니 삼거리가 나오고, 우측으로 내려가니 포장도로에 이른다.

### 장승이 세워진 도로에서(15:24)

포장도로 옆에 사당과 장승이 두 개 있고, 우측에는 교통 표지판이 있다. 장승이 있는 곳에서 도로 좌측으로 진행하니 우측에 산으로 오르는 임도가 나오고, 조금 오르니 폐가가 나온다. 폐가를 통과하니 산으로 오르는 길과 연결되고, 앞에는 파란 대형 물통이 있다. 물통을 통과하자 '산책로'라는 팻말이 일정한 간격으로 나온다. 길 잃을 염려는 없지만, 갈림길이 많아 신경 쓰인다. 가파른 오르막에 로프가 설치되었고, 한두 번 땀을 훔치니 정상에 이른다. 정상에도 산책로 팻말이 있다. 잠시 배낭을 내려놓고 숨을 고른다. 좌측으로 내려가다 오르니 110봉에 이르고, 내려가다 안부 사거리에서 직진하여 몇 개의 무명봉을 넘으니 124봉에 닿는다. 잡목이 너무 우거져이제부터는 봉우리에서도 주변 조망이 불가하다. 가파른 오르막 끝에 115봉에 이른다. 내려가니 갈림길이 나온다. 그런데 이곳에서 독도에 주의해야 한다. 갈림길이 자주 나오는데 계속 우측으로만 내려가야 한다. 좌측에 높은 산이 있기 때문에 자칫 마루금이 좌측으로이어질 거라고 생각하기 쉬운데 그게 아니다. 가다 보면, 길이 없어지는 것 같기도 하지만 무조건 아래쪽으로 내려가면 된다. 어느 정도 내려가면 돌무더기가 나오고, 그 아래에 잘 조성된 가족 묘지가있다. 살아 있는 분의 묏자리까지 잡았는지 빈 공간이 많다. 묘지에서 내려가는 길이 두 갈래가 있는데, 좌측 임도를 피해 직진하면 된다. 산기슭에 이르니 개들이 짖기 시작하고, 사육장을 지나 교회 건물 아래로 내려가니 몇 채의 민가가 나오고 포장도로에 이른다. 용새골 마을이다(16:19). 도로 좌측에 채석포교회 간판이, 우측에는 교통 표지판이 있다. 바로 옆에는 '도황1리(삼거리 방앗간)' 버스 정류소가 있다. 이곳에서 지도를 보면서 갈 길을 정리하는데 주민 한 분이내려오더니 묻는다. 저 산 위에 뭣이 있는데 매주 사람들이 배낭을짊어지고 내려오느냐고. 금북정맥 종주자들이라고 설명하니 그때서야 고개를 끄덕이신다. 이곳에서는 도로 좌측으로 정맥길이 이어진다. 이제부터는 초여름 햇볕을 몽땅 뒤집어쓰면서 걷는다. 도로 양쪽에는 마늘밭과 감자밭이 있다. 전원주택과 음식점이 나오고, 용신2리 버스 정류장, 근흥의용소방대, 용신1리 다목적회관을 지나 삼거리에서 좌측 도로를 따라가니 '신대삼거리'라는 큼지막한 교통 표지판이 보인다. 삼거리에서 우측으로 가니 근흥초등학교, 근흥농협 건물이 보이고 농협 뒤에는 근흥중학교가 있다는 안내판이 있다. 태안행 버스 정류장이 보인다. 오늘은 이곳에서 마치기로 한다(17:09). 첫 구간을 마치면서 마음을 다잡는다. 발로 느끼고, 눈으로 보는 모든 것들을 그대로 기록하겠노라고. 학생들의 깔깔거리는 소리와 함께 토요일 오후의 햇볕도 많이 약해졌다. 잠시 후 태안행 버스가 올 것이다.

### 🏃 오늘 걸은 길

안흥진방파제 → 127봉, 143봉, 갈음이고개, 죽림고개, 124봉, 115봉, 용새골 → 근흥중학교(12.5㎞, 6시간 15분).

### ⛰ 교통편

- 갈 때: 태안 버스터미널에서 신진도행 버스 승차, 신진대교 앞에서 하차.
- 올 때: 근흥면 신대삼거리 버스 정류소에서 시내버스로 이용.

# 둘째 구간
### 근흥중학교 뒷산에서 태안여고까지

한때는 '자식이 걸림돌이 될 것'이라는 생각을 한 적이 있다. 잘못된 생각이었다. 어느 날 집안에 내외만 있을 때 허전함을 느낀 적이 있다. 그런 날이 계속된다고 생각해보라. 산다는 것은 사람끼리 부딪치며 울고 웃는 그런 것이 아닐까? 그중에서도 가족끼리의 관계는 특별하다.

금북정맥 둘째 구간을 넘었다. 태안군 근흥면 근흥중학교 뒷산에서 태안읍 남문리에 있는 태안여고까지다. 이 구간에서는 매봉산, 퇴비산, 밤고개, 쉰재 등을 넘게 된다. 고만고만한 무명봉들이 자주 나오고 산을 깎아버린 곳이 많다 보니 독도에 주의할 곳이 몇 군데 있다.

### 2008. 5. 31.(토), 맑음
태안 버스터미널은 생기가 돈다(09:20). 대합실 의자는 빈자리가 없을 정도다. 노인들이 압도적이지만 외지 여행객인 젊은이도 외국인도 있다. 9시 30분에 출발하는 정산포행 시내버스는 10번 홈에 대기하고 있다. 빈 좌석이 훨씬 많다. 멀쩡한 겉모습과는 달리 버스 안은 갯냄새가 코끝을 찌른다. 그동안 수많은 서해바다의 해산물이 이 버스를 타고, 내렸을 것이다. 나를 태운 버스는 9시 50분에 근흥 농협 앞에 도착. 지난주 토요일 오후와는 달리 정류장의 아침은 한 적하다. 맞은편 근흥 슈퍼의 반쯤 열린 출입문으로 주인의 한가로운 모습이 보일 뿐, 주변에 아무도 없다. 오늘 들머리는 근흥중학교 뒷산이다. 버스가 오던 길을 역으로 조금 오르니 근흥중학교 정문이 나오고, 그 좌측 시멘트길 끝에는 태흥맨션이 있다. 시멘트 도로를 따라 민가를 통과하니 산으로 연결되는 임도가 나오고, 초입에 안내 리본이 많다. 새로운 리본이 보인다. '츤츠니 가는 이'. 이런 리본을 볼 때마다 생각하게 된다. 나도 언젠가는 어떤 식으로든 기여를 해야 할 텐데…. 날씨는 청명하다. 숲으로 가려진 산길에는 하늘만이 지붕처럼 떠 있다. 간간이 숲 사이를 파고드는 햇살이 상쾌하다. 잠시 후 쉼터를 지나 공터 나무의자에 앉아 오렌지 두 개로 아침밥을 대신한다. 등로는 평탄한 흙길. 바로 봉우리에 이른다. 동네 뒷산이다. 종주 첫날 안흥진에서 본 '괜차뉴' 님의 아크릴판이 여기에도 있다. 우측 돌탑을 지나 묘지가 나오고 목재 계단을 넘으니 정상에 이른다. 두 번째 쉼터다.

### 두 번째 쉼터에서(10:30)

이곳에도 나무의자가 있다. 등로는 우측으로 이어지고, 좌측 나뭇가지 사이로 힐끗힐끗 염전이 보인다. 안흥염전이다. 우측도 시야가 터져 서해바다가 보인다. 세 번째 쉼터에서 넓은 길로 내려가니 공사 중인 후동고개에 이른다. 절개지 벽은 철망으로 채워지고 도로 바닥은 자갈로 다져진다. 갤로퍼 자동차 짐칸에서는 측량장비들이 쏟아져 나온다. 등로는 도로를 가로질러 산으로 이어진다. 다행스럽게도 양쪽 숲이 우거지지 않아 양방향이 다 보인다. 좌측은 염전이 계속되고, 우측은 서해바다가 시원스럽다. 등로는 좁고, 양쪽 숲을 연결한 거미줄로 얼굴은 만신창이가 된다. 바닥은 보이지 않아 앞만 보고 걷는다. 위험하다. 아무래도 종주시기를 잘못 잡은 것 같다. 무명봉을 넘고 좌측으로 내려가다 무명봉 삼거리에서 우측으로 내려간다. 묘지 3기가 있는 임도 사거리에서 직진하니 작은 돌탑이 나온다. 돌탑 쌓은 이의 소망이 다 이뤄졌으면 좋겠다. 한때는 나도 만나는 돌탑마다 돌을 놓곤 했다. 아들이 고 3일 때였다. 돌탑이 보이지 않을 때쯤 무명봉에 이르고, 오르내리다 갈림길에서 우측으로 내려가니 묘 2기가 나온다. 그 아래는 밭이고, 밭 옆에 대나무 숲이 있다. 밭과 대나무 숲 사이로 내려가니 시멘트길 사거리에 이른다. 앞쪽에 농지와 농가가 보이고, 농가 좌우에는 낮은 산봉우리가 있다. 시멘트 도로를 가로질러 직진하니 좌측에 비닐하우스가, 우측에는 민가가 있다. 민가 뒤 밭에서 노인 한 분이 마늘을 캔다. 이곳도 독도에 신경 써야 할 곳이다. 민가 뒤 산으로 들어가는 초입에 대나무가 있고, 정맥길은 이 낮은 산으로 이어진다. 밭 끝자락에 있는 묘지 뒤 소로를 따라가니 임도와 만나고, 다시 좌측으로 진행하니 시멘트 도로가 나온다. 오거리인 서낭당고개다(11:33). 여기에도 '괜찮뉴' 님이 이름표를 걸었다. 오거리에서 시멘트 도로를 가로질러 산길로 들어서니 스티로폼이 쌓였다. 길 흔적이 불분명해 망설여진다. 무조건 위쪽으로 오른다. 좁은 길이 보인다. 좌측으로 오르니 우측에 농가 주택이 보이고, 갈림길에서 우측으로 내려가니 소나무가 밀집한 곳이 나오면서 시멘트 도로를 만난다. 밤고개다. 이곳에서 등로는 도로 건너편 산으로 이어진다. 도로를 건너 밭 사이로 오르니 여러 기의 묘지가 나오고, 좌측 임도로 오르니 석곽을 두른 묘지가 있다. 계속 오르니 매봉산 정상에 이른다(11:59). 정상에는 새로운 리본 '위! 위! 위!'가 있다. 다시 출발한다. 전막산 갈림길에서 좌측으로 진행하니 묘지가 나오면서 급경사 내리막이 시작되더니 바로 시멘트 도로에 이른다. 도로 아래는 초지이고, 좌측에는 축사가 있다. 축사 너머는 꽤 넓은 농지다. 초지에는 겨울용 사료인 하얗게 포장된 큰 덩어리가 군데군데 있다. 초지를 가로질러 포장도로를 따라가니 젖소 목장 정문에 이르고, 축사에서 풍기는 농촌의 향기가 그윽하다. 정문을 통과하니 넓은 밭이 나오고 우측에 수룡저수지가 보인다. 저수지에 배가 띄워져 있다. 낭만적이다. 저수지 앞 펜션은 그럴싸한 서양식 건물이고, 펜션 반대편은 온통 마늘밭. 열댓 명의 아낙들이 마늘을 캐고 있다. 머리에는 모두 수건을 쓰고 있다. 뙤약볕 아래에서 땀 흘리는 농부들과 대비되는 내 모습이 조금은 불편하다. 계속 도로를 따라 걷는다. 마금1리 다목적복지회관이 나온다. 회관 우측에 수령이 100년 된 해송이 있다. 200m 정도 지나 삼거리에서 좌측으로 진행하여 컨테이너에서 우측으로 진행하니 민가가 보인다. 민가 안으로 들어가서 대나무 숲을 지나 오르니 묘지 2기가 나오고, 가파른 오르막을 넘으니 무명봉에 이른다. 이곳에서 점심을 먹고, 출발한다. 좌측으로 내려가 임도사거리에서 직진하니 우측에 민가가 보이고 계속 진행하니 또 사거리가 나온다. 우측 임도를 따라가니 밭이 나오면서 또 다른 임도와 만난다. 산속 수목 사이에 띄엄띄엄 대나무가 보이고, 산밭에는 고구마가 심어졌다. 이곳에서 임도 우측으로 오르니 넓은 공터가 있는 임도 삼거리에 이르고, 우측으로 내려가니 좌측에 SKT 이동통신 기지국과 꽤나 넓은 인삼밭이 나온다. 조금 더 내려가니 2차선 포장도로인 장재에 이른다.

## 장재에서(13:34)

좌측에 '만수가든'이라는 토종닭 전문점이 있고, 도로 건너편에는 비석 3개가 나란히 서 있다. 마치 사람이 서 있는 양 사이좋아 보인다. 도로를 건너 우측으로 오르니 장재 삼거리에 이른다. 서산, 태안 방면과 연홍, 연포 방면을 가리키는 교통 표지판이 있다. 조금 더 올라 쉰재 삼거리에서 좌측 비포장도로로 진행하니 좌측에 '우렁각시탑' 팻말이 나온다. 호기심이 발동, 들어가서 확인한다. 큰 돌탑 위에 세운 비문을 읽어보니 사연이 처량하다. 우렁각시비를 둘러보고 다시 비포장도로로 되돌아와서 5분 정도 진행하니 좌측에 묘지가 나오고, 등로는 산길로 이어진다. 길은 뚜렷하지 않다. 일단 올라가서 확실한 길을 찾아야 된다. 임도가 나오고, 더 오르니 넓은 묘역이 나온다. 묘 뒤로 올라 묘 6기를 지나니 무명봉에 이르고, 잠시후 삼각점이 정상을 지키는 88봉에 이른다(14:15). 내려가다가 임도 사거리에서 직진하니 산불 흔적이 있는 곳에 이른다. 일부 소나무가 까맣게 그을렸고, 한쪽에는 불에 탄 나무를 베어 놓았다. 묘지를 지나니 앞이 환하게 트인다. 논밭이 보이면서 먼 곳 산들이 희미하다. 앞쪽에 보이는 도로를 따라서 내려가니 시멘트 도로와 만나고, 우측으로 내려가니 다시 큰 도로와 만난다. 조금 전 쉰재에서 이어지는 도로다. 도로에서 좌측으로 5분 정도 걸으니 장대1리 마을 표지석이 나온다. 도루개 사거리다. 사거리에는 장대1리(삼곳말) 버스 정류장이 있다. 사거리에서 직진하니 우측에 인삼밭이 있고, 조금 더 가니 장대1리(장살미) 버스 정류장과 서해철망이라는 간판이 나온다. 계속 도로를 따라 걷는다. 수건을 꺼내서 모자 밑에 덧씌워 햇빛을 가린다. 한결 낫다. 감나무골 버스 정류장과 다목1리 다목적복지회관을 지나 자율방범대 컨테이너 박스가 나오면서 유득재에 이른다(15:18).

300m 정도 떨어진 좌측에 에쓰 오일 주유소가, 우측에는 시목1리 버스 정류장이 있다. 이곳에서 에쓰 오일 주유소 담장과 그 옆 태안관광 주차장 사이로 통과하여 산 아래로 접근하니 안내리본이 보이기 시작한다. 그런데 산으로 오르는 길목이 언덕이고, 가시덤불로 덮였다. 통행을 막으려고 나뭇가지까지 쟁여 길을 막았다. 나뭇가지 일부를 치우고 양 스틱을 이용해서 언덕을 오른다. 산속의 완만한 능선길이 시작된다. 그런데 산속이 왜 이렇게 어둠침침한지, 무서운 생각이 든다. 완만한 능선은 급경사로 바뀌고 한참 땀을 빼니 봉우리 정상이다. 우측은 구수산으로, 정맥은 좌측으로 이어진다. 좌측으로 내려가니 작은 돌탑이 있는 무명봉에 이르고, 너덜길로 내려가다가 또 무명봉을 넘고 내려가니 갈림길이 나온다. 좌측으로 내려가니 갑자기 길 흔적이 사라진다. 큰 문제는 아니다. 아래에 보이는 고개만 찾으면 된다. 오늘은 수난의 날인가? 또 가시에 찔린다. 잠시 후 차도고개에 이른다(16:05). 차도고개의 첫인상이 뚜렷하게 각인된다. 깨끗하고 풍광이 좋은 사거리다. 우측에 서해산업과 근흥면 간판이 있고, 도로 건너편에는 '노을 그리고 바다'라고 쓰고 그 아래에 '소원면'이라고 음각된 큰 표지석이 있다. 서해산업으로 들어가는 길목이 아주 낭만스럽게 조성되었다. S자로 굽이치는 길목 양쪽은 소나무 숲이다. 낭만에 젖을 때가 아니다. 오늘도 시간에 쫓길 것 같다. 서해산업 진입로를 따라 50m 정도 들어가니 좌측에 종주길이 보인다. 어김없이 안내리본도 있다. 묘지 3기를 지나면서부터는 빽빽한 숲길이 시작되고, 길바닥은 보이지 않는다. 거미줄, 먼지 등 온갖 방해물들을 헤쳐나간다. 아무래도 종주시기를 잘못 잡은 것 같다. 우측 아래에 서해산업 건물이 보이고, 기계 소리가 요란하다. 등로 옆으로 두꺼운 검은 전선이 따라온다. 군용인지, 안테나선인지? 무

명봉을 넘으니 가파른 오르막이 시작되고, 몇 번을 쉰 끝에 무명봉에 이른다. 정상에 TV 안테나가 설치되었다. 마음이 다급해서 바로 우측으로 내려가다가 오르니 퇴비산에 이른다. 이곳에도 작은 돌탑이 있고, 잡목이 우거져 전망은 없다. 5분 정도 내려가 안부 사거리에서 직진하니 또 무명봉에 이른다. 또 한 번의 무명봉을 거쳐 가파른 오르막을 넘으니 삼각점이 있는 159봉에 이른다(16:45). 빠듯한 일정 때문에 지체할 여유가 없다. 좌측으로 내려가 삼거리에서 우측으로 진행하니 여러 종류의 군 훈련시설이 나온다. 급경사 내리막에도 훈련시설은 계속된다. 등로에 '철조망 통과' 훈련시설이 있어 자동적으로 나도 철조망 통과를 하게 된다. 송전탑을 지나니 급경사는 한풀 꺾이고 완만한 내리막이 시작된다. 군부대 정문에서 시멘트 도로를 따라가 사거리에서 직진으로 10분 정도 걸으니 삼거리가 나온다. 좌측으로 진행하니 고갯마루 쪽으로 이어지고, 좌측에 넓은 인삼밭이 나온다. 그 맞은편 작은 산으로 정맥길이 이어진다. 산기슭과 우측 밭 사이로 3분 정도 오르니 산길로 오르는 초입에 이르고, 길은 완만하지만 이젠 힘에 부친다. 이 정도가 하루 걸음의 한계인 것 같다. 잠시 후 삼각점이 있는 92봉에서 내려가 삼거리에서 제1 산책로 방향으로 직진하니 대나무 숲이 나오면서 길이 갈린다. 하나는 태안여고 교정으로 이어지고, 좌측 시멘트 도로로 내려가서 우측으로 조금 가니 태안여고 정문이 나온다(17:48). 최근에 신축한 듯 깨끗하다. 가로수의 그림자가 제 키를 훌쩍 넘어 늘어졌고, 해도 많이 기울었다. 오늘은 이곳에서 마친다. 산길 걷기, 내겐 새로운 시간이자 선물이다.

## ↟ 오늘 걸은 길

근흥중 뒷산 → 매봉산, 퇴비산, 밤고개, 쉰재 → 태안여고 (19.3㎞, 7시간 58분).

## ⛰ 교통편

- 갈 때: 태안 버스터미널에서 정산포행 시내버스 승차, 근흥 농협 앞에서 하차.
- 올 때: 태안여고에서 시내버스로 태안 버스터미널까지 이동.

# 셋째 구간
### 태안여고에서 서산국궁장입구(윗갈치)까지

아침이 열리지도 않았는데 지하철 좌석이 빈자리 하나 없이 북적거린다. 토요일 새벽, 고덕역에서 첫차를 타고 군자에서 갈아탄 7호선이 그랬다. 뚝섬역을 떠나 한강에 들어서는 순간 차 안에서 흘러나오는 음악을 듣고서야 마음속 혼란은 수습된다. 그러나 아직도 그 이유를 알 수 없다. 도대체 어떤 사람들이 토요일 새벽부터 그렇게 집을 나설까?

금북정맥 셋째 구간을 넘었다. 태안여고에서 서산 국궁장까지다. 이 구간에는 백화산, 오석산, 물래산, 장군산, 금강산, 비룡산 등이 있고, 국보인 삼존마애석불이 안치된 태을암을 거치게 된다. 이날부터 태안을 벗어나서 서산에 들어섰다.

### 2008. 6. 7.(토), 맑음

버스 기사의 세 번째 호통을 듣고서야 나를 부른다는 것을 알았다. 버스를 타면서 "태안여고 가느냐?"고 묻던 나를 기억하고서, 목적지에 다 왔는데도 내리지 않는 나를 향한 큰소리였다. 그렇게 빨리 도착할 줄은 모르고 잠시 다른 생각에 빠졌다. 태안여고의 높은 회색 담장을 따라 오른다(09:20). 유능한 사람을 교육감으로 잘 뽑으라는 선관위 현수막이 어지럽게 걸린 교육청 정문에 이른다. 놀라운 것은, 지난주 해 질 녘에 봤던 교육청 건물은 최근에 신축한 듯 깨끗하게 보였는데 그게 아니다. 이렇게 달리 보일 수가? 교육청 정문을 지나 북쪽으로 내려가면 음식점 '다오리'가 나오고, 다오리 마당을 통과하여 산으로 오른다. 우측에 교육청이 보이고, 밭둑을 통과하여 산길에 들어서자마자 노송이 울창한 숲길이 이어진다. 갈림길에서 우측으로 오르니 삼거리가 나오고, 좌측으로 올라 돌탑과 군부대 경고판을 지나 포장도로를 따라 오르니 좌측에 '백조암'이라는 큰 바위가 나온다. 계속 오르니 '태을암' 표석이 나오고(10:02), 이른 시각인데도 서너 명의 방문객들이 어슬렁거린다. 태을암은 작지만 이 안에 국보 307호인 마애삼존석불이 있다. 본당에서 약간 떨어진 곳에 위치한 삼존석불은 처음 보는 이에게도 아주 친근함을 준다. 태을암에서 나와서 다시 포장도로를 따라 오르다가 우측 산길로 들어서니 나무 계단이 시작되고, 잠시 후 백화산 정상에 이른다.

### 백화산 정상에서(10:17)

정상에는 바위와 소나무가 많고, 서해바다가 한눈에 들어온다. 어느 지역이나 대표적인 산이 있기 마련인데 태안에서는 백화산이 그런 산이다. 정상 너럭바위에는 명상을 하느라 눈을 지그시 감고 바다를 바라보는 장년 한 분이 있다. 정상 표지석 뒤로 내려가니 군부대 철조망과 만난다. 아까 태을암을 통과하면서 본 공군부대 철조망이다. 철조망을 뒤로하고 우측 급경사로 한참 내려가니 시멘트 포장도로와 만난다. 오룡동과 냉정골을 잇는 도로다. 시멘트 도로를 건너 맞은편 산으로 오르니 이정표가 나오고, 산불 순찰함이 보인다. 완만한 능선도 잠시, 로프가 있는 급경사로 이어지고 바로 241봉에 이른다. 정상에서는 방금 지나온 백화산과 공군부대가 뚜렷하고, 최근에 산불이 발생했는지 주변 나무를 모두 베어 버렸다. 241봉에는 비슷한 봉우리가 두 개 있어서 어느 것이 정상인지를 모를 정도다. 지도를 보니 첫째 봉우리가 정상이다. 첫째 봉우리에서 좌측으로 내려가니 등로가 벌목되어 한낮의 따가운 햇볕을 몽땅 뒤집어쓴다. 갈림길에 이어 인삼밭 우측 가장자리로 내려가니 임도가 나오고, 인삼밭과 아래 도로를 연결하는 임도를 따라 5분 정도 내려가니 원산후와 고일간을 잇는 시멘트 도로에 이른다(11:24). 정맥은 시멘트 도로를 가로질러 산으로 이어진다. 입구에 수많은 안내리본이 걸렸고, 지난주에 봤던 '위! 위! 위!'가 또 보인다. 10여 분 오르니 130봉에 이르고, 내려가다가 우측 방향으로 올라 삼거리에서 우측 길로 내려가니 갈림길이다. 갈림길에서 좌측으로 내려가 안부 사거리에서 직진하니 묘지가 나오고, 몇 번의 갈림길을 지나 오르니 오석산 정상이다(11:56). 이곳에서 잠시 숨을 고른다. 정상에 삼각점과 산불감시초소가 있다. 내려가는 등로는 숲이 우거져 바닥이 보이지 않는다. 조금은 불안하다. 사거리에서 직진하니 소나무가 울창한 곳에 이르고, 앞쪽에 줄지어 늘어선 팔봉산 암봉들이 희미하다. 계속되는 내리막에 바위가 나오고, 다시 시야가 트이면서 포클레인이 주차된 공터에 이른다. 좌측 절개지를 따라 내려간다. 길은 보이지 않지만 정맥의 방향을 따라서 내려가니 임도가 나오더니 포장도로인 붉은재에 이르고, 붉은재에서 팔봉중학교까지는 도로를 따라 걷는다. 도로 옆에 정맥길이 있지만 너무 낮고, 자주 끊기기 때문이다. 도로 우측으로 몇 분 내려가니 교통 표지판이 나오고, 도내 2리 버스 정류장에 이른다(12:33). 정류장 우측은 태안과 서산 방향이고,

좌측은 도내리와 팔봉 방향이다. 정류장에는 얼굴이 불그스레한 노인 한 분이 있다. 옆에는 막걸리 병이 있다. 인기척 겸 말을 걸었다. "이곳이 태안 맞지요?" 노인의 대답을 듣고서야 아직도 태안을 걷고 있다는 것을 확인한다. 뜨거운 햇빛을 생각하면 정류장에 좀 더 머무르고 싶지만 오늘 일정이 빡빡해서 바로 출발한다. 좌측으로 진행하니 인삼밭과 담배밭이 나오고, 삼거리에서 우측 도로로 향하니 좌측에 대규모 축사가 보인다. 벌써 시골의 향기가 코끝에 닿는다. 이곳에서도 정맥길은 도로 좌측의 낮은 능선으로 이어지지만 그냥 도로를 따라서 걷는다. 자주 끊기기 때문이다. 좌측 밭의 노란색 물탱크와 '계수농원'이라는 입간판을 지나니 도내1리 버스 정류소가 나온다. 이어서 도내1리(소한말)와 도내1리(도루째) 버스 정류소가 연속해서 나오고, 우측 도로를 따라 고개를 넘으니 인평3리 다목적회관에 이른다. 구세군교회 앞을 지나니 삼거리에 이르고, 좌측의 느티나무를 지나니 굴포운하 안내판과 구세군 팔봉어린이집이 나온다. 고갯마루 도내1리(중말) 버스 정류소에서 좌측 시멘트길로 진행하니 좌측에 자두가 주렁주렁 열린 과수원이 있다. 바람을 타고 과수의 향기가 콧속을 파고든다. 생각 같아서는 그늘이 있는 과수원으로 들어가서 쉬고 싶다. '㈜삼원농장(3농장)' 안내판과 이동통신 기지국을 지나 삼거리에서 우측 도로로 진행하니 도로 위에 공동묘지가 있고, 묘지 아래로 몇 채의 가옥이 나오더니 학교 건물이 보이기 시작한다. 팔봉 중학교다(13:35). 팔봉중학교 후문에 들어서서 식수대 수도꼭지를 돌리니 반은 입으로, 반은 얼굴을 때린다. 뱃속도 채우고 빈 병도 채웠다. 갑자기 부자가 된 느낌이다. 그늘을 찾아 등산화까지 벗고 최고로 편한 자세로 휴식을 취하면서 점심을 먹는다. 다행히도 학생들은 없다. 앞쪽 국도 위에 분주하게 자동차들이 달린다. 그 아래 국도를 통과하는 지하차도가 보인다. 정맥길은 저곳으로 이어진다. 학교 정문에서 우측 도로를 따라가니 채 5분도 안되어서 국도 아래 지하차도에 이른다. 지하차도 통과 후 삼거리에서 좌측 시멘트길로 조금 가니 적색 벽돌집이 나오고, 좌측 소로로 올라가니 길은 중단되고 산이 파헤쳐진 곳에 이른다. 길은 뚜렷하지 않지만 파헤쳐진 곳을 따라 위로 오르니 묘지가 나오고 물래산으로 올라가는 정맥길과 만난다. 바위가 나오고 무명봉을 지나 연거푸 140봉과 100봉을 넘어 가파른 길을 오르니 물래산 정상에 이른다 (15:03). 정상에 '괜챠뉴' 님의 아크릴 표지판이 있다. 정상에서 좌측으로 내려가다가 갈림길에서 우측으로 내려가니 시야가 확 트인다. 앞에는 장군산과 금강산을 잇는 능선이 한눈에 들어오고, 수량재로 지나는 32번 국도도 내려다보인다. 조금 더 내려가서 임도에서 직진하니 수량재 절개지 상단부에 이르고, 이곳에서 도로 아래로 내려가야 되는데 키를 넘는 풀 때문에 내려갈 수가 없다. 가옥이 있는 곳으로 접근해서 간신히 포장도로에 이른다. 수량재인 32번 국도다. 국도를 횡단해야 되는데 중앙분리대가 설치되어 건널 수 없다. 지하차도를 찾아야 한다. 우측으로 5분 정도 내려가서 지하차도를 통과하여 좌측 도로로 5분 정도 올라가니 예비군훈련장 안내판이 있는 삼거리에 이른다. 우측 도로로 올라가서 좌측 산길로 오르니 임도가 나오고, 다시 우측 산길로 접어드니 창고 비슷한 시설이 나온다. 상엿집 같기도 하고… 완만한 능선길이 이어지다가 급경사 오르막에서 한바탕 실랑이를 하고 나니 200봉 정상에 이른다(15:58). 내려가다가 오르니 장군산 정상에 이르고, 우측 급경사로 내려가서 무명봉을 넘고 한참 내려가니 능선 삼거리에 이른다. 우측 급경사로 내려가다가 가파른 오르막을 올라서니 능선삼거리에 이르고, 우측 길로 올라가니 금강산 정상에 이른다. 내려가다가 295봉 정상에서 좌측으로 내려가니 큰 바위가 나오고, 완만한 길로 한참 내려가니 임도 삼거리에 이른다. 좌측 임도로 내려가 절개지 상단부에서 우측으로 내려가니 마전과 용암을 잇는 시멘트 도로에 이른다. 시멘트 도로를 가로질러 산으로 올라 갈림길에서 좌측으로 오르니 비룡산 정상에 이른다.

### 비룡산 정상에서(17:23)

정상에 묘지가 있다. 산속이라 벌써 어두워지기 시작한다. 좌측으로 조금 내려가니 큰 바위가 나오고, 다시 좌측으로 올라 무명봉에서 좌측으로 내려가니 갈림길이 나온다. 직진 방향으로 표지판이 있어 의심하지 않고 한참을 내려갔는데 안내리본이 보이지 않아, 순간 길을 잘못 들어섰다는 걸 직감한다. 다시 역으로 오른다. 사람 환장할 노릇이다. 힘도 빠지고 시간도 없는데…. 사력을 다해 표지판이 있던 갈림길로 되돌아와서 우측으로 내달린다. 이제부터는 무조건 달려야 한다. 정신없이 달리다 보니 안부사거리에 이르고, 직진하여 완만한 길로 올라 무명봉에서 좌측 급경사로 내려가니 비석만 있는 묘 터가 나온다. '류계억의 묘'라고 쓰였다. 날은 점점 어두워지고, 조금 내려가니 솔개재에 이른다(18:04). 직진하여 완만한 산길로 오르니 183봉에 이르고, 좌측으로 내려가니 갑자기 쿵쾅거리는 소리가 들리기 시작한다. 알고 보니 좌측 채석장에서 작업하는 소리다. 또 멀쩡한 산 하나가 허물어진다. 5분쯤 내려가니 안부 갈림길이 나온다. 아직도 목적지까지는 한참 더 가야 된다. 산속은 이미 많이 어두워졌다. 초조해진다. 더 이상 나아가기가 어려울 것 같다. 그렇다고 중단할 수도 없다. 달리는 수밖에 도리가 없다. 어디가 어디인지도 모르면서 달린다. 앞이 트이는 곳이 나오기를 바랄 뿐이다. 갈림길이 나오고 봉우리를 넘고(지도상의 169봉임), 또 무명봉…. 갈림길이 나오고…. 몇 개의 무명봉을 넘었는지 모른다. 123봉을 넘으면서 개활지가 나온 후에야 시야가 트인다. 우측에 국도가 내려다보인다. 우측으로 내려가 임도 사거리에서 오르니 몇 번의 갈림길이 더 나오더니 비로소 절개지에 이른다. 절개지 상단부 바로 아래에 서산국궁장이 있다(18:45). 휴~ 살았다. 이제 안심이다. 국궁장 앞에는 근사한 대형차들이 주차되었다. 분위기가 짐작 간다. 무조건 국궁장 안으로 들어간다. 사람을 만나서 서울행 교통편을 확인하기 위해서다. 4명의 장년이 활을 당기고 있다. 옆에는 정수기와 커피가 있다. 서산 터미널에 가면 아직 서울행 버스가 있다고 한다. 그러면서 아래로 500m 정도 내려가면 버스 정류장이 있으니 그곳에서 버스를 타라고 한다. 교통편을 확인하고 나니 만사가 해결된 듯 몸과 마음이 날아갈 것 같다. 마음을 진정하고 나니 그때서야 비로소 정수기가 제대로 보인다. 단번에 몇 컵을 받아 마시고 빈 병도 가득 채운다. 옆에 있는 커피 생각도 간절하지만 차마…. 국궁장 밖으로 나온다. 고민이 해결된 때문인지 저물어가는 산속도 밝아지는 것만 같다. 오늘은 여기서 마친다. 하루가 저물어 가는 시각, 서산 들녘을 따듯하게 감싸는 석양이 유달리 아름답다.

### 🏔 오늘 걸은 길

태안여고 → 태을암, 백화산, 오석산, 물래산, 장군산, 금강산, 비룡산 → 서산 국궁장(21.1㎞, 9시간 25분).

### ⛰ 교통편

- 갈 때: 태안에서 시내버스로 태안여고까지.
- 올 때: 서산 국궁장에서 도로로 내려와 시내버스로 서산 터미널까지.

# 넷째 구간

### 서산국궁장입구(윗갈치)에서 가루고개까지

요즘 많은 생각을 하게 된다. 대부분 '선택'에 관한 거다. 무엇을 할지? 어떻게 할지? 장고 끝에 내린 결정들이 하찮은 위로 한마디에 모래알처럼 쉽게 허물어지는 것이 또 요즘이다. 힘들다.

금북정맥 넷째 구간을 넘었다. 서산 국궁장 입구(윗갈치)에서 간대산, 양대산, 은봉산을 넘고 내동고개, 모과울고개, 나분들고개, 서산 휴게소를 거쳐 가루고개(운산면 갈산리)까지다. 그런데 은봉산 정상에서 269봉까지는 길이 없고 빽빽한 숲이어서 앞으로 나아가기는커녕 방향조차 알 수 없다. 방법이 없어 다음 봉우리 꼭대기만 보고 직선으로 쫓아가야만 했다.

### 2008. 6. 21.(토), 맑음

서산터미널에서 8시 20분에 출발한 성연행 버스가 들머리인 윗갈치에 도착한 때는 8시 40분. 하차한 갈산3리 버스 정류장 주변은 지난주에 한번 봤을 뿐인데도 낯이 익다. 정류장 표지판, 면 경계 표지석, 종합운동장의 돔형 건물들…. 하차 지점에서 들머리는 50m 정도 오르면 된다. 도로 건너편에 '서령정'이라는 큼지막한 표지판이 보인다. 서산 국궁장을 알리는 간판이다. 그 뒤엔 성연면 경계를 알리는 표지석이 있다. 도로를 따라서 올라가니 우측에 산으로 올라서는 시멘트길이 나온다. 오늘 산행의 들머리이다. 좌측 골프 연습장에서는 이른 아침부터 연습이 한창이다. 등로는 골프 연습장 옆 임도를 따라서 이어지고, 1차 목표 지점은 앞에 보이는 철탑이다. 철탑은 골프 연습장 끝 너머에 있다. 골프 연습장 끝을 넘고 산길로 들어서니 폐창고가 나온다. 움푹 팬 골을 넘으니 철탑에 이르고, 바로 밭으로 연결된다. 밭을 건너니 임도가 나오고, 좌측에 노란 물탱크가 있다. 오늘도 몹시 무더울 것 같다. 7번 송전탑을 지나니 처음 보는 리본이 보인다. '밤도깨비'. 사거리에서 직진하니 눈에 익은 키 큰 풀이 보인다. 소리쟁이다. 어렸을 때 친구들과 꺾어 먹던 술나무다. 6번 송전탑 아래로 통과하니 능선이 나오고, 등로는 좌측으로 휘어진다. 좁은 길을 따라 오르니 삼거리가 나오고, 무명봉에 이른다(09:30). 우측으로 내려가다가 묘지를 지나 오르니 190봉에 이르고, 우측 완만한 길로 내려가니 또 봉우리가 나온다. 198봉이다. 내려가니 임도가 나오고, 좌측에 가족 납골당이 있다. 임도 삼거리에서 직진하니 삼거리에 이르고, 직진하니 노송이 울창한 소나무 숲이 나온다. 두 번의 갈림길을 통과하고 가파르게 오르니 임도가 나오고, 우측으로 돌아서 오르니 186봉에 이른다(09:49). 서산 시내가 한눈에 들어온다. 내려가니 조금 전에 올라오던 임도와 다시 만난다. 이정표가 있다. 온석로 방향과 186봉 정상을 가리킨다. 온석로 방향으로 내려가니 갈림길에 이르고, 좌측 급경사로 내려가니 우측에 송전탑이 보인다. 우측 묘지 있는 곳으로 내려가니 시멘트 도로인 내동고개에 이른다. 도로를 건너 산길로 올라가니 좌측에 송전탑이 있고, 노송이 울창한 길을 계속 오르니 임도와 만난다. 임도에서 우측 숲속으로 올라가니 노송 군락지가 나오면서 140봉에 이른다. 내려가다가 갈림길애서 좌측으로 오르니 165봉에 이른다. 웬 놈의 봉우리가 이렇게 많은지…. 좌측으로 내려가니 넓은 공터에 이른다. 맞은편 축사에서 개 짖는 소리가 들리고, 바로 시멘트 도로에 이른다. 서낭당고개다(10:25). 서낭당고개는 양쪽에 높은 산을 두고 그 사이로 이어진다. 고개에서 정맥은 도로를 건너서 올라가게 되지만 도로 우측으로 조금 더 가서 오르는 우회 길을 택한다. 개 사육장을 피하기 위해서다. 우측으로 조금 가니 우회 길이 나오고, 그것을 알리는 듯 입구 벚나무에 리본 하나가 걸려 있다. 산길로 오른 지 얼마 지나지 않아서 좌측 길과 만난다. 아까 서낭당고개에서 개 사육장을 통과해서 올라오는 길이다. 완만한 능선길이 급경사 된비알로 연결된다. 몇 번을 쉰다. 된비알이 끝나고 능선 갈림길에서 우측으로 조금 가니 성왕산에 이른다. 헬기장, 삼각점, 산불감시 무인카메라가 있다. 바로 내려간다. 또 다른 무명봉에서 우측으로 내려가니 삼거리가 나오고, 내려서니 목탁 소리가 들리더니 성왕사 앞마당에 이른다. 우측 시멘트길로 내려가니 갈지자로 꾸불꾸불하다. 그늘이 없어 한낮의 햇볕을 몽땅 뒤집어쓴다. 그런데 길을 잘못 든 것 같다. 아무리 내려가도 능선으로 오르는 길과 연결되지 않는다. 가로지르는 임도와 만나는 지점에서 좌측으로 가기로 한다. 능선을 찾기 위해서다. 예측은 맞았다. 한참 오르니 오거리가 나오고, 한쪽에 '산불조심'이라는 표지석이 있다. 도로를 건너 임도를 따라 오르니 160봉에 이르고, 내려가니 이전에 벌목한 듯 휑해지는 지역이 나온다. 완만한 능선길로 오르니 180봉에 이르고, 내려가니 넓은 임도 비슷한 길이 나온다. 계속 직진이다. 그런데 이곳에서 주의해야 된다. 직진 길을 버리고 희미하게 표시된 갈림길에서 우측으로 들어가야 된다.

안내리본이 걸려 있지만 신경 쓰지 않으면 놓치기 쉽다. 갈림길로 들어서니 하늘이 보이지 않는다. 양쪽 숲이 가렸다. 앞만 보고 숲을 헤쳐나간다. 거미줄이 수시로 얼굴을 감싼다. 지독한 것들. 쓰러진 고사목이 길을 막기도 한다. 종주 산행을 시샘하는 것은 아니겠지만, 조금은 무서운 생각이 든다. 20여 분 후 다시 갈림길에서 좌측으로 내려가니 임도와 만난다. 아래쪽에 전원주택 비슷한 건물이 보인다. 연못이 나오고, 그 아래에 돔형 시설물이 있다. 정체가 밝혀진다. 서산시 농업기술센터에서 조성한 환경 테마공원으로 돔형 시설은 식물원이다. 공원을 통과하니 2차선 포장도로인 성연고개에 이른다(12:01). 고개에서 정맥길은 도로 건너 시멘트 옹벽으로 올라가게 되지만, 우회하여 고개 너머 서산구치소 쪽에서 오르기로 한다. 옹벽 오르기가 힘들어서다. 고개를 넘으니 바로 구치소가 보이고, 정문 앞에 몇 사람이 서성거린다. 연신 핸드폰으로 뭔가를 알린다. 면회 온 저분들이나 건물 안에서 자유를 갈망하는 사람들이나 심정은 같을 것이다. 정맥길은 구치소 정문 우측 철조망 옆으로 이어진다. 구치소 안에서는 경쾌한 음악이 흐르고, 집단으로 빨래가 널린 마당도 보인다. 바람에 살랑거리는 빨래들의 미세한 움직임이 마치 여름 햇빛에 말라가는 모습처럼 느껴진다. 잠시 후 고개에서 철조망은 좌측으로 이어지고, 등로도 철조망을 따른다. 갑자기 '탁탁' 소리가 들린다. 구치소 테니스장에서 벽치기 하는 소리다. 저 사람은 근무 중일까? 아니면 휴무일에 운동하는 것일까? 철조망 안 풀밭에서는 흑염소 떼가 한가로이 풀을 뜯는다. 구치소의 좁은 방에 갇혀 있을 사람들과 풀밭에서 여유롭게 포식하는 염소들의 모습이 대비된다. 구치소에서 염소도 방목하나? 철조망은 한 번 더 좌측으로 꺾어지고, 등로는 철조망과 이별하고 산속으로 들어선다. 희미한 등로

혼적마저 사라진다. 어디로 가야 하나? 또 점쟁이가 되어야 한다. 일단 민가를 찾아야 된다. 이어질 만한 능선을 찾아본다. 낮은 곳으로 향한다. 적중했다. 야트막한 수풀이 끝나고 갈림길에서 우측으로 내려가니 민가가 나온다. 주인의 심기가 상하지 않도록 조심스럽게 걷는다. 민가 위에는 산밭이 있다. 묘지 뒤로 올라가니 갈림길이 나오고, 내려가니 2차선 포장도로에 이른다. 서산과 당진군 정미면을 잇는 모과울고개다. 등로는 도로 건너 위쪽 송전탑으로 이어진다. 송전탑을 통과하니 바로 산으로 이어지고, 신기한 조경수 단지가 나온다. 산에 조경수를 심은 것도 이상하지만 나무 자체가 신기하다. 단풍나무과인 것 같은데 어느 정도 자라다가 모든 가지가 우산처럼 옆으로 퍼졌다. 조경수 지대를 넘으니 철조망으로 막아진 곳에 이상한 시설물이 나온다. '유량비례약품투입기'라고 적혀 있다. 능선 끝에 124번 송전탑이 있는 142봉에 이른다.

### 142봉 정상에서(13:45)

정상 주변은 온통 숲이어서 길을 찾을 수 없다. 고민 끝에 이곳에서 점심을 먹으면서 생각하기로 한다. 밥이 넘어가질 않는다. 항시 좋기만 하던 이맘때의 밥맛이 오늘은 아니다. 억지로 삼킨다. 인적 없는 깊은 산속, 그것도 산꼭대기에서 혼자서 밥알을 억지로 삼켜야 하다니… 아무리 둘러봐도 길은 보이지 않는다. 지도를 펼쳐본다. 대충 방향은 알 것 같다. 송전탑 전선이 향하는 곳에서 약간 우측일 것이라 추측하고 주변을 샅샅이 뒤진다. 아주 낡은 리본 하나가 보인다. 반갑다. 산길에서 수많은 리본을 봤지만, 이 리본은 차원이 다르다. 리본이 있다고 해서 반드시 길이 있는 것은 아니고, 방향이 맞는다는 것을 확인할 뿐이다. 무조건 아래로 내려가기로 한다.

무슨 가시덤불이 이렇게도 많은지…. 100ｍ 정도 내려가니 길이 보이기 시작한다. 그러면 그렇지! 산허리까지 내려오니 대나무 숲이 나오고 민가와 도로가 보인다. 그런데 정맥길은 율목리 사거리로 이어진다고 했는데 아무래도 잘못 내려온 것 같다. 당황스럽다. 우선 사람을 만나서 물어야 한다. 삼거리에 시골 전방 비슷한 집에 대문이 열려 있다. 실례를 무릅쓰고 들어가 물었다. 70이 넘은 노인이 친절하고 자세히 가르쳐 준다. 감사 인사를 드리고 나오려는데 수도꼭지가 보인다. 노인의 양해를 구하고 수도꼭지를 틀어 벌컥벌컥 들이마시고 빈 병을 가득 채운다. 노인의 말씀을 듣고서 잘못 내려온 것을 알았다. 이곳에서 율목리 사거리까지는 좌측 도로로 한참 가야 한다고 했다. 이제부터는 땡볕을 맞으며 걸어야 한다. 예상보다 훨씬 따갑다. 자두를 익히고 복숭아를 살찌워야 할 햇볕이 내 얼굴을 찐다. 율목리 사거리까지는 낮은 능선으로 이어지기에 능선 대신 도로를 따르기로 한다. 삼거리를 지나 직진하니 우측에 파란 철조망이 있어 함께 걷는다. 철조망이 끝나고 인삼밭이 나오더니 문양교회 안내판이 있는 오거리에 이른다. 우측 도로로 직진하니 삼거리가 나오고, 좌측 도로로 내려가니 정미소가 나온다. '부흥정미소'를 지나니 2차선 포장도로인 율목리 사거리에 이르고(14:30), 우측에 버스정류소가 있고 좌측 앞쪽에 비교적 높아 보이는 간대산이 올려다보인다. 저 산을 넘어야 한다고 생각하니 아찔하다. 잠시 쉬어야 할 것 같다. 정류소 나무의자에 걸터앉는다. 마침 아무도 없다. 아예 누워서 좀 쉬기로 한다. 간대산 방향 포장도로로 진행하니 사거리가 나오고, 포장도로를 버리고 직진하여 삼거리에서 또 직진하니 이정표가 나온다. 간대산 오르는 길을 안내한다. 이곳이 간대산 등산로 초입이다. 좌측으로 조금 오르니 운동 시설이 있는 쉼터에 이른다. 임도를 따라서 오르니 맨발로 걷는 산책로가 나오고, 끝에 나무 계단이 이어진다. 로프가 설치된 바윗길을 넘으니 간대산 갈림길에 이른다. 간대산 정상을 들르지 않고 바로 정맥길로 향한다. 시간이 없어서다. 갈림길에서 좌측으로 내려가다가 올라가니 양대산 정상에 이른다. 삼각점과 팔각정이 있다. 내려가는 길은 나무 계단으로 이어지고, 넓은 임도를 지나 나분들고개에 이른다. '등산로 입구 정상 1.2㎞'라는 이정표가 있다. 도로를 건너 한참 오르니 유인 김씨 묘지가 나오고, 우측 산길로 조금 오르니 201봉에 이른다. 좌측 급경사로 내려가 갈림길에서 좌측으로 내려가니 갑자기 시야가 트이면서 개활지가 나온다. 개활지를 지나 능선 갈림길에서 좌측으로 오르니 251봉에 이르고, 우측으로 한참 올라가니 전망 좋기로 소문난 은봉산에 이른다(16:13). 정상은 완전히 숲으로 덮여서 아무것도 볼 수 없다. 나뭇가지에 걸린 리본을 보고서야 이곳이 은봉산임을 안다. 당연히 길도 찾을 수 없고, 앞쪽 봉우리만 보인다. 저 봉우리까지 건너가야 되는데 어찌하나? 숲은 키를 넘는다. 발밑에는 뭣이 있는지도 모른다. 무조건 앞만 보고 헤쳐나간다. 어떻게 건넜는지도 모른다. 다시 봉우리에 서고 보니 269봉이다. 정말로 위험한 짓거리다. 뒤를 돌아보니 아찔하다. 어떻게 저런 곳을 건너왔는지…. 우측에 보이는 철탑 쪽으로 내려가 107번 송전탑을 지나 한참 내려가니 매봉재에 이른다. 벌목한 나무뿌리들이 잔뜩 쌓였다. 배낭을 내려놓고 잠시 지친 다리를 쉬게 한다. 임도를 따라 오르니 좌측에 벌목지대가 나오고 그 아래에 저수지가 있다. 먼 곳에서 보는 저수지의 작은 물결이 낭만적이다. 임도가 끝나는 지점에서 산길로 들어서니 완만한 능선이 이어지고, 녹슨 철조망을 지나 절개지에 이른다. 아래는 많은 차들이 질주한다. 32번 국도에 다 왔다. 국도 건너편에 서산 휴게소가 있고, 저 국도를 건너는 일이 관건이다. 절개지 상단부에서 좌측으로 내려가 배수로를 따르니 국도에 이른다. 정맥길은 국도를 건너 서산 휴게소 뒤로 이어지기에 우선 도로를 건너야 된다. 좌측으로 내려가니 국도를 건너는 지하차도가 나온다. 서산 휴게소는 한가하다. 알고 보니 이 휴게소는 이미 웨딩홀로 바뀌었다. 매점에 근무하는 젊은이로부터 자초지종을 듣고서야 알았다. 젊은이도 산에 관심이 있는지 자꾸 내게 묻는다. 어디에서 출발했는지, 왜 혼자 다니는지, 무섭지는 않은지…. 휴게소 건물 오른편 능선으로 오른다. 속도를 낸다. 10여 분 만에 동암산에 이른다. 나뭇가지에 걸린 작은 표지판만 확인하고 완만한 능선으로 5분 정도 진행하니 173봉에 이르고, 내려가니 등로는 서서히 좌측으로 비켜지면서 내려가게 된다. 등로 좌측 아래는 서해안 고속국도가 지나고 우측에는 서산시 들판이 자리 잡고 있다. 능선 끝 묘지와 송전탑을 지나 좌측으로 내려가니 주택이 보이고, 시멘트 도로에서 좌측으로 오르니 서해안고속국도지하차도가 나오면서 모래고개에 이른다. 고개 우측은 가좌리, 좌측엔 갈산리가 있다. 고개를 지나 능선으로 오르니 묘지가 나오고, 잠시 후 송전탑을 만난다. 이후에도 송전탑은 계속 이어지고, 목초지에 이른다. 그 유명한 삼화목장이다. 능선을 따라 진행하니 647번 지방도로가 지나는 잿등에 이른다. 오늘의 종착지 가루고개다(18:23). '소중1리'라는 자연석 마을 표석이 있고, 버스 정류장 표식도 보인다. 오늘은 이곳에서 마치기로 한다. 오늘 지운 길만큼 더 고지에 다가섰으리….

**🚶 오늘 걸은 길**

윗갈치 → 서낭당고개, 성왕산, 성연고개, 간대산, 나분들고개, 은봉산, 서산 휴게소 → 가루고개(18.5㎞, 9시간 43분).

## ▲ 교통편

- 갈 때: 서산터미널에서 성연행 시내버스로 갈산 3리 버스 정류소까지.
- 올 때: 가루고개에서 운산면 차부수퍼로 이동, 그 앞에서 버스 이용.

# 다섯째 구간
## 가루고개에서 나분들고개까지

　개그우먼 김미화 씨의 용기가 부럽다. 자신에 대해 허위 보도한 메이저 신문에 정정 보도를 요청하고, 그 신문사를 상대로 언론중재위원회에 제소하여 이긴 후, '너 같은 신문사는 언론도 아니야'라고 당당하게 비판했다. 김미화 씨는 미군 장갑차에 깔려 숨진 의정부 효순·미선이를 추모하는 촛불집회에 참석했다. 이것을 본 메이저 신문사 기자가 지난 대선 때, '정치하는 연예인 폴리테이너'라는 제목으로 기사를 냈고, 이에 김미화 씨는 정정 보도를 요청하고 언론중재위원회에 제소까지 했다. 사실 연예인들 목숨은 기자들 손끝에 달렸다고 해도 과언이 아니다. 그럼에도 진실 앞에서는 당당해야 한다는 소신이 있었기에 그 막강한 언론과도 싸울 수 있었던 것 같다.

　다섯째 구간을 넘었다. 서산군 해미면 가루고개에서 나분들고개까지다. 이 구간에는 일락산, 석문봉, 가야봉 등이 있다. 9시간 반 정도를 걸었지만 목표 지점까지 못 가고 하산해야만 했다. 충청도의 새로운 모습을 발견했다. 경기도에 골프장이 많다면, 이곳 서산에는 목장이 많았다.

## 2008. 7. 5.(토). 흐림. 오전 오후 한때 비

조금 늦게 출발한 탓에 운산에는 아침 8시 41분에 도착. 이렇게 시작부터 늦은 날은 다급해진다. 운산에서 소중1리까지는 또 버스를 타야 된다. 슈퍼 앞에서 버스를 기다리는 할머니 두 분이 내 모습을 보고 어디 가느냐고 묻는다. 소중1리라고 하니 당신이 내리는 곳에서 내리라고 하신다. 버스는 채 10분도 못 가서 목적지에 도착. '용현1리' 정류장이다. 버스에서 내려서도 할머니는 자세히 일러준다. 이쪽이 삼화목장이고 저쪽은 어디 어디라고. 그런데 삼화목장만 찾으면 다 해결되는 줄 알았는데 그게 아니다. 목장이 어찌나 넓은지 어디가 정문이고 후문인지를 알 수 없다. 어디가 동쪽이고 서쪽인지도 헷갈린다. 삼화목장은 우리나라 개발독재 시대에 권력자 모 씨가 원주민을 쫓아내고 조성한 목장인데, 전두환 신군부가 부정축재자로 몰아 국가에서 환수하여 지금은 우량 한우 개량사업소로 명칭을 바꾸었다. 자동차로 시속 60㎞로 20분을 가야 한다고 하니 얼마나 넓은지 짐작이 간다. 이런 것도 모르고, 무턱대고 삼화목장만 찾으면 될 것으로 착각했으니…. 30분 넘게 헛걸음한 후에야 들머리를 찾았다. 하차 정류장도 할머니가 일러준 곳이 아니란 걸 알았다. 소중1리 버스 정류장은 따로 있었다. 할머니 말씀도 참고했어야 했지만 버스 기사에게 한 번 더 물었더라면 이런 실수는 안 할 수도 있었다. 다 사전 준비가 부족한 내 탓이다. 용현1리에서 시작된 삼화목장 걷기가 끝날 무렵에서야 안내리본 하나를 발견한다. 운산에서 버스를 타고 오던 그 도로에 이른다. 버스 정류장 표지판이 보인다. '소중1리'라고 뚜렷하게 쓰여 있지 않은가!

## 소중1리 버스 정류장에서(10:20)

소중1리 버스 정류장은 그리 가파르지 않은 가루고개에 있다. 도로 건너편 산으로 오르는 초입에 이곳을 거쳐 간 선답자들의 안내 리본이 펄럭인다. 리본을 따라 산으로 오르니 민가 한 채가 나오고, 앞마당에서 할머니 한 분이 담배를 입에 물고 뭔가 손놀림 중이다. 나를 쏘아보는 건장한 할머니 모습에 압도당할 정도다. 순간 당황했지만 침착한 자세로 인사부터 건넸다. 남의 집 앞마당을 통과해야 하는 입장에서 최소한의 예의다. 내 인사에도 아랑곳없이 할머니는 뭔가 모를 불만을 삭이시는 것 같다. 할머니의 불평을 못 들은 체 빠른 걸음으로 앞마당을 통과하니 바로 삼화목장의 광활한 초지가 펼쳐진다. 목장 입구는 파이프로 된 철문을 달아 외부인의 출입을 금한다. 철문 좌측으로 통과하니 바로 시멘트 길로 이어지고, 아래쪽은 끝없는 초지다. 대형 물탱크를 지나니 목장 건물과 축사가 나온다. 축사에서 일하시는 분이 힐끗 쳐다본다. 뭐라고 한마디 할 것 같은데 아무 말이 없다. 더 조심스럽다. 삼거리에서 좌측으로 진행하니 초지 끝에 이르고, 이곳에도 철문이 있다. 철문 좌·우측은 철조망으로 둘러쳤다. 나갈 수가 없다. 배낭을 벗어 던지고, 철조망 간격을 넓히니 빠져나갈 공간이 생긴다. 밖으로 나와 철문에 부착된 경고판을 보니 놀랍다. 이곳은 '한우종축 보존지역'으로 외부인 출입을 엄금한다고 빨간 글씨로 써 놨다. '그랬었구나! 그런데 왜 나를 보고도 축사에서 일하던 분은 그냥 뒀을까?' 이곳에서 정맥길은 직진하여 비포장 임도를 따라 이어진다. 다시 산으로 들어서니 이곳에도 파이프로 된 철문이 있다. 크기는 좀 더 작다. 그냥 옆으로 통과한다. 산속으로 진입하여 고개에 올라서니 좌측으로 정맥길이 이어진다. 잠시 후 115번 송전탑이 있는 봉우리에 이르고, 내려가니 산허리에 이를 즈음에 다시 철조망이 나온다. 철조망에 가시나무까지 엎어 놓았다. '대체 이곳이 뭐 하는 곳이기에 이렇게 단속을 했을까?' 철조망을 넘어 임도 좌측으로 진행하니 우측 아래에 산속 문수동마을이 내려다보인다. 아주 평화롭게 보인다. 임도를 따라 계속 오르니 삼거리가 나오고 좌측에 송전탑이 있다. 좌측 산길로 들어서니 갈림길이 나오고, 우측으로 오르니 아주 가파른 오르막이 시작된다. 잠시 후 목장에서 조성한 임도에 이르고 계속 오르니 206봉에 이른다(11:41). 내려다보이는 경관이 그야말로 장관이다. 서산시 일대가 희미하게나마 보이고 아래쪽의 목장 초지도 비스듬하게 내려다보인다. 그 아래쪽 산중 작은 마을도 정겹다. 정상 바로 옆 나무에 안내리본 수십 개가 걸렸다. 마치 이곳을 지나간 사람이 하나씩 걸었는지 리본 전시장을 방불케 한다. 봉우리 우측 철망을 따라서 내려가니 소나무가 울창하고, 좌측 아래에 고풍 저수지가 내려다보인다. 우측 목장에서 올라오는 임도와 만날 때 갑자기 천둥소리가 들리고 가는 비가 내리기 시작한다. 천둥은 잦아지고 빗줄기도 굵어진다. 더 이상 진행해서는 안 될 것 같다. 잠시 가지가 무성한 나무 밑에 몸을 피한다. 배낭에 우의가 있지만 좀 더 기다려 본다. 비는 쉽게 그칠 것 같지 않다. 시간은 자꾸 흐른다. 그렇잖아도 지체됐는데 엎친 데 덮친 격이다. 우의를 착용하고 그냥 걷는다. 무명봉을 넘으니 119번 송전탑이 나오고 다시 280봉에 이른다. 5~6분 더 가니 또 봉우리에 이르고, 앞으로 이어지는 능선들이 쭈욱 보인다. 좌측에는 수정봉에서 옥양봉으로 이어지는 능선이, 우측에는 일락산에서 석문봉으로 이어지는 능선이 희미하지만 한눈에 들어온다. 비가 좀 수그러들었다. 우의를 벗어도 될 것 같지만 언제 또 내릴지 몰라 그냥 간다. 무명봉에서 우측으로 내려가서, 오르니 상왕산에 이른다. 작은 바위와 삼각점, '상왕산 309㎡'라는 팻말이 걸려 있다. 급경사로 내려가니 비슷한 봉우리가 연속된다. 낮은 봉우리 2개를 더 넘어서니 274봉에 이르고, 내려가니 등로는 임도 우측으로 이어진다. 몇 개의 봉우리를 더 넘고 숲이 빽빽하여 등로가 보이지 않는 임도를 통과하니 철조망이 나온다. 철조망 너머는 넓은 초지가 펼쳐진다. 이렇게 높은 지대에 초지가 있다는 것이 놀랍다. 철조망을 넘어 초지에 들어서니 끝이 보이지 않을 정도로 넓은 초지가 펼쳐진다. 마치 외국 풍경 같다. 이 목장 다음 산에도 목장이 있다. 사방이 초지로 끝이 없다. 저절로 인드라 님의 '샨티 샨티 샨티'가 가슴속에서 터져 나온다. 사랑도 훨훨 미움도 훨훨 가슴속 빗장도 훨~ 훨…. 우리나라에도 이런 곳이 있었구나! 산봉우리조차도 풀밭이다. 봉우리에 올라서 본다. 지도상에는 269봉으로 표시되었다. 말라붙은 소똥이 이곳 저곳에 널렸다. 초지 가운데로 넓은 길을 따라 오르니 반대쪽 목장에서 올라오는 시멘트 도로와 만나, 시멘트 도로가 끝나는 지점에서 다시 임도가 시작된다. 초지가 끝나서도 임도는 계속되고 산속으로 들어선다. 임도가 좌측으로 휘어지면서 정맥길도 따라간다. 난나리 포기(전라도 방언)가 많은 곳에서 일단 임도는 끝나고 등로는 우측 능선으로 이어진다. 삼거리에서 우측 임도로 2~3분 오르니 우측에 산봉우리로 오르는 희미한 옆길이 있다. 자칫하다가는 놓치기 쉽겠다. 짧지만 가파른 오르막이라 양손으로 스틱을 찍고 오르니 358봉에 이른다(13:45). 정상 주변에 소나무가 베어져 있고 몇 사람이 둘러앉을 정도의 공간이 있다. 이곳에서 점심을 먹는다. 막 도시락을 꺼내려는데 아래쪽에서 누군가 올라온다. 그 사람과 마주치는 순간 두려우면서도 반갑다. 오늘 처음으로 만나는 사람이다. 이 깊은 산속에 왜 혼자 올라올까? 내가 먼저 인사했다. 두려운 침묵을

깨기 위해서다. 알고 보니 이 지역에 사는 교사다. 평소에 산을 좋아하는데 운동을 중단해서 다시 몸을 만들기 위해서 산을 찾는다고 한다. 내 개념도를 보더니 적극적으로 묻는다. 정기적인 산행을 했던 사람인 것 같다. 도시락 뚜껑을 여는데 가랑비가 내린다. 머리를 숙여 비를 가리고 먹는다. 밥맛이 쓰다. 지치고 더워서다. 정상에서 내려와 다시 임도를 따르니 호젓한 임도가 계속된다. 흙길이고 넓어 걷기에 좋다. 주변에 소나무가 울창하다. 사람들이 보이기 시작한다. 뭔가 좀 분위기가 다르다. 봉우리를 지나 다시 넓은 공터가 있는 갈림길에 이른다. 우측은 개심사에서 올라오는 길이고, 등로는 아까부터 오던 임도에서 직진으로 계속된다. 임도 옆에 '국립 용현 자연휴양림'이라는 안내판이 있다. 맨발로 걷는 사람들이 보이고, 조금 더 내려가니 용현리 임도 삼거리에 이른다. 직진하니 또 삼거리가 나온다. 이곳에서는 임도가 끝나는 지점에서 산으로 올라야 되는데 아무리 걸어도 임도가 끝나지 않는다. 알고 보니 그사이에 임도가 연장되어 버렸다. 덕분에 산을 오르지도 않고 산 하나를 넘은 셈이다. 이제 힘이 빠져서인지 자꾸 잔꾀만 는다. 임도는 계속되고 몇 개의 낮은 봉우리를 더 넘으니 드디어 임도가 끝나고 정맥길은 다시 산길로 접어든다. 작은 바위들이 보이더니 제법 큰 바위가 나온다. 주변이 확 트인다. 구름 깔린 산맥들이 장관이다. 지리산에서 봤던 그 모습이다. 좌측에 옥양봉 능선이 구름으로 가려져 꼭대기만 보이고, 바로 앞에는 일락산이 우뚝하다. 가파른 길이 시작된다. 한 번쯤은 쉬어야 될 것 같다. 사람 소리가 들리고 정자 지붕이 보이더니 일락산 정상에 이른다(14:52). 정상 중앙에 정자가 있고 그 옆에는 돌탑이, 주변에는 나무의자가 있다. 이 산이 꽤나 높은 듯 주변 산들이 모두 아래에 있다. 정자에는 세 사람의 장년들이 이야기를 나눈다.

그중에는 아까 358봉에서 만난 학교 교사도 있다. 엿들은 이야기로는 이들은 이 지역 학교 동문들이다. "체육대회 때나 참석해야 얼굴을 보지…" 하는 말들을 주고받는다. 나도 잠깐 정자에 걸터앉은 채로 허리 운동을 하고 바로 떠난다. 갈 길이 멀어서다. 이젠 마음까지 급해진다. 날씨는 여전히 비가 내릴 것처럼 흐리다. 잠시 후 이르게 될 석문봉이 우뚝하다. 내리막이 계속되고 몇 개의 봉우리를 더 넘는다. 그중에는 516봉도 있다. 길은 위험할 정도의 돌길이다. 가끔 노송과 바위가 어우러진 암봉도 나온다. 안부를 지나 넓은 공터가 있는 사잇고개에 이른다. 용현계곡, 일락산, 석문봉을 안내하는 이정표가 있고, 계곡 오르는 길에는 차단기가 있다. 차단기 옆 우측 계단으로 조금 오르니 쉼터가 나온다. 이곳에서 배낭에 씌웠던 우의를 거둔다. 바위와 나무 계단이 자주 나오고, 어떤 곳은 가파르지도 않은데 로프가 설치되었다. 갈림길 옆에는 노송이 짙은 그늘을 내린다. 일부러 구색을 갖춘 듯 조화롭다. 갈림길에서 좌측으로 진행하여 삼거리에서 직진하니 태극기가 보이기 시작하고, 석문봉에 도착한다.

### 석문봉 정상에서(15:58)

정상에 서니 바람이 세다. 모자가 벗겨질 정도다. 태극기가 휘날리고 그 앞에는 예산 산악회에서 세운 정상 표지석이 있다. 표지석에는 석문봉과 가야산이 동시에 적혀 있다. 석문봉이라고도 하고 가야산이라고도 부르는 걸까? 다음 봉우리가 가야봉인 걸로 아는데? 높이는 653m라고 적혀 있고, 그 앞 돌탑에는 '백두대간 종주기념'이라고 적혀 있고 해미 산악회에서 세웠다고 알린다. 주변 산줄기는 모두가 석문봉보다는 낮지만 줄줄이 이어진 산맥들이 그야말로 장관이다. 웃통을 열고 젖은 땀을 식힌다. 강한 바람에 말라가는 땀이 보이는 것 같다. 이곳에 이렇게 있다가 그냥 집으로 갔으면 좋겠다는 생각뿐이다. 방향 감각은 없지만 선답자의 안내를 보면서 주변을 가늠해 본다. 북동쪽으로는 옥양봉, 북서쪽으로는 일락산으로 이어지는 일군의 능선들이 연결된다. 서쪽으로는 해미면 일대와 한서대학교가 내려다보인다. 남쪽으로는 진행할 가야봉 정상에 있는 중계탑이 한눈에 들어온다. 다시 출발한다. 갈 길이 험하다는 걸 미리 알려주듯이 끝없이 이어지는 바위 능선이 눈앞에서 어른거린다. 이곳에서 정맥길은 좌측 바윗길로 이어진다. 암봉은 위험해서 우회한다. 겨울이나 악천후에는 조심해야 될 곳이다. 험한 암봉이 끝나자 이정표가 있는 삼거리에 이르고, 직진하니 또 봉우리가 나온다. 위험하고 힘이 들어서 우회한다. 완만한 능선이 시작되고 609봉이 나온다. 역시 우회한다. 완만한 능선은 계속되고 노송이 어우러진 쉼터 삼거리에서 직진하니 갈림길이 나오면서 가파른 바윗길이 이어진다. 통신중계시설을 보호하는 철망도 나온다. 철망에는 이곳이 가야봉 정상임을 알리는 팻말이 부착되었다(17:03). 정상은 통신중계소가 전부 점령해 버렸다. 중계소를 보호하는 철망 주변은 빽빽한 숲으로 바닥이 전혀 보이지 않는다. 거기다가 바닥은 바위 같은 돌덩이들이다. 무조건 철망만 보면서 걷는다. 끝만 나오기를 기대하면서. 철망이 끝나고 후문이 보인다. 중계소를 건너느라 온몸은 다시 한번 젖었다. 나뭇잎에 엉긴 물기를 내 몸으로 전부 턴다. 벌써 몇 번째인가? 말랐다가 젖기를. 후문과 이별하고 정맥길은 우측으로 이어진다. 649봉이 나오고 한참 더 가니 643봉에 이른다. 정상에는 키 큰 풀들이 공터를 덮고 있다. 시간이 없다. 서둘러 능선을 오르내린다. 485봉과 470봉을 연속해서 넘는다. 한참 내려가는 동안 산불 난 흔적을 지나 다시 봉우리를 넘는다. 우측 아래에 대곡농장이 있다. 잠시 후 한서대 능선 갈림길에 이른다(17:40). 이곳에서 우측으로 진행하면 상왕산과 한서대학교에 이를 수 있다. 직진으로 진행하여 봉우리 하나를 넘고, 공터가 있는 곳을 지난다. 능선을 오르내리다가 한티고개에 이른다. 고개는 천주교 유적지로 넓은 공터에 화장실도 있다. '사형 선고받음'이라는 표지석과 표지판들이 보인다. 제단 같은 것도 있다. 우측에 넓은 길이 있는데, 그곳에 '해미성지'라는 팻말이 서 있다. 대일석산도 우측에 있다. 공터를 가로질러 산으로 오른다. 내리막길만 걷다가 오르막을 오르니 무척 힘이 든다. 작은 봉우리를 2개 넘고 뒷산 정상 직전에 이른다. 이곳에서 등로 잇기에 주의가 필요하다. 이곳에서 정맥은 좌측으로 꺾인다. 시간이 없어 뒷산 정상은 들르지 않고 바로 뒷산 갈림길에서 좌측으로 내려간다. 등로에 리본이 자주 나오기에 조금만 신경 쓰면 길 잃을 염려는 없다. '괜차뉴' 님의 안내판도 보인다. 가파른 내리막에 묘지를 지나 우측으로 꺾어 돌면서 좌측으로 내려간다. 이제부터는 가파른 내리막이 시작된다. 한참 내려오다 또 묘지를 지난다. 우측에 주택이 있다. 좌측의 묘지를 지나 우측 밭 가장자리를 따라 진행한다. 좌·우측은 밭이다. 그냥 공터로 남은 곳도 있다. 솔밭을 지나고 다시 양쪽이 밭인 넓은 길을 따라 진행하니 우측에 주택들이 보인다. 잠시 후 오늘의 마지막 지점인 나분들고개에 이른다(18:45). 고개에는 모텔, 식당, 넓은 주차장이 있다. 많이 늦었다. 도중에 비까지 내려 힘든 산행이었다. 오르막, 내리막, 암릉을 마다치 않고 묵묵히 견뎌낸 내 다리에 너무 미안하다.

## 🚶 오늘 걸은 길

가루고개 → 상왕산, 일락산, 석문봉, 한티고개, 가야봉 → 나분들고개(19.0㎞, 8시간 25분).

## ⛰ 교통편

- 갈 때: 서울 남부터미널에서 운산행 버스 이용. 운산 차부 옆 홍일 수퍼앞에서 시 내버스로 환승, 소중1리에서 하차.
- 올 때: 나분들고개에서 해미 버스터미널로 이동.

# 여섯째 구간
## 나분들고개에서 아홉골중원마을까지

첫인상이 중요하다. 평소 주변에 비치는 내 첫인상은 어떨지?

여섯째 구간을 넘었다. 서산시 해미면 나분들고개에서 덕숭산, 육괴정, 홍동산, 까치고개를 넘어 백월산까지다. 홍성인들의 환대로 감동한 하루였다. 백월산 정상에서 홍성 터미널까지 차를 태워준 젊은 이들을 만났고, 버스 터미널에서는 잃어버린 장갑을 직접 가져다주는 매표원의 정성까지 받았다. 알아보니 홍성은 인구가 89,000명, 읍이 두 개, 면이 아홉 개, 최영, 성삼문, 한용운, 김좌진, 이응로 화백 같은 위인들을 배출하였다. 홍성을 좋아할 수밖에.

### 2008. 7. 12.(토), 오전 흐림

지하철 첫차로 남부터미널에 도착했으나 해미행 버스는 3분 전에 출발. 불과 3분 차이로 1시간 10분을 기다려야 된다. 별생각이 다 든다. 날씨가 흐리니 오늘은 가지 말라던 아내의 말을 들었어야 했을까? 해미에는 9시 20분에 도착. 35분을 기다려 환승한 덕산행 버스는 한서대학교를 거쳐 산중 깊은 고개를 넘어 4차선 포장도로가 있는 광천 1리(나분들고개)에 도착(10:55). 오늘 산행의 들머리이다. 구간 초입은 방음벽과 절개지 사이에 있다. 방음벽이 시작되는 지점과 절개지 우측면이 접해 있다. 바로 오른다. 아직도 숲에는 물기가 서려 있어 스틱으로 휘저으면서 오르지만, 바짓가랑이는 금세 젖어 추욱 늘어진다. 절개지 중간쯤 오르자 우측에 희미한 흔적과 함께 안내리본이 보인다. 이런 식으로 산길로 접어든다. 뚜렷한 길 흔적은 없어 감으로 가야 된다. 신우대가 군데군데 보이더니 삼거리가 나오고, 묘지 좌측으로 오르니 다시 묘지가 나오고 드디어 주능선에 이른다. 완만한 능선길로 오르니 벌목한 흔적이 있다. 풀들만 무성하고 길은 없다. 또 감으로 올라가야 된다. 묘지를 지나 급경사를 오르니 이번에는 산불 흔적이 있는 가파른 오르막이 시작된다. 군데군데 작은 바위가 나오더니 394봉에 이른다. 지난주에 지나온 가야산에서부터 이곳까지 능선이 한눈에 들어온다. 다시 바윗길을 오르니 415봉에 이르고, 내려가다가 갈림길에서 좌측으로 오르니 또 갈림길이다. 직진하여 바위 더미에서 좌측으로 오르니 덕숭산에 이른다.

## 덕숭산 정상에서(12:02)

덕숭산은 예산군민들이 부르는 이름이다. 지도에는 수덕산이라고 표기되었다. 바위로 된 정상에는 정상석이 있고 황토 같은 모래흙이 깔렸다. 스님 한 분이 올라온다. 우측 수덕사에서 올라오는 모양이다. 사방이 확 터져 주변 조망이 확실하다. 북쪽으로 가야산과 우뚝 솟은 원효봉이 보인다. 지난주에 내 발자국이 찍힌 산들이다. 북동쪽으로는 덕산면 일대가, 남쪽으로는 수덕사와 수덕저수지가 내려다보이고, 그 너머로는 홍동산으로 이어지는 산줄기가 보인다. 이곳에서 점심을 먹는다. 우측으로 내려가니 아주 큰 바위가 나온다. 모양도 특이한 보기 드문 원뿔형 바위다. 몇 개의 바위를 더 지나 갈림길이 나온다. 우측은 수덕사로, 좌측은 육괴정으로 내려가는 길이다. 좌측 급경사로 내려가니 이내 완만한 능선이 나오고 다시 급경사 완경사를 반복하더니 300봉에 이른다. 바로 묘 2기를 지나니 넓은 마당바위가 나오고, 아래쪽에 도로와 육괴정 상가건물이 보인다. 마당바위를 지나자마자 바윗길이 시작되고 길이 희미해지더니 철조망으로 막힌 곳에 이른다. 철조망이 터진 곳으로 사람들이 통과한 듯 반질반질하다. 밭 가장자리로 진행하여 포장도로인 육괴정에 도착(12:59). 육괴정은 수덕고개라고도 부르는데 여섯 그루의 느티나무와 정자가 있다. 음식점들이 줄지어 있고 노래방도 보인다. 잠시 쉬면서 느티나무 옆 수돗물을 틀어 마시고, 빈 병도 가득 채운다. 관광지인지 주차된 차가 많다. 상가 좌측 산길에 들어서니 수목의 향기가 콧속을 파고든다. 바로 임도가 나오고, 주능선에 이르러 갈림길이 나온다. 우측 완만한 능선으로 한참 오르니 가파른 오르막이 시작되더니 250봉에 이른다. 다시 290봉을 넘고 좌측 완만한 능선길로 한참 오르내리니 홍동산 정상에 이른다(14:02). 정상 팻말이 나무에 걸렸고, 주변엔 산불 흔적이 남았다. 좌측으로 내려가니 300봉에 이르고, 우측으로 조금 내려가니 바위가 나오면서 잠시 후에 도착할 백월산이 보이고 그 앞에 저수지가 내려다보인다. 산불 흔적을 따라 내려가니 돌길이 이어진다. 길은 뚜렷하지 않지만 정맥 방향과 간간이 보이는 안내리본을 따라서 진행한다. 삼거리에서 안내리본이 있는 좌측으로 진행한다. 흔적이 뚜렷한 길을 제쳐 두고 흔적 없는 길로 진행하려니 영 찝찝하다. 그러나 안내리본을 믿기에 따를 수밖에. 갈수록 숲은 우거지고 길은 희미한 흔적마저 사라져 버린다. 그런데도 안내리본은 간간이 나온다. 차츰 길 흔적이 나타나더니 안부 사거리에서 직진하니 완만한 능선이 시작된다. 길은 다시 사라지려는 듯 아카시아 나무가 앞을 막는다. 다시 찾은 능선은 고만고만한 봉우리 몇 개를 더 잇는다. 묘지가 나오고 쓰레기 소각장에 설치된 철망이 나온다고 했는데 아무리 가도 철망은 보이지 않는다. 그런대로 비슷한 묘지는 나오는데 철망은 무소식이다. 기다리는 철망은 나오지 않고 산속에서 갑자기 민가가 나타난다. 길을 잘못 든 것을 직감하고 되돌아 올라가 보지만 허사다. 일단 마을로 내려가서 쓰레기 소각장을 다시 찾기로 한다. 농가에서 확인하니 완전히 방향을 잘못 잡았다. 안부사거리에서부터 방향을 우측으로 잡았어야 했는데 희미한 길 흔적을 따르려다 잘못 들어선 것이다. 쓰레기 소각장은 이곳에서 우측으로 산을 하나 더 넘어야 된다고 한다. 그리고 그다음이 까치고개라고 한다. 지름길이 산길이라면서 산길로 가라고 하지만 포기하고, 힘은 들지만 안전한 도로를 택하기로 한다. 7월의 뙤약볕을 온몸으로 받아내며 포장도로를 걷는다. 등을 짓누르는 배낭이 유독 무겁게 느껴진다. 도로변에 큰 이정표가 있다. 홍성군에 접어들었다. 고갯마루가 가까워 오고 음식점이 보이기 시작한다. 잠시 후 까치고개에 이른다(15:55). 까치고개는 예산군, 서산시, 홍성군의 경계에 위치한 사거리고개다. 홍성군 쪽에는 '고개쉼터'라는 영양탕집이 있고 그 맞은편에 쓰레기 소각장이 있다. 원래는 쓰레기 소각장을 거쳐 이곳까지 왔어야 했는데 사거리 안부에서부터 길을 잘못 찾은 바람에 건너뛰게 되었다. 포장도로를 걷느라 힘은 다 빠지고 온몸은 땀으로 범벅이다. 쓰레기 소각장 앞 포장도로의 나무 그늘에서 잠시 쉰다. 등산화를 벗고 양말까지 벗는다. 최고로 편한 자세로 쉬면서 남은 간식을 해치우고, 다시 출발한다. 이곳에서 정맥길은 고개쉼터 음식점 뒷산으로 이어진다. 초입에 안내리본이 많이 걸려 있다. 산길로 오르니 바로 갈림길이 나오고, 좌측으로 조금 가니 나무에 스피커가 설치되었다. 웬 놈의 스피커가 산속에. 조금 더 진행하니 폐건물이 나온다. 그것도 하얗게 도색된 건물이. 순간 무서움이 엄습한다. 혹시 무엇이라도 있을까 조심스레 발걸음을 옮기지만 자꾸 뒤돌아봐진다. 폐건물을 지나니 넓은 임도가 나오고, 산속으로 이어진다. 완만한 등로가 이어지고, 삼거리에서 우측으로 오르니 다시 삼거리가 나온다. 가파른 오르막을 오르니 잠시 후 도착할 백월산이 올려다보인다. 가파른 오르막은 계속된다. 지칠대로 지친 상태라 걷다가 자주 서게 된다. 걸음을 세면서 가다 서다를 반복한다. 드디어 봉우리에 이른다. 큰 바위가 나오고 그 뒤쪽에는 팔각정이 있다. 큰 바위 아래에는 촛불을 켜놓은 흔적이 있다. 팔각정에 올라 나무의자에 드러누우니 나도 모르게 잠이 든다. 어렴풋이 든 선잠은 지나가는 등산객들의 말소리에 바로 깬다. 내려가 팔각정을 지나니 이몽학의 난 진압에 공을 세운 홍가신 등의 위패를 모셨다는 산신각이 나온다. 옆 등산객에게 홍성 버스터미널 위치를 물으니 자세히 가르쳐 준다. 버스터미널과 기차역이 같이 있다는 말도 덧붙인다. 산신각에서 굿을 하고 나온 무속인이 내게 떡을 권한다. 산신각에서 백월산 정상은 지척이다. 정상을 올라가는 나무 계단이 훤히 보일 정도다. 산신각에서 내려가니 시멘트 도로가 나오고, 옆에 몇 대의 자동차가 주차되었다. 큰 바위 아래에 촛불을 켜놓고 빌고 있는 여인들이 보인다. 저 심정 누가 모르랴…. 나무 계단으로 오르니 돌탑 위에 산불감시 무인카메라가 있다. 백월산 정상에 이른다.

## 백월산 정상에서(17:43)

정상에는 홍성산우회에서 세운 큰 돌탑과 정상 표지석이 있다. 홍성 시내가 한눈에 들어오고, 그 좌측에 용봉산이 자리 잡고 있다.

앞으로 가게 될 능선까지도 시원스럽다. 오후 6시가 다 되어 간다. 더 이상 진행하는 것은 무리다. 오늘은 이곳에서 마치기로 한다. 등산객에게 홍성 버스터미널을 찾아가는 지름길을 물으니 자세히 가르쳐 준다. 산 밑에 위치한 홍주종합운동장까지 내려가서 택시를 타라고 한다. 설명을 듣고 막 내려가려는데 옆에 있던 젊은이가 내게 묻는다. 자기들도 지금 내려가는데 자기 차로 가지 않겠느냐고. 듣던 중 반가운 소리다. 고마움을 표시하고 물으니, 두 젊은이는 현재 취업 준비 중이라고 한다. 갈지자 산길을 꾸불꾸불 내려가는 무쏘의 유리창 안으로 백월산의 신선한 산바람이 밀려든다.

## 백월산에서 아홉골까지(2017. 3. 3. 금, 맑음)

(2008년 7월 금북정맥 여섯째 구간을 종주하다가 날이 저물어 도중에 백월산에서 하산, 그때 다 마치지 못한 부분에 대한 산행기록임. 편의상 역으로 진행함.)

### 홍성터미널에서(10:45)

오래된 숙제를 하러 나서는 기분이다. 금년 들어서 처음 느끼는 봄 날씨에 마음이 설렌다. 강남고속버스터미널에서 8시 45분에 출발. 지난 2008년 금북정맥 여섯째 구간을 진행하던 순간들이 떠오른다. 뜨거운 여름날 백월산에 힘겹게 오르던 일, 정상에서 무속인으로부터 떡을 얻어먹던 일, 백월산 정상에서 젊은 청년의 승용차를 얻어 타고 홍성터미널까지 가면서 속으로 감사했던 일들이. 홍성터미널에는 10시 45분에 도착. 그런데 아홉골행 버스는 12시 35분에 있다. 기다릴 수가 없어서 11시 5분에 출발하는 다른 버스를 이용해 일단 홍동면사무소까지 가서 아홉골까지는 걷기로 한다. 아홉골 원천리 중원마을에는 12시 3분에 도착. 마을 표석이나 버스 정류장이 낯익다. 인증 사진 몇 장을 남기고 바로 출발한다. 이곳에서 들머리는 마을 표석에서 20㎜ 정도 떨어진 우측 시멘트길이다. 우측에 빨강 파랑 양철 쪼가리로 지붕을 한 허름한 시설이 나오고 이어서 축사에 이른다. 길이 막힌다. 표지기도 없다. 축사 좌측으로 진행하니 시멘트 도로에 이른다. 도로 주변은 축사가 계속된다. 축사 끝 지점에서 비포장도로를 따르니 언덕배기에 이른다. 더 이상 길이 없다. 고민이 시작된다. 직진인지, 좌측인지, 우측인지? 확실한 것은 등로는 기생 난향의 묘지로 이어진다. 난향의 묘를 찾아가는 방법은 두 가지다. 직진도 가능하고, 우측 밭 가장자리를 따라가다가 마을 시멘트 도로를 따라가도 된다. 직진은 야산으로 이어지기에 우측 밭길을 택한다. 밭 가장자리를 따라 진행하니 주택이 나오고, 시멘트 도로에 이른다. 밭일하는 농부에게 길을 물으니, 자신의 몇 대조 조상의 묘지가 있는 곳이라면서 자세히 가르쳐 준다. 시멘트 도로를 따라 진행하다가 삼거리에서 좌측으로 진행하니 언덕배기에 이르고, 우측으로 진행하니(직진 방향에는 가축 사료공장 비슷한 시설이 있음) '열녀 난향의 묘'라는 대형 비석이 있는 묘지가 나온다(12:46). 이곳에서부터는 길 잃을 염려가 없다. 표지기도 자주 나온다. 난향의 묘 우측 밭 가장자리를 따라 진행하니 비포장도로 우측은 인삼밭이다. 잠시 후 삼거리인 갈마고개에 이른다(12:56). 홍동면 경계 표지판이 있고 아스팔트로 포장되었다. 주현농장이라는 안내판도 보인다. 이곳에서 정맥길은 직진으로 이어진다. 고개를 넘으니 야산이 나오고, 표지기도 보인다. 잠시 후 다시 시멘트 길에서(13:07) 가족묘지 앞을 지나 산으로 올라 낮은 산을 오르내린다. 무명봉에서(13:21) 좌측으로 진행하니 바로 이정표가 나온다(13:22). 이정표는 금북정맥과 백월산 방향을 알린다. 잠시 후 삼각점이 있는 161.9봉에 이르고(13:26), 내려가는 길 좌측 아래에 큰 마을이 보인다. 구항농공단지다.

그 뒷산은 남산이다. 잠시 후 임도에 이르러 송전탑을 지나니 가족묘지가 나온다. 어느새 임도는 세로로 바뀌고 완만한 능선을 오르내린다. 앞쪽에 갑자기 철로가 보이기 시작한다. 장항선 철로다. 철로를 건너는 와계교를 지나(13:47) 좌측 방향으로 진행하여 마을 시멘트 도로를 따라 오르다가 고개에서 우측으로 진행한다. 좌측의 인삼밭을 따라 진행하니 잠시 후 다시 산길로 진입한다. 좌측 아래에 아파트가 보인다. 한참 가다가 절개지에서 좌측으로 내려가니 큰 도로에 이르고, 횡단보도를 건너 '민족영성기도원'이라는 대형 입간판이 있는 곳으로 오른다(14:20). 시멘트 계단을 넘으니 쓰러진 만해 동상안내판이 보인다. 만해동상을 지나 우측으로 이어지는 소나무 쉼터로 오른다. 이곳 이정표는 거리 표시 없이 전망대 방향만 알린다. 긴 오르막에 계단이 반복된다. 남산 정상 직전에 보개산 방향을 알리는 이정표가 있다. 정맥길은 이곳에서 좌측의 보개산 방향으로 이어지는데, 잠시 남산을 다녀오기로 한다. 남산에는 전망대와 쉼터가 있고(14:38), 평일인데도 사람들이 많다. 이곳에서 점심을 먹고, 다시 갈림길로 내려와서 보개산 방향으로 진행한다(14:50). 낮은 산을 넘으면서 약간 지체된다. 표지기가 보이지 않아서다. 직진으로 산길을 내려가니 수리고개에 이른다(15:05). 이정표(보개산 2.8)와 정자가 있다. '재너머 사래 긴 밭가는 숲길'이라는 안내판도 있다. 다시 오르니 맞고개에 이르고(15:14), 이곳에도 이정표가 있다(보개산 2.32). 시멘트 임도를 건너 산으로 오르니 가파른 오르막이 이어진다. 통나무 계단이 나오고, 잠시 후 갈림길에서(15:22) 우측으로 내려가니 솔숲길이 이어진다. 30번 송전탑을 지나 잠시 후 29번 국도 절개지에서 좌측으로 내려간다. 이곳에서 29번 국도를 건너야 한다. 국도를 건널 지하 통로를 찾기 위해 좌측으로 진행해서 통과하니 좌측에 장승 두 개가 서 있다. 우측 국도 갓길을 따라 진행하여 해태상에서 좌측의 산으로 오른다. 길은 없고 마른 풀숲이 이어진다. 풀숲을 지나니 잠시 후 하고개에 이른다(15:49). 하고개에 '홍주병오의병주둔지'라는 안내판이 있다. 잠시 후 136.2봉에 이른다(15:57). 정상에 삼각점이 있고, 내려가다가 오르니 32번 송전탑을 지나 쉼터에 이른다(16:08). 계속 진행하여 살포쟁이고개에서(16:15) 임도를 건너 산으로 이어진다. 암릉이 나오고(16:29), 가파른 오르막은 돌계단으로 이어진다. 무명봉을 넘고 계속해서 오르니 이정표가 나온다(16:38, 백월산 0.4). 헬기장이 연속해서 나오고, 시멘트 도로를 30m 정도 진행하다가 우측 산길로 오른다. 가파른 오르막을 넘어서니 백월산 정상에 이른다(16:52). 정상석과 돌탑이 있다. 진행 방향 좌측 아래에 홍성읍 시가지가 시원스럽게 조망된다. 이로써 그동안 마음의 짐으로 남았던 여섯째 구간을 마무리하고, 가벼운 마음으로 홍성 터미널로 향한다.

### 🚶 오늘 걸은 길

나분들고개 → 덕숭산, 육괴정, 홍동산, 까치고개, 백월산, 갈마고개 → 아홉골 원천리 중원마을(21.7㎞, 11시간 32분).

### ⛰ 교통편

- 갈 때: 해미터미널에서 덕산행 버스 승차, 나분들고개(광천 1리)에서 하차.
- 올 때: 백월산 정상에서 택시나 도보로 홍성터미널까지 이동.

# 일곱째 구간
### 아홉골중원마을에서 스무재까지

작년 7월 산행 중 무더위를 견딜 수 없어 까치고개 도로변 그늘에 드러눕던 때가 아직도 생생하다. 그날을 끝으로 금북정맥 종주를 일시 중단했다. 가을에 다시 시작한다던 것이 그새 겨울이 지나고 해가 바뀌었다. 두려운 마음으로 다시 나선다. 자신과의 약속이라는 강박도 있지만, 범사에 기한이 있고, 거사도 이룰 때가 있어서다.

금북정맥 일곱째 구간을 넘었다. 홍성군 아홉골 원천리 중원마을에서 보령시 청라면 소양리와 청양군 화성면 장계리를 잇는 스무재까지이다. 이 구간에서는 꽃밭굴고개, 오서산, 376봉, 가루고개, 금자봉, 물편고개 등을 넘게 된다.

### 2009. 3. 21.(토), 맑음, 저녁부터 비

버스가 홍성터미널에 도착하자마자(08:25) 아홉골행 버스가 출발해 버린다. 이젠 1시간을 더 기다려야 한다. 남은 시간을 죽이기 위해 터미널 주변을 둘러본다. 9시 30분에 다시 출발한 아홉골 경유 월림행 시내버스 버스 기사는 젊다. 승객은 나 혼자다. 내 탓은 아니지만 괜히 맘이 편치 않다. 버스는 돌고 돌아 시장터에서 대여섯

명의 승객을 더 싣는다. 기사님께 미리 부탁한다. '아홉골고개'에서
꼭 좀 내려달라고. 기사님이 내게 되묻는다. '아홉골고개'가 어디냐
고. 나도 초행인데…. 내가 아는 것은 달랑 하차 지점과 그곳까지는
25분 정도가 소요된다는 것뿐이다. 소요 시간만 기사님께 알려주
고 처분만 기다린다. 기사님도 걱정되는지 승객들한테 묻는다. 노인
들의 중구난방식 대답이 쏟아진다. 대답이 시원찮았는지 신호 대기
중인 트럭 기사에게 다시 묻는다. 확신이 서는지 밝은 표정으로 내
게 알린다. "다음부터는 중원리라고 하세요"라고. 버스가 출발한 지
25분이 넘고 드디어 중원리(아홉골고개)에 도착(09:56).

버스 기사는 아홉골고개에 도착해서도 한 번 더 확인한다. 버스
를 타려는 노인들에게 "여기가 아홉골이 맞느냐"라고. '그렇다'는 대
답을 듣고서야 나에게 내리라고 한다. 이렇게 친절하고 책임감 있

는 기사는 처음 본다. 버스에서 내리자마자 대형 마을 표지석이 발 앞에 있다. '아홉골 원천리 중원마을'. 봄이다. 기온이 높아서가 아 니다. 개나리꽃이 피어서만도 아니다. 거름 뿌리고 밭 가는 농부들 의 모습이 보인다. 버스에서 내린 사거리에서 도로 건너 대각선 쪽 에 '상원마을 방죽골'이라는 표지석이 있다. 산행 들머리는 이곳으로 이어진다. 입구는 약간 언덕진 시멘트 도로를 따라 오르게 된다. 입 구에 들어서자 노란 안내리본이 나를 반긴다. 도로만 시멘트로 되 었을 뿐 주변은 논, 밭들로 전형적인 농촌이다. 밭에는 보리가 자라 고, 옆에서는 농부가 거름을 뿌린다. 시골답잖게 호화로운 3층 양옥 이 보이고, 조경수도 예사롭지가 않다. 내가 발걸음을 옮길 때마다 들녘에 울려 퍼지는 개 짖는 소리, 나를 경계하는 울부짖음인지 반 기는 노랫가락인지. 앞쪽 멀리에 억새 축제로 유명한 오서산이 길게 늘어섰다. 시골 농로가 조금은 이상하다. 주변에 노송 천지다. 그것 도 보통 소나무가 아닌 적송이다. 도회지로 옮겨지면 그럴싸하게 대 접받을 수 있는 금나무다. 바로 2차선 포장도로가 시작되고 사거리 를 조금 지나니 '(주)녹색비료'라는 간판이 나오고, 그 회사 정문을 지나 삼거리에 이른다. 삼거리에서 좌측으로 빠지니 오래된 연립주 택이 나오고 다시 삼거리에 이른다(10:36). 이런 시골에도 연립주택이 있다는 것이 신기하다. 삼거리에서 직진하니 지린내가 코끝을 자극 하고 좌측에 축사가 보인다. 한우도 있고 젖소도 뒹군다. 축사 정문 입구를 지나니 비포장도로가 시작되고, 다시 삼거리에서(10:42) 우측 으로 빠진다. 삼거리 초입 울타리에도 안내리본이 있다. 더워지기 시 작한다. 벌써 등짝에 땀이 흐른다. 삼거리에서 물 한 모금 마시고 겉 옷을 벗고 얇은 조끼를 걸친다. 시멘트 도로가 시작되고, 홍광농장 을 지나 오거리에서 좌측 임도를 따라가니 우측에 묘 십여 기가 나오고 등로는 밭으로 이어진다. 좌측 밭 가장자리를 따라가니 임도가 나오고, 왼쪽에 광천교회에서 관리하는 교회 묘지가 있다. 임도를 따라 내려가니 도재고개에 이른다. 눈에 띄는 표지판이 있다. '버스운행방향 →'. 도재고개 삼거리에 봄을 알리는 새순들이 여기저기에 보인다. 오서산이 눈앞에 있는 것처럼 가깝다. 도재고개에서 우측 시멘트 도로를 따라가니 아담한 광장에 삼일운동기념비가 조성되었다. 안내문을 읽어 본다. 3.1 운동 당시 독립선언문 선포식에 참여했던 윤익중이라는 분이 선언문 100여 매를 가지고 이곳 장곡으로 귀향, 항일 시위 운동을 전개한 것을 기념한 비석이다. 바로 앞 이동통신중개소를 지나니 좌측에 폐건물이 나오고, 잠시 후 생미고개에 이른다. 한쪽에 '신동마을'이라는 표지석이 있다. 생미고개는 홍성군 장곡면과 광천읍을 잇는 고개다. 2차선 포장도로인데, 좌측에 장곡면사무소가 있다. 마루금은 이곳에서 도로를 건너 우측 시멘트 도로를 따라 이어진다. KT 건물이 나온다. 이름이 거창하다. '광천지점 장곡분기국사'. KT 건물 앞을 지나니 고갯마루에 이르고, 좌측 산길로 진행하니 밭이 나온다. 가장자리를 따라 내려간다. 묘지가 있는 곳에서 좌측 임도를 따라 내려가다가 도로를 건너서 산길로 오른다. 임도 사거리에서 직진하니 또 밭이 나오고, 밭 가장자리 끝에서 우측 임도를 따라가니 잡풀과 넝쿨이 무성하다. 갈림길에서 우측으로 올라가다가 묘지를 지나 임도 삼거리에서 좌측으로 내려가니 또 고개에 이른다. 꽃밭굴고개다.

## 꽃밭굴고개에서(12:08)

꽃밭굴고개는 1차선 포장도로가 지나고, 건너편에 주택 3채가 있다. 도로를 건너 임도를 따르니 더 이상은 들어가지 말라고 나뭇가지로 길을 막았다. 그 뒤에는 묘지가 있다. 갈림길에서 좌측으로 오르니 길은 휘어지고 묘 1기가 나온다. 두 번의 갈림길을 더 거쳐 신풍고개에서(12:36) 도로를 건너 산길로 오르니 우측에 대나무 숲이 있다. 좁은 길이 나오다가 다시 임도에 이른다. 좌측에 신풍저수지가 보인다. 저수지 물이 3분의 1 정도 차 있다. 저 아래를 한 해 동안 염려 없이 적시려면 지금쯤 가득 차 있어야 될 텐데… 이곳에서 점심을 먹고, 임도에서 직진으로 오르니 좌측에 나무토막을 맞댄 것이 보인다. 버섯 재배지를 지나 임도 갈림길에서 우측으로 오르니 시야가 뻥 뚫린다. 벌목지대다. 오서산 주능선이 한눈에 들어오고 우측에는 광제 마을이 평온하게 자리 잡고 있다. 가옥보다는 비닐하우스가 더 많은 동네다. 임도에서 직진으로 오르니 좁은 길과 임도가 반복되고, 우측으로 올라 대단지 묘역을 지나면서 좁은 산길이 시작된다. 잡목과 넝쿨이 심하고, 돌로 범벅이 된 너덜지대가 나온다. 갑자기 인기척이 나서 올려다보니 등산객이다. 장비를 잘 갖춘 것으로 봐서 정맥 종주자임에 틀림없다. 반갑게 인사하니 더 반갑게 받아준다. 새까만 얼굴에 흰 이빨을 드러내며 웃는 모습이 소년처럼 천진난만하다. 지나간 종주객을 다시 한번 돌아본다. 혼자 걷는 뒷모습이 쓸쓸해 보인다. 내 모습도 저럴까? 만개한 산수유의 연둣빛이 순결하게 보인다. 곧 터질 듯한 진달래도 탐스럽다. 정말로 봄이구나! 너덜이 끝나고 임도가 나온다(13:39). 오서산 중턱을 따라 내달리는 임도이다. 차량이 지날 수 있을 만큼 넓고, 깬 돌 조각들을 깔아 놓았다. 임도를 건너 산으로 오른다. 된비알이 끝나고 드디어 오서산 주능선에 이른다(13:57). 주능선에서 조금 더 오르니 바로 무명봉에 이르고, 시원한 바람이 얼굴에 스친다. 살 것 같다. 정상 입구에 50개도 넘을 것 같은 안내리본이 걸려 있고, 정상에는 평상이 있다. 이제부터는 우측으로 뻗은 주능선만 따라가면 된다. 완만한 능선이 반복되고 이따금 큰 바위들이 길옆에 보인다. 바위 위에는 고색창연한 갈색 나뭇잎이 수북하다. 자연스럽고 보기에도 좋다. 이 세상 모든 것들이 인간의 손만 타지 않는다면 이럴 것이다. 경사가 심한 내리막이 시작되니 염려가 앞선다. 급경사 다음은 반드시 오르막이 있어서다. 잠시 후 공덕고개에 이른다(14:10). 이정표 옆에 또 다른 이정표가 있고 그 옆에는 나무의자가 있다. 다시 가파른 오르막으로 직진하니 376봉에 이른다(14:19). 또 무명봉을 넘고 가파른 오르막을 오르니 금자봉에 이른다. 낯익은 리본 '빈손'과 '강산에'가 보인다. 주변 조망은 제로다. 자욱한 운무 때문이다. 금자봉에서 내려가니 오서산 정상과 금북정맥이 갈리는 오서산 갈림길에 이른다(14:38). 오서산에 올라가고 싶지만 포기한다. 시간이 없어서다. 갈림길에서 좌측 급경사로 내려가니 저절로 내달려진다. 한참 후 임도 우측으로 진행하여 갈림길에서 좌측으로 이어가니 우측에 오서산 자연휴양림이 보인다. 유달리 소나무가 울창하다. 한참 내려가니 가루고개에 이른다(14:56). 좌측은 시멘트로 포장되었고 우측은 흙길이다. 고개를 가로질러 산길로 오르니 385봉에 이르고, 급경사로 내려가니 완만한 능선길에 이어 너덜길이 시작되고 좌측에 56번 송전탑이 있다. 너덜 끝에 321봉에 이른다. 우측으로 내려가다가 갈림길에서 좌측으로 내려가니 안부에 이르고, 임도를 따라서 오르다 한참 내려가니 좌측에 38번 송전탑이 있는 삼거리에 이른다. 우측으로 내려가니 2차선 포장도로인 우수고개에 이른다(15:28). 우수고개는 보령시 청라면 장현리와 청양군 화성면 화암리를 잇는다. 청라면 쪽은 2차선, 화성면 쪽은 1차선이다. 사람은 가끔 자신만의 시간을 가져야 되는데, 이게 쉽지가 않다. 그런 면에선 나는 행운아다. 거의 매주 혼자만의 산길을 걷고 있으니. 우수고개에서 등로는 고개를 가로질러 산으로 이어진다. 우측 아래에 있는 철망으로 다가가서 절개지 상단부로 오른다. 철망은 우측으로 100㎞ 정도를 가다가 다시 우측으로 내려간다. 등로는 내려가는 철망과 관계없이 계속 직진이다. 가파른 길이 시작되고 갈림길에서 좌측으로 가다가 우측으로 내려간다. 안부에서 직진으로 오르니 무명봉에 이르고, 내려가다가 삼거리에서 우측으로 내려가니 안부사거리에 이른다. 보령고개다(15:55). 보령고개에서 직진하여 급경사 오르막을 넘으니 293봉에 이른다. 시원한 바람이 땀을 식혀준다. 봉우리 정상에 묘지가 있다. 또 무명봉을 넘고 내려가니 283봉에 이르고, 내려가는 길 좌측에 그럴듯한 원형묘지가 있다. 그런데 비석이 넘어졌다. 후손들은 모르고 있겠지…. 원형묘에서 우측으로 내려가니 갈림길이 나오고, 우측으로 오르니 무명봉에 이른다. 몇 번의 갈림길을 더 만나고, 그때마다 좌측으로 진행하니 시멘트 도로에 이른다. 시멘트 도로를 건너 임도에서 우측으로 올라 57번 송전탑에서 우측 밭으로 내려가니 물편고개에 이른다(16:46). 물편고개는 보령시 청라면과 청양군 화성면을 잇는다. 건너편에 주택이 몇 채 있고, 등로는 물편고개를 가로질러 산으로 이어진다. 물편고개에서 대천해수욕장 표지판이 있는 우측으로 조금 가서 산으로 오른다. 밭 가운데에 묘지가 있다. 이곳 묘지에서 잠시 쉬면서 아껴둔 사과를 마저 깎고, 다시 출발한다. 56번 송전탑을 지나 갈림길에서 좌측으로 내려가니 안부사거리에 이르고, 직진하여 큰 바위가 있는 갈림길을 지나 계속 오르니 287봉에 이른다. 우측으로 내려가다가 갈림길에서 좌측으로 진행하여 254봉에 이르고, 내려가다가 두 번의 사거리를 만나 계속 직진하니 은고개에 이른다. 은고개에서 산길로 올라 갈림길에서 좌측으로 오르니 임도

가 나오고, 좌측으로 내려가니 오늘의 마지막 지점인 스무재에 이른
다(17:52). 우측에 대천해수욕장 표지판이 있다. 날이 많이 저물었고,
날씨도 쌀쌀해지기 시작한다.

### ♟ 오늘 걸은 길

아홉골 원천리 중원마을 → 꽃밭굴고개, 오서산, 376봉, 가루고개, 금자봉, 물편고
개 → 스무재(19.4㎞, 7시간 56분).

### ⛰ 교통편

- 갈 때: 홍성터미널에서 아홉골 원천리중원마을까지 시내버스로 이동.
- 올 때: 스무재에서 대천역이나 버스터미널까지 버스로 이동.

# 여덟째 구간
### 스무재에서 여주재까지

깃발. 어렸을 땐 깃발을 따라다닌 적도, 그 깃발을 들고 다닌 적도 있다. 그때 깃발은 나아갈 구심점이었다. 지금은 따라갈 깃발도, 들 어볼 기회도 쉽지 않다. 미래가 두렵기까지 하다. 시인 유치환은 허 무한 현실 상황을 이겨 내려는 생명의 강한 의지를 깃발을 통해 표 현했다. 이젠 어떤 깃발이라도 좋다. 믿고 따라갈 지향점이 될 수만 있다면 하나쯤 가슴에 품고 싶다.

여덟째 구간을 넘었다. 보령시 스무재에서 청양군 여주재까지다. 이 구간에서는 백월산, 공덕재, 오봉산, 천마봉 등을 넘게 된다. 이 제부터는 안성의 칠장산을 향해 북진하게 된다. 그동안은 시발점인 태안의 안흥진에서 충청도 서쪽 지역을 관통하여 아래쪽으로 내려 왔었다.

### 2009. 3. 28.(토), 맑음
눈을 뜨니 버스 안에 아무도 없다. 부랴부랴 밖으로 뛰쳐나온다. 버스는 세차장에 정차되었고, 기사는 짐칸을 정리하고 있다. 무심한 사람들인지 잠에 빠진 내가 한심한 놈인지. 동승했던 승객들은 이미 보령 버스터미널을 빠져나가고 없다(09:01). 터미널 매표소에 달려가 스무재행 버스 시간을 물으니 출발 시각은 모른다면서 무조건 버스표만 사서 아무 버스나 타고 가다가 구 대천역에서 환승하라고 한다. 마음이 다급해서인지 도무지 알아들을 수가 없다. 설명 더 듣기를 포기하고 출발 대기 중인 시내버스 기사에게 달려가 물었다. 맞다. 매표소 직원이 하던 말이. 이곳에서 버스를 타고 구 대천역까지 나가서 화성행 시내버스로 갈아타라고 한다. 버스에 오른 지 채 5분도 안 되어 구 대천역에 도착한다. 왕년의 화려했던 영화를 말하듯 구 대천역 인근은 요란스럽다. 허름하지만 상가가 많고 사람들도 북적거린다. 버스 시각표를 보니 또 한 번 한숨이 나온다. 화성행 버스는 이미 5분 전에 출발해 버렸다. 오늘도 일이 꼬인다. 다음 버스는 10시 40분. 한 시간 이상을 더 기다려야 된다. 마냥 기다리고 있을 수만은 없다. 무조건 스무재 근처까지 가는 버스를 타기로 한다. 청라, 상중행 버스가 10시 10분에 있다. 가는 데까지 가서 나머지는 걷기로 한다. 청라, 상중행 시내버스에 올라 기사에게 사정 이야기를 한 후 스무재 가까운 곳에서 내려달라고 하니 알았다고 한다. 버스는 보령시를 벗어나고부터는 제 속력으로 달린다. 지난주 택시를 타고 달리던 그 길이다. 기억이 난다. 그때 바다같이 넓다고 생각했던 저수지가 나온다. 벌써 낚싯대를 드리운 강태공들이 보인다. 버스는 저수지를 지나고서부터는 큰 도로에서 벗어나 샛길로 빠진다. 여기서부터 청양군 화성 방향이 아닌 청라, 상중 방향으로 달린다. 버스가 청라초등학교에 도착했을 때 버스 기사는 나보고 내리라면서, 도로를 따라서 쭈욱 올라가라고 한다. 걷기에 익숙한 탓일까? 시골스러운 것을 좋아하는 태생 탓일까? 춥지도, 덥지도 않고 바람이 조금 있을 뿐 걷기에는 최적이다. 30분 정도 걸어 목적지인 스무재가 있는 둔터 버스 정류장에 이른다. 둔터 정류장은 지난주 산행을 마치고 대천으로 들어가기 위해서 온갖 먼지를 다 뒤집어쓰면서 버스를 기다리던 곳이다. 그때 정류장 뒤에 자리 잡은 주택에서 강아지가 짖었었고, 오늘도 짖는다. 바로 스무재로 이동한다.

## 스무재에서(11:03)

스무재는 보령시 청라면과 청양군 화성면을 잇는다. 고갯마루에 이르자 지난주에 봤던 물상들이 하나하나 고개를 내민다. 청양군 화성면을 알리는 경계 표시, 만국기처럼 걸린 깃발, 그리고 절개지를 단장한 초목과 간간이 보이는 안내리본들이 친숙하게 다가선다. 바로 푸석푸석한 흙을 밟고 절개지로 오르니 스치는 나뭇가지마다 붙은 먼지를 내게 뿌린다. 절개지 상단부에서 배낭을 점검하고, 출발한다. 마루금은 절개지 상단부에서 좌측으로 이어지고 완만한 능선을 오르내리니 햇볕이 잘 드는 양지쪽에 조성된 묘지가 나온다. 그 우측은 십여 채의 가옥이 옹기종기 모여 있는 둔터마을이다. 따뜻하고 안온해 보인다. 마을 뒤는 산이 둘러싸고 있다. 이 산으로 마루금은 이어지고, 묘지를 지나 임도를 따라 산 아래까지 가니 벌써 안내리본이 기다린다. 산길에 들어서자마자 대나무숲이 나온다. 그런데 입구 신우대는 모두 고사했다. 그 면적도 엄청나다. 대나무숲은 계속되고 마치 미로처럼 좁고 컴컴해 무섭기까지 하다. 몇 분을 오르니 좌측에 묘지가 나오고, 우측 대나무숲 사이로 올라가니 여러 기의 묘지가 나오면서 대나무숲은 끝난다. 우측의 둔터마을이 더 가까이 보인다. 좌측으로 오르니 임도에 이어 시멘트 도로가 나오고, 그 우측에 '시온산 수양원'이 있다. 시멘트 도로를 가로질러 올라 밭 가장자리를 따르니 산길로 이어진다. 바로 가파른 오르막이 시작되고, 위에서 내려오는 종주객을 만난다. 손에는 지도를 쥐고 있다. 참나무 계단이 나오고, 20여 분을 낑낑대며 오르니 봉우리 비슷한 곳에 이른다. 바위와 소나무가 어우러졌다. 잠시 쉰다. 때론 궁금하다. 나는 대체 어떤 사람일까? 아직도 하고 싶은 일이 너무 많아서다. 죽을 때까지도 '마지막 일'이란 게 없을 것 같다. 과욕일까? 이곳부터는 소나무가 울창하고 바닥에는 연갈색의 솔잎이 깔렸다. 잠시 후 429봉 정상에 이른다. 갈수록 소나무가 많다. 봉우리 서너 개를 더 넘어서니 안부에 이르고, 이제부터는 백월산을 오르게 된다. 가파르다. 직선으로 오를 수도 있지만 우회한다. 너무 힘이 들어서다. 한참 돌아 오르니 주능선 갈림길에 이른다. 좌측은 내가 가고자 하는 백월산 정상으로, 우측은 성태산으로 가는 길이다. 좌측으로 오르니 곳곳에 바위가 나오면서 정상에 이른다.

### 백월산 정상에서(12:41)

정상 표지석이 두 개나 있다. 그 아래에 평상이 놓였고 부부가 황토 고구마를 먹고 있다. 정상은 좁지만, 주변 조망은 좋다. 바로 아래에 금곡 저수지가 한눈에 들어오고, 그 뒤에 그림처럼 아름다운 마을이 있다. 북쪽으로는 지난주에 걸었던 오서산 주릉이 희미하게 드러나고, 남쪽으로는 성태산이 가까이 다가선다. 부부 등산객의 도움으로 정상 표지석을 배경으로 사진을 찍고, 부부가 앉았던 그 자리에 엉덩이를 붙이고 점심을 먹는다. 점심은 빵과 사과다. 지금까지는 태안에서 시작해서 계속 여기까지 내려왔다. 이제부터는 안성 칠장산을 향해 위쪽으로 오르게 된다. 정상에서 내려가는 길은 줄줄이 바윗길. 이정표가 나온다. 능선의 형세를 그대로 표현한 듯 '줄바위길'이라고 적혀 있다. 줄바위 이정표를 지나니 다시 이정표가 나온다. 배문 갈림길이다. 직진으로 몇 분을 더 내려가니 다시 갈림길이 나오고 이정표가 있다. 좌측 공덕고개로 내려간다. 안내리본도 많다. 급경사를 대비한 나무 계단으로 한참 내려가니 안부에 이정표(공덕고개 1.8)와 의자가 있고, 벌목한 흔적도 보인다. 완만한 경사를 오르니 361봉에 이른다. 앞에는 오봉산이 한눈에 펼쳐지고, 뒤에는 이제 막 내려온 백월산이 올려다보인다. 다시 한참 오르내리니 293봉에 이르고, 내려가니 간티고개에 이른다. 고개를 건너 오르니 임도가 나오고, 직진하니 282봉에 이른다. 무슨 놈의 봉우리가 이렇게도 자주 나오는지…. 한참 내려가다가 간식을 먹고 있는 등산객을 만난다. 등산객은 나와 인사를 나누다가 사과를 권한다. 통신 안테나를 지나 좌측으로 내려가니 깨끗하게 포장된 공덕재에 이른다 (13:58). 공덕재는 청양군 화성면 산정리와 남양면 신왕리를 잇는다. 양쪽 모두 지그재그로 올라오고 내려가게 된다. 좌측 화성면 쪽에서 힘겹게 올라오는 자동차가 보인다. 내가 산길을 오르면서 헐떡거리는 것보다 더 힘들어 보인다. 화창한 봄날. 햇볕이 따가울 정도다. '병아리 떼가 뿅뿅뿅 하면서 봄나들이 갈 정도'다. 도로를 건너 안내리본이 걸린 산길로 오른다. 군데군데 나무를 베어놓았다. 두 개의 봉우리를 더 넘고 내려가니 흔적이 희미한 안부에 이른다. 돌무지처럼 작은 돌이 많이 쌓였다. 직진으로 한참 오르니 437봉에 이른다. 산불감시초소가 있고, 오봉산이 한눈에 들어온다. 무명봉을 더 넘고 급경사 오르막을 넘어 455봉에서 내려가다가 낮은 봉우리를 넘고 다시 오르니 오봉산이 눈앞이다. 그렇게 멀게만 느껴지던 오봉산이다. 정상 표지목이 인상적이다. '이곳이 정상입니다.'라고 적혔다. 멀리서 볼 때는 다섯 개의 봉우리가 뚜렷하더니 정상에서 보니 그렇지 않다. 세상사가 다 그렇다. 밖에서 보면 더 객관적으로 볼 수 있다. 조금 내려가니 헬기장이 나오고, 완만한 내리막이 이어진다. 값지게 보이는 블랙야크 등산 스틱이 떨어져 있다. '주울까?'도 생각했지만 마음을 다잡는다. 지나는 사람들에게 잘 보이도록 등로에 찍어 세워두고 내 길을 재촉한다. 낮은 봉우리를 몇 개 더 오르내리고 도착한 무명봉에서 급경사로 내려가니 안부에 이른다. 안부 바로 아래 골짜기에 청소년 수련원이 있다. 그 너머는 청양시내다. 멀리서 보는 청양시내가 조금은 의외다. 고층 아파트가 있다. 작은 도시로만 알았는데…. 안부에서 오르니 바로 임도가 나오고, 우측은 넓은 주목 재배단지다. 넓은 임도는 계속되고 아래쪽엔 주목 단지가 따라온다. 청양 시내도 갈수록 뚜렷하다. 임도 중간쯤에 이르렀을 때 갑자기 좌측 산 방향으로 안내리본이 많이 걸려 있다. 순간 헷갈린다. 산으로 올라가야 하나? 몇 분을 허비하다가 산길이 정맥이 아님을 알게 된다. 정맥은 임도 끝 지점에서 좌측 산으로 이어진다. 작은 주목 사이로 오르니 350봉에 이르고, 급경사 내리막을 한참 내려가다가 절개지 상단부에서 우측으로 내려가니 1차선 포장도로가 나온다. 큰골도로다. 도로를 건너 산길로 오르니 묘지가 나오고, 묘지 뒤쪽으로 올라 완만한 길로 오르니 봉우리에 이른다. 이곳에서 우측으로 내려가니 임도가 나오고, 통신 안테나를 지나 더 오르니 천마봉에 이른다(16:38). 정상에 산불감시초소와 삼각점이 있다. 잠시 쉰 후 출발한다. 무명봉을 넘어 우측 급경사로 내려간다. 멈추려고 해도 저절로 미끄러질 정도다. 발끝에 힘을 준다. 등로엔 낙엽이 쌓여 미끄럽기까지 하다. 중간쯤 내려왔을 때 등로를 가로질러 설치된 철사줄을 발견한다. 아차 했더라면 걸려 넘어질 뻔했다. 다행히도 철사줄에 매단 노란 리본이 발견되었다. 리본을 단 선답자가 고맙다. 임도가 나오고, 비닐하우스를 거쳐 계속 내려가니 2차선 포장도로에 이른다. 오늘의 종점인 여주재다(17:20). 도로 건너편 좌측에 SK 주유소와 구봉휴게소가 있다. 길 떠나면 하루가 짧다. 햇빛도 많이 약해졌고, 벌써 하루를 마감할 시간이다. 오늘 하루를 되짚어 본다. 공덕재의 따뜻한 봄 날씨, 천마봉에서 내려오던 가파른 내리막, 귀찮은 표정으로 툭 던지던 주유소 직원의 모습이 스친다.

### 🚶 오늘 걸은 길

스무재 → 백월산, 공덕재, 오봉산, 천마봉 → 여주재(11.2㎞, 6시간 17분).

### ⛰ 교통편

- 갈 때: 구 대천터미널에서 화성행 버스로 스무재고개까지.
- 올 때: 여주재에서 청양버스터미널까지 버스로.

# 아홉째 구간
### 여주재에서 645번 지방도로까지

아름다운 날들을, 그것도 돌이킬 수 없는 상실의 날들을 추억하다 보면 이성보다는 감성의 지배를 받게 된다고 한다. 그래선지 요즘은 뭔가 잃은 듯한, 뭔가 잘못 살아온 것만 같은 회한에 젖게 되고, 저만치 가버린 시절에 대한 아쉬움이 크다. 그러나 가버린 것은 가버린 것. 아직 수없이 많은 남은 날들에 가중치를 두어 억척스럽게 살아야 될 것이다.

아홉째 구간을 넘었다. 청양군 화성면과 청양읍을 잇는 여주재에서 청양군 운곡면 효제1리에 위치한 645지방도로까지다. 이 구간에서는 315봉, 334봉, 305봉, 청양장례식장, 225봉, 문박산 등을 넘게된다. 거리도 짧고, 높은 산이나 험악한 지점도 없어 무난하게 마칠수 있다.

### 2009. 4. 18.(토), 아주 맑음

강남고속버스터미널에서 출발한 버스는 9시 25분에 청양 시외버스터미널에 도착. 청양읍은 이번이 두 번째. 5분 거리인 시내버스 터미널로 향한다. 여주재행 버스가 출발하기까지는 20분 정도의 여유가 있어 시내를 둘러본다. 지극히 평범한 읍. 1, 2층 상가 건물이 대부분인 거리는 한산하다. 특징이라면 고층 아파트가 있다는 것. 또 눈에 띄는 것은, 시골스러운 아줌마의 호떡 굽는 모습이다. 연탄 화덕 같은 용기에 솥뚜껑 비슷한 것을 올려놓고 그 위에 은박지를 깔고 밀가루 반죽을 늘리고 있다. 이렇게 이른 아침부터 호떡을. 사거리를 건너 약국을 지나고, 김밥천국을 통과하니 시내버스 터미널. 하마터면 모르고 지나칠 뻔. 도로변에 인접한 터미널은 좁고, 몇 평 되지 않는 대기실은 노인들이 뿜어대는 담배 연기로 자욱하다. 버스가 출발 홈으로 들어선다. 제시간 보다 3~4분 늦었다. 버스 기사는 승객이 모두 타자 말없이 출발한다. 늦게 출발하게 됐다는 해명 정도는 기대했는데. 버스는 사거리를 통과 후 지난번에 거쳐 온 길을 달린다. 기억이 살아난다. '예술로'라는 거리명, 가로등에 부착한 청양고추를 상징하는 고추 마크가 눈에 띈다. 하나둘씩 건물이 자취를 감추고 산과 들이 버스 반대 방향으로 달린다. 10여 분 만에 들머리인 여주재에 이른다.

**여주재에서(10:09)**

3주 만에 다시 보는 여주재. 휴게소 건물과 주유소가 있고, 잿등 양쪽을 넘나드는 자동차들의 빠른 움직임도 그때 그대로다. 그런데 들머리 입구에서 펄럭이던 안내리본이 오늘은 안 보인다. 도로 공사로 파헤쳐지고 난리다. 나무들도 쓰러졌다. 쓰러진 나뭇가지에 매달린 리본이 잎사귀 사이로 보인다. 자기를 봐달라고 안간힘을 쓰는 것 같다. 가엾은 것, 죽어가면서까지 제 역할을 하는구나…. 바로 오른다. 공사판 흙더미를 넘어서니 산길 소로로 이어진다. 가파른 경사지를 넘으니 완만한 능선으로 접어든다. 동네 뒷산을 걷는 기분이다. 묘지를 지나 정맥은 우측으로 이어진다. 이 산도 솎아베기 되었다. 베어진 나뭇가지가 널려 있고, 특히 등산로 주변은 흔적이 뚜렷하다. 솎아베기를 좀 더 했어도 좋았을 것 같다. 산 전체를 다듬을 필요가 있을 것 같다. 잡목들로 산이 너무 빽빽하다. 낮은 봉우리를 연거푸 넘으니 제법 큰 봉우리에 이른다. 315봉이다. 우측으로 내려가 갈림길에서 좌측으로 내려가니 또 연속으로 봉우리가 나온다. 280봉에서 우측으로 내려가 안부 사거리에서 직진으로 올라 낮은 봉우리를 넘으니 가파른 오르막이 시작되고 334봉에 이른다(11:08). 정상에 삼각점이 있고, 그 옆에 "방한·용천 주민 신년 해맞이"라는 플래카드가 있다. 정상은 조망권 확보를 위해선지 나무를 모두 베어버렸다. 지난번에 지나온 천마봉이 가까이 보이고 청양읍도 잘 보인다. 여주재 우측은 화성면일 것이다. 청양군 전 지역이 보이는 듯 광활하다. 이곳에서는 등로 잇기에 신경을 써야 될 것 같다. 상식적으로는 가던 길에서 직진으로 이어질 것 같은데, 거의 기역자 비슷하게 꺾여 좌측으로 이어진다. 얼핏 보면 오던 길로 되돌아가는 착각을 일으킬 정도다. 한참 망설이다가 좌측 급경사로 내려간다. 안내리본을 발견하고서야 마음이 놓인다. 급경사 내리막도 잠시. 바로 오르막이 시작되고 305봉에 이른다. 정상에 묘지가 있다. 새로 난 나뭇잎이 시야를 가린다. 앞으로는 더하겠지…. 이곳에서 봉우리 몇 개를 더 넘으니 9번 송전탑이 나오고, 마루금은 우측으로 이어진다. 오늘은 길 찾기가 쉬운 편이다. 요소요소마다 안내리본이 있어서다. 송전탑에서 내려가니 260봉에 이르고, 내려가니 갈림길이 나오면서 마루금은 우측으로 이어진다. 묘지 뒤쪽으로 내려가니 또 갈림길, 좌측으로 내려가니 방죽골과 오류골을 잇는 비포장 고개에 이른다. 고개를 가로질러 절개지로 오르니 완만한 능선길이 시작되더니 바로 갈림길, 우측으로 내려가서 임도를 지나 삼거리에서 산길로 오른다. 묘지를 지나 임도를 따라 내려가니 거창한 묘지가 나오고, 묘지를 지나 산길로 내려가니 갑자기 앞이 확 터지면서 공터가 나온다. 내려가니 안부 사거리에 이르고, 임도를 따라서 올라가니 밭에 이른다. 밭을 지나 언덕으로 올라 산길로 들어선다. 복잡하지만 곳곳에 안내리본이 있어 길 잃을 염려는 없다. 우측 산길로 내려가니 시야가 트이면서 앞으로 가게 될 능선이 시원스럽다. 묘지를 지나 좌측으로 가니 또 묘지가 나오고, 밭을 지나 사거리에서 직진하니 송전탑이 나온다. 이곳에서 점심을 먹는다(12:28). 바로 앞에 작은 꽃나무가 무리 지어 있다. 노란 제비꽃이다. 땅바닥에 누운 것처럼 조그맣고 샛노란 꽃잎이 눈에 띈다. 이 꽃은 나와 인연이 깊다. 처음 정맥 종주를 시작한 한북정맥 어느 구간에서 눈 속에 핀 노란 꽃이 예뻐서 캐 온 기억이 있다. 언제부터인지 인연을 중시하게 되었다. 그럴 만도 하다. 숱한 사람, 무수한 것들 중에서 유독 그 사람, 그것과 접하게 된다는 것이 결코 쉬운 일이 아니다. 지금 걷고 있는 이 산길 또한 그렇다. 다시 출발한다. 넓은 임도를 걷는다. 앞쪽 낮은 언덕배기의 물탱크를 지나니 삼거리가 나오고, 조금 오르니 출입통제용 쇠사슬이 보인다. 정맥은 쇠사슬 직전에서 좌측 임도로 이어진다. 임도 좌측 아래에 주변 조경수를 관리하는 관리실이 있다. 갈림길에서 직진하여 임도가 끝나는 곳에서 좌측으로 오르니 2번 송전탑이 나온다. 이곳에서도 길 찾기에 신중해야 될 것 같다. 정맥은 송전탑에 부착된 번호판 바로 앞에서 우측 산길로 이어진다. 자칫하다가는 놓치기 십상이겠다. 송전탑을 거쳐 조금 내려가 철망을 따라 좌측으로 내려간다. 철망은 우측으로 휘어지고, 계속 철망을 따라가다가 철망 안쪽에 축구장이 있는 지점에서 정맥은 좌측 산길로 이어진다. 임도 좌측에 공동묘지가 있다. 다닥다닥 붙은 묘지가 여느 공동묘지와는 다르다. 묘지 크기가 작고 주변이 협소하다. 그래도 묘지마다 비석이 있다. 한참 내려가니 길은 좁아지고 가시넝쿨이 많아진다. 갑자기 앞이 텅 비고 절개지가 나온다. 절개지 아래는 청양 장례식장이다. 절개지 상단부에서 우측으로 내려가니 수돗가에서 그릇을 씻던 아줌마가 내 발자국 소리에 놀란다. 미리 인기척을 할 걸⋯. 장례식장 바로 우측에 청양 자동차정비공장이 있고, 그 앞은 2차선 포장도로다. 이곳에서 정맥은 2차선 포장도로 건너편 하얀 건물 왼쪽 도로로 이어진다. 하얀 건물 옆 도로를 따라 오르다가 삼거리에서 우측으로 들어서서 묘지가 있는 곳에서 우측으로 올라가니 폐건물이 나오고, 그 옆에 파란 천막이 설치되었다. 그늘막에서 밭 가장자리를 따라 오르니 송전탑과 묘지가 나오고, 묘지 뒤쪽으로 오르니 계속 묘지가 나온다. 무명봉을 넘고 좌측으로 내려가니 돌길이 나온다. 길지는 않지만 일종의 너덜지대다. 갑자기 허름한 철조망이 나오고 철조망 뒤에는 깊은 웅덩이가 있다. 정맥은 철조망 너머 밭으로 이어지기에 좌측으로 돌아가서 철조망을 통과한다. 밭을 지나서 시멘트 도로를 가로질러 오르니 송전탑이 나오고 225봉에 이른다. 좌측으로 내려가서 넓은 임도를 따라 계속 걷는다. 나무가 없어 그늘이 없다. 문박산 아래에 이른다. 삼거리에서 곧장 가는 넓은 임도를 버리고 우측 문박산으로 오르는 임도로 방향을 바꾼다. 바뀐 임도 양쪽엔 유실수가 있다. 임도로 들어서는 길목엔 두엄이 야적되어 통과가 불편하다. 그 옆 쓰러진 나뭇가지에 안내리본이 걸려 있다. 등산객들이 이쪽으로 통과하는 것을 못마땅하게 여긴 주인의 소행인가? 중턱쯤 올라가니 임도가 끝나고 다시 산길로 이어진다. 이제부터는 숲속의 나무 그늘을 걷게 된다. 그나마 저근하다. 그늘에서 잠시 쉬면서 오던 길을 되돌아본다. 여주재에서 이곳까지의 마루금이 한눈에 들어온다. 다시 산길에서 묘지를 지나 완만한 능선을 오르니 문박산 정상에 이른다(14:46). 중앙에 삼각점이 있고, 주변 나무에 '문박산'이라는 판때기가 걸려 있다. 원시림을 보듯 숲은 자연 그대로다. 넝쿨이 나뭇가지를 덮고, 쓰러져 방치된 나무도 보인다. 누구의 손도 타지 않은 자연 상태 그대로다. 50m 정도 아래에 산불감시초소가 있다. 그리로 내려가서 초소 우측으로 내려가니 묘지가 연속 나오고, 고목이 쓰러져 있다. 쓰러진 고목을 대면하니 인간사의 단면을 보는 것만 같다. 늙어 병든 노인의 쓰러짐을 연상케 한다. 밭 우측 가장자리로 올라가서 송전탑을 지나 한참 오르니 무명봉에 이른다. 오늘은 종일 송전탑과 함께 걷는다. 내려가다가 안부 사거리에서 직진하여 밭 사이로 내려가니 임도도 끝나고, 앞 포장도로에 자동차들이 질주한다. 저 도로가 오늘 산행의 종점인 645번 지방도로다. 저곳까지는 특정된 길이 없다. 무조건 논, 밭을 거쳐서 저 도로까지만 가면 된다. 지방도로 쪽으로 내달린다. 아직 시간상으로는 여유가 있지만 오늘은 이곳에서 마치기로 한다(15:25). 도로에 '645번 지방도로'라는 표지판이 있고, 좌측에 GS 주유소, 주유소 맞은편에 버스 정류장이 있다. 개나리 꽃망울이 터지기만을 기다리던 때가 엊그젠데 벌써 그 꽃이 지고, 곱게 물든 4월마저도 지려 한다.

### 🚶 오늘 걸은 길

여주재 → 315봉, 289봉, 334봉, 305봉, 260봉, 문박산 →645지방도로(10.9km, 5시간 16분).

### ⛰ 교통편

- 갈 때: 청양 시내버스터미널에서 버스로 여주재까지.
- 올 때: 645번 지방도로에 있는 효제1리 버스 정류장에서 청양읍까지 버스로.

# 열째 구간
## 645번 지방도로에서 차동고개까지

    비 온 다음 날 아침 산골은 맑디맑다. 빗물 머금은 나뭇가지에라도 스칠라치면 영롱한 보석 조각들이 얼굴을 간질이고, 풀벌레 소리와 봄 꿩알 품다 날아가는 푸드덕 소리는 천상의 화음이다. 그런 산속에 혼자다. 홀로 종주자의 특권일까?

    열째 구간을 넘었다. 청양군 운곡면 효제1리에 위치한 645지방도로에서 공주시와 예산군의 경계인 차동고개까지다. 이 구간에서는 금자봉, 국사봉, 서반봉, 천종산, 장학산, 운곡고개, 야광고개 등을 넘고, 청양군을 벗어나서 예산군에 진입하게 된다.

### 2009. 5. 3.(일), 비 온 다음 날이라 무척 더움

    청양 버스터미널에 도착하자마자(09:17) 자연스럽게 시내버스 정류장으로 향한다. 그럴 만도 하다. 벌써 이곳이 세 번째. 효제 1리 행 버스 출발 때까지는 20여 분의 시간이 있어 시장에 들른다. 청양읍이 내 고향 진도읍보다 큰 것 같지는 않은데 의외로 고층 아파트가 있고, 석재산업이 성하다. 노인들 틈에 끼어 버스에 오른다(09:50). 맨 앞좌석에 앉아 기사님께 부탁한다. "효제1리에서 꼭 좀 내려달라."고. 읍내를 벗어나면서부터 버스는 거침없이 달린다. 작은 마을을 지나고 재를 하나 넘으니 645 지방도로 표지판, 천지인 가든과 동신주유소 건물이 눈에 띈다. 효제1리에 도착(10:03). 정류장 표지판에 '효제1리(요깟)'라고 적혀 있다. 이곳에서 들머리는 오던 길로 3~4분 되돌아간다. 지방도로 표지판이 나오고 고갯마루에 이르자 좌측 산으로 오르는 길목에 안내리본이 걸려 있다. 풀과 나뭇가지엔 아직도 물기가 남았고, 산으로 오르자마자 묘지와 밭이 나온다. 산길은 들어설 때마다 새롭다. 벌목을 해서인지 주변이 횅하다. 묘지를 지나 갈림길에서 좌측으로 오르니 또 갈림길. 갑자기 옆에서 푸드득 하는 소리에 내가 놀란다. 알을 품던 꿩이 내 발자국 소리에 놀라 날아간다. 특이한 묘지가 나온다. 자그마치 11기가 일렬횡대로 안치되었고, 그중에 비석은 네 개만 있다. 묘지를 지나서도 좁은 길은 계속되고, 좌측은 목장용으로 벌목되어 횅하다. 목장을 경계 짓는 선인지는 몰라도 철선을 따라 발길을 옮긴다. 파란 그물망이 있는 곳을 지나니 넓은 벌목지대가 나오고, 할머니 한 분이 고사리를 꺾다가 나를 보고 묻는다. "운동 댕기요?" 벌목지대라 길도 안내리본도 없다. 조금 불안하지만 무조건 마루금을 생각하면서 앞에 보이는 능선만 보고 나아간다. 벌목지대 끝에서 절개지 좌측으로 내려가니 시멘트 도로에 이르고, 좌측에 '청운가든'이 있다. 도로에서 우측으로 조금 가니 고갯마루가 나오고 그곳 좌측 산길로 마루금이 이어진다. 소나무 숲길에 조성된 묘지를 지나 산길로 오른다. 18번 송전탑 아래로 통과하여 염소 사육장을 지나 직진하니 우측에 아담한 마을이 보인다. 임도사거리에 이어 밤나무단지에 이른다. 참나무가 베어진 곳을 지나니 좌, 우측에 공장형 마을이 있고, 우측에 디자인이 신기한 물탱크가 보인다. 임도사거리에서 직진으로 오르니 밤나무 어린 묘목 단지가 나오고, 단지 끝에서 산길로 올라 석곽 묘지를 지나 340봉에 이른다. 정상에 베어진 나뭇가지들이 널려 있다. 다시 봉우리를 넘고 능선길로 오르니 갈림길. 좌측은 금자봉으로 오르는 직진길이고, 우측은 우회로다. 바로 오른다.

### 금자봉에서(11:23)

정상은 숲이 우거져 조망이 제로다. 낯익은 팻말이 있다. 준, 희씨의 '금북정맥'이라는 아크릴판이다. '금자'라는 봉우리 이름이 정겹다. 토속적이면서 늘 우리 곁을 지켰던 이름이다. 몇 년 전 가평 명지산을 오를 때 봤던 식당 이름이기도 하다. '금자네 식당'을 떠올리면 깊은 산골 밤중의 별똥별 떨어지는 모습이 연상되고, 풀벌레 우는 적막한 밤중이 연상된다. 그때 명지산의 밤이 그랬었다. 바로 우측으로 내려가니 조금 전에 우회한다던 길과 다시 만나고 완만한 능선길로 이어진다. 고만고만한 봉우리 서너 개를 넘고 334봉에서 내

려가니 능선길이 한참 이어진다. 갈림길이 연거푸 두 번 나오고 그 때마다 정맥은 좌측으로 이어진다. 잠시 후 운곡고개에 이른다. 운곡고개는 냉정골과 놋점미를 잇는 안부사거리다. 사거리에서 직진하여 가파른 오르막을 바닥만 보고 걷는다. 쪽동백 떨어진 꽃잎이 시야에 들어온다. 고개를 드니 길 양쪽에 쪽동백이 천지다. 다시 한참 올라가서 무명봉에서 내려가다가 큰 묘지를 지나 급경사로 오르니 400봉에 이른다. 정상에 작은 바위와 소나무가 많다. 뒤돌아보니 지나온 길이 요리저리 구불어진채로 다 보인다. 저 길 숲속을 헤쳐 벌레 소리와 함께 온 거다. 이런 게 정맥 종주다. 이곳에서 점심을 먹고, 출발한다. 내려가다가 오르니 424.4봉에 이른다. 중앙에 삼각점이 있고 금자봉에서 봤던 준, 희씨의 팻말이 이곳에도 있다. 좌측으로 내려가니 저수지와 신대리 마을이 내려다보이고, 등로에 잡목이 우거지다. 얼굴을 때리는 나뭇가지도, 몸을 휘감는 줄기도 있다. 임도에서 직진으로 오르니 안부사거리에 이르고, 직진으로 올라서니 고사목들이 보이기 시작한다. 지리산 고사목처럼 세월의 흐름에 따라 자연사한 게 아니고 산불에 희생된 것이다. 뭔가 다른 느낌이다. 고사목 지대를 통과하니 400봉에 이른다. 고만고만한 봉우리 서너 개를 넘으니 헬기장이 있는 415봉에 이르고, 주변은 겹겹이 산이다. 헬기장에서 좌측으로 진행하여 갈림길에서 좌측으로 내려가니 436봉과 365봉이 연거푸 나온다. 가파른 오르막에서 바닥만 보고 걷다가 부부 종주객을 만난다. 얼굴이 새까만 남자와 모자와 수건으로 얼굴을 두 겹 세 겹으로 가린 아내가 큼지막한 배낭을 짊어지고 서성댄다. 나와는 반대 방향으로 종주 중이다. 오던 중 이곳에서 길을 잃고 다른 쪽으로 한참 가다가 되돌아왔다는 것이다. 그들에게 길을 안내하고 내 길을 간다. 몇 번을 쉬어야 할 정도다. 뒤돌아

보니 나뭇가지 사이로 지나온 산줄기와 금자봉이 보인다. 한참 오르니 큰 십자가 철탑이 보인다. 한남정맥 종주 때도 산꼭대기에 세워진 십자가 철탑을 본 적이 있다. 철탑을 지나니 440봉 정상에 시멘트로 된 삼각점이 있다. 좌측으로 내려가니 갈참나무 잎이 무성하고, 10여 분 오르니 국사봉 정상이다.

### 국사봉에서(13:54)

정상의 팻말과 삼각점을 확인하고 내려가 헬기장을 지나자마자 신기한 것을 발견한다. 산도곽(산돌)이다. 돌 전체가 하얗다. 옛날 시골에서 작은 산도곽은 봤지만 바위 전체가 하얀 것은 처음이다. 그것도 한두 개가 아니다. 급경사와 완경사가 반복되고 한참 후 갈림길에 이른다. 양쪽에 리본이 있다. 좌측은 우회로다. 직진 희미한 길을 따르니 무명봉에 이르고, 좌측으로 내려가니 우회해서 오는 길과 다시 만난다. 계속 내려가니 길 흔적도 없고 잡초와 돌만 가득한 임도사거리에 이른다. 가파른 절개지로 오르니 능선길이 시작되고, 잠시 후 갈림길에서 좌측으로 오르니 415봉 정상이다. 급경사로 내려가 바위 지대를 지나니 소나무 군락지가 나온다. 한참 오른 후 무명봉을 지나 388봉에서 내려가다가 소나무 군락지에서 우측으로 내려가니 안부사거리에 이르고, 너덜지대를 지나니 아무런 표시가 없는 392봉에 이른다. 우측으로 내려가니 야광고개에 이른다. 야광고개는 예산군 신양면 추광리 들광이 마을과 공주시 유구읍 조평리 구분실 마을을 잇는다. 야광고개에서 무명봉을 지나 계속 오르니 천종산 정상에 이른다. 내려가는 길은 완만한 능선. 무명봉을 넘어 갈림길에서 좌측으로 가다가 또 무명봉을 넘고 내려가니 갈림길. 지루하지만 마음을 놓을 수 없다. 비슷한 등로가 수없이 반복되어 혹시라도 길을 잘못 들까 신경이 곤두선다. 갈림길에서 우측으로 올라 350봉에서 급경사로 내려간다. 고개를 넘어 직진으로 오르다가 우측 능선길로 빠지니 임도사거리에 이르고, 직진으로 오르다가 산나물을 뜯는 노인을 만난다. 인사를 하고 지나가려는 나에게 어디를 가는지 묻는다. 정맥 종주에 대하여 알기 쉽게 설명 했으나 이해를 못한 듯하다. 그러면서 추동고개에서 서울을 가려면 유구로 가지 말고 예산으로 가라고 한다. 유구는 남쪽에 있고 예산은 서울을 중심으로 현 위치에서 위에 있다면서 땅바닥에 지도까지 그려가면서 애써 설명하신다. 혼란스럽다. 내가 사전에 파악한 것과 할아버지의 설명이 다르다. 예산으로 가는 버스가 없으니 유구에서 온양으로 가야 되는 것으로 알고 있는데…. 계속 오른다. 장학산에서 능선길로 내려가다가 무명봉을 넘고 가파른 오르막을 오르니 374봉 정상이다. 내려가는 길은 급경사. 안부에서 완만한 길로 한참 올라 연거푸 무명봉을 넘는다. 무명봉에서 좌측으로 내려가니 임도 갈림길에 이르고, 좌측으로 오르니 임도 삼거리에 이른다. 이곳에서 직진하니 342봉에 이르고, 내려가 안부 사거리에서 직진으로 계속 오르니 361.2봉이다. 정상에는 삼각점이 있을 뿐 전망은 별로다. 별생각이 다 든다. 이런 길을 다 걸어야만 하나? 비슷한 지형에 같은 내용물들. 오르막 내리막 삼거리 안부 무명봉…. 축지법이 가능하다면 이런 곳은 축지법을 써도 전혀 문제될 것 같지 않다. 완만한 능선길로 내려가다가 오르니 353봉에 이른다. 비슷비슷한 봉우리들의 연속이다. 완만한 능선으로 내려간다. 갈림길에서 우측으로 올라 무명봉에서 우측으로 내려가다가 오르니 오늘의 마지막 봉우리인 330봉이다. 내려가니 좌측으로부터 자동차 소리가 들리고, 한참 내려가니 도로가 보이기 시작한다. 상당히 넓은 도로다. 능선 끝에서 절개지 우측으로 내려가니 많은 차량이 오가는 차동고개에 이른다(17:40). 차동휴게소 앞마당에 관광버스와 많은 승용차들이 주차되었다. 휴게소에 들러 그동안 참았던 물부터 마시고, 귀경 교통편을 알아봐야 한다. 긴장이 풀려서인지, 빡빡한 일정을 소화하느라 무리하게 내달린 탓인지 정신이 혼미하다. 5월의 태양도 서쪽으로 많이 기울었다. 오늘 지루하고 힘들었다. '讀萬卷書 行萬里路'[5]라는 중국 격언이 또 생각난다.

- 모든 버스가 끊겼다. 차동휴게소에서 청소 일을 하시는 할머니가 유구에서 이곳 휴게소까지 물품을 배달하는 봉고차 기사를 소개해 줘서 유구까지 이동.

### 🚶 오늘 걸은 길

645번지방도로 → 금자봉, 국사봉, 서반봉, 천종산, 장학산, 야광고개 → 차동고개 (18.5km, 7시간 37분).

### ⛰ 교통편

- 갈 때: 청양 시내버스터미널에서 효제1리까지 시내버스 이용.
- 올 때: 차동고개에서 버스로 유구읍이나 예산으로 이동.

---

5)  독만권서 행만리로: 중국 송나라 소철의 말로, '만 권의 책을 읽고, 만 리를 여행하라.'는 뜻이다.

# 열한째 구간
### 차동고개에서 각흘고개까지

애통해 한들 바뀔 수 있겠습니까. 그립다 한들 돌아올 수 있겠습니까. 가진 자들의 천국인 이 사회를 진정한 사람 사는 세상으로 바꿔 보겠다고 발버둥 치던 어느 분이 지지난 주에 영면하셨습니다. 그때, 그분이 가시던 날 만물은 침묵했고 힘없이 떨어지는 이슬거리만 무언으로 저항하듯 속절없이 내렸습니다. "삶과 죽음이 자연의 한 조각"이라던 그분의 마지막 말이 떠오릅니다. 막연하게 그러려니 했던 그 말이, 긴가민가하던 그 말이 이제는 추호의 의심도 없이 인생사의 진리가 되어갑니다. 바로 2주 전, 2009년 5월 23일 토요일 이른 아침에 나는 공주시의 작은 마을 유구라는 곳에 홀로 떨궈졌고, 차동고개를 향해 달리는 택시 안에서 노무현 전 대통령 투신 사망이라는 역사의 변환점을 라디오를 통해 들었습니다. 그리고 가슴속에 기록하였습니다. 그 이후, 마치 몇 년이나 지난 것처럼 굵직한 일들이 차곡차곡 기억 칸에 자리 잡게 되었습니다. 시공을 초월한 갑남을녀의 끝없는 조문행렬은 전 국민의 가슴을 울렸고, 전직 대통령의 비리를 캔다고 날뛰던 서슬 퍼런 검찰의 칼날은 온데간데없이 자취를 감췄습니다. 다행인 것은 정의와 양심은 순간적으로 왜곡되고 핍박받을지라도 결국은 진리로서 살아남게 된다는 것을 증거한 것입니다. 비록 너무 큰 희생이 있었지만 말입니다. 지난 2주간을 추억합니다. 삼가

고인의 명복을 빕니다.

　열한째 구간을 넘었다. 공주와 예산의 경계를 이루는 차동고개에서 공주와 아산의 경계를 이루는 각흘고개까지다. 이 구간에서는 서낭당고개, 볼모골고개, 새재, 명우산, 극정봉, 부영산, 천방산, 봉수산 등을 넘게 된다. 산길을 걷다 보면 길 없는 곳까지 가보고 싶은 치기가 생긴다.

## 2009. 5. 23.(토), 아침 흐리고 간간이 이슬거리, 낮에 갬

　공주시 유구읍에 도착(09:35). 오늘은 이곳 장날이다. 길거리에 물건들이 쌓였고, 장터에는 제법 사람들이 웅성거린다. 매표소로 달려갔으나 오늘은 버스가 가지 않는다고 한다. 그것도 당연하다는 듯이 당당하게. 이유가 가관이다. 학생들이 학교를 쉬기 때문이란다. 그러나 어쩌랴. 엿장수 맘인데. 터미널 맞은편 택시 사무실로 가니 '어서 옵쇼'다. 응대하는 태도가 매표소 아줌마와는 천양지차다. 바로 택시에 오른다. 택시 기사가 라디오를 틀자마자 긴급속보가 흐른다. 청천벽력이다. 노무현 전 대통령 사망. 순간 택시 기사도 나도 숨을 멈춘다. 그것도 자살이란다. 바위 절벽에 몸을 던졌단다. 일국의 직전 대통령이…. 속보는 계속된다. 속보를 전하는 아나운서의 목소리가 가늘게 떨린다. 대체 무슨 일이 있었기에? 집히는 것이 있지만 그래도 안타까움은 떨칠 수 없다. 혼란스럽다. 뭐가 뭔지 알 수 없다. 유달리 자존심 강한 사람에게 감당하기 어려운 사정, 죽음만이 해결할 수 있는 그런 상황? 하얗게 비어버린 머릿속. 택시가 멎는다. 차동고개다.

## 차동고개에서(10:07)

이슬거리가 내린다. 일단 휴게소 안으로 들어가 마음을 정리해야 겠다. 여느 때 같으면 다시 찾은 산골풍경에 마음 설렐 텐데, 오늘은 그렇지 못하다. 비보 때문이다. 휴게소 안은 온통 전직 대통령 자살 이야기다. 안타까움을 표시하는 이도, 망신이라고 조롱하는 이도 있 다. 속보만 듣고 그런 상황이 벌어진 배경은 이해 없이. 아는지 모르 는지 무심하게 내리는 비가 야속하다. 일단 산행은 하기로 한다. 빗 물 떨어지는 속도가 더 빨라졌고, 날씨도 더 어두워졌다. 오늘은 세 상 이치가 역행하는 날인가 보다. 들머리는 휴게소에서 100m 거리 에 있다. 유구 방향으로 되돌아가면 왼쪽으로 도로가 나온다. 구도 로다. 그 좌측에 산으로 오르는 들머리가 있다. 예외 없이 노란 안내 리본이 눈에 띈다. 비가 오나 눈이 오나, 온 세상이 요동을 쳐도 이 리본만은 제자리를 지킨다. 언제 봐도 반갑고 고마운 것. 리본이 걸 린 상수리 나뭇가지를 붙잡고 가파른 경사를 오른다. 초입만 경사 가 심할 뿐 이내 완만한 능선으로 바뀐다. 소나무가 무성한 소로가 이어진다. 솔잎이 쌓인 푹신한 산길. 묘 10기가 있는 묘역이 나온다. 7기만 석곽이다. 묘지를 지나 좌측으로 오르니 264봉에 이르고, 우 측으로 올라 갈림길에서 좌측 능선길로 오르니 294.2봉에 이른다 (10:30). 약간 훼손된 삼각점과 준, 희씨의 금북정맥 팻말이 있다. 앞 쪽에 골골이 이어지는 안개 낀 산맥들이 줄을 섰고, 아직도 차동고 개를 넘나드는 자동차 소리가 들리는 듯 희미한 기계음이 들린다. 좌측으로 내려간다. 벌목으로 안내리본이 하나도 없다. 길 찾기가 쉽지 않다. 다시 봉우리에서 좌측으로 내려가니 안부에 이르고, 묘 지를 지나 우측으로 내려가 안부에서 직진하니 무명봉에 이른다. 우측으로 내려간다. 이어 260봉에서 내려가니 갈림길이 나오고, 좌측으로 내려가니 불모골마을과 잔대골마을을 잇는 서낭당고개에 이른다. 사람이 다닌 흔적이 없다. 서낭당고개에서 오르니 임도가 나오고 계속 오르니 특색 있는 경주김씨 묘지가 있다. 그쳤던 비가 내리기 시작한다. 억지로 내리는지, 다른 사연이 있어 마지못해 내리는지 게으르게 떨어진다. 이런 자연현상도 분명 연유가 있을 것이다. 노무현 전 대통령의 사망 속보가 머릿속을 떠나지 않는다. 묘지를 지나 산길 우측으로 내려가니 삼거리에 이르고, 좌측으로 내려가니 안부에 이른다. 우측에 임도가 내려다보인다. 안부에서 올라서자마자 갈림길이 나오고, 좌측으로 올라가다가 다시 좌측으로 내려가니 또 임도와 만난다. 이곳이 새재인 것 같다(불확실). 임도에서 우측을 보니 동상이 보인다. 좌측 산길로 오르니 고만고만한 구릉이 연속되고 갈림길이 나온다. 갈림길에서 우측으로 올라가니 340봉에 이른다. 비가 그치고, 햇빛이 나오기 시작한다. 주변이 환해진다. 움츠렸던 마음도 다시 녹는다. 340봉에서 급경사길을 내달린다. 소나무와 잡목이 울창하여 걷기가 불편하다. 안부에서 오르니 무명봉에 이르고, 급경사로 내려가니 또 안부에 이른다. 불운리고개다. 안부에서 오르니 절대봉에 이른다. 산불 난 흔적이 남았다. 급경사로 내려가다가 무명봉을 넘고, 갈림길에서 좌측으로 올라가니 동굴처럼 움푹 팬 곳이 나온다. 넓지 않은 공터가 있는 봉우리에서 구릉을 오르내리니 명우산에 이른다.

### 명우산에서(12:14)

정상에는 '산이 좋아 모임'에서 설치한 아크릴 팻말이 있다. 이곳에서 점심을 먹고, 출발한다. 좌측으로 내려가다가 봉우리를 넘고, 안부에서 직진하니 흔적만 남은 묘지가 나온다. 지나온 마루금과 명우산이 올려다보인다. 다시 무명봉을 넘고, 400봉에서 급경사로 내려가니 안부에 이른다. 작은 바위가 있는 능선길을 따르니 극정봉 정상에 이른다. 참나무가 쓰러졌고, 새로운 리본을 발견한다. '대전 박병부', '아산 달팽이 등산 마니아'. 4~5분 내려가니 갈림길이 나오고, 우측으로 한참 내려가다가 오르니 무명봉에 이른다. 지나온 산길과 극정봉이 올려다보인다. 무명봉을 넘고, 354봉에서 급경사 내리막으로 5분 정도 가니 안부 사거리에 이른다. 나무의자와 이정표가 있다. 가파른 오르막이 시작된다. 우측에 공주시 유구읍 덕곡리 머그네미마을이 한눈에 조망된다. 잠시 후 무명봉을 넘고, 350봉에 이른다. 이곳에도 이정표가 있다(극정봉 1.3, 천방산 2.8). 우측으로 내려간다. 갈림길에서 우측으로 올라 무명봉을 넘고, 다시 우측 능선길로 오르니 빛바랜 억새들이 나오고 삼거리에 이른다. 삼거리에서 좌측으로 올라가니 작은 바위가 있는 부영산 정상에 이른다(14:20). 내려가다가 바위가 있는 곳으로 오르니 나무의자 두 개가 있는 403봉에 이르고, 좌측으로 한참 내려가니 안부사거리에 닿는다. 직진하여 385봉과 무명봉을 연속해서 넘고 다시 완만한 길로 오르니 460봉에 이른다. 우측 능선으로 5분 정도 올라가니 천방산 갈림길에 이른다. 이정표와 천방산 팻말이 있다. 조금만 오르면 천방산 정상이지만 포기한다. 시간이 없어서다. 천방산 갈림길에서 좌측 급경사로 내려가니 흙으로 된 계단이 있고, 무명봉을 넘으니 목재 계단이 등장한다. 한참 후 낮은 봉우리를 오르내리다가 임도 오거리에서 좌측 산길로 한참 오르니 378봉에 이르고, 이어서 460봉 정상에 도착하니 햇빛이 약해지고 서늘해짐을 느낀다. 길은 계속 걷기에 좋다. 좌측 급경사 내리막은 완만한 능선길로 변하면서 큰 바위를 지나 한참 오르니 우측에 송전탑이 보인다. 송전탑에 연결된 전선이 공중에 떠 있는 것 같다. 산 풍경도 보는 위치에 따라서는 이렇게 아름다울 수 있다. 송전탑을 지나 10분 정도 올라가니 봉수산 갈림 길이다(16:33). 갈림길에는 봉수산 팻말과 안내판이 있다. 봉수산 정상은 북쪽으로 약 160m 떨어져 있다. 갈림길에서 방향을 90도 바꿔 남동쪽으로 내려가니 안내판이 있는 길상사 갈림길에 이르고, 각흘고개 방향으로 내려가다가 완만한 능선길로 오르니 380봉에 이른다. 다시 무명봉을 넘고, 바위가 있는 봉우리를 지나 안부 사거리에서 올라가니 390봉에 이른다. 우측 급경사로 내려가니 우측에 송전탑이 보이고, 이어서 385봉에서 좌측으로 내려가니 자동차 소리가 들리기 시작한다. 351봉을 넘고, 송전탑이 있는 곳에서 좌측 급경사로 내려가니 큰 바위가 나오고, 석곽과 비석이 있는 묘지를 지나 우측으로 내려가니 오늘 산행의 종착점인 각흘고개에 이른다(17:58). 그새 산그늘이 많이 길어졌다.

### 🚶 오늘 걸은 길

차동고개 → 264봉, 서낭당고개, 명우산, 극정봉, 부영산, 천방산, 봉수산 →각흘 고개(16.5㎞, 7시간 51분).

### ⛰ 교통편

- 갈 때: 공주시 유구읍에서 시내버스로 차동고개까지.
- 올 때: 각흘고개 버스 정류장에서 버스로 온양으로 이동.

# 열두째 구간
### 각흘고개에서 차령고개까지

'인생 이모작' 사회적 화두다. 조기 퇴직이 일반화되고, 평균 수명도 100세까지 늘 거란다. '긴 세월 동안 뭘 할까?' 고민이 클 것이다. 현직에서 최대한 버티기, 창업 등을 생각해 볼 수 있지만 묘수는 없다. 잠정 결론은, 하고 싶은 것을 하는 거다.

열두째 구간을 넘었다. 공주시와 아산시의 경계를 이루는 각흘고개에서 천안시와 공주시의 경계인 차령고개까지다. 이 구간에서는 갈재고개, 곡두고개, 개치고개, 장고개, 480봉, 646봉, 420.9봉, 봉수산 등을 넘게 된다. 중간에 식수를 보충할 곳이 없어 미리 준비해야 한다.

### 2009. 6. 7.(일), 흐리다가 오후에 갬

아침부터 소동이다. 서울고속버스터미널 경부선으로 갈 것을 호남선으로 간 것이다. 그동안 호남선을 이용했던 습관 때문이다. 부리나케 경부선으로 달려갔지만 온양행 버스는 3분 전에 출발. 다음 버스는 30분 후에 있다. 온양에는 8시 22분에 도착. 각흘고개까지는 다시 시내버스를 타야 된다. 운전기사는 보기 드문 신세대다. 각흘고개 가느냐고 물으니 모른다고 한다. 유구행 버스는 맞는다고 해서 올라탄다. 버스는 온양시내를 벗어나 시골길을 달려 각흘고개 도착 (09:26). 고개 정상에 각흘고개 표지석이 있고, 해태상이 그 옆에 있다. 양쪽에는 광덕산과 봉수산 등산로 입구를 표시한 간판이 있다. 날씨는 잔뜩 흐리다. 도로를 건너 맞은편 절개지 위로 오른다. 시멘트 담벼락에는 등산객들이 딛고 오르도록 발걸이가 설치되었다. 산길로 올라서니 등로에 솔잎이 쌓였다. 깨끗하게 단장된 묘지를 지나 바로 석곽과 비석이 있는 대단지 묘역이 나온다. 이화공원이다. 묘지를 지나 좌측 산길로 오르니 커다란 바위가 나오고, 310.2봉에 이른다. 중앙에 삼각점이 있고, 잡목이 우거져 조망은 별로다. 내려가는 길은 소나무가 울창하다. 새 울음소리가 마치 중국 사람이 말하는 듯하다. 저 새가 전생에 중국 사람이었나? 위에서 인기척이 난다. 아버지와 아들이 배낭을 메고 내려온다. 보기에 참 좋다. 임도를 따라 오르니 옆에 송전탑이 있는 삼거리에 이르고, 좌측 산길로 오르니 또 묘지가 나온다. 이 지역은 조상 섬기는 일이 남다른 것 같다. 송전탑을 지나고 무명봉을 넘으니 작은 바위들이 여럿 있는 395봉에 이른다(10:11). 정상에 있는 헬기장을 지나 내려가니 큰 바위가 있는 안부에 이르고, 고만고만한 능선이 한동안 이어진다. 무명봉을 넘고, 402봉에서 내려가니 묘 3기가 나오면서 시야가 뻥 뚫린다. 앞선 마루금이 수채화처럼 아름답다. 이곳에 묻힌 사람들은 생전에 사이가 아주 좋았던 모양이다. 죽어서도 이렇게 나란히 묻힌 걸 보니. 좌측 임도를 따라 내려가다가 좌측으로 휘어지는 곳에서 우측 산길로 오른다. 묘지를 지나니 잣나무 숲이 울창한 임도로 이어지고, 잣나무 숲에 들어서니 더 어두워지는 느낌이다. 흔하지 않은 바위 능선이 이어진다. 몇 년 전 겨울 산행 때 원주 치악산에서 경험했던 그런 능선이다. 조금은 불편하다. 묘지가 나오는 곳에서 임도를 버리고 좌측 산길로 오르니 헬기장이 나온다. 480봉 삼거리다. 이곳이 광덕산에서 흘러내린 산줄기가 각흘고개와 갈재고개로 분기되는 지점이다. 좌측은 광덕산으로 올라가고, 우측은 갈재고개로 내려가는 길이다. 우측으로 내려가니 호젓한 등로가 이어진다. 5분쯤 지나니 갈림길이 나오고, 좌측 길로 내려가니 갈재고개에 이른다. 도로를 건너 우측 산길로 올라가 삼거리에서 우측 완만한 능선길로 오르니 좌측 임도로 이어지고, 한동안 완만한 길이 계속된다. 한참 오르니 작은 바위가 있는 능선 삼거리에 이르고, 좌측으로 오르니 바위로 된 646봉에 이른다. 그저 그런 봉우리를 오르내리니 630봉 삼거리에 이르고, 많은 안내리본 중 눈에 띄는 이름이 있다. '비실이 부부 금북정맥 잇기' 우측 경사지로 내려간다. 괴상한 바위가 나타난다. 선돌처럼 길쭉한 바위 위에 넓적한 바위가 올려졌다. 아침부터 흐리던 날씨는 여전하다. 세상 모든 것이 멈춘 듯 조용하다. 보이는 것은 구름뿐. 또 큰 바위가 나오고 한참 후 553봉에 이른다.

### 553봉에서(11:57)

정상에 넓은 공터가 있다. 내려가는 길은 급경사. 올라갈 일이 벌써부터 걱정이다. 553봉 삼거리에서 우측으로 내려가다가 능선 끝자락에서 좌측 급경사로 내려가니 2차선 포장도로가 내려다보인다. 곡두고개 아래로 통과하는 호계터널로 이어지는 도로다. 잠시 후 곡두고개에 이른다. 완만한 능선길로 한참 오르니 490봉에 이른다. 이곳에서 점심을 먹고, 출발한다. 좌측으로 내려가다 갈림길에서 우측으로 오르니 헬기장이 나오고 440봉에 이른다. 사방을 둘러봐도 보이는 것은 산의 윤곽과 구름뿐이다. 가끔씩 들리는 비행기 소리만 산

중 적막을 깬다. 급경사 내리막이 참나무 잎으로 덮여 미끄럽다. 신기한 고사목이 나온다. 윗부분은 없어지고 아랫부분만 남았다. 껍질이 다 벗겨져서 미끈하다. 마치 나신을 보는 듯. 반가운 리본이 또 보인다. '빈손' 길이 애매할 때마다 나타나던 리본이다. 우측 급경사로 내려가니 안부사거리에 이른다. 탑거리마을과 정단리마을을 잇는 사거리다. 무명봉을 넘고, 426봉 삼거리에 이르니 나무토막들이 널려 있다. 이어진 480봉은 산불이 난 흔적이 역력하다. 불에 그슬린 나무들이 많다. 등로 좌측에 그림 같은 마을이 나뭇가지 사이로 보인다. 지장리 석산마을이다. 앞쪽 송전탑도 마치 하늘에 떠 있는 듯 장관이다. 구름 낀 오늘 날씨를 불평했는데, 그게 아니다. 구름 때문에 조망이 제로인지 아니면 구름 때문에 이렇게 멋진 풍경을 볼 수 있는 것인지. 싸리나무 군락지가 이어진다. 급경사로 한참 내려가니 등로 중앙에 묘지가 있고, 안부에서 좌측 산길로 넘어가니 석산마을과 섭밭말마을을 잇는 안부사거리에 이른다. 좌측 골짜기는 자작나무 군락지다. 좌측에 하얀 건물도 보인다. 십자가가 있는 것을 보니 교회다. 직진하여 351봉을 넘고, 가파른 오르막으로 한참 오르니 420.9봉에 이른다(14:33). 나무를 베어서 공간을 확보했고, 남겨진 한 그루의 나무에 무려 28개의 안내리본이 걸려 있다. 사진으로 남긴다. 좌측 급경사로 내려가니 낙엽들이 산길을 독차지한다. 미끄럽기까지 한다. 어렵게 내달려 개치고개에 이른다. 우측에 건물이 보이고, 직진하여 323봉에서 좌측 급경사로 내려가니 무명봉 삼거리에 이른다. 삼거리에서 우측으로 진행하여 연속해서 두 개의 무명봉을 넘고 내려가니 우측 송전탑과 전선이 마치 서커스단의 공중 곡예처럼 보인다. 우측은 절벽이다. 뭔가를 하려고 깎아버렸다. 372봉에서 급경사로 내려가니 장고개에 이른다. 장고개는 석지골마을과 윗개

치마을을 잇는다. 좌측으로 올라가니 우측에 송전탑이 있고, 묘지를 지나니 시야가 뻥 트이면서 앞으로 가야 할 산줄기가 뚜렷하다. 임도를 만나 421.7봉을 넘으니 햇빛이 나기 시작한다. 숲속이 갑자기 밝아진다. 우측 길로 내려가서 산길로 오르니 다시 임도와 만난다. 자동차도 다닐 정도로 넓다. 임도 끝 지점에 한전에서 설치한 '산불 조심' 플래카드가 있다. 임도를 건너 절개지로 올라가서 430봉에 이른다. 우측으로 90도 휘어지면서 내려가니 좌측에 검정색 그물이 설치되었고, 그물 안쪽 나무들이 베어졌다. 그물을 좌측에 두고 걷는다. 송전탑을 지나 375봉에 이르고, 완만한 능선길로 내려가니 묘지가 나오면서 자동차 소리가 들린다. 등로는 급경사다. 발 브레이크가 듣지 않을 정도다. 자동차 소리는 계속 들린다. 기다시피 해서 내려간다. 등로 중앙에 있는 묘지를 지나 무명봉을 넘으니 비포장도로가 이어지는 인제원고개에 이른다. 도로 우측은 골프장이다. 골프장의 푸른 잔디가 환상적이고, 골프장 너머로 자동차들이 떼 지어 달린다. 천안 논산 간 고속도로다. 마루금으로 이어지는 산길에 골프장 주인이 철조망을 설치했다. 통행을 금한다는 뜻이다. 그렇다고 포기할 수는 없다. 오른다. 오를수록 골프장의 시원스러운 모습과 천안 논산 간 고속도로의 차량 행렬은 진경을 연출한다. 마루금은 산 중턱에 세워진 송전탑을 향해 이어진다. 잠시 오르다가 좌측 산길로 오른다. 송전탑을 지나 좌측 산길로 내려가니 인제원고개에서 올라오는 도로와 다시 만난다. 마루금은 도로로 진행하다가 좌측 산길로 올라 가파른 오르막으로 이어진다. 우측에 송전탑이 있다. 체력이 방전되어 몇 번이고 쉬었다가 다시 오른다. 잠시 후 봉수산 정상에 이른다. 정상에는 넓은 공간과 봉수대 안내문이 있다. 작은 돌탑도 있다. 더 반가운 것은 이곳에도 준, 희씨의 금북정맥 알림판이 있다. 머무를 여유가 없다. 우측으로 내려가니 큰 바위가 연속해서 나오고 임도에 이른다. 임도를 걷다가 우측 산길로 오르니 삼각점이 있는 337봉에 이른다. 헬기장과 '면민안녕기원비'가 있다. 내려가다가 임도 끝 지점에서 우측 산길로 오르니 좌측에 송전탑이 있다. 한참 내려가니 건물이 보이면서 대나무밭과 시멘트 계단이 나오고, 오늘의 종점인 차령고개에 이른다(17:50). 그런데 이게 웬일인가? 마치 유령 도시를 보는 듯 시설들이 몽땅 폐쇄되었고, 하던 공사도 중단되고 완공된 시설도 빈 공간으로 남았다. 심지어 차령고개 표지석마저 나뒹군다. 이유가 있다. 고개 아래로 차령터널이 뚫려서 이곳 시설들이 용도 폐기된 것이다. 차령고개는 호남에서 한양으로 넘나드는 삼남대로의 가장 큰 고개라고 안내문에 적혀 있다. 날이 저물었는데 아직도 햇살은 살아 있다. 집이 그립다. 돌아갈 곳이 있고, 나를 기다리는 가족이 있다는 것. 얼마나 다행인가.

**🚶 오늘 걸은 길**

각흘고개 → 480봉, 곡두고개, 646봉, 420.9봉, 봉수산 → 차령고개(16.5㎞, 8시간 24분).

**⛰ 교통편**

- 갈 때: 온양에서 각흘고개까지 시내버스 이용.
- 올 때: 차령고개에서 버스로 정안을 거쳐 천안까지.

# 열셋째 구간
## 차령고개에서 황골도로까지

　산다는 게 뭔지 확신도 못 하고 한 곳에 매달려 온 자신을 발견한다. 날마다 습관대로 광화문행 지하철에 몸을 맡기고 바보처럼 살아 온 나를. 어느 날 공든 탑이 와르르 무너지고, 그때서야 알게 된다. 현실이라는 것을. 어떻게 살아야 하는지를. 그렇게 2년보다 더긴 2주가 지나고, 사방으로 찢긴 가슴속 조각들을 다시 맞춰 애써 평정심을 찾는다. 아무리 혹독한 고통도 후회보다 더한 것은 없을 것이기에, 훗날 후회하지 않도록 나의 길을 갈 것이다. 인생의 탑은 결코 하나가 아니다.

　금북정맥 열셋째 구간을 넘었다. 천안시 광덕면과 공주시 정안면의 경계를 이루는 차령고개에서 국수봉, 국사봉, 양곡리, 요셉의 마을, IMG 골프장 등을 거쳐 세종시 소정면 대곡리 황골마을과 고등리 세거리마을을 잇는 황골도로까지다. 오전에는 뜨거운 날씨 때문에, 늦은 오후에는 간간이 비가 내려서 서둘러야 했다. 구간 중 경부선 철로를 횡단해야 하는데, 주의가 필요하다.

## 2009. 7.11.(토), 맑음

갈까 말까를 고민하다 결론을 못 내리고 그냥 잤다. 일어나지는 것을 봐서 결정하기로 하고. 새벽이 되고, 이제는 산행이 의무가 된 듯 어제저녁의 고민은 온데간데없이 주섬주섬 배낭을 꾸린다. 간밤에 준비를 못 한 탓에 냉장고에 있는 것을 그대로 쓸어 담고 집을 나선다. 버스는 9시 25분에 천안에 도착. 다시 인풍행 시외버스는 10시 2분에 인풍정류장에 도착. 이곳에서 차령고개까지는 20분 정도를 걸어야 된다. 버스가 오던 방향으로 되돌아 걷는다. 길 아래쪽 샛길을 따라가다가 지하 통로를 통과해 차령고개로 향한다. 한 달 전에 지나온 길이다. 밤골농장 이정표가 나오고, 차령터널의 두 구멍이 보이더니 차령고개 시설들이 보이기 시작한다. 차령고개에는 10시 23분에 도착. 공주시에서 세운 표석, 휴게소, 주유소가 있는데 모두 헐렸다. 일부는 방치되어 마치 유령도시를 보는 듯하다. 차령고개 아래로 터널이 생기는 바람에 이곳 시설들이 무용지물이 되었다. 오늘 들머리는 고갯마루 도로 우측에 난 산길로 이어진다. 안내리본이 보인다. 입구는 계곡처럼 푹 패었고, 바닥은 아직도 물기가 축축하다. 마치 터널을 통과하듯 양쪽이 숲으로 둘러싸였다. 비온 뒤 이 길을 오르는 것은 내가 처음인 듯 발자국이 없다. 계곡도 잠시. 바로 능선으로 이어지더니 임도가 나오면서 116번 송전탑 아래로 통과한다. 잡초가 무성하고, 왼쪽에 조금 전에 걷던 임도가 따라온다. 임도가 좌측으로 틀어지는 지점에서 우측 산으로 오르니 342봉 정상에 이른다.

### 342봉에서(11:00)

정상에서 좌측 완만한 길로 내려간다. 묏자리를 옮긴 흔적이 있는 곳을 지나니 바로 임도와 만나 밤나무 단지가 시작된다. 산 전체가 밤나무다. 118번 송전탑 뒤는 길이 막힌 듯 숲만 보인다. 등로는 송전탑 직전에서 좌측으로 이어지고, 밤나무밭 사이를 통과하니 약간 우측으로 휘어지더니 소나무가 울창한 소로가 이어진다. 시야가 트이면서 차령터널에서 정안면으로 이어지는 23번 국도가 한눈에 들어온다. 이동하는 자동차들이 점으로 보인다. 잠시 후 303봉에서 완만한 길로 내려가니 벌목한 흔적이 있는 곳이 나온다. 잠시 뒤돌아본다. 장관이다. 봉우리도 그렇고 송전탑과 그 선들이 이루는 공간 연출도 멋지다. 공해로만 보이던 것들도 보기에 따라서는 예술이 된다. 임도를 따라 오르다가 좌측 산길로 오르니 제법 가파른 오르막이 이어지고, 국수봉 정상에 이른다. 정상에는 아크릴로 된 국수봉 이름표가 걸려 있다. 잡목이 우거져 조망은 별로다. 좌측으로 내려가서 임도를 지나 다시 산길로 오른다. 소나무가 울창한 능선도 잠시, 다시 임도를 만나 조금 가다가 좌측 산길로 올라 바위가 있는 봉우리에 선다. 우측으로 내려가니 다시 임도가 나온다. 임도 우측에는 송전탑이, 임도 절개지 위쪽은 412봉이다. 좌측 임도를 따라 내려가다가 안부에서 우측 산길로 오르니 헬기장이 나온다. 풀이 무성해 헬기장을 표시하는 H자가 거의 보이지 않는다. 이곳에서 점심을 먹는다. 헬기장을 지나 오르니 소나무가 많은 421봉에 이르고, 무명봉을 넘고 국사봉을 지나 능선길을 오르내리니 350봉에 이른다. 좌측으로 내려간다. 잠시 후 380봉에서 내려가니 임도에 이르고, 우측에는 송전탑이 있다(13:05). 이곳에서 마루금은 임도 건너편 산길로 이어지는데 몹시 험해 산길 바로 좌측 임도를 따라서 내려가기로 한다. 마음이 편치 않다. 편리함만 쫓는 것 같아서다. 임도를 걸으면서도 눈길은 자꾸 우측 산길로 간다. 시멘트길이 계속된다.

한 번의 휘어짐이 나오고 다시 한번 좌측 방향으로 휘어지는 곳에서 마루금은 우측 산길로 이어진다. 산길에서는 수목과 대화하며 걷는 다고 했는데, 오늘은 아니다. 등로 잇기에 바빠서다. 우측 산길로 들어서서 안부사거리에서 직진으로 오르니 작은 바위가 있는 356봉에 이른다. 바로 내려가니 군 진지가 나온다. 완만한 능선길로 계속 내려가니 안부 갈림길에 이르고, 위쪽에 철조망이 있어 우측으로 내려가니 계곡이 나온다. 길 흔적이 없어 짐작으로 내려간다. 늪 비슷한 곳도 나온다. 역시 길은 보이지 않는다. 무조건 아래로 내려가면서도 조금은 염려된다. 늪지대라 등산화가 젖을 수 있어 건널 수도 없다. 가급적 군부대 아래 산기슭을 따라 걷는다. 그러다 보면 길이 나올 수도 있을 거란 요행을 바라면서. 늪지대가 끝나고, 작은 계곡을 따라 걷는다. 희미하지만 길이 보이기 시작한다. 이런 게 바로 종주 산행의 묘미다. 어두운 숲속에서 길이 보이지 않을 때는 두렵기도 하지만 이를 악물고 아래쪽을 향한 결과가 제 길을 찾은 것이다. 계곡이 끝나고 앞이 훤하게 트이고, 나무가 없는 공간에 온갖 풀들이 빽빽하다. 묵정밭이다. 바닥은 보이지 않는다. 길도 없다. 하지만 이곳을 통과해야만 한다. 발아래에 뭐가 있는지도 모르고 걸어야만 된다. 다시 산길로 들어선다. 한동안 길이 없다. 다시 아래쪽으로 내려간다. 희미하지만 길이랄 수 있는 흔적이 나타난다. 또다시 확신을 얻는다. 불확실하더라도 일단 내려가면 된다는. 시멘트 임도가 나온다. 좌측은 산밭, 우측은 논, 아래쪽은 마을이다. 시멘트길을 따라 한참 내려가니 삼거리가 나온다. 양곡2리 마을 입구다. 마을회관 앞에 평상이 있다. 아무도 없어 평상에 드러눕는다. 잠시 휴식을 취하고 나서 길을 묻기 위해 마을 안으로 들어선다. 내 발자국 소리에 개들이 짖는다. 한 마리로 시작해서 동네 개들이 들고 일어선다.

동네가 떠들썩해진다. 당황스럽다. 밭일하는 할아버지께 요셉마을을 물었다. 저 아래쪽으로 내려가서 물으라고 한다. 내려가니 길 좌측에 배밭이 있다. 배밭에는 종이 봉지를 씌운 배들이 주렁주렁 열려 있다. 과수원에만 배가 있는 것이 아니다. 길가에도 있다. 뙤약볕이 내리쬐는 한여름 오후. 온몸은 땀으로 흥건하다. 아무리 둘러봐도 주변에 사람이라곤 없다. 잠시 후 2차선 포장도로가 지나는 691번 지방도로에 닿는다(14:08). 도로 옆에 버스 정류소가 있고 맞은편에 가게가 있다. 가게에 들러 물 한 병을 사면서 요셉마을을 물으니 정맥 종주자들이 자주 묻는다면서 친절하게 일러준다. 마음이 놓인다. 바로 아스팔트길을 따라 걷기 시작한다. 옹기판매점을 지나고, 좌측의 대형 석재 조형물도 확인하고, 사쌍 효열문 사당을 지나니 요셉의 마을 입구에 이른다. 입구에 안내판이 있고, 좌측으로 올라 갈림길에서 우측 도로를 따라가니 성요셉치매센터 건물이 나오고, 들어서니 이곳저곳 그늘진 곳에 할아버지, 할머니들이 모여 있다. 그 속에는 젊은 여자 한 분이 끼어 있다. 교사인 것 같다. 치매센터 가장자리에 정자가 있고, 정자 옆에서도 노인들과 함께 젊은 여자가 오손도손 이야기를 나눈다. 수도꼭지가 보이기에 물병을 가득 채우고, 출발한다. 마루금은 정자 뒤 산으로 이어진다. 산길 입구는 폐타이어 계단이다. 여러 기의 묘지가 나오고, 길옆에 여러 가닥의 전선이 마루금을 따라 계속 이어진다. 등로는 갈림길에서 좌측으로 이어지고, 전선은 직진한다. 좌측으로 내려가니 삼거리에 이어 묘지가 나온다. 아래쪽에서 자동차 소리가 들리고 도로가 보인다. 1번 국도다. 국도변에는 '연기군 전의조경수묘목마을'이라는 표지판이 있다. 도로 건너편에 SK주유소와 GS 주유소가 있고, 이곳에서는 국도를 건너야 된다. 그런데 중앙분리대가 설치되어 건널 수가 없다. 지하차도를 찾기 위해 국도 우측으로 내려간다. 개 사육장 옆을 지나 지하차도를 통과하여 우측으로 내려가니 경부선 기차선로가 나온 다. '선로통행 금지'라는 팻말이 있다. 기차가 오지 않는 틈을 이용해 재빠르게 건넌다. 건너고 나서도 주변을 살피게 된다. 선로 옆 방음 벽을 따라 올라가서 다시 도로에 서니 덕고개 버스 정류소라는 팻 말이 보인다. 마루금은 도로 우측으로 이어진다. 조금 내려가니 좌 측에 덕고개 표지석이 나오고, 건너편에 건물이 있다. 마루금은 이 건물 우측으로 이어진다. 우측은 밭이다. 밭을 지나니 여러 기의 묘 지가 나오고, 별도로 길은 없다. 위쪽 묘지 주변에 소나무가 버티 고 서서 이정표 역할을 해준다. 제대로 왔음을 확인하고 다시 산길 로 오른다. 한참 오르다가 산불 난 흔적이 있는 곳에서 능선길로 가 다가 안부에서 직진하니 갈림길이 나오고, 좌측으로 오르니 삼거리 에 이른다. 가는 비가 내리기 시작한다. 등로 양쪽은 숲으로 둘러싸 여 아무것도 보이지 않는다. 삼거리에서 우측 능선길로 내려가니 임 도 사거리에 이르고, 직진으로 오르니 170봉 삼거리에 이른다. 날이 어두워진다. 170봉에서 우측으로 내려가서 플라스틱 배수로를 따라 한참 내려가다가 갈림길에서 좌측으로 내려가니 시멘트 도로에 이 른다. IMG내셔널 골프장 진입도로다.

### IMG내셔널 골프장 진입도로에서(17:51)

비가 더 많이 내린다. 골프장 정문을 찾아야 되는데 알 수가 없다. 'EMERSON NATIONAL'이라는 표석이 보인다. 좌측은 천안시 전의 면 유천리, 우측은 읍내리이다. 이곳에서 마루금은 좌측 능선으로 이어지지만, 골프장이 있어 그냥 도로를 따라 진행한다. 잠시 후 골 프장 정문에 도착. 좌측 도로를 따라 진행한다. 클럽하우스 앞을 지나 계속 진행하니 주차장 끝 지점에 이르고, 여기저기에 골프공이 뒹군다. 이곳에서 우측 도로로 진행하니 좌측 산길로 오르는 초입에 이른다. 이곳에서 약간의 주의가 필요하다. 사방으로 길이 나 있어 헷갈릴 수 있다. 좌측으로 진입하자마자 다시 좌측으로 진입해야 한다. 정말로 헷갈린다. 완만한 능선 오르막이 이어지고, 잠시 후 안부 사거리에서 좌측으로 올라 낮은 봉을 넘고 내려가니 갈림길이 나오고, 우측으로 오르니 임도 사거리에 이른다. 임도사거리에서 직진하여 삼거리에서 좌측으로 오르니 갈림길에 이른다. 이곳에서 좌측으로 오르니 우측에 비닐하우스 건물이 보이고, 조금 더 진행하니 좌측에 전의산 연수원 정문이 나온다. 개가 나를 보자마자 달려들 듯 짖어댄다. 개집 우측에 고동색 물통이 있고, 좌측에는 거송이 있다. 개를 무시하고 아담한 단층 경비초소를 지나서 우측 공터 쪽으로 가서 좌측의 경사길로 우회한다. 잠시 후 다시 우측으로 진행하니 또 갈림길이 나온다. 등로는 푹신한 흙길이라 걷기에 좋다. 갈림길에서 오르니 무명봉 삼거리에 이르고, 좌측으로 내려가니 또 삼거리에 이른다. 잠시 직진하다가 우측으로 오르니 235봉에 이른다. 정상에서 우측으로 내려가 삼거리에서 좌측으로 우회하여 오른다. 무명봉을 넘고 좌측으로 내려가니 고등고개에 이른다. 종착지에 거의 온 것 같다. 벚나무와 작은 돌탑이 있고, 좌측 아래에 주택과 창고처럼 보이는 시설이 있다. 이곳 아래 땅속으로는 경부선 지하철도가 지난다. 시간이 없어 바로 오른다. 주변은 잡목이 대세다. 완만한 오르막을 오르니 이정표가 있는 삼거리에 이르고, 우측으로 오르니 다시 무명봉 정상에 이른다. 한참 내려가니 오늘의 종착지인 황골도로에 이른다(18:41). 2차선으로 포장되었고, 도로 양쪽에 낙석방지용 철책이 설치되었다. 인디언들은 말을 타고 달리다가도 잠시 내려 달려온 길을 뒤돌아본다고 한다. 너무 빨리 달려 혹 그들의 영혼이 못 쫓아올까봐서다. 정신없이 서두른 하루였다.

### ⬆ 오늘 걸은 길

차령고개 → 국수봉, 국사봉, 양곡리, 요셉의 마을, IMG 골프장 → 황골도로(21.1 ㎞, 8시간 18분).

### 🔺 교통편

- 갈 때: 천안시외버스터미널에서 인풍까지는 시외버스로, 인풍에서 차령고개까지
  는 도보로 이동.
- 올 때: 황골도로에서 도보로 학수동까지, 학수동에서 천안역까지는 시내버스로.

# 열넷째 구간
## 황골도로에서 유왕골고개까지

광화문 광장이 개통되었다. 광화문에서 세종로 사거리를 거쳐 청계광장까지 폭 34m 길이 557m를 말한다. 왕복 16차로였던 광화문 대로를 10차선으로 줄여 그 가운데에 광장을 설치한 것이다. 요즘 세인의 관심사다. 바닥분수가 있고, 플라워 카펫, 해치마당, 전시장, 역사의 물길 등이 있다. 이순신 장군 동상 옆에 설치된 바닥분수는 이순신 장군이 명량해전에서 12척의 배로 23전 전승했다는 것을 기려서 12.23 분수라고도 부른다. 광장 양쪽 가장자리에는 역사의 물길이라고 해서 조선왕조 건국에서부터 현재까지의 연표가 기록되었고, 그 아래로는 청계광장까지 이어지는 물길이 흐른다. 어제저녁 퇴근 무렵에 한 바퀴 둘러봤다. 광장 조성에 대한 평가는 사람마다 다를 것이다. 내년 서울시장 선거를 말하는 사람도 있고, 차기 대통령 선거를 언급하는 사람도 있다. 어찌 됐든 의미는 따져봐야 한다. 용도가 무엇인지를 정확히 모르겠다. 광장 주위로 자동차들이 쉴 새 없이 달리고 소음과 매연이 많다는 점 등을 생각하면 용도가 더 아리송해진다. 서울시의 주장은 왕과 백성이 함께 어울린 육조 거리를 시민에 돌려주겠다는 것이다. 진정 그렇기를 바라지만….

열넷째 구간을 넘었다. 황골도로에서 유왕골고개까지다. 황골도로는 세종시 소정면 대곡리 황골마을과 고등리 세거리마을을 잇고, 유왕골고개는 천안시 동남구 안서동과 목천읍 덕전리에 걸쳐 있다. 이 구간에는 고려산성, 굴머리고개, 취암산, 배넘이고개, 365봉, 태조산 등이 있다. 뜨거운 햇볕 속에서 10시간이 넘게 걸었더니 거의 초죽음 상태. 탈진이 무엇인지 몸으로 느꼈다.

## 2009. 8. 1.(토), 날씨 뜨거움

평소보다 배가 걸려 도착한 천안 고속버스터미널(08:40). 피서철이어서다. 서둘러 터미널을 나선다. 천안역 동부광장으로 가서 학수동행 시내버스를 타야 한다. 20여 분 만에 학수동 삼거리에 도착. 이젠 황골도로까지는 걸어야 한다. 구멍가게 앞에 놓인 평상에 두 분의 할머니가 부채를 흔들면서 담소 중이다. 황골도로 가는 길을 물으니 자세히 가르쳐 준다. 30여 분 거리다. 시골이지만 여느 시골과는 다르다. 먼지를 휘날리며 위험할 정도로 빠른 속도로 질주하는 트럭이 많다. 등줄기에 땀이 흥건할 때쯤 황골 고갯마루에 이른다 (09:45). 고갯마루는 예상대로 산맥을 절개하여 도로를 개설했다. 고개 양쪽은 깎아지른 듯한 직벽이고 낙석방지 철망이 설치되었다. 이곳에서 정맥은 낙석주의 표지판 우측에 있다. 가지런히 풀이 베어져 있어 사람이 다닌 길이란 걸 알 수 있다. 그 옆 작은 나무에 안내리본이 걸려 있고, 길옆에 꽃나무들이 자란다. 의외다. 잡풀이 무성한 곳에 꽃나무라니. 길을 따라서 꽃나무는 계속된다. 작은 언덕에 올라서니 밤이 주렁주렁 열린 밤나무가 있고, 통과하니 묘지가 나온다. 이제야 이해가 간다. 조상 묘지까지 꽃길을 조성한 것이다. 묘지를 벗어난 길은 잡초들로 무성하다. 게다가 간밤에 내린 비로 조금은 미끄럽다. 우측 능선으로 조금 오르니 갈림길이 나오고 안부 사거리에서 직진하니 오르막이 시작된다. 우측에 목장이 내려다보인다. 잠시 후 230봉에 이르고, 좌측 능선으로 내려가니 산불감시초소가 나온다. 그런데 이상하다. 산불을 감시하기 위한 초소가 깊숙한 안부에 있다. 안부를 지나니 이정표가 나온다. 직진은 고려산성, 좌우 양쪽은 아야목과 작은 황골이다. 이정표 옆에 나무의자가 있다. 가파른 오르막이 시작된다. 인조 통나무 계단이 설치되었고, 사각 정자가 보이더니 고려산성에 이른다. 산성의 유래가 적혀 있고, 정자가 있다. 정자에는 준, 희씨의 금북정맥 표지판이 있다. 고려산성은 돌과 흙으로 쌓은 전설상의 성이다. 그런데 지금에 와서 지자체들이 앞 다퉈 관광지 조성에 열을 올리느라 무분별하게 홍보를 하고 있다. 잡초가 무성한 것을 보니 관리가 부실하다. 흑갈색 솔잎이 수북하게 쌓인 길을 걷는다. 보기만 해도 정감이 간다. 바로 사거리에서 좌측으로 진행하여 고만고만한 작은 봉우리를 몇 개 넘고 애미기고개에 이른다. 좌측은 비포장도로, 우측은 시멘트 포장도로다. 바로 아래에 밭이 있다. 고개를 가로질러 산으로 올라 임도사거리를 지나 좌측으로 90도 틀어 내려간다. 몇 개의 봉우리를 더 넘고 245.1봉에서 내려가는 등로 가운데가 빗물에 패였다. 갑자기 앞이 막힌다. 깜짝 놀라 쳐다보니 정맥 종주자가 지도를 보며 등로 가운데에 서 있다. 인사도 없이, "양고개 군부대 지점을 어떻게 통과하느냐?"고 묻는다. 양고개는 내가 지난번에 통과한 지점이다. 자세히 안내해 준다. 잡초가 무성한 길이 이어지더니 굴머리고개에 이른다. 임도를 따라 오르니 삼거리가 나오고, 원형 석곽묘를 지나니 시야가 트이면서 시원한 조망이 펼쳐진다. 먼 곳까지 겹겹이 산이 보이고 아래쪽은 여유로운 들판이다. 원형 석곽묘가 나오고 철탑 좌측 임도로 내려가니 한치고개에 이른다. 잡풀이 무성한 밭을 지나니 송전탑이 있는 삼거리가 나오고, 좌측 임도로 내려가니 갈림길이 나온다. 직진으로 올라 206봉과 180봉을 연거푸 넘는다. 180봉에서 내려가서 절개지 좌측으로 내려가니 돌고개에 이른다.

### 돌고개에서(12:07)

돌고개 좌측에 공장이, 절개지와 공장 사이에는 공터가 있다. 공터 나무 그늘에서 잠시 쉰다. 쓰레기를 버리지 말라는 목천읍장의 경고문이 있다. 날이 무척 덥다. 나무 그늘에서 더 이상 올라가고 싶지 않다. 도로를 건너 산길로 오르니 벌목한 듯 한쪽은 민둥산이다. 여름 한낮의 뙤약볕을 그대로 받는다. 빨리 능선에 이르러야 그늘을 찾을 수 있다. 속도를 낸다. 능선에 올라서니 그늘도 있지만, 간간이 바람도 인다. 그늘 아래서 웃통을 벗고 땀을 식히니 살 것 같다. 묘지를 지나 155봉에 이르고, 고만고만한 봉우리를 몇 개 더 넘는다. 완만한 능선길이 길게 이어지더니 삼각점과 준, 희씨의 아크릴 안내판이 있는 216봉에 이른다. 이곳에서 점심을 먹는다. 토마토 네 개와 수박이 전부다. 비 온 뒤라서 내려가는 내내 거미줄을 뒤집어쓴다. 거미줄과 하루살이 때문에 곤욕이다. 등로는 좌측으로 90도 휘어지고, 삼거리에서 좌측으로 내려가니 석곽묘가 나온다. 조금 지나니 자동차 소리와 함께 큰 도로가 내려다보인다. 경부고속도로다. 절개지에서 좌측으로 내려간다. 잡초와 칡넝쿨 때문에 쉽지 않다. 고속도로에 이르니 좌측 산 아래에 삼성 관련 건물이 보인다. 고속도로를 건널 지하차도를 찾아야 한다. 좌측 시멘트 도로로 5분 정도 걸으니 지하차도가 나오고, 통과하니 새로운 세계가 펼쳐진다. 큰 사거리가 나오고 앞에는 많은 가구점과 음식점이 있다. 공원 비

숫한 곳에는 장승이 있다. 목천읍이다. 이곳에서 정맥은 우측으로 올라가야 된다. 조금 전 절개지에서 지하차도를 찾으러 내려온 만큼 다시 올라가야 된다. 이렇게 더울 수가? 땀이 줄줄 흐른다. 그늘을 찾아 드러눕고 싶다. 고속도로를 따라 이어지는 도로를 걷는다. 주유소, 이불 도매점도 보이고 맞은편은 세광아파트다. 고갯마루에 맞은편 산으로 오르는 철계단이 있다. 철계단은 거의 90도 직벽이다. 손으로 철계단 난간을 잡으니 뜨겁다. 중간에 쉬어야 할 만큼 길고 힘이 든다. 철계단을 통과하고 그늘에서 잠시 쉰다. 등로는 좁은 산길로 이어진다. 거미줄이 많다. 능선으로 10여 분 오르니 우측에 동우아파트 111동이 보이더니 조금 더 오르니 넓고 걷기 좋은 길이 나온다. 공터 평상에서 잠시 쉬면서(14:03) 남긴 수박을 마저 먹는다. 지나가는 등산객들의 모습이 천차만별이다. 땅만 보고 걷는 사람, 만나는 사람마다 다정하게 인사하는 사람…. 나는 어떤 부류에 속할까? 이제부터는 취암산으로 오르는 길이 시작된다. 삼거리에서 직진하니 오르막에 철도 침목으로 된 계단이 시작되고 묘지를 지나 가파른 오르막을 올라서니 바윗길이 나온다. 우측에 유달리 높은 산이 우뚝 서 있다. 흑성산이다. 또 운동기구가 있는 곳이 나오고, 봉우리에 이른다. 우측 먼 곳에 독립기념관이 보이고, 계속 오르니 넓은 공터가 있는 취암산 정상에 이른다. 좌우로 펼쳐지는 지형이 그대로 한 폭의 풍경화다. 우측에 흑성산이, 좌측에는 천안시내 일대가 한눈에 들어온다. 이정표도 있다(태조산 5.8). 내려간다. 안부 사거리를 지나 가파른 길로 오르니 310봉에 이르고, 내려가는 길도 급경사. 한참 내려가니 배넘이고개에 이르고, 완만한 능선으로 오르니 230봉에 이른다. 통나무의자가 있다. 다시 안부사거리를 지나 가파른 길이 이어지고 283봉에 이른다. 뒤돌아서니 취암산에서 이곳까지 지나온 길이 선명하다. 여전히 덥다. 이젠 더 이상 걸을 힘이 없다. 이대로 끝내면 좋겠다. 급경사, 완경사가 반복되더니 안부사거리인 장고개에 이르고, 잠시 후 장고개 삼거리에 이른다. 가스안전교육원과 취암산을 알리는 이정표가 있다. 삼거리에서 좌측으로 내려가서 송전탑 아래로 통과하니 2차선 포장도로에 이른다. 유량리 고개다(16:16). 고개 아래에는 터널이 지나고, 이정표가 있다(태조산 2.5, 취암산 3.3). 완만한 능선이 이어진다. 철탑을 지나 내려가니 아홉 싸리고개에 이르고, 능선길에서 삼거리를 지나니 넓은 공터가 있는 365봉이다. 이곳에서도 천안 시내가 내려다보인다. 완만한 능선이 계속되고, 갈림길에서 좌측으로 오르니 철책이 나온다. 둔탁한 장벽이다. 등로는 계속 철책을 따라 이어진다. 지칠 대로 지친 상태. 정말 더 이상 걷고 싶지 않다. 태조산 정상이 600m 남았다고 하는데, 올라도 올라도 정상은 안 나온다. 그러나 끝은 있는 법. 다리 힘을 다 빼놓고서야 태조산 정상이 나타난다(17:30). 정상에는 표지석과 산불 조심 안내판이 있고, 바닥은 닳을 대로 닳아 번들번들하다. 그런데 정작 있어야 할 지형도나 이정표는 없다. 날이 저물어 서둘러 내려간다. 한참 내려가니 도라지고개에 이르고, 바로 힘겹게 오르니 382봉 정상에 이른다. '자연보호'라는 플래카드와 두 개의 나무 벤치가 있다. 날이 저무니 마음도 급해진다. 속도를 더 낸다. 2~3분 진행하니 성불사 갈림길에 이른다. 사각 정자와 벤치가 있고 주변은 소나무 군락지다. 좌측으로 내려가니 전망대와 성불사가 있다. 성불사 갈림길을 알리는 이정표를 지나 내려가다가 동굴처럼 보이는 흔적을 발견한다. 달리듯 내려가니 정자가 나오고, 오늘 산행의 종점인 유왕골고개에 이른다(18:15). 사각 정자와 '사랑의 쉼터'라는 표석이 있다. 무더위에 지친 하루가 저물어 가는 시각, 유왕골에 펼쳐진 석양이 아름답다.

## 🚶 오늘 걸은 길

황골도로 → 230봉, 고려산성, 206봉, 돌고개, 취암산, 유랑리고개, 태조산 →
유왕골고개(20.7㎞, 8시간 30분).

## ⛰ 교통편

- 갈 때: 천안역에서 학수동까지 버스로, 학수동에서 황골까지는 도보로 이동.
- 올 때: 유왕골고개에서 도보로 버스 정류소까지, 버스로 천안까지.

# 열다섯째 구간
### 유왕골고개에서 배티고개까지

가을엔 누구나 외로움을 탄다고 한다. 우수수 떨어지는 낙엽 때문이리라.

열다섯째 구간을 넘었다. 천안시 안서동에 있는 유왕골고개에서 안성시에 있는 배티고개까지다. 이 구간에서는 성거산, 위례산, 서운산, 걸마고개, 우물목고개, 부수문이고개 등을 넘게 된다.

### 2009. 11. 28.(토), 구름 낀 날씨, 10시쯤에 햇빛 보임

천안 종합터미널에서 출발한 시내버스는 8시 10분에 좌불상 버스 종점에 도착. 도로변은 온통 음식점. 숙박업소도 있다. 들머리를 찾으려면 우선 사람을 만나야 한다. 맞은편 식당 앞에 산책 나온 중년 남자가 담배 연기를 내뿜고 있다. 물었다. 큰 도로만 따라서 쭈욱 올라가라고 한다. 점심용 김밥을 사기 위해 가게를 찾았으나 아직 문 열기 전이다. 하는 수 없이 오늘도 대충 견디기로 한다. 조금 전 길을 알려준 중년이 데리고 나온 강아지가 계속 나를 따른다. 아무리 돌아가라고 뒷발질해도 소용없다. 그럴수록 꼬리를 더 흔든다. 인간과 동물이라는 명칭만 다를 뿐 같은 감정을 갖고 있을지도 모른다.

5분 정도 걸었을까? 삼거리가 나온다(08:29). 우측은 각원사, 좌측이 내가 찾는 유왕골로 오르는 길이다. 국내 최대 목조건물 대웅전이 있다는 각원사를 들르지 못하는 것이 아쉽다. 오늘 일정이 빠듯해서다. 삼거리에 있는 불교용품 판매점에서 흘러나오는 은은한 불경 소리를 뒤로하고 좌측 길로 오른다. 이른 아침이라선지 조금은 쌀쌀하다. 구름 낀 날씨는 햇빛이 나올 기색 없이 우중충하다. 길은 내내 돌길. 주변에 돌탑이 보인다. 조그맣고 어떤 것은 제법 정성이 담겼다. 돌길은 유왕골고개 정상까지 이어진다. 정자가 보이더니 유왕골고개에 이른다(08:54). 사각 정자와 유왕골에 대한 설명문이 있다. 사각 정자는 태조산을 오르내리는 등산객의 비바람과 추위를 대비해서 이 지역 라이온스 클럽에서 세웠고, 유왕골고개는 그 옛날 유왕골에 살던 화전민들이 이 고개를 넘어 화목과 숯을 천안으로 팔러 다니던 지름길이라고 한다. 성거산 방향으로 바로 오른다. 이젠 몸도 달궈져 추위를 모르겠다. 답답한 골짜기를 벗어나 한적한 능선을 걷는다. 혼자라는 편안함에 콧노래가 절로 나온다. 잠시 후 걸마고개에서 직진으로 오르니 삼거리가 나오고, 직진하니 안부사거리에 이른다(09:30). '119 산악위치표지판 주등산로길 26번'이라는 표지판이 있다. 아까부터 이런 표지판이 계속 나온다. 안부사거리에서 계곡 같은 길로 내려가다가 다시 오른다. 앞에 꽤 높은 산이 떡 버티고 있다. 성거산이다. 자욱하던 구름이 걷히고 햇빛이 나온다. 세상이 밝아지는 것 같다. 덩달아 마음도 개운해진다. 오르막과 내리막을 반복하더니 뚜렷한 사거리 길이 있는 만일고개에 이른다(09:36). 작은 돌탑이 있고, 특이한 계단이 시작된다. 검은색 플라스틱으로 만든 인조계단이다. 한참 후 성거산에 도착.

## 성거산 정상에서(09:59)

정상에는 정상 표지석이 있고, 성거산 유래가 적혀 있다. 천안 시가지 동북쪽에 자리 잡은 성거산. 태조 이성계가 이 산에 오를 때 오색구름이 나타났다고 한다. 따라서 '신이 계신 곳'이라고 하여 '성거산'이라고 부르게 되었다고 한다. 그 이후 세종대왕도 온양온천에 올 때는 이곳에 들러 제사를 지냈다고 한다. 역사적 기록인지는 알 수 없다. 정상에서 좌측으로 조금 내려가니 길 흔적이 희미한 곳이 나온다. 곧장 직진한다. 군부대 철조망까지 가보기로 한다. 철조망에는 '접근금지' 경고판이 부착되었고, 양쪽으로 길이 나 있다. 우측으로 향한다. 찜찜해서 지도를 보고 있는데 정맥 종주자가 내게 인사를 하더니 거침없이 지나간다. 나도 따라간다. '저분이 길을 알고 가나?' 군부대 정문이 나온다. 그제야 이 길이 맞는다는 것을 확신한다. 자연스럽게 앞서가던 사람과 동행이 된다. 체격이 건장하다. 대형 배낭이며 차림새를 보니 전문가라는 것을 금세 알 수 있다. 어깨에는 GPS까지 걸고 있다. 아직까지 내가 몰랐던 사실이다. GPS는 종주자가 길을 잘못 들면 자동적으로 신호를 보내기 때문에 길을 잃을 염려가 없다고 한다. 그리고 이 청년에게서 새로운 사실을 또 배운다. 이 청년은 1박 2일로 종주한다. 토요일에 시작하면 밤은 인근에서 보내고 다음 날까지 강행한다고 한다. 경우에 따라서는 그럴 수도 있을 것이다. 그러나 밤을 새워 산행한다는 것은 가족의 상당한 이해가 필요한 것이고, 또 이틀을 연속할 수 있는 체력이 뒷받침되어야 한다. 아무튼 부럽다. 낯선 종주자와 순식간에 하나가 되어 같이 걷는다. 인상 좋은 건장한 청년은 걸음도 빠르다. 길에 대한 염려도 없이 오로지 앞만 보고 걷는다. GPS의 위력 때문일 것이다. 군부대 정문에서 내려가는 길은 넓은 포장도로. 10여 분 내려가니 '성거산 순교성지'라는 표지석이 나온다. 포장도로는 좌측으로 내려가고 정맥은 다시 우측 산으로 이어진다. 산에서도 청년의 발걸음은 거침이 없다. 평지와 똑같은 속도다. 옆도 뒤도 돌아보지 않는다. 앞만 보고 내달린다. 이쯤에서 이분과는 작별해야 할 것 같다. 걸음 속도도 내가 따라갈 수 없지만, 걸으면서 기록할 수가 없고, 도무지 여유란 게 없어서다. 생각 없이 내달리기만 하는 종주는 내게 의미가 없다. 건장한 청년에게 먼저 가라고 하고서 잠시 휴식을 취한다. 휴식을 취하면서 지나온 길을 되돌아본다. 막 지나온 성거산으로 이어지는 산줄기가 뚜렷하다. '이곳이 어디인가? 내가 지금 어디에 서 있는가? 무엇 때문에?' 이런 생각도 잠시. 다시 오른다. 능선으로 올라서니 송전탑이 나온다. 임도를 따라 오르다가 좌측 산길로 오르니 463봉에 이르고, 급경사로 내려가니 안부삼거리를 지나 표지판이 나온다. '위례산성 가는 길 정상 230㎡'라고 쓰였다(11:43). 안부에서 오르니 위례산 정상에 이른다(11:48). 위례산은 천안시 서북쪽에 위치하고, 비탈면이 급경사를 이루어 성벽 역할을 하는 산이다. 정상 표지판에서 약간 진행하니 다시 위례산 정상이라는 곳이 나온다. 삼각점과 돌탑이 있고 주변에는 산성 흔적인 돌이 많이 쌓였다. 위례산을 벗어나니 급경사와 완경사 내리막이 반복된다. 10여 분 만에 안부사거리에 이르고, 걷기 좋은 길이 계속된다. 흑갈색 상수리 나뭇잎이 가득 쌓였다. 산도 그렇고 길도 마찬가지다. 산인지 길인지 분간이 어렵다. 산속 전체가 가을이다. 이렇게 편안한 길을 걷다 보면 여유가 생긴다. 뺨에 닿는 바람의 살가움을 느끼게 되고 갑자기 푸드덕하는 가을 꿩의 날갯짓 소리에도 놀라지 않고 평정심을 갖게 된다. 온전히 가을 속에 빠질 수 있다. 고지대에선 보기 드문 큰 소나무가 있어 자연스럽게 찾아가 목의자에 앉는다. 의자에 드러눕고 싶다. 이왕 쉬는 김에 점심을 먹기로 한다. 식사를 하고 나니 싸늘해진다. 손까지 시린 것이 마치 한겨울에 빠진 것 같다. 안부사거리에서 등로는 부수문이고개 쪽으로 이어진다. 무명봉에서 좌측 사면으로 돌아서 내려가니 삼거리가 나오고, 한참 내려가니 소로로 이어지더니 임도 삼거리에 이른다. 좌측으로 내려가니 1차선 포장도로가 지나는 부수문이고개에 이른다(12:48).

## 부수문이고개에서(12:48)

'부소산'이라는 표지석 아래에 '백제 첫 도읍지 하남위례성'이라는 글귀가 있다. 도로를 건너 맞은편 산으로 오르니, 표지판과 함께 많은 리본이 있다. 표지판은 이곳까지가 성거산 성지이고 이후부터는 '배티성지'라고 알린다. 우측으로 오르니 양지바른 곳에 모셔진 묘지가 나온다. 이런 묘지를 볼 때마다 부모님 생각이 난다. 삼거리에서 우측 능선으로 오르니 마루금은 무명봉 정상으로 향하지 않고 좌측으로 비껴서 이어진다. 그냥 갈까 하다가 찜찜해서 다시 정상으로 올라간다(13:26). 정상은 잡목이 우거져 주변 조망은 제로다. 다시 능선길. 낙엽 천지다. 산과 등로가 구분되지 않는다. 낙엽을 밟는지, 헤쳐 가는지 '척 척 척' 하는 소리만 들릴 뿐 사방은 적막강산이다. 산다는 것이 무얼까? 행복이란 게 무엇일까? 행복은 깨닫지도 못하는 가운데 후딱 지나가거나 지난 후에야 깨닫는다고 한다. 내 경우를 보더라도 그렇다. 행복한 때가 있었다. 가족 전체가 웃으면서 삼겹살 구워 먹을 때, 뭔가에 흡족해 하는 아내의 표정을 바라볼 때가 그런 때였다. 행복은 그렇게 거창하거나 대단하지 않고 일상 속에 존재한다. 누구에게나 그런 행복이 있었을 텐데, 스치듯 보내버리고 느끼지 못하는 것이다. 경사지를 오르니 만뢰지맥 분기점인 무명봉에 이른다(13:44). 안내리본 뭉치와 '금북정맥 만뢰지맥 분기점'이라는 표지판이 있다. 능선길로 내려간다.

낙엽 밟는 소리만 듣다가 아스라한 자동차 소리에 귀 기울여진다. 자동차 소리로 봐서 도로가 멀지 않은 것 같다. 낮은 봉우리 몇 개 오르내리니 앞이 확 터지고 절개지 상단부에 이른다. 엽돈재다 (13:56). 4차선 포장도로에 차량들이 끊이질 않는다. 우측은 진천군, 좌측은 천안시다. 각각의 방향에 표지판이 있다. 정맥은 맞은편 산 절개지로 이어지는데 우측은 경사가 심해 좌측 천안시 쪽으로 오른다. 도로 건너 천안시 방향 공터에 이정표가 있다(서운산 5.4). 5.4㎞ 라면 장난이 아니다. 절개지 상단부에 이르니 다시 산길. 무명봉을 지나 낮은 구릉이 연속된다. 또 무명봉을 넘으니 연거푸 삼거리가 나온다. 그때마다 좌측으로 오른다. 안부사거리에서 직진하여 몇 개 의 낮은 구릉을 오르내리니 395.4봉에 이르고, 좌측으로 내려가서 삼거리에서 좌측으로 진행하니 또 안부 삼거리. 좌측은 불당에서 올라오는 길이다. '불당 가는 길'이라는 천으로 된 안내판이 있다. 안부에서 무명봉을 넘고 440봉에 이른다. 그런데 갈림길 어디에도 마루금이라 할 만한 뚜렷한 길이 없다. 그나마 좌측 방향이 가능성이 더 있어 좌측으로 내려가니 갑자기 급경사 내리막으로 바뀐다. 꺼림칙하다. 경사는 갈수록 심하고 나뭇잎으로 덮여 미끄럽기까지 하다. 한참 내려갔는데 아래쪽에서 사람이 올라온다. 당황스럽던 차에 다행이다. 물었다. "이곳이 서운산 가는 길이 맞는지?" 그 사람은 펄쩍 뛴다. 이곳은 주차장으로 내려가는 방향이라면서 난감해한다. 다시 급경사 오르막을 올라야 한다. 아까 잠시 동행했던 GPS를 걸고 다니던 청년이 생각난다. '내게도 그런 GPS가 있었더라면…' 길을 가르쳐 준 사람을 따라서 다시 440봉으로 오른다. 조금 전에 좌로 갈까, 우로 갈까 망설이던 그 지점에 선다. 440봉에서 좌측으로 간 것은 맞았지만 20m 정도 가다가 우측으로 내려갔어야 했다. 그 사람을 따라 내려가니 뚜렷한 서운산행 산길이 나타난다. 이럴 수가! 내리막으로 내려가 안부에서 직진하니 420봉에 이르고, 우측으로 내려가니 갈림길에 이정표가 있다. 맘이 놓인다. 몇 개의 이정표를 더 만나고, 헬기장처럼 생긴 공터를 지난다. 등산객들의 모습이 보이고, 평지 같은 능선길을 오르니 잠시 후 서운산 정상에 이른다(16:09). 정상 공터에서는 부부가 하루 장사를 마치고 철수 중이다. 잠깐 나무 의자에 걸터앉아 쉬는데 위쪽에 큼지막한 표석이 보인다. 정상석인 것 같아 오르기로 한다. 눈으로 확인해야 맘이 편해서다. 정상에는 커다란 표지석과 표지목, 서운산성 안내판이 있고 그 옆에는 큰 바위가 있다. 서운산은 안성시 서운면과 진천군 백곡면 경계에 있는 산으로 서운산성이 있는 것으로 유명하다. 한가하게 머무를 수 없다. 이제부터는 달려야 한다. 5분 정도 내려가니 이정표가 나온다(배티고개 1.5). 갈림길에서 직진하여 능선길을 오르내리니 배티성지 갈림길에 이르고, 좌측으로 내려가니 전망이 트이고 고개가 내려다보인다. 배티고개다(16:54). 우측에는 '백곡면'이라는 큰 표석이, 그 뒤에는 '이티재'라는 안내판이 있다. 좌측은 안성시다. 배티는 조선 시대 때 천주교인들이 박해를 피해 숨어들었던 골짜기 이름이다. 이 인근에 배티성지가 있다. 오늘은 이곳에서 마치기로 한다. 아직 해가 남았지만 9시간 정도를 걷다 보니 발걸음이 무겁다. 해 질 녘 찬바람이 섞여서인지 날씨도 쌀쌀해졌다. 아침에 좌불상 버스 종점에서 나를 따르던 강아지가 생각난다. 모든 생물이 그렇듯이 그 강아지도 외로웠을 것이다. 사랑이 필요했을 것이다.

### 🚶 오늘 걸은 길

유왕골고개 → 걸마고개, 성거산, 위례산, 부수문이고개, 엽돈재 → 배티고개(19.2km, 8시간).

### ⛰ 교통편

- 갈 때: 천안 동부광장에서 좌불상행 버스로 종점까지, 유왕골까지는 도보 이동.
- 올 때: 배티고개에서 석남사 버스 종점까지 도보, 안성터미널까지 버스로.

# 마지막 구간
## 배티고개에서 칠장산 3정맥분기점까지

아프리카 케냐 어린이들로 구성된 합창단의 초롱초롱한 눈망울을 보고 세상을 읽었다. 불과 몇 년 전까지만 해도 꿈이란 걸 모르던 그 어린이들이 작은 손길 하나로 지금은 세계를 누비는 천사가 되었다. 결국 세상은 사랑, 배려, 꿈이다. 그런 세상에, 우리는 왜 그렇게 치열하게 누구를 미워하고 모략하며 살아가는 것인지….

금북정맥 마지막 구간을 넘었다. 진천과 안성을 잇는 배티고개에서 칠장산 3정맥 분기점까지다. 이 구간에서는 무이산, 덕성산, 고라니봉, 칠현산, 칠장산을 오르고, 장고개, 옥정재를 넘게 된다. 마지막 구간을 넘는다는 설렘을 안고 출발했다. 산을 가슴으로 받아들일 수 있는 감성을 주신 그 어느 분께 감사드린다.

### 2009. 12. 12.(토), 아침엔 안개, 이후 해가 나왔다 들어갔다를 반복

머릿속이 복잡하다. 지금 기분으로는 한바탕 난리를 칠 것 같다. 불성실하고 무책임한 어느 지자체의 행정 행태에 대한 분노와 사전 준비에 치밀하지 못했던 자책이 어우러진 울화통 때문이다. 안성 종합터미널에서 내리자마자(07:40) 석남사행 버스를 탈 요량으로 안성

종합터미널 맞은편 버스 정류장으로 달려갔는데, 이게 웬일인가? 이곳에는 석남사행 버스가 정차하지 않는다고 한다. 석남사에서 안성 시내로 들어올 때는 이곳을 거치지만 갈 때는 다른 곳으로 돌아간다고 한다. 날벼락이다. 석남사행 버스를 타기 위해서는 안성 시내 알파문구까지 들어가야 한다. 오늘 일정이 빠듯한 걸 생각하면 난감하다. 안성시내 알파문구 앞 버스 시각표를 보니 석남사행 100번 버스가 출발하려면 아직도 50분 정도를 기다려야 한다. 이래저래 오늘은 뭔가 꼬이기만 한다. 시내를 둘러보기로 한다. 맞은편 중앙시장은 벌써 문을 연 곳도, 이제야 물건을 진열하는 점포가 있다. 눈에 띄는 사람이 있다. 커피 파는 아줌마다. 김이 모락모락 나는 주전자를 보니 혀가 동한다. 한잔을 부탁한다. 석남사행 버스는 예정보다 5분 이른 8시 35분에 알파문구 앞에 도착. 아직도 미덥지 못해 버스 기사에게 물었다. 석남사 갈 때 종합버스터미널을 거치지 않느냐고. 그렇다고 한다. 다 내 불찰이다. 안성에 내려오기 전에 한 번 더 확인했어야 했다.

## 배티고개에서(09:31)

석남사 버스 종점에서 배티고개까지는 도보로 30분. 히치를 할까도 생각했지만, 그냥 걷기로 한다. 고갯길 중간에 있는 '할머니 순두부집'에 이르자 개가 먼저 알고 짖는다. 지난주에 배티고개에서 걸어 내려올 때도 짖던 개다. 반갑다는 인사일까? 등산 시작도 전에 몸은 땀으로 달궈지고 30분 만에 배티고개에 이른다. 고개는 적막감이 깊게 밴 산골. 고개에 올라서자 맨 먼저 보이는 것은 우측에 있는 진천군 백곡면을 알리는 표지석과 이티재 안내판이다. 표지석에는 충북을 상징하는 '생거진천'을 새겼다. 좌측에 있는 중앙 골프장 안내판도 진입도로와 함께 눈에 띈다. 지난주에 이어 두 번째인 배티고개는 산골의 고요가 깔린 가운데 빗물 머금은 작은 바람이 인다. 이곳에서 들머리는 좌측 절개지로 이어진다. 직벽이다. 초입에 로프가 두 가닥 설치되었다. 직벽을 오르니 이상하리만큼 바로 능선이 시작된다. 그만큼 높은 산을 절개했다는 반증이다. 경사가 거의 없는 능선. 아래쪽을 내려다보니 아찔하다. 길은 지난주 종주길처럼 낙엽으로 덮였다. 겹겹으로 쌓인 낙엽 속에는 층층으로 물기가 스며들었다. 그래서인지 지난주 오후에 낙엽길 걸으면서 듣던 '서걱, 서걱, 서걱' 하는 소리는 들을 수 없다. 능선길 우측 아래로는 중앙 골프장 진입도로가 아까부터 따라오고 있다(09:56). 헬기장을 지나(10:07) 갈림길에서 직진하니 무명봉에 이른다. 내려가는 급경사 끝에 배수로가 이어진다. 특이한 배수로다. 재질이 시멘트도 아니고 플라스틱처럼 보이는 잿빛이다. 배수로를 건너 우측으로 내려가니 장고개에 이른다(10:21). 우측에는 현대식 건물이 들어섰다. 직진으로 오르니 시멘트 도로가 이어지고, 깨끗하게 단장된 납골묘와 연속해서 송전탑이 나온다. 첫 번째 송전탑 아래로 통과하여 다음 송전탑까지 통과하니 갑자기 주변이 밝아진다. 햇빛이 나오고 흩날리던 안개비가 온데간데없이 사라졌다. 축축하던 산길도 바뀌었다. 온 산속이 다 변했다. 햇빛에 취한 탓인지 갑자기 발걸음이 가벼워진다. 속도를 더 낸다. 다시 무명봉에 이른다(10:38). 정상은 삼거리로 길이 갈린다. 좌측으로 내려간다. 다시 해가 들어간다. 오늘 하루는 이런 날씨가 반복될 것 같다. 한참 내려가니 안부에 이른다. 그런데 이상하다. 이곳에도 장고개라는 아크릴 표지판이 있다. '분명히 조금 전에 시멘트로 포장된 장고개를 넘었는데…' 안부에서 직진하니 갈림길이 나오고 우측으로 오르니 다시 무명봉이다. 좌측으로 내려가다가 오르니 440봉에 이른다(11:13). 정상에는 안내리본이 많다. 그런데 삼각점이 부서졌다. 깨진 조각이 그대로 있는 것으로 봐서 부서진 지 오래된 것 같지는 않다. 흩어진 조각들을 밀어 짜 맞추듯 모아둔다. 좌측 능선길로 내려가니 우측에 묘지가 보이고, 가파른 오르막 끝에 470.8봉에 이른다(11:29). 특이한 헬기장이 있다. 대부분의 헬기장은 벽돌이나 그냥 돌에 시멘트로 축조했는데 이곳은 여러 직사각형 철판을 연결시켰다. 앞으로 가게 될 칠현산으로 이어지는 산줄기가 한눈에 들어온다. 이곳에서는 등로 잇기에 신경 써야 된다. 90도 꺾인 좌측으로 내려가니 곳곳에 안내리본이 있다. 갈림길에서 좌측으로 내려가니 안부에 이르고, 직진하니 숲이 빽빽하다. 숲이 우거진 여름에는 어려울 것 같다. 다시 능선에 이른다. 산불 난 흔적이 있다. 서 있는 나무들이 검게 그을렸다. 우측에 작은 돌탑이 보이고, 완만한 능선길이 계속된다. 다시 무명봉을 넘고, 오르막 끝 지점에 이르니 송전탑이 나온다(12:18). 송전탑을 지나 햇빛이 모아지는 곳에 자리를 잡으려는데 바닥에 물기가 있어 앉을 수 없다. 먹다 남은 '자유시간' 포장지를 뜯어 깔고 앉는다. 점심을 마치고도 좀 더 꼼지락거리다 자리를 뜬다. 평평한 능선길이 이어진다. 능선 양쪽이 가파른 칼날 능선을 걷는다. 우측에 아주 넓은 골프장이 보인다. 작은 봉우리 서너 개를 넘고 제법 경사진 오르막을 넘어 봉우리 정상에 이른다. 409.9봉이다(13:00). 사방이 탁 트인다. 삼각점과 아크릴 안내판이 있다. 내려가다가 헬기장을 지나 삼거리에서 좌측으로 내려가니 임도에 이르고, 조금 더 내려가니 옥정재에 이른다(13:13). 맨 먼저 눈에 띄는 것은 충북에서 설치한 조형물이다. 신랑과 각시처럼 보이는 남녀 한 쌍의 조형물을 경계판 위에 설치했다. 마루금은 맞은편 산으로 이어진다. 그런데 산 아래는 전부 밭이고 접근을 못 하도록 철조망까지 설치했다. 좌우를 살핀 후 철조망을 통과하여 산으로 오르니 능선이 나오고 안내리본도 하나둘씩 보인다. 한참 걷다가 나도 모르게 줄에 걸려 넘어질 뻔했다. 누군가가 더 이상 접근하지 말라는 뜻으로 줄을 쳐 놓았다. 한두 개가 아니다. 하나를 넘으면 또 줄이 나타나고 수없이 반복한다. 그것도 지그재그로. 줄을 쳐놓은 것도 모자라 마지막에는 철조망까지 설치했다. 이 지역이 약초 재배지라서다. 등로에 취해 정신없이 걷는다. 작은 바위가 몇 개더 나오고, 무명봉을 넘자 앞에는 거대한 봉우리가 나타나 발걸음을 압도한다. 오르막 끝에 고라니봉에 이른다(13:40). 허름한 표지판을 보니 오히려 정감이 간다. 좌측으로 내려가 평범한 봉우리를 넘고, 무명봉 삼거리에서 좌측으로 진행하여 서너 개의 봉우리를 넘으니 만디고개에 이른다(14:04). 만디고개에는 아크릴 표지판과 수많은 작은 돌탑이 있다. 이곳 돌탑은 모두 어느 칠순 부부가 세웠다는 이야기를 들었다. 햇빛은 나오지만, 낙엽 쌓인 산길은 아직도 축축하고 미끄럽다. 바람 끝도 싸늘하다. 안부에서 직진하니 큰 바위가 나오고, 가파른 오르막이 시작된다. 오르막 끝은 무이산 갈림길이다(14:15). 정맥은 좌측으로 이어지고, 무이산은 우측에 있다. 4~5분이면 정상에 오르지만 가지 않기로 한다. 시간이 빠듯해서다. 좌측으로 내려가다 오르니 무명봉에 이른다. 이곳에도 눈에 띄는 리본이 있다. '빈손' 얼마 만에 보는가! 무명봉에 이어서 도착한 곳은 '사장골 정상'이다. 아크릴 표지판이 있다. 주위를 둘러본다. 희미하지만 마루금이 참으로 아름답다. 특히 칠장산으로 향하는 마루금은 영락없는 한 폭의 동양화다. 사장골 정상에서 우측으로 내려가니 '무티고개'라는 아크릴 표지판이 있는 안부에 이른다(14:45). 그 옆에는 돌탑이 있다. 산은 비슷하지만 가는 곳마다 새로운 길을 내놓고, 새로운 풍경을 보여 준다. 안부에서 직진으로 올라 몇 개의 무명봉을 넘고 잠시 쉰다. 뭔가 보충해야 발걸음이 떨어질 것 같다. 잠시 후 덕성산 갈림길에 이른다. 오늘 처음 보는 이정표가 있다(칠장산 5.2). 반갑다기보다는 안성시에 대한 불만이 앞선다. 지금까지 종주 길에서 이렇게 이정표 하나를 제대로 설치하지 않은 지자체는 안성시가 유일한 것 같다. 안성시에 대한 원망은 아침에 안성 터미널에 도착해서부터 잡친 기분과 연결되었다는 것을 숨기고 싶지 않다. 그나저나 큰일이다. 아직도 칠장산이 5.2㎞ 남았다니…. 덕성산은 이곳 갈림길에서 조금 더 들어가야 된다. 다녀오기로 한다. 덕성산에서 갈림길로 되돌아와서 다시 좌측으로 난 정맥길로 내달린다. 완만한 능선길이 계속 이어지더니 갑자기 임도가 가로지른다. 임도를 건너 산으로 오르니 최근에 신설한 송전탑이 있고, 주변에 '통행 금지' 금줄을 쳐놓았다. 금줄을 넘어 한참 오르니 큰 바위가 나오고, 정상에 이른다. 정상에는 '곰림정상'이라는 표지석이 있다. 곰림정상에서 좌측으로 내려가니 헬기장이 나오고, 바로 칠현산 정상에 이른다(16:39). 표지석과 삼각점이 있고, 그 옆에는 나무 의자와 이정표가 있다. 이정표는 명적암과 칠장산 방향을 알린다. 날이 많이 저물었다. 갑자기 까마귀가 날아든다. 괴상하고 기분 나쁜 소리로 울부짖으면서. 마음이 조급해진다. 갈 길은 멀고 시간은 없어서다. 좌측으로 내려간다. 또 큼지막한 돌탑이 있는 안부에 이른다. 돌탑 앞에는 '부부탑 칠순비'라고 쓰여 있다. 안부를 가로질러 오르니 헬기장이 나오고, 좌측으로 내려가니 연거푸 봉우리 서너 개가 이어진다. 다시 이정표가 나온다. 칠장산 갈림길이다.

　이제 칠장산에 다 왔음을 직감한다. 그러나 내가 찾고자 하는 것은 칠장산이 아니라 3정맥 분기점이다. 3정맥 분기점은 칠장산 정상 아래에 있다. 한남정맥 종주 때 이미 칠장산 정상을 밟은 경험이 있다. 날이 많이 어두워졌다. 갈림길에서 직진으로 오른다. 아무리 올라도 3정맥 분기점은 보이지 않는다. 없어서가 아니고, 날이 어두워서 내가 찾지를 못한다. 초조해진다. 그렇다고 그냥 돌아갈 수도 없다. 여기서 포기하면 하루가 꽝이고 또 일주일을 기다려야 한다. 내 실수다. 뜨끔하다. 단독 종주자가 사시사철 갖춰야 할 필수품이 있다. 손전등과 방한복이다. 오늘 같은 날을 대비해서다. 다급한 마음을 진정시키고, 가던 길을 내려오면서 더듬어 본다. 기억이 난다. 정상에서 내려올 때 정맥길에서 벗어나 좌측에 있었다는 것이. 결국 찾았다. 오늘의 최종 목표 지점인 3정맥 분기점에 이른다.

### 3정맥 분기점에서(17:30)

　3정맥 분기점은 칠장산 정상에서 조금 내려온 산등에 자리 잡고 있다. 이곳에서 한남정맥, 금북정맥, 한남금북정맥이 갈라진다. 날이 어두워서 제대로 보이지는 않지만 감으로 충분히 알 수 있다. 분기점 중앙에는 '부산 건건 산악회'에서 세운 이정표가 있고, 바로 옆에는 레저토피아 금요회에서 세운 3정맥 표지석이 있다. 그 옆 나뭇가지에는 분기점을 알리고 성공적 종주를 기념하는 수많은 안내리본이 걸려 있다. 어둡지만, 이 역사적인 순간을 놓치고 싶지 않다. 기록하고, 촬영해서 영원히 간직하고 싶다. 표지석과 분기점을 알리는 이정표를 촬영한다. 줄줄이 매달린 안내리본도 빠뜨릴 수 없다. 아쉽지만 시간이 없다. 하산해야 된다. 쉽게 떨어지지 않는 발걸음을 옮긴다. 조금 전에 지나온 갈림길로 되돌아간다. 갈림길 이정표의 글씨가 제대로 보이지 않는다. 어렵게 칠장사로 내려가는 길을 찾았다. 칠장사로 내려가는 길은 이번이 두 번째라서 윤곽은 알고 있다. 경사가 좀 있고, 주변에 산죽이 서식하고 골짜기 특유의 물기가 서렸다는 것을. 이미 버스는 놓쳤지만 그래도 급한 마음을 주체할 수 없다. 밤길이라 미끄러지고 넘어지면서 칠장사에 도착한다(18:05). 경내는 어둠 그 자체다. 요사채에서 흘러나오는 희미한 불빛만이 이곳이 절간임을 알게 한다. 칠장사를 통과하여 한달음에 주변 상가까지 내려간다. 이곳도 하루 장사를 끝내고 철시한 지 오래인 듯 인적이 없다. 누군가를 만나 내려갈 교통편을 물어야 된다. 다행히도 모퉁이 구멍가게에 불빛이 샌다. 주인아주머니께 물었다. 버스는 이미 가버렸고, 서울을 가려면 죽산으로 가야 된다면서 택시회사 전화번호를 알려준다. 지금쯤 집에서는 딸 생일을 맞아 아빠 오기만을 눈 빠지게 기다리고 있을 것이다. 잠시 후면 이곳 구멍가게의 불빛도 어둠 속으로 스며들 것이다. 가족들의 얼굴이 떠오른다. 다영아, 스물네 번째 생일을 축하한다. 사랑한다, 딸아.

## 🚶 오늘 걸은 길

배티고개 → 440봉, 옥정재, 덕성산, 고라니봉, 사장골 정상, 칠현산 → 3정맥분기
점(18.8㎞, 7시간 59분).

## ⛰️ 교통편

- 갈 때: 안성 시내 알파문구에서 석남행 버스 이용. 석남사 종점에서 배티고개까
  지는 도보로.
- 올 때: 칠장사에서 버스로 죽산까지, 죽산에서 안성터미널까지 버스로.

# 금북정맥 종주를 마치면서
## 2009. 12. 25.

종주를 시작하던 첫날이 생생하게 떠오른다. 들머리를 찾아가면서 버스 하차 지점을 놓치는 바람에 신진대교를 걸어 돌아와야만 했고, 들머리 직전에 있는 방파제를 건널 때 콧속을 파고들던 풋풋한 갯내와 방파제 우측에 넓게 펼쳐진 골프장 풍경은 마치 어제처럼 생생하다. 시작은 산뜻했고, 한동안은 거침없었다. 다만 완주 기간이 길어진 것은 여름날 무더위와 예측 없이 울리던 직장의 전화벨 소리 때문이었다. 그간 있었던 종주 길을 되돌아본다. 하루 걷는 양을 과도하게 잡은 탓에 오후 느지막에는 다리를 붙들고 기어오르다시피 했고, 날은 어두워지는데 길을 잘못 들어 산속에서 허둥대던 순간도 있었다. 하지만 아픈 기억만 있었던 것은 아니다. 홍성 백월산에서 하산길을 고민하던 나에게 본인들 차로 터미널까지 태워준 고마운 젊은이들이 있었고 마지막 날 어둠을 헤치고 3정맥 분기점을 밟던 순간의 희열은 그동안의 고통을 잊게 하고도 남았다. 정맥 종주 하나를 마칠 때마다 느끼는 소회지만 이런 자그마한 결실도 결코 내가 혼자 이룬 것이 아니다. 그 길을 먼저 밟은 선답자들이 없었다면 아마 불가능했을 것이다. 이 자리를 빌려 감사드린다. 1대간 9정맥 중 이제 겨우 3개 정맥을 마쳤을 뿐이다. 여전히 주말이면 기계적으로 등산 장비를 챙기게 된다. 겁은 나지만 조만간 새로운 정맥을 찾아 나설 것이다. 세월이란 것이, 인생이란 것이 막바지에 이르러서는 더 빠르게 가버리는 것 같다. 서둘러야겠다. 끊임없이 무엇인가를 기다리며 행동하는 삶은 비록 힘은 들지만, 희망이 있다고 했다. 네 번째 정맥이 기다려진다.

**4**

# 한남금북정맥

# 한남금북정맥 개념도

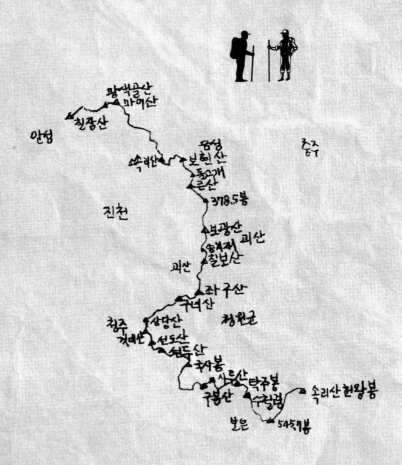

안성

충주

진천

황색골산
마이산
천장산

속리산

용성
보현산
동오개
큰산

378.5봉

보광산
송치재 괴산
칠보산
괴산

좌구산
구녀산

청주
것대산
상당산
선도산
선두산

청원군

국사봉
사두산 탁주봉
구봉산 수정령

속리산 천왕봉

보은
545기봉

한남금북정맥은 우리나라 13개 정맥 중의 하나로, 속리산 천왕봉에서 시작해서 안성 칠장산까지 이어지는 산줄기이다. 백두대간을 타고 북쪽에서 남쪽으로 내려오던 산줄기가 속리산 천황봉에서 분기되어 서북으로 뻗어 충북의 북부 내륙을 동서로 가르며 경기도 안성에 있는 칠장산으로 이어진다. 한강의 남쪽과 금강의 북쪽에 있다 해서 '한남금북정맥'이라 부른다. 이 산줄기에는 칠장산, 좌벼울고개, 걸미고개, 도솔산, 황색골산, 차현고개, 소속리산, 승주고개, 보현산, 삼실고개, 보천고개, 보광산, 모래재, 칠보산, 질마재, 좌구산, 밤티재, 분젓치, 구녀산, 이티재, 상당산, 산성고개, 선도산, 구봉산, 수철령, 새목이재, 말치고개, 회넘이재, 갈목이재, 속리산 천황봉 등이 있다. 도상거리는 속리산 천황봉에서 칠장산분기점까지 총 158.1㎞이다.

# 첫째 구간
## 칠장산 삼정맥분기점에서 걸미고개까지

한남금북정맥 종주를 시작했다. 한북정맥, 한남정맥, 금북정맥을 완주하고 네 번째로 나서는 산줄기이다. 금북정맥 종주를 마치고 2주 만이다. 도상거리가 158㎞이니 10회 정도면 끝날 것 같고, 그때 쯤이면 시절은 무르익은 봄으로 변해 있을 것이다. 정맥 종주를 시작한답시고 처음 산에 오른 때가 2006년 겨울이었다. 그새 겨울을 세 번 보내고 네 번째 겨울을 맞고 있다. 변치 않는 것은 세월뿐인 것 같다. 어김없이 그 겨울이 또 찾아들었으니. 종주는 칠장산에서 속리산으로 거슬러 올라가려고 한다. 특별한 이유는 없지만, 금북정 맥을 끝내면서 그쪽 지리에 익숙해졌고, 교통편 등 거슬러 올라가는 코스에 관해 더 많은 정보를 갖고 있어서다. 첫 구간은 칠장산 3정 맥 분기점에서 죽산면 안성골프장 정문 앞 걸미고개까지다. 이 구간 에는 375봉, 376봉, 좌벼울고개가 있다.

### 2009. 12. 26.(토), 날씨는 맑지만 매우 쌀쌀

집에서 느지막하게 출발한다. 오늘 구간 거리가 아주 짧아서다. 동서울 버스터미널에서 8시에 출발한 버스는 9시 4분에 죽산 도착. 춥고 터미널은 썰렁하다. 사람들은 보이지 않고, 움푹 팬 바닥 곳곳에 살얼음이 얼었다. 허름한 승객 대기소에는 서너 명이 연탄난로를 가운데에 두고 빙 둘러앉아 있다. 패잔병들처럼 힘이 없어 보인다. 난로에 연탄은 없다. 그야말로 앙꼬 없는 찐빵이다. 주변을 둘러본 다. 시계 수리점, 떡방앗간, 치킨집, 작은 슈퍼가 눈에 띌 뿐 별다른 것이 없다. 목도리에 귀마개까지 완전무장을 했지만, 코끝이 떨어져 나갈 것 같다. 버스는 9시 30분에 출발, 칠장사에는 9시 45분에 도 착. 칠장사 주변도 썰렁하기는 마찬가지다. 깊은 산중에 혼자가 된 다. 장비를 챙기고 오른다. 칠장사 일주문을 통과할 무렵 갑자기 캥 캥거리는 소리가 나를 놀라게 한다. 지난번 금북정맥 종주를 마치 고 내려올 때 짖던 그 개다. 살얼음이 있어 조금은 미끄럽다. 이 길 을 두 번씩이나 내려왔지만 오르기는 처음이다. 오르막길 주변에 진 녹색 산죽이 무성하고, 잠시 후 능선에 이른다. 한남정맥과 금북정 맥을 이어주는 능선이다. 칠현산과 칠장산을 알리는 이정표가 나오 고, 완만한 오르막을 오르니 세 정맥 분기점에 이른다(10:18). 지난번 밤중에 희미한 모습만 보여주던 그 분기점이다. 오늘은 너무 쉽게 제 모습을 드러낸다. 분기점 주변 풍광이 뚜렷하다.

중앙에는 세 정맥 분기점을 알리는 표지석이 있고, 주변 나뭇가지 에는 수많은 안내리본이 걸려 있다. 나뭇가지에 걸린 안내리본을 보 니 갑자기 그 옛날 장례식 때 상여 나가던 모습이 떠오른다. 잘 가시

라고 상주들이 드리는 노잣돈이 상여 앞부분 새끼줄에 꿰어졌던…. 이곳에서 5분 정도 올라가면 칠장산 정상이다. 맞은편에 위치한 칠현산 실루엣도 뚜렷하다. 이곳 분기점도 오늘로써 벌써 세 번째인데 이처럼 진면목을 보게 되는 것은 오늘이 처음이다. 떠나려니 어쩐지 뭔가 아쉽다. 보이는 것은 모두 사진으로 남긴다. 중앙에 있는 표지석도, 나뭇가지에 걸린 리본들도. 이제부터 새로운 길, 한남금북정맥으로 들어선다. 고행의 시작일지, 축복의 날이 될지는 모르겠지만 출발한다. 3정맥 분기점 표지석에서 우측으로 향한다. 45도 정도의 내리막인데 얼음이 있어 미끄럽다. 길지 않은 비탈이 끝나고 이내 완만한 능선으로 바뀐다. 날씨는 화창한데 바람은 차다. 앞에 펼쳐진 마루금이 막힘없다. 능선을 막아서는 몇 개의 무명봉이 있지만 그리 높지는 않다. 길은 걷기에 좋으나 낙엽으로 덮여 바닥은 보이지 않는다. 얼었던 낙엽들이 아침 햇살로 녹아내리는지 물기가 있어 조금은 미끄럽다. 완만하게 이어지던 능선 앞에 봉우리가 불쑥 나타나 부담 없이 내달리던 양 다리에 하중을 느낀다. 잠시 후 375봉에 이른다(10:45). 멈추지 않고 계속 간다. 이어지는 능선은 올망졸망한 그렇고 그런 작은 봉우리들. 징검다리처럼 이어진다. 우측 아래 나뭇가지 사이로 언뜻언뜻 시설물이 나타났다 사라진다. 칠장사 건물들이다. 순간, 저곳에서 정진하고 있을 스님들의 모습을 떠올려 본다. 약간의 오르막이 시작되더니 이내 또 다른 봉우리 정상에 선다. 아담한 시설물이 눈에 띈다. 마치 물 위에 공간을 두고 그 위에 주거공간을 설치한 동남아시아의 수상 가옥처럼 생겼다, 산불감시초소다. 그 옆에는 노란 아크릴 표지판이 걸려 있다. 이곳 높이가 376m임을 알린다. 그나저나 망설여진다. 오늘 어디까지 가야 하나? 집에서 나올 때부터 대충 마음은 먹고 있었지만 어디까지 가야 할지를 모르겠다. 일단 가보는 거다. 그리고 소요 시간과 되돌아갈 교통편을 고려해서 마칠 지점을 결정할 것이다. 이런저런 생각 중에 다시 봉우리를 하나 더 넘는다. 계속 내리막이다. 갈수록 햇빛은 밝아진다. 겹쳐 입은 방한복 때문인지 등에서는 벌써 땀들이 꾸물거린다. 능선이 나뉜다. 원줄기를 벗어나는 새끼 능선인 듯 길 폭도 좁아진다. 그동안 많이 내려온 탓일까? 내려갈수록 낯익은 풍경들이 자주 보인다. 산중턱에 보이는 계단식 초지, 버섯 재배용인지는 모르겠지만 그늘진 곳에 가지런히 쌓아 둔 참나무 토막들이…. 갑자기 새소리가 들린다. 추운 겨울날 아침에 무슨 말 못 할 사연을 품었기에 저리도 슬피 울어댈까? 인간이나 미물이나 살아가는 것은 마찬가지일 터. 안쓰럽다. 젊은 날 순수했던 감정으로 인연을 맺었던 사람들이 그리워지고, 살면서 크고 작은 신세를 졌던 사람들이 생각나는 요즘이다. 이런 게 인생의 정리라는 걸까? 너덜지대를 통과하니 절벽 비슷한 경사지가 나오고, 안부사거리에 이른다. 좌벼울고개다.

## 좌벼울고개에서(11:06)

마루금은 직진이다. 좌측은 골프장과 연결되는 세로이고, 주변에 많은 안내리본이 걸렸지만 직진 방향에 유달리 많다. 오르막을 넘으니 다시 내리막길. 마루금 좌측에 좌벼울고개에서 본 골프장 초지가 계속 따라 오고, 자동차 소리가 들리더니 도로와 농지가 보이고 플라스틱 배수로가 나온다. 마루금은 골프장 경계선에 다다르고, 양손에 쥔 스틱은 벌써 안성골프장 안쪽을 찍고 있다. 골프장 주차장을 통과하니 정문에 이르는 시멘트 포장길이 나오고, 길 양쪽에 오래된 고목들이 일정한 간격으로 서 있다. 잎이 무성할 여름이면 장관이겠다. 한참 내려가니 골프장 정문에 이르고, 그 앞은 4차선 포장도로가 이어진다. 걸미고개다(11:35). 걸미고개는 지금 같은 넓은 도로가 없던 시절의 이름이고 지금은 4차선 포장도로로 차량이 엄청나다. 골프장 정문 앞 공터에서 오늘 일정을 다시 점검한다. 이대로 계속 진행할 것인지, 이곳에서 마칠 것인지를. 집에서 출발할 때부터 망설이던 것을 결국은 여기까지 미룬 셈이다. 이곳에서 마치기로 한다. 만약 계속한다면 앞으로도 8시간 정도는 더 가야 되는데 무리다. 더구나 해가 짧은 겨울이고, 날씨도 너무 춥다. 다음 주에 이어질 정맥길을 확인하고 돌아가기로 한다. 다음 구간은 바로 앞에 있는 시멘트 옹벽으로 올라가서 오르면 된다. 이젠 등에 흐르던 땀도 식는지 오싹하다. 하루 일정을 이렇게 빨리 끝내기도 처음이다. 이 밝은 대낮에 집으로 돌아간다고 생각하니 조금은 멋쩍다. 때론 내가 싫고, 나에게 미안하기도 하다. 흠 많은 나 자신을 생각하면 싫어지고, 마음먹은 것은 전부 행하려는 무모함을 생각하면 내 몸뚱이에게 너무 미안해진다. 첫 구간을 마치며 다짐한다. 산길에 보이는, 가슴으로 느끼는 모든 것들을 그대로 기록할 것이다. 자연의 미세한 숨결까지도….

### 🚶 오늘 걸은 길

칠장산 삼정맥분기점 → 375봉, 376봉, 좌벼울고개 → 걸미고개(3.5㎞, 1시간 17분).

### ⛰ 교통편

- 갈 때: 죽산에서 시내버스로 칠장사까지.
- 올 때: 걸미고개에서 버스로 죽산까지, 죽산에서 동서울행 버스 이용.

# 둘째 구간
## 걸미고개에서 코니아일랜드 아이스크림공장까지

올레길. 비교적 완만한 코스를 느릿느릿 걸으면서 주변의 정취를 즐길 수 있는 걷기 코스를 말한다. 제주에서부터 전국으로 퍼져 온 나라가 떠들썩하다. 건강도 건강이지만 자치단체의 홍보에도 도움이 되기 때문일 것이다. 자연스럽게 내 고향을 생각하게 된다. 섬 전체를 둘러싼 해안도로를 다듬어서 올레길로 개발하면 어떨지?

둘째 구간을 넘었다. 안성시 죽산면에 있는 걸미고개에서 음성군 쌍봉리에 있는 코니아일랜드 아이스크림 공장 앞까지다. 이 구간에서는 도솔산, 황색골산, 마이산, 당목리고개, 저티고개 등을 넘게 되고, 특히 승순농장을 지나 무명봉을 넘고서부터는 임도만 따라서 걸으면 된다.

### 2010. 1. 30.(토), 맑음

동서울터미널에서 출발한 버스가 죽산에 도착(07:30). 걸미고개행 버스는 벌써 대기하고 있다. 버스에 올라 습관처럼 교통카드를 대고 자리에 앉자마자 퍼뜩 정신이 든다. 죽산에 도착했을 때 버스표를 구입했었는데…. 걸미고개는 08:09에 도착. 둘째 구간 초입은 도로 건너편 시멘트 옹벽으로 이어지고, 옹벽 위 나뭇가지에 안내리본이 걸려 있다. 시멘트벽이 높아 양 스틱을 이용해서 오른다. 옹벽 위에서 절개지 위로 오르는 길이 미끄러워 우측 철망을 붙잡고 간신히 오른다. 걸미고개를 알리는 노란 아크릴 표지판이 눈에 띄고 그 옆에 많은 리본이 걸려 있다. 강성원 우유, 광주 문규한, 조폐산악회, 평산지기, 울산 돌고래 산악회 등. 앞으로 몇 개월간 동행할 안내자들이다. 능선길은 완만하다. 우측 아래 산골 마을에선 개 짖는 소리가 요란하다. 아침부터 마을에 무슨 일이 생겼는지, 아니면 산에 나타난 나를 보고 그러는지. 잠시 후 그리 높지 않은 봉우리에 이른다. 280봉이다. 우측으로 내려가니 도솔산 보현봉임을 알리는 팻말에 예사롭지 않은 글이 적혀 있다. '나와 자연이 진리로 한 덩어리임을 아는 것이 불심입니다.' 주변에 절이 있나? 계속 걷기 좋은 길이다. 상수리 잎과 솔잎이 섞인 길. 바닥만 보면 가을로 착각할 정도다. 내리막길이라 속도가 붙는다. 그런데 이상하다. 한참 가도 리본이 보이질 않는다. 이 정도면 당연히 있어야 할 텐데. 그리고 보니 이상한 점이 한둘이 아니다. 어느 정도 가면 '보현봉 가는 길' 이라는 팻말이 나온다고 했는데 눈을 씻고 봐도 없다. 대신에 '내려가는 길'이라는 팻말이 나온다. 다시 되돌아갈까도 생각했지만 이미 너무 많이 내려왔다. 다시 화살표 방향이 우측을 향하여 그려진 '내려가는 길'이라는 팻말이 또 나온다. 팻말을 무시하고 직진해 본다. 그 끝에는 잘 단장된 묘지가 나오고 그다음은 산길이 끝나는 절벽이다. 잘못 내려온 게 확실하다. 다시 올라갈 수는 없어 그냥 내려가서 찾기로 한다. 순간 방심하는 사이에 엄청난 일이 벌어졌다. '내려가는 길' 표지판이 있는 곳으로 올라가서 화살표가 가리키는 대로 내려간다. 골짜기에서 위쪽으로 올라서니 길이 나오고, 그 위 도피안사에 가서 물으려고 종무소로 향하는데 인기척을 듣고 노인이 나온다. 나도 따라서 합장하고 물으니, 내가 올라오던 그 방향으로 계속 내려가라고 한다. 그러면 다리가 나올 것이고, 그 다리 밑으로 가라고 한다. 이제 안심이 된다. 노인의 말씀대로 저수지가 나오고 2차선 포장도로가 나온다. 이제는 국도만 따라 올라가면 된다. 한참 올라가는데 도로변에 차를 세우고 뭔가를 논의하는 사람들이 있다. 지도를 펼쳐놓고 아래 들녘을 가리키는 것을 보니 부동산 업자들인 것 같다. 그들에게 물었다. "저 아래 저수지가 용설저수지가 맞느냐?"고. 그렇다고 한다. 확신을 갖고 계속 오르니 오르막 끝 지점에 이르고, 맞은편에서 불어오는 시원한 공기를 맞게 된다. 당목리고개다.

### 당목리고개에서(09:40)

고개에 이르니 아나나 다를까 도로 양쪽 산 방향으로 리본이 있는 것이 아닌가! 이렇게 반가울 수가! 그 옆에는 노란 표지판까지 있다. 대방·안성 8광이라는 분이 세운 표지판이다. 표지판에는 한남금북정맥을 알리고 이곳이 당목리와 용설리를 잇는 당목리고개라는 것도 밝히고 있다. 이제 제 길을 찾았다. 생각해 보니 길을 잘못 내려온 이유를 알 것 같다. 아까 도솔산 보현봉 표지판이 있는 곳을 지날 때 우측으로 내려갔어야 했는데 그냥 직진했던 것이다. 그래서 안내리본도 보이지 않았고 자꾸만 내려가는 길이란 팻말만 보였던 것이다. 마음을 가다듬고 다시 출발한다. 이곳에서 마루금은 도로 위 산길로 이어진다. 오르는 길은 시멘트 옹벽을 넘어야 하고 그 좌측에는 철옹성처럼 단단하게 보이는 철문이 있다. 스틱을 이용해 옹벽 위로 점프한다. 바로 완만한 능선길이 이어지고, 햇빛이 나온다. 바닥을 덮은 낙엽들이 녹느라 물기가 쭈뼛쭈뼛한다. 잠시 후 그리 높지 않은 봉우리에 이른다. 252봉이다. 우측으로 내려가다가 솔향이 코끝을 파고드는 소나무 군락지를 통과할 무렵 어디선가 목탁소리가 들린다. 다시 고만고만한 봉우리 몇 개 넘으니 제법 높은 봉우리에 이른다. 356봉이다. 정상에는 노란 팻말이 있다. 역시 대방·안성 8광이라는 분이 세웠다. 정상에는 쉴 수 있도록 나무를 베어 걸쳐 놓았다. 좌측으로 이어지는 내리막길은 낙엽으로 덮였고, 그 낙엽 아래에 나무 계단이 설치되었지만 잘 보이지 않는다. 한참 내려가니 저티고개에 이르고, 고개 옆에는 돌탑이 있다. 그냥 지나칠 수 없다. 돌을 하나 얹고 출발한다. 한참 오르니 무명봉에 이르고, 또 표지판이 있는 봉우리에 이른다. 황색골산이다(10:57).

정상인지도 모를 정도로 두리뭉실하다. 키 작은 나무에는 수많은 안내리본이 걸려 가지가 쓰러질 것 같다. 조금 위에 삼각점이 있다. 잠시 배낭을 풀고 간식을 먹고, 출발한다. 앞에는 완만한 능선이 한

동안 이어지는데, 그 끝에는 상당히 높은 산이 떡 버티고 있다. 앞으로 오르게 될 마이산이다. 황색골산에서 내려가니 삼거리가 나오고, 우측으로 내려가니 도로가 내려다보인다. 자동차 소리가 들리기 시작하고, 조금 더 내려가니 중부고속도로를 가로질러 세운 육교 앞에 선다. 화봉육교다. 화봉육교는 충북 음성군과 안성시 일죽면을 연결한다. 육교 아래로는 중부고속도로가 이어진다. 육교를 통과하니 음성군에서 세운 마이산 등산 안내도가 나오고, 마루금은 우측 산길로 이어진다. 완만한 오르막이지만 이젠 힘이 든다. 나무의자가 설치된 쉼터가 나오더니 묘지가 나오고 가끔 제법 큰 바위도 나온다. 오르막이 가팔라지더니 다시 나무의자가 나온다. 이곳에서 잠시 쉰다. 날씨는 좋지만 바람 끝은 아직 차다. 한참 오르니 삼거리에 이르고, 우측으로 오르니 망이산성 안내판이 나온다. 그 옆에는 마이산 정상석이 있다. 망이산성 설명문이 있다. 망이산성은 외성과 내성으로 이루어졌는데 토축식인 내성은 백제 시대에 축조되었고, 석축식인 외성은 통일신라 시대 때 축조되었다. 남쪽이 절벽임을 감안할 때 남쪽의 적군을 방어하기 위하여 축조했으리라는 추측을 해 본다. 다시 우측으로 오르니 헬기장이 나오고, 한동안 평평한 길이 이어지더니 마이산 정상에 이른다.

### 마이산 정상에서(12:10)

정상에는 삼각점과 정상석이 있다. 정상에서 조금 떨어진 곳에 음성군에서 세운 표지판이 있고 그 옆에 몇 그루의 소나무와 함께 의자가 설치되었다. 이곳에서 마루금은 '망이산성 남문 터'로 이어진다. 조금 내려가니 안내판이 나오고, 양쪽에 산성 흔적이 있고 그 흔적들이 훼손될 것을 염려해서 파란 비닐로 덮어 놓았다. 남문 터에서부터는 급경사다. 급경사가 끝나고 완만한 능선으로 이어지더니 안부에 이른다. 안부에서 올라 396봉을 넘고, 내려가다가 갈림길에서 좌측으로 내려가니 안부사거리에 이른다. 안부에서 올라 갈림길에서 우측으로 내려가니 메마른 넝쿨들이 사방팔방으로 뻗어 있다. 길 흔적이 뚜렷하지 않다. 직감으로 판단해서 내려간다. 잎이 무성할 여름날이면 걷기 힘들겠다. 우측은 철망이 이어지고, 마루금도 철망을 따른다. 철망이 끝나는 양지바른 곳에 민가 한 채가 있다(13:40). 민가 뒤로 통과할 무렵 개가 짖고, 마당에는 닭들이 모이를 먹고 있다. 딴 세상 같다. 겨울 흔적을 볼 수 없다. 민가를 통과하니 임도에 이르고, 우측에 대규모 묘목단지가 있다. 계속 내려가니 2차선 포장도로에 이른다. 대야리와 용대리를 잇는 지방도로다. 포장도로를 통과할 무렵 한 무리의 트레킹족을 발견한다. 요즘 올레길이 유행이다. 갑자기 내 고향이 생각난다. 섬 전체를 둘러싼 해안도로를 올레길로 개발하면 어떨지? 포장도로를 건너 시멘트 도로로 올라가니 승순농장이 나오고, 이곳에서 마루금은 승순농장 우측 산길로 이어진다. 초입에 있는 리본을 따라 오르니 등로가 희미해지더니 사라져 버린다. 그냥 산 정상만 바라보면서 오른다. 한참 오르다가 능선 갈림길에서 우측으로 올라 묘지에서 좌측으로 오르다가 내려가니 다시 임도에 이른다. 이곳에서부터 오늘 산행의 마지막 지점인 쌍봉초등학교까지는 계속 임도만 따라가면 된다. 임도에서 우측으로 진행하니 건물이 나오고, 건물에는 캡스경비구역-충주지사 표지판이 부착되었다. 건물 사거리에서 우측으로 진행하여 파란 철망을 따라가니 ㈜청한 정문이 나오고, 사거리에서 직진하여 진주슈퍼 컨테이너 앞을 지난다. ㈜채움엔비터 정문 앞을 지나니 2차선 포장도로가 나오고, 도로를 건너 비포장도로를 따라 진행하니 좌측에 인삼밭, 우측에는 축사가 있다. 다시 비포장도로로 진행하다가 (주)에코인조목재 정문 앞 삼거리에서 직진하니 명인산업(주)이 나온다. 복잡하다. 신경이 곤두선다. 명인산업 정문 앞에서 시멘트 도로를 따라 진행하니 삼거리가 나오고, 좌측으로 진행하니 지방도로에 이른다. 지방도로와 만나는 지점에 믿음창호라는 표지판이 있다. 좌측으로 이동하니 '금왕읍'을 알리는 표지판이 보이고, 그 표지판에 못 미쳐 삼거리에서 지방도로를 버리고 좌측으로 이어지는 시멘트길로 진행한다. 차도 사람도 없다. 좌측에 인삼밭이 나오고, 조금 더 가니 잔디밭이 나오고 묘지가 있다. 삼거리에서 우측 샛길로 들어가니 산길과 접해지는 삼거리가 나온다. 우측 임도로 진행하여 진천 송씨 납골묘지를 지나니 삼아물산 정문이 나오고, 잠시 후 삼거리에서 좌측으로 진행하니 태정 푸드 정문에 이른다. 이곳에서 좌측 비포장도로로 진행하다가 멀리 보이는 인삼밭을 지난 후에 나오는 삼거리에서 우측 길로 조금 가니 무슨 학교 같은 건물이 나온다. 전문건설공제조합 기술교육원이다. 이런 곳에 기술교육원이 있다는 것으로 봐서 이제부턴 마을다운 마을이 나올 것 같다. 기술교육원 정문에서 포장도로를 따라가니 사창리에 이르고, 이곳에서 지방도로를 따라 내려가니 큰 도로 표지판이 보인다. 그 표지판 못 미쳐 삼거리에 '현대금속, 남우실업 음성폐차장' 안내판이 있다. 샛길로 진행하여 삼거리에서 시멘트 도로를 따라가니 다시 삼거리가 나오고, 좌측 도로로 진행하니 쌍봉초등학교 정문에 이른다. 마루금은 정문에서 앞에 보이는 인삼밭 위로 이어지는데 그곳으로 가기가 쉽지 않다. 논밭을 건너야 하고 다른 장애물이 많다. 그래서 우회한다. 쌍봉초등학교 정문에서 바로 지방도로로 이어지는 샛길을 따라 5분 정도 가니 지방도로가 나오고 '늘 평온한 마을 쌍봉1리'라는 안내판이 나온다. 조금 전 마루금 대신 우회하였기 때문에 다시 마루금에 접어들기 위해서는 지방도로를 따라서 우측으로 올라가야 된다. 10분 정도 올라가니 '코니아일랜드' 아이스크림 공장이 나오고(16:21), 마루금은 이 공장 우측으로 이어진다. 오늘은 이곳에서 마치기로 한다. 더 갈 수도 있지만 해가 짧은 겨울 날씨를 감안해야 되고, 귀경길 교통편도 생각해야 된다. 바람 끝이 더 차가워졌다.

### 🚶 오늘 걸은 길
걸미고개 → 도솔산, 당목리고개, 황색골산, 저티고개, 마이산 → 코니아일랜드 아이스크림 공장(16.3㎞, 8시간 12분).

### 🏔 교통편
- 갈 때: 죽산에서 걸미고개행 버스 이용.
- 올 때: 코니아일랜드 공장 앞에서 버스로 무극까지, 무극에서 동서울행 버스 이용.

# 셋째 구간
## 코니아일랜드 아이스크림공장에서 승주고개까지

겨울이 간 건가? 며칠째 포근한 날씨가 계속된다. 한 번쯤은 맹추위가 있겠지 하면서도 내심 그렇지 않기를 바란다. 어쨌든 봄은 올 것이다. 겨우내 찌든 이불 빨래를 해야 하고, 마음속 응어리가 있다면 그것도 쿨하게 떨어내야 할 것이다.

셋째 구간을 넘었다. 코니아일랜드 아이스크림 공장에서 방아다리고개, 345봉, 436봉, 413봉, 소속리산, 326봉 등을 넘어 승주고개까지다. 이 구간은 들녘과 야산, 개발지가 많아 정맥 잇기가 쉽지 않다. 며칠째 계속되는 감기를 달고 이판사판으로 산을 찾았다.

### 2010. 2. 21.(일), 맑음

동서울 버스터미널에서 6시 30분에 출발한 버스는 7시 48분에 무극에 도착. 삼성행 시내버스는 미리 와서 대기하고 있다. 시내버스가 터미널을 벗어나자 들녘이 나오고 야산이 펼쳐진다. 서울보다 눈이 많이 왔다. 덜컥 겁이 난다. 오늘 아이젠을 준비하지 않았는데…. 시내버스는 쌍봉1리 정류장에 도착. 친절한 기사 아저씨는 생각 없이 창밖을 주시하고 있는 나를 부른다. 이곳이 쌍봉1리라고. 부랴부라 내린다(07:59). 버스 진행 방향으로 5분 정도 올라가니 코니아일랜드 아이스크림 공장이 나오고, 공장 우측 시멘트 포장길이 오늘 산행의 초입이다. 쌍봉리의 아침은 고요하다. 공장 우측 시멘트 포장길은 약간 오르막. 넘자마자 민가가 나오고, 내 인기척에 개들이 짖기 시작한다. 민가 뒤는 덤불이, 그 옆은 밭이다. 덤불이 울창하여 진행이 어렵다. 숲이 무성할 여름에는 아예 불가능할 것 같다. 그냥 밭으로 진행하니 야산이 나오고, 야산도 가시덤불이 빽빽하기는 마찬가지다. 간간이 보이는 안내리본을 따라 진행한다. 야산으로 진입하니 물탱크가 나오고, 음성군수의 경고판이 있다. 물탱크를 지나니 민가가 나오고, 마당 옆으로 내려가니 임도에 이른다. 우측은 철조망으로 통제해서 한쪽으로 치우친 곳을 통해 산으로 오른다. 삼각점이 나온다(08:45). 야산이지만 삼각점이 있는 것으로 봐서 그런대로 역할이 있는 산이다. 지도에는 142.8봉으로 나와 있다. 이곳에서 길이 헷갈린다. 삼각점이 있는 곳에서 우측으로 내려가니 염소 축사가 있다. 다시 밭이 시작되고 길은 오리무중이다. 밭 끝에서 임도를 만나고, 우측 마을로 들어가서 묻기로 한다. 마을 청년이 가르쳐준 대로 임도를 따라 올라가니 포장도로가 나오고, 그 옆에 제수리지 낚시터가 있다. 위로 오른다. 고갯마루에 이르러 안내리본이 보인다. 내곡리와 쌍봉2리를 잇는 1차선 포장도로다. 이곳도 야산을 절개하여 도로를 낸 곳으로 한쪽은 시멘트 옹벽이다. 여기까지 너무 많은 시간이 걸렸다. 뭔가 잘못되어 간다. 큰 교훈을 얻는다. 길이 헷갈릴 때는 전체적인 지형을 보고 진행 방향을 결정해야 된다는. 이곳에서 마루금은 포장도로 위쪽으로 이어진다. 시멘트 옹벽으로 올라서니 가시덤불과 밭이 나오고, 밭을 통과해서 임도 우측으로 진행하여 삼거리에서 우측으로 진행하니 등로 우측에 깨끗한 창고형 건물이 있다. 밭 가장자리로 진행하다가 다시 산길로 올라 묘 6기를 지나 임도를 따르니 우측으로 길이 있다. 값진 조경석으로 장식된 지대가 나오고, 그 옆엔 분재처럼 멋진 소나무가 있다.

### 값진 조경석이 있는 곳에서(09:59)

조경석이 있는 곳에서 올라 묘지와 인삼밭을 통과하니 또 묘지가 나오고 잔디밭이 있다. 잔디밭 끝에 인삼밭이 연결되고 가장자리로 내려가니 산길로 이어진다. 산길은 험하고 길 흔적도 없다. 내린 눈 때문에 그나마 있던 흔적도 가려졌다. 이리저리 헤매다가 간간이 나타나는 안내리본을 보고 진행한다. 한참 가다가 군부대 철조망을 만나니 마음이 놓인다. 원래 마루금은 군부대 안으로 이어지지만 철조망을 따라 우회한다. 논과 작은 도랑이 나오고, 시멘트 도로에서 우측으로 내려가서 철조망을 따라 올라가니 부대 안에 헬기와 격납고가 보인다. 한참 올라가는데 초소에서 보초병이 내려와 제지하기에 산으로 들어간다고 안심시키니 수긍한다. 보초병을 보니 6월이면 제대할 아들놈 생각이 난다. 초소가 설치된 봉우리에서(10:34) 끝까지 나를 경계하는 2명의 보초병 시선을 뒤로하고 산속으로 들어간다. 길은 희미하다. 더구나 눈으로 덮여 가면서도 긴가민가 한다. 산속으로 들어서자마자 허물어져 가는 초소(금왕 19-1)를 지나 바로 낮은 봉우리에 이른다. 184봉이다. 우측으로 내려가니 묘지가 나오고, 아래에 2차선 포장도로가 보인다. 도로를 건너 좌측 시멘트 도로를 따라 오르니 고개가 나오고, 건물 입구에서 우측 임도를 따라 진행하니 삼거리가 나온다. 도로를 건너 산길로 오르니 인삼밭이 나오고, 좌측으로 가다가 사거리에서 좌측으로 진행하니 SAMPO라는 건물이 나온다. 건물 삼거리에서 우측으로 돌아가니 주택이 나오고(11:20), 주택 앞 갈림길에서 좌측으로 내려가니 앞에 큰 도로가 보이고 좌측에 한솔신약 건물이, 우측에는 보신탕집들이 즐비하다. 2차선 포장도로에서 좌측 끝에 보이는 방아다리고개로 진행한다. 고개에서 마루금은 산으로 이어지지만 도로를 따라 좌측으로 우회한다. 산으로 올라가더라도 바로 내려와서 이 도로와 다시 만나기 때문이다. 방아다리고개에서 50m 정도 내려오니 GS 주유소가 나오고, 그 앞은 4차선 포장도로다. '금왕농공단지'라는 큰 입간판이 있다. 사거리에서 우측으로 가다가 다시 사거리에서 좌측 도로로 진행하니 우측에 금왕스틸이 있다(11:45). 10여 분 후 월드사우나탕 건물에 이른다(11:59). 시골인데도 주차된 차들이 넘쳐나고, 마루금은 월드사우나 건물 뒤로 이어진다. 오르기가 힘이 든다. 아직 눈이 남았고 가팔라서다. 가다 쉬다를 반복하여 중계소를 지나 우측으로 진행하니 산으로 오르는 길목에 안내리본이 보인다. 가파르고 미끄럽다. 우측 배수지 철망을 손으로 잡고 간신히 오른다. 잠시 후 능선에 이르고, 마루금은 좌측으로 이어진다. 우측이 탁 트이고, 지나온 금왕산업단지가 시원스럽게 내려다보인다. 이곳에서 점심을 먹고(12:20), 출발한다(12:36). 뾰족한 등로 우측 아래는 절벽이다. 다시 철망을 따라 진행해도 안내리본이 보이지 않는다. 한참 헤매다가 찾는 것을 포기하고 무조건 국도를 찾아 나선다. 마루금은 국도에서 바리가든이 있는 곳으로 이어진다고 했다. 이런 때는 사람을 찾아서 물어보는 것이 최선이다. 도로 옆 음식점에 들어가 물으니 도로를 따라서 쭈욱 올라가라고 한다. 고갯마루에 이르니 바리가든 입간판이 나오고, 그 앞에 안내리본이 많이 걸려 있다. 바리가든 우측 포장도로로 진행하니 마당이 아주 넓은 정비업소 비슷한 시설이 나오고, 마루금은 우측 임도로 이어진다. 임도를 따라 진행했으나 기대하는 것들이 아무것도 보이지 않는다. 한참 헤맨 후 방법이 없어 둑으로 올라선다. 이곳은 뭔가를 개발 중이다. 광장처럼 보이는 단지가 나오고 주변은 허허벌판이다. 답답할 노릇이다. 어디로 가야 할지? 중장비 소리가 나는 곳으로 내려가 소속리산을 물으니 바로 눈앞에 있는 산이라고 한다. 그러면서 단지 끝에 보이는 절개지 위로 올라가면 등산로가 보일 거라고 한다. 감사, 감사! 이젠 살았다. 절개지에 오르니 아니나 다를까 리본이 보이고, 뚜렷하지는 않지만 등산로가 나온다. 길은 눈으로 덮였고 아주 가파르다. 지칠 대로 지친 몸에, 시간도 지체되어 오늘 예정된 지점까지 갈 수 있을지 염려된다. 눈길 오르막을 아이젠 없이 오르다 보니 엄청 힘이 든다. 미끄러지고 넘어지다가 345.8봉에 이른다.

### 345.8봉에서(14:25)

정상에 많은 리본이 있다. 저 리본의 주인공들도 이 된비알을 오르느라 나와 같은 고통을 느꼈을 것이다. 잠시 휴식을 취한다. 눈이 많아 러셀을 해야 할 것 같다. 완만한 능선길로 한참 진행하니 우측에 팻말이 있다. '문안등산로'라고 적힌 팻말에는 "문안등산로에 들어서면 편안한 길. 옛 나무꾼이 등짐지고 줄줄이 넘나들던 길. 꽃동네 ← 문안 → 백야"라고 적혀 있다. 긴 능선이 계속된다. 무명봉을

넘고, 436봉에 이른다. 능선길이 계속되다가 다시 큰 봉우리에 이른다. 413봉이다. 정상에서 내려가니 안부에 이르고, 철탑이 있다. 철탑 바로 위 봉우리가 지금까지 찾으려고 미끄러지고 넘어지면서 애쓴 소속리산이다. 정상에 서니 반가운 팻말이 보인다(15:42). 준, 희씨의 아크릴판인데 한남금북정맥과 소속리산의 높이가 적혀 있다. 431.6m라고. 좌측으로 내려가니 능선은 계속되고 간간이 사람들이 오른 흔적들이 보인다. 좁은 공터에서 좌측 급경사로 내려간다. 정말 미끄럽다. 아이젠을 준비 못 한 대가를 톡톡히 치른다. 거의 미끄러지다시피 달려서 안부에 이르고, 능선으로 내려가니 갑자기 건물이 보이기 시작한다. '이 깊은 산속에 무슨 건물이?' 무서운 생각이 든다. 공포소설에 나오는 그런 건물. 윗부분만 보이지만 꽤 높다. 그리고 보니 생각이 난다. 아까 이정표에 꽃동네가 적혀 있었다는 것이. '혹시 꽃동네?' 다시 급경사가 시작된다. 미끄럽고 숲속이라 어둡다. 안부에서 오르니 좌측에 철탑이 있고, 갈림길에서 또 철탑을 지나 봉우리에 이른다. 326봉이다(16:29). 좌측으로 내려가서 철탑 아래로 통과하여 임도 삼거리에 이른다. 좌·우측 모두 눈으로 덮였다. 좌측은 시멘트로 포장되었고, 우측은 비포장도로다. 그중 하나에 차단기가 설치되었고, 음성군청에서 '출입 금지' 경고판을 부착했다. 이곳에서 마루금은 산길로 이어진다. 망설여진다. 다섯 시가 다 되어 가는데 오늘 목표 지점인 감우리까지는 아직도 두 시간은 더 가야 된다. 불가능할 것 같다. 포기하고 오늘은 이곳에서 마치기로 한다. 그런데 어디로 내려가야 하나? 눈 덮인 산 외는 아무것도 보이지 않는다. 어찌하든지 마을이 있는 곳으로 내려가야 한다. 차단기에 적힌 음성군청의 전화번호를 누르니 일요일이지만 다행히도 전화를 받는다. 좌측 시멘트 포장도로로 내려가면 백야리라는 마을이 있다고 한다. 휴~ 살았다.

눈 덮인 포장도로를 내달려 백야리 마을에 도착(17:20). 무극행 막차는 끝났고, 마을회관 앞 모닥불 주위에서 서성대는 5~6명의 장년에게 자초지종을 이야기하고 택시 회사 전화번호를 물으니 위아래를 훑어보더니 가르쳐 주면서, 한 사람이 농담을 한다. "당신 혹시 간첩?"

## 임도삼거리에서 승주고개까지(2010. 2. 27. 토, 맑음)

(2월 21일 셋째 구간을 종주하다가 날이 저물어 마치지 못하고 중단한 부분부터 승주고개까지 진행한 기록임.)

### 임도삼거리에서(12:31)

백야리 마을에서 임도삼거리에 오르는 도중에 지난번에 만났던 마을 청년을 다시 만났다. 청년이 먼저 아는 체를 한다. 인연이라는 것이 바로 이런 거다. 임도삼거리에 도착하여(12:31) 임도를 건너 바로 오른다(12:33). 옆에 임도가 따라온다. 잠시 후 묘비가 나오고, 몇 개의 안내리본도 보인다. 좀 더 가파른 오르막이 시작되더니 봉우리에 이른다. 354봉이다(12:56). 바로 내려간다. 앞쪽에 가야 할 능선이 아스라하다. 잠시 후 조망 좋은 곳을 지나 346.3봉에 이른다(13:15). 정상에 삼각점과 공터가 있다. 그동안 자주 봐왔던 안내리본도 보인다. 그중 '강성원우유'는 정맥 종주 초창기 때부터 봐 왔다. 다시 완만한 능선으로 내려가니 걷기 좋은 길이 이어지고, 안부를 지나 몇 개의 무명봉을 넘고 365봉에 이른다(13:45). 정상에는 값지게 보이는 소나무가 있다. 내려가는 길도 그런대로 괜찮다. 완만한 능선을 한동안 오르내리다가 안부에 이른다. 안부에는 참호가 있고, 다시 오르니 좌측에 작은 암벽이 보이더니 400봉에 이른다(14:01).

### 400봉 정상에서(14:01)

정상에 나무토막이 널려 있고, 현재 위치가 382393-255274라고 적혀 있다. 좌측 완만한 능선으로 내려가니 바위 지대가 나오고, 작은 상수리나무가 군락을 이룬다. 안내리본이 자주 나오고, 완만한 능선을 따라 20분 정도 오르니 430봉에 이른다(14:19). 정상에 안내리본과 잡목이 있다. 내려가는 길은 완만한 내리막으로 걷기에 좋다. 앞쪽에는 오늘의 마지막 봉우리인 375.6봉이 올려다보인다. 평퍼짐하게 퍼졌다. 억새 군락지가 나오고, 솔밭길이 이어진다. 완만한 능선길을 오르내리다가 밤나무가 연속되는 능선이 이어지고, 오르막 끝에 375.6봉에 이른다(14:44). 정상에 삼각점과 이정표(승주고개 0.31), 준, 희씨의 정상 표지판이 있다. 바로 내려간다. 잠시 후 오늘 산행의 마지막 지점인 승주고개에 이른다(14:52). 승주고개는 좌측의 감우리와 우측의 승주 마을을 잇는 잿등으로 부드러운 흙길 임도다. '정상을 오르는 사람은 강하고 빠른 사람이 아니라 자기 자신만의 속도로 최선을 다하는 사람'이라고 했다. 이틀에 걸친 셋째 구간 종주. 나는 최선을 다했을까?

### 🚶 오늘 걸은 길

코니아일랜드 아이스크림 공장 → 방아다리고개, 436봉, 413봉, 소속리산, 326봉 → 승주고개(17.5㎞, 6시간 53분).

### ⛰ 교통편

- 갈 때: 무극에서 백야리까지 군내버스로, 백야리에서 임도삼거리까지 도보로.
- 올 때: 승주고개에서 감우리까지 도보로, 군내버스로 음성터미널까지 이동.

# 넷째 구간
### 승주고개에서 보천고개까지

삶은 내가 살아 온 기억들로 이뤄진다고 한다. 그리고 때로는 뒤에 남긴 자취가 가야 할 길 보다 더 중요하다고 한다. 많지 않은 시간이 남았음을 안다. 내 뒤에 남겨질 자취는 어떤 모습일지, 문득 염려된다.

한남금북정맥 넷째 구간을 넘었다. 음성군 감우리 승주고개에서 괴산군과 음성군을 잇는 보천고개까지다. 이 구간에서는 보현산, 돌고개, 351.7봉, 305봉, 삼신고개, 517봉, 큰 산, 행치고개 등을 넘게된다. 이 구간 날머리인 보천고개는 버스가 없어서 1시간 거리인 원남까지 걸어야 한다.

## 2010. 2. 28.(일), 맑음

동서울터미널에서 출발한 직행버스가 무극 공용터미널에 도착하자마자 감우리행 버스는 출발해 버린다(07:51). 다음 버스는 8시 20분에 있다. 불과 1분 차이로 오늘 하루가 힘들게 될 것을 생각하니 분통이 터진다. 무극에서 감우리까지는 불과 10분 거리. 내가 탄 버스는 감우리에 이르러서 탈 승객이 없다는 이유로 그냥 지나버린다. '나는 어떡하라고…' 버스는 삽시간에 한 고개를 넘어버린다. 젠장, 아침부터 구보가 시작된다. 내 탓인가? '큰곰식당' 입간판이 보이더니, 구보는 끝나고 감우리 버스 정류소에 도착(08:40). 감우리 아침은 조용하다. 앞산과 뒷산 중턱을 안개가 휘감고 있다. 식당 우측의 시멘트 도로가 오늘 산행의 초입이다. 오르자마자 우측에 주택이 층층으로 들어섰다. 소위 말하는 전원주택. 담장은 요즘 유행하는 초록색 철망으로 밖에서도 내부가 훤히 보인다. 올라가는 동안 그런 주택들은 계속된다. 전원주택 담장에 안내리본들이 줄줄이 걸렸고, 내 발자국에 개들이 짖기 시작한다. 발걸음이 움직일 때마다 개 짖는 소리는 커진다. 주택 단지가 끝나고 본격적인 산길이 시작된다. 길은 자동차도 다닐 수 있을 정도로 넓고, 오르기 쉽도록 지그재그식이다. 지난번 금북정맥 열다섯째 구간을 오를 때 만난 유왕골고개가 생각난다. 길이 넓은 것도, 지그재그식 오르막도 똑같다. 한참 후 고갯마루에 이른다. 승주고개다(09:18). 고개 맞은편 마을이 승주 마을이다. 마루금을 잇는 산길에는 안내리본이 걸려 있다. 좌측 산길로 오른다. 조금은 가파른 오르막을 넘자마자 소나무 군락지가 나온다. 보통 소나무가 아니고 부잣집 조경수로 쓸 수 있는 값진 소나무들이다. 등산로 주변을 일부러 정지한 듯 양쪽에는 잘려 나간 나무토막들이 널려 있다. 오르막 끝 작은 봉우리에 산불감시초소가 있고, 초소 안에는 먹다 남은 사과 두 개, 책, 이불이 있다. 걷기 좋은 능선길이 계속된다. 약수터 표지판을 지나 우측 아래로 내려가니 금강약수터가 나오고, 직진하니 보현산 약수터가 나온다. 얼마쯤 가다가 또 약수터 안내판이 나온다. 오르막이 시작되고, 보현산 정상에 이른다. 주변에 소나무가 많다. 급경사 내리막을 한참 내려가니 임도 좌측 아래에 보현산 안내비가 있고, 임도를 건너 산길에 들어서니 우측에 여러 기의 묘지가 있고, 안부 사거리에서 오르니 380봉 정상에 이른다. 소나무가 많다. 좌측으로 내려가 다시 임도와 만난다. 이 임도는 조금 전에 만난 임도의 연속이다. 임도에서 좌측으로 조금 올라가다 우측 아래로 내려가 쉼터에 이른다(09:59). 쉼터 설명문에는 보현산이 한반도의 중심지라는 것, 옛날 선인들이 나뭇짐을 지고 이 고개를 넘으면서 쉬어갔다는 것, 한남금북정맥 종주자들이 쉬어가는 곳이라고 적혀 있다. 그래서인지 이름도 신기하다. "쉬는 터" 쉼터에서 마루금은 임도를 버리고 산으로 이어진다. 무명봉을 넘고 내려가니 좌측에 흰 꽃이 만발한 과수원이 보인다. 이 겨울에 무슨 놈의 꽃? 종이꽃이다. 복숭아 열매를 씌운 종이 봉지가 여태껏 남아서 꽃처럼 보인다. 과수원만 그런가? 사람 사는 세상에도 사람처럼 보이는 것들이 있다. 포장도로를 가로질러 산으로 오른다. 갈림길에 이어 연속되는 안부사거리에서 직진하여 송전탑 아래를 통과하니 오르막이 시작되고, 287봉에 이른다. 걷기 좋은 능선이 이어진다. 갈림길과 안부사거리가 반복되더니 깊은 산중임에도 비교적 넓은 임도에 이른다. 우측에 비닐하우스가 있고, 그 아래에 건물이 있다. 내 발자국 소리를 들었는지 하우스에서 나온 개가 짖더니 임도를 건너 산으로 올라가는 나를 따라오면서까지 짖는다. 마치 뭔가를 발견한 듯 확신에 찬 기세다. 언제부턴가 개나 소 같은 짐승, 개미 같은 미물들에 대하여 생각하게 되었다. 그것들도 사람과 유사한 생각을 하고, 비슷한 행동을 하리라고. 차이라면 그것들이 인간보다 작다는 것, 인간과 큰 차이가 없다는 차이뿐이다. 지금 어디에선가 우리 인간을 향해 미물이라고 지칭하며, 인간을 우습게 아는 그 무엇이 있을지도 모른다. 우리가 개나 짐승을 향해 그랬듯이. 큰 묘역을 지나 우측으로 내려가니 포장도로에 이른다. 폐도인 듯 쓰레기들로 지저분하고, 한쪽에 표석이 있다. 돌고개 개통 기념비다. 포장도로를 건너 산으로 오르니 절개지로 이어지고, 그 아래는 포장도로가 지난다. 조금 전의 포장도로 대신에 새로 낸 516번 지방도로다. 포장도로를 따라 우측으로 50m 정도 올라가니 삼거리가 나오고, 좌측 산에 정성스럽게 조성된 묘지가 있다. 이 묘지를 따라 좌측으로 올라 산길에 접어들자 우측에 초록색 건물이 나오고, 계속 오르막이 이어지더니 351.7봉에 이른다.

### 351.7봉에서 (11:50)

정상에 준, 희씨의 아크릴판이 있다. 잠시 내려가다 다시 봉우리에 이른다. 305봉이다. 내리막 등로 옆 잔가지들이 얼굴을 때린다. 우측에 전형적인 시골 풍경이 펼쳐진다. 오순도순 붙어 있는 집들이며, 꾸불꾸불한 도로들. 저절로 옛 시절이 떠오른다. 내리막에서 시멘트 도로를 가로질러 산으로 오르니 이곳에도 잔가지와 넝쿨이 많다. 7~8명이 조를 이룬 종주객을 만난다. 반갑지만 서로가 내색을 않고 간단한 목례만으로 지나간다. 냉정하달 수도 있겠지만 이해가 간다. 서로가 힘든 상황, 조금이라도 더 많이 걸으려는 절박한 마음에서다. 등로는 우측으로 이어지고, 잘 조성된 묘지 끝에서부터 시작되는 밭과 밭 사이에는 넓은 도로가 있다. 300m 정도 지나니 포장도로가 나온다. 삼신고개다. 도로 우측 먼 곳에 마을이 있고, 도로 바로 옆에는 조립식 시설이 있다. 마루금은 도로를 가로질러 산으로 이어진다. 조금은 가파르고 미끄러워서 나뭇가지를 잡고 오른다. 완만한 능선길 끝에 작은 봉우리에 이른다. 290봉이다. 이곳에서도 얼굴을 때리는 잔가지들이 많다. 무명봉을 넘자마자 내려가지도 않고 오르막이 시작된다. 마지막인가 했는데 자꾸만 봉우리가 나온다. 오르막이 질퍽해 등산화에 붙은 흙덩어리로 발목이 무겁다. 오르막 경사는 갈수록 심하다. 도대체 얼마를 더 올라야 더 이상 봉우리가 없을까. 봉우리 너머 하늘을 쳐다본 지가 벌써 몇 번째인가? 아주 가파른 오르막이 시작되고, 느닷없이 암벽이 앞을 막는다. 힘은 빠질 대로 빠졌지만 이 고비만 넘기면 뭔가 보일 듯싶어서 이를 악물고 넘는다. 암벽을 피해 좌측으로 넘으니 드디어 더 이상 오를 것이 없게 되고, 먼 곳 하늘이 보이기 시작하더니 517봉에 이른다(13:41). 사방이 탁 터져 모든 것이 다 보인다. 지친 몸을 잠시 달랜다. 그런데 딱히 앉을 만한 곳이 없다. 바닥엔 물기가, 낙엽도 아래는 젖었다. 소나무 토막에 걸터앉는다. 해발 500m의 공중. 오염되지 않은 순도 100%의 공기를 마시며 잠시 생각에 잠긴다. 마루금은 좌측으로 이어진다. 목표 지점인 큰 산이 눈앞에 보이고, 10분도 채 안 됐는데 임도 삼거리에 이른다. 낙석주의라는 안내판이 있고, 한쪽에 자동차가 주차되었다. 이 깊은 산중에 무슨 차가? 무섭다는 생각에 눈길도 주지 않고 큰 산을 향해 임도를 따라 오른다. 잠시 임도에서 벗어나 산길로 오른다. 임도로 가도 되지만 지름길이기 때문이다. 나무 계단은 나뭇잎에 묻혀 보이지 않는다. 큰 산 정상에 세워진 시설물이 보이더니 잠시 후 정상에 이른다. 산불감시 무인카메라가 있다. 시설물을 둘러싼 철조망에는 안내리본과 정상을 알리는 알림판이 부착되었다. 그 옆에 국방부 지리연구소에서 설치한 삼각점 동판이 묻혀 있다. 큰 산답게 사방은 막힘이 없다. 북쪽은 지금까지 지나온 마루금이 하나의 선으로 연결되고, 남쪽은 하얀 선으로 보이는 도로의 모습이 아름답다. 내려가는 길은 남쪽으로 이어진다. 급경사 내리막은 바닥이 보이지 않을 정도로 많은 낙엽이 쌓였다. 소나무 군락지를 지나니 아래쪽에 시설물이 보이기 시작하고, 갈림길에서 마루금은 직진이나 마을 진입로인 좌측 도로를 따라간다. 결국 같은 지점에 도달하고, 도로가 훨씬 편할 것 같아서다. 마을 입구에는 상수도 시설 같은 원형 시설물이 있고, 접근금지라는 경고판이 부착되었다. 마을 삼거리에 이르러 최근에 건립한 듯 흙벽 집이 눈에 띈다. 주변에 자동차가 세워졌고 사람들이 들락거린다. 알고 보니 반기문 유엔 사무총장 생가터다. 생각지도 않은 생가터를 답사하게 된다. 도로를 따라 내려가니 4차선 포장도로인 행치고개에 이르고(14:44), 우측에 현대주유소가 있고 도로 건너편에는 석물이 산더미처럼 쌓인 석재 공장이 있다. 이곳에서 마루금은 도로를 건너 절개지로 이어진다. 도로를 건너기 위해 지하차도를 통과해서 우측으로 오르니 초록색 시설물이 나오고, 그 좌측으로 길이 나 있다. 좌측은 석재공장, 우측은 행치고개에 도로를 내느라고 절개된 산이 도로 맞은편에 연결되어 있다. 우측 산과 이어지는 지점에 이르러 좌측 산으로 오르니 입구에 안내리본이 걸려 있다. 절개지 상단부에 올라 우측 완만한 능선으로 내려가니 바로 임도가 나오고 잡목이 빽빽한 능선길이 시작된다. 지루할 정도로 긴 능선이 이어진다. 임도사거리에서 우측으로 내려가니 시멘트 도로가 나오고, 앞쪽에 건물이 보인다. 가정자 삼거리다. 마루금은 우측 묘지 쪽으로 이어진다. 다시 시멘트 도로

와 만나고 등로는 산으로 이어진다. 길은 좁고 잡목이 우거져 걷기에 불편하다. 인삼밭에 씌운 비닐이 바람에 날려 벗겨졌다. 인삼밭 옆 시멘트 도로를 따라 오르니 고갯마루에 이르고, 마루금은 우측 산길로 이어진다. 밭 가장자리로 가다가 바로 우측 산길로 오르니 묘지가 나오고 가파른 오르막이 시작된다. 몇 번의 오르막을 거쳐 제법 높은 봉우리에 이른다. 378.5봉이다. 이곳에서부터는 완만한 능선길이 이어지고, 좌측에 벌목지대가 나온다. 잠시 후 삼거리에 이른다. 삼거리에서 우측 급경사로 내려가니 다시 완만한 능선길로 바뀌고 임도가 나온다. 좌측에 마을이 있다. 임도를 지나 오늘의 마지막 지점인 보천고개에 이른다(16:37). 우측은 음성군 원남면, 좌측은 괴산군 소수면이다. 수령이 450년인 보호수와 그 알림판이 눈에 띈다. 시각은 다섯 시를 넘고 있다. 귀경을 위해 또 원남면까지 걸어야 된다. 정맥 종주, 우리 민족 삶의 터전이자 한반도 생태축인 산하의 숨결을 느끼려는 것이다. 초심을 잊지 않고 끝까지 갈 것이다.

### ⬆️ 오늘 걸은 길

승주고개 → 보현산, 287봉, 돌고개, 351.7봉, 삼신고개, 517봉, 큰 산, 행치고개 → 보천고개(14.2㎞, 7시간 57분).

### ⛰️ 교통편

- 갈 때: 무극에서 버스로 감우리까지 이동.
- 올 때: 보천고개에서 도보로 원남까지, 원남에서 버스로 음성까지.

# 다섯째 구간
## 보천고개에서 질마재까지

지난 11일 법정 스님께서 입적하셨다. 입적하시기 전 제자의 물음에 "삶과 죽음의 경계는 원래부터 없다"라고 하셨다. 그렇다면 삶도 죽음도 하나의 세상? 평소 강조하시던 '무소유'와도 관련이 있으리라는 추측을 해보지만 조심스럽다. 더 살아계셔서 이승의 우리들에게 큰 가르침을 주셔야 할 분들이 자꾸만 떠나신다. 김수환 추기경님이 가실 때에도 그런 마음이었다.

한남금북정맥 다섯째 구간을 넘었다. 음성군 원남면과 괴산군 소수면을 잇는 보천고개에서 청안면 문방리와 문당리를 잇는 질마재까지다. 이 구간에는 445봉, 내동고개, 보광산, 모래재, 596.5봉, 송치재, 칠보산 등이 있다. 이 구간에는 길 찾기에 유의해야 할 곳이 두 군데 있다. 보광산에서 5층 석탑을 지나 내려가는 소로를 찾는 것, 596.5봉에서는 상식과는 달리 직진이나 좌, 우측 방향이 아닌 우측으로 돌아서 오던 방향으로 되돌아가는 것처럼 진행해야 한다.

### 2010. 3. 6.(토), 하루 종일 흐림. 안개, 바람에 가늘은 비 날림

동서울터미널을 출발한 버스는 무극을 거쳐 음성 터미널에 도착

(08:18). 이곳에서 보천까지는 시내버스로, 들머리인 보천고개까지는 택시를 타야 한다. 택시에 오르자마자 조수석에 있던 애완견이 내가 앉은 뒷좌석으로 건너온다. 깜짝 놀라 물어보니 택시 기사는 태연하게 대답한다. 자기 자식이라고. 택시 기사의 잡담이 끝나자 보천고개에 도착(08:29). 안개가 자욱하고 실낱같은 빗물이 조금씩 날린다. 조금 전 택시 기사가 하던 말이 생각난다. "오늘 등산하기 좋지 않겠네요…" 이곳에서 들머리는 도로 우측에 난 임도다. 임도를 따라 50㎙ 정도 오르니 초입이 보이고, 어김없이 안내리본이 걸려 있다. 완만한 능선길이 시작된다. 나뭇가지마다 빗물이 맺혔고, 영롱한 작은 알갱이가 마치 나무 열매 같다. 우측에 묘지가 연속되고, 길은 완전히 낙엽으로 덮였다. 주변은 잡목이 빽빽하고, 간간이 소나무가 보인다. 오르막을 넘으니 큰 바위가 나오더니 나무가 쓰러져 길을 막는다. 무슨 한이라도 있는 걸까? 그냥 아래로 통과한다. 오를수록 안개는 짙어지고, 이젠 10㎙ 앞도 분간이 어렵다. 무명봉에서 (09:18) 내리막 없이 바로 올라 445봉에 이른다(09:24). 안개로 주변 조망은 제로다. 내리막길 주변에 소나무가 많고, 다시 봉우리에 선다. 377.9봉이다(09:38). 이 지점의 위도까지 적힌 '백곰'이란 분의 팻말과 건설부에서 74년도에 세운 삼각점이 있다. 내려간다. 안개는 갈수록 심하고, 주변에 잡목이 많다. 좌측에 큰 바위가 있고, 완만한 능선길에 이어서 구릉을 넘어서니 또 구릉. 잠시 후 395봉에 이른다. 안개 때문인지 콧물이 난다. 왼쪽의 묘지 위에 소나무가 있고, 넓은 길이 이어지더니 내동고개에 이른다(09:58). 돌무더기가 있다. 바로 급경사 오르막이 시작되고, 갈림길이 나온다. 좌측은 보광산으로, 우측은 백마산으로 가는 길이다. 좌측으로 진행하니 백마산과 보광산을 알리는 표지판이 나무에 걸려 있다. 누가 세웠을까? 표지

판 재질은 좋지 않지만 성의가 있다. 기억하고 싶어서 촬영해 둔다. 짙은 안개가 조금씩 걷히고, 하늘이 조금씩 열린다. 소나무가 많고, 주변에 작은 바위들이 자주 보인다. 한참 내려가니 안부 사거리에서 직진으로 능선이 이어지고 끝에 370봉에 이른다(10:20). 좌측 아래에 비닐하우스가 보이고, 좌측으로 내려가니 해가 나오기 시작한다. 신기한 것을 발견한 듯 기분이 상쾌해진다. 고목이 쓰러졌고, 얼마 자라지 않은 소나무도 쓰러졌다. 근방이 소나무 군락지고, 길도 솔잎으로 덮였다. 소나무 숲과 함께 완만한 내리막이 시작되더니 고리티고개에 이른다. 좌측에 민가가 보이고, 우측은 둔터골마을로 내려가는 길이다. 고개를 건너 오르니 임도에 이른다(10:42). 꽤 넓다. 가장자리에 무학이란 분이 세운 표지판에 글이 있어 그대로 옮긴다. "산보하듯 지나갑시다. 아무 생각이 없더라, 산 냄새 땀 냄새 숨소리뿐(09.12.13). 열심히 산 타는 당신이 최고" 이곳에서 마루금은 우측으로 조금 옮기면 나오는 계단으로 이어진다. 계단은 낙엽으로 덮였고, 계단 끝에 오르막이 시작되더니 395.4봉에 이른다. 정상에 삼각점과 준, 희씨의 아크릴 표지판이 있다. 그 옆에는 건설부에서 세운 삼각점에 대한 설명문이 있다. 삼각점은 전국에 일정한 간격으로 16,000기가 있고, 훼손 시에는 처벌받는다고 한다. 해가 다시 들어가고 바람이 더 세차게 분다. 오늘 산행이 어떻게 될지 모르겠다. 완만한 능선길이 시작되는가 싶더니 다시 오르막이다. 소나무 군락지가 나오고, 앞에 봉우리가 보인다. 작은 바위들이 나오고, 한참 오르니 보광산 갈림길에 이른다(11:21).

5분 거리인 보광산을 다녀오기로 한다. 조금 전의 갈림길로 되돌아와서 직진으로 발걸음을 떼자마자 묘 2기가 나오고 그 아래에 오층석탑이 있다. 이곳에서 마루금은 좌측 산길로 내려가야 될 것 같은데, 찾질 못하겠다. 한참 헤매다가 그냥 아래로 내려간다. 아담한 절이 나온다. 봉학사다. 절에서도 길을 못 찾고 헤매다가 좌측 임도로 내려가니 이정표가 나온다(보광산 15분, 보광사 1분). 제대로 찾았다. 내려가다가 보광산을 올라가는 등산객을 만나 물어보니 이 길이 맞는다고 한다. 안심하고 넓은 임도로 한참 내려가니 공터와 의자가 있는 삼거리에 이른다.

### 임도 삼거리에서(11:55)

이곳에서 마루금은 삼거리길이 아닌 산길로 이어진다. 산으로 오르자마자 이정표가 나오고, 우측 모래재 방향으로 진행한다. 좁은 숲길에 크고 작은 나무들이 빽빽하다. 어찌나 많은 낙엽이 쌓였는지 푹신푹신하다. 삼거리에서 좌측으로 진행하고, 갈림길에서도 좌측으로 진행하여(12:10) 송전탑 아래로 내려가니 자동차 소리가 들리고 아주 높은 절개지에 이른다. 그 아래는 4차선 포장도로다. 이곳에서 포장도로를 통과해야 되는데 절개지 좌우 어느 쪽에도 길이 없고, 주변은 가시덤불로 험하다. 좌측으로 내려간다. 없는 길을 만들어서 내려다 보니 얼굴에 가시가 찔린다. 절개지를 내려오니 밭으로 이어지고, 가장자리를 따라 좌측으로 내려가니 대형 보광산 등산 안내도가 나온다. 등산 안내도를 뒤로하고 좌측으로 조금 더 진행하여 4차선 포장도로를 통과할 수 있는 지하차도를 통과하니 바로 앞에 낚시터가 펼쳐진다. 수암낚시터다. 낚시터에는 두 사람의 강태공이 흐릿한 저수지 물을 응시하고 있다. 이곳에서 마루금은 낚시터 우측 낮은 산으로 이어지지만 산 아래 좌측으로 난 도로를 따른다. 낮은 산을 오르자마자 바로 도로로 내려서야 하기 때문이다. 도로를 따라 진행하니 2차선 포장도로에 이른다. 34번 국도의 구도로다. 도로 건너편에 보광산 관광농원 건물이 있고, 건물 뒷산에는 이동통신 안테나가 높다랗게 세워졌다. 이곳에서 마루금은 도로 우측을 따라 고갯마루까지 올라가서 도로 좌측 절개지로 올라가야 된다. 고갯마루가 바로 모래재다. 3~4분 후 모래재에 도착한다(12:24). 모래재에는 "모래재 해발 228m"라는 표지판이 있다. 그런데 이 지점에 있어야 할 안내리본이 보이지 않는다. 분명히 이 지점으로 마루금이 이어질 텐데. 이해가 간다. 이 도로 절개지 양쪽은 거의 90도 직벽이고 양쪽 각각 철망으로 통제되었기 때문에 종주객이 오르내릴 수 없다. 할 수 없이 조금 전에 올라 온 보광산관광농원이 있는 곳으로 가서 관광농원 뒤에 있는 이동통신 안테나가 있는 산으로 올라가기로 하고, 보광산 관광농원 정문으로 내려가니 정문 앞에 '모래재 의병 격전 유적비'가 있고 그 앞에 설명문이 있다. 이 유적비는 의병장 한봉수가 9명의 의병대와 1908년 5월 모래재를 지나가는 일본군 우편물 호송대를 습격하여 총기, 탄약, 우편물 등을 노획하는 성과를 올렸는데 이를 기념하기 위해 세운 유적비라고 적혀 있다. 관광농원 정문으로 들어가니 개집에 묶인 개 두 마리가 일제히 짖는다. 그냥 무시하고 들어가려는데 건물 안쪽에서 또 한 마리가 나를 향해 달려든다. 묶여있는 개는 무시할 수 있지만 달려드는 개는 어찌할 수 없어, 후퇴하여 건물 아래쪽으로 내려가 논둑을 통해 간다. 망할 놈의 개들 때문에…. 논둑을 따라 공장과 관광농원 사이를 통과하여 산으로 오르니 이동통신 안테나가 나오고(12:38), 마루금과 안내리본이 보인다. 반가운 것들! 이동통신 안테나 위로 올라가 나무토막을 의자 삼아 점심을 먹는다. 조금 전 지나온 보광산이 훤히 보인다. 이곳에서 보면 저렇게 단순하고 조용한 산인데 저 산속에서 그렇게 헤맸었다. 5층 석탑에서 내려가는 길을 찾질 못해 헛걸음을 했었다. 애태우던 그 산이 저렇게 태연하다. 산이 원래 그렇다. 다시 출발한다(12:58). 오르막 능선 주변 소나무들이 불에 그슬린 듯 검다. 햇빛이 사라진 지도 오래고, 바람만 세차다. 손이 시럽다. 봉우리를 넘고 완만한 능선을 오르니 390봉에 이르고(13:19), 허물어진 묘지가 있다. 바로 그 너머의 관리가 잘 된 묘지와 대조적이다. 죽어서까지 차별받는 심정이 어떨까? 저절로 침묵이 이뤄진다. 묘지를 지나 갈림길에서 좌측으로 내려가니 임도로 이어지고 다시 갈림길이 나온다. 이곳에서 마루금 찾기에 주의해야 한다. 갈림길에서 임도를 버리고 우측 산길로 내려가니 안부에 이른다. 송치재다(13:24). 특이한 것이 있다. 우선 어둡고 침침하다. 좌측으로 철망이 이어지고, 우측 어둑어둑한 숲속에 여러 개의 돌탑이 있다. 사람의 형상을 한 탑도 있다. 이상한 기분이 든다. 빨리 이 자리를 벗어나고 싶다. 등로가 좁아 자칫하면 철망에 부딪치고 여차하면 우측 나뭇가지에 긁히게 된다. 무슨 소리만 나면 뒤가 돌아봐진다. 꼭 누군가 따라오는 것처럼. 구멍 뚫린 묘지를 본 이후부터 그렇다. 철망이 끝나는 지점에 '감전 위험'이라는 표지판이 있다. 농장 주인의 얄팍한 소행, 냉정하고 이기적이다. 눈곱만한 이익을 지키기 위해 선량한 사람들을 협박한다. 철망과 이별하고 산속으로 들어서니 빗물이 흩날린다. 능선길에 묘지가 나오고, 갈림길에서 좌측으로 오르니 갑자기 어두워진다. 빽빽한 소나무 숲속이다. 다시 봉우리 정상에 선다. 465봉이다.

### 465봉에서(13:46)

정상은 바위들이 옹기종기 소나무숲에 둘러싸였다. 세찬 바람 때문에 서 있기가 불편할 정도다. 바로 출발한다. 오르내리막이 반복되는 능선길. 삼거리에서 좌측으로 철선 울타리가 이어지고, 울타리 안쪽은 농장. 한참 오르니 농장 안쪽 시설물이 보인다. 힘이 부칠 정도로 가파른 오르막이 시작되더니 삼거리 갈림길 쓰러진 나뭇가지에 안내리본이 걸려 있다. 이곳에서 마루금은 우측 아래로 이어지지만 596.5봉이 가까이 있기에 오르기로 한다. 596.5봉 정상(14:19) 중앙에 삼각점이 있고, 준, 희씨의 한남금북정맥 표지판이 있다. 다시 조금 전의 삼거리로 되돌아간다. 삼거리에서 마루금은 우측 아래로 이어진다고 했는데 아무래도 미심쩍어 다른 방향을 알아본다. 그럴 듯한 길이 있는데 가도 가도 마루금이라면 있어야 할 리본이 보이지 않는다. 다시 되돌아와서 우측 아래로 내려가려고 하니 마치 오르던 길을 되돌아가는 기분이다. 한참 가다보니 의문점이 풀린다. 리본이 하나둘씩 보이기 시작한다. "이럴 수도 있구나" 하는 안도의 한

숨을 내쉬고 계속 걷는다. 그나저나 이 지점에선 신경 써야 될 것 같다. 내려가자마자 봉우리에 다시 선다. 550봉이다. 내려가다 안부에서 좌측으로 내려가 삼거리에서 임도를 지나 내려가니 다시 임도와 만난다. 임도를 따라 내려가다가 좌측으로 휘어지는 곳에서 우측 능선으로 올라가니 가파른 오르막이 시작된다. 오르막 끝에 칠보산 갈림길에 이르고(15:12), 이곳에서 마루금은 우측 아래로 이어지는데 2~3분 거리에 있는 칠보산을 다녀오기로 한다. 칠보산에서 되돌아와 갈림길에서 급경사로 내려가니 주변엔 나무토막들이 널려 있다. 아까부터 울기 시작하던 까마귀들이 계속 따라오면서 운다. 우는 소리가 마치 뭔가를 기다렸다가 기회가 되면 달려들 것 같은 기분 나쁜 소리다. 유달리 소나무가 많다. 어떤 곳은 군락을 이뤄 대낮인데도 어둡기까지 하다. 450봉에 이르고, 좌측으로 내려가니 하얀 돌이 자주 나온다. 소나무 군락지가 또 나오고 좌측 묘지 아래에 넓은 비닐하우스 단지가 있다. 이어서 좌측에 벌목지대가 나오고 그 아래에 주택이 보인다. 주택 너머에는 아주 큰 실내체육관처럼 보이는 건물이 있다. 공장인 것 같다. 공장 위에는 대단지 비닐하우스가 있다. 갈림길에서 우측으로 내려가니 칠보치에 이른다(15:50). 칠보치는 괴산군 청안면 효근리와 장암리를 잇는 고개다. 능선으로 오르니 바람이 세고 빗물이 날린다. 날은 저무는데 염려된다. 오늘 예정된 지점까지는 가야 되는데…. 가파른 오르막에 올라서니 415.2봉 정상이다(16:05). 정상에는 종주객들이 메모를 남긴 게시판이 있다. 신기하다. 내려가니 안부 웅덩이에 물이 고여 있다. 다시 가파른 오르막이 끝나면서 완만한 능선이 계속된다. 잠시 후 괴산군에서 설치한 산불 조심 플래카드가 있는 460봉에 이른다(16:30). 내려간다. 간밤에 내린 비 때문인지 최근에 조성한 묘지 주변의 흙들이 질퍽질퍽하고, 묘지 양쪽에 세운 보호석 2개 중 하나가 쓰러졌다. 연락처라도 있다면 알릴 텐데. 안부사거리에서 410봉을 넘고, 내려가니 앞쪽 3시 방향에 도로가 보인다. 오늘의 종착지인 질마재를 통과하는 도로다. 내리막이 계속되고 드디어 질마재에 이른다(16:52). '최원용공적비'가 있다. 힘든 산행이었다. 아침부터 종일 흐렸고, 바람 불고 빗물까지 날렸다. 죽음마저 삶의 일부이듯 산행의 고통 정도야 사서라도 해야 할 당연한 삶의 과정이 아닐까.

### 🏔 오늘 걸은 길

보천고개 → 445봉, 내동고개, 보광산, 모래재, 596.5봉, 송치재, 칠보산 → 질마재(15.0㎞, 8시간 23분).

### ⛰ 교통편

- 갈 때: 음성에서 청주행 버스로 보천까지, 보천고개까지는 택시로.
- 올 때: 질마재에서 증평까지는 시내버스 이용.

# 여섯째 구간
### 질마재에서 산성고개까지

어느 조사기관에서 95세 이상 노인에게 설문했는데, 다시 태어난 다면 꼭 하고 싶은 일이 '감정을 더 표현하고 싶다. 과감하게 도전해 보고 싶다. 죽은 후에도 기억해 줄 무엇을 남기고 싶다.'가 가장 많았다고 한다. 가슴에 와 닿는다. 95년 이상을 사신 분들의 고백이니 정답이 아니겠는가.

한남금북정맥 여섯째 구간을 넘었다. 괴산군 질마재에서 청주시 상당구 산성동에 위치한 산성고개까지다. 이 구간에는 새작골산, 612봉, 좌구산, 방고개, 536봉, 분젓치, 구녀산, 486.8봉, 상당산성 등이 있다. 그런데 종주 중 10m 앞도 보이지 않을 정도로 어두워지면서 진눈깨비, 돌풍, 천둥이 심해 이티재에서 중단해야만 했다. 일기 예보를 듣고도 강행했는데 역시 무리수는 사고를 불렀다.

### 2010. 3. 20.(토), 종일 흐림. 낮 1시쯤 진눈깨비, 비, 엄청난 바람

동서울버스터미널에서 출발, 증평에 도착하자마자(08:20) 증평우체국으로 뛴다. 우체국 앞 버스 정류장 안내판을 다 뒤져도 질마재를 경유하는 청천행 버스는 없다. 분명히 있다고 했는데? 그런데, 안내판 뒤 빵집 창문에 붙어 있는 것이 아닌가. 그것도 창문 바닥과 맞닿을 만한 아래쪽에. 아무튼 확인해서 다행이다. 청천행 버스는 9시 10분에 있다. 각오는 했지만 너무 지체된다는 생각. 이렇게 시간이 남을 땐 그 지역을 둘러보곤 했는데 오늘은 아니다. 맘 놓고 있을 수 없다. 혹시 그사이 다른 차가 있을지도 모른다는 우연을 기대해서다. 오는 버스마다 물어본다. "질마재 가나요?" 하고. 친절한 버스기사 한 분을 만난다. 아성교통을 타라고 일러준다. 이제는 차분히 기다리기로 한다. 9시 17분에 아성교통 버스가 오고, 버스는 증평 시내를 벗어나 S자형 오르막을 지그재그로 올라서 들머리인 질마재에 도착한다(09:35). 그새 질마재가 변했다. '빙판주의' 안내판이 없어졌다. 또 종주길 초입에 안내리본이 걸린 나무가 있었는데 없고, 대신 쓰러진 나무가 그 자리에 있다. 안내리본이 걸린 상태로. 안쓰럽다. 들머리 좌측에 시멘트 도로가 산으로 이어진다. 산속 군데군데에 잔설이 희끗희끗하고, 등로 주변은 넘어진 나무들로 어수선하다. 넘어진 나무들 사이에서 노란 리본이 발길을 붙든다. 마치 전장에서 아군의 시체를 보는 것만 같다. 좌측은 가지치기를 해서인지 쭉쭉 뻗은 낙엽송이 멋지다. 덩달아 다른 잡목들도 가지치기를 당해서 산 전체가 정돈된 느낌이다. 옛날 시골에서 명절이 되면 동네 사람 모두가 깨끗하게 이발한 것처럼. 이런 산을 볼 때마다 드는 생각, 산이 산으로서의 역할을 다할 수 있도록 간벌치기나 수종 갱신 같은 적극적인 관리가 필요하다는 것이다. 눈이 녹아서 길은 적당하게 촉촉하다. 아침인데도 바람 소리가 인다. 염려했던 황사현상까지. 하늘이 뿌옇다. 완만한 오르막 능선이 끝나고 새작골산에 이른다(10:14). 이정표 재질이 특이하다. 흔히 볼 수 있는 목재가 아닌 양철이다. 다시 완만한 오르막이 시작된다. 마음이 급하다. 평소보다 두 시간 늦게 출발해서다. 이걸 카버하기 위해서 평지에서는 거의 달려야 한다. 10분 정도 오르니 612봉에 이른다(10:24). 이곳도 등로 주변 나무들이 가지치기를 당했다. 쓰러진 나무들 사이에 있는 안내리본이 마치 구조를 요청하는 것 같다. 제법 큼지막한 바위가 있는 곳에 이른다. 물기 없는 바위에 걸터앉아 사과로 시장기를 달랜다. 안부에서 직진하니 588봉에 이르고(19:50), 진행 방향에 좌구산이 우뚝 서 있다. 바람은 갈수록 세차고 황사도 짙어진다. 좌측 골짜기에 하얀 눈이 보이고, 우측 아래는 S자형 임도가 이어진다. 임도 아래쪽에 가옥 몇 채가 있다. 좌측으로 내려가니 새로운 리본이 보인다. '백걸회' 가파른 오르막이 시작되고, 로프가 나온다. 잔 바위가 많은 능선이 나오고 다시 봉우리 정상에 선다. 좌구산이다(11:10). 정상석과 삼각점, 이정표가 있다. 정상석에는 산의 높이와 좌구산이 청원의 최고봉이라고 적혀 있다. 내려가려고 하는데 앞쪽에서 한 사람이 올라온다. 반갑게 인사를 하는 사이에 다시 한 사람이 또 올라온다. 일행이 세 사람인 한남금북정맥 종주객이다. 고향이 부산이라면서 자기들은 속리산에서부터 출발했다고 한다. 나와는 반대 방향으로 종주 중이다. 세 사람 중 먼저 올라온 분이 나이 지긋한 분의 자랑을 길게 늘어놓는다. 등로에 있는 돌멩이 하나하나까지 기억하고 있을 정도로 '산 박사'라고 추켜세운다. 아무튼 반갑다. 이런저런 산행 정보를 교환하고, 서로가 사진을 찍어준다. 내리막길에 이어 바로 오르막이 시작되고 돌탑이 있는 봉우리에서 우측 급경사로 내려가니 좌측은 전부가 낙엽송. 이어서 소나무 군락지가 나온다. 마냥 내려가는 것이 좋지만은 않다. 길을 잘못 들었을지도 모른다는 불안감 때문이다. 평지 같은 능선에 이르고, 좌측에 의자 두 개가 나란히 설치된 모습이 정겹다(11:38). 마치 누군가 다정하게 앉아 있는 모습이 금세 떠오른다. 잠시 걸터앉는다. 걷기 좋은 능선에 의자 2개가 설치된 곳이 또 나온다(11:42). 마루금은 좌측으로 이어지고, 작은 봉우리를 넘고 안부에서 직진으로 오르니 로프가 설치되었다. 잠시 후 538봉에 이른다(11:55). 이곳에도 의자 2개가 설치되었다. 의자에 한 사람이 앉아 있다. 나도 다른 의자에 걸터앉는다. 옆 의자에 앉은 청년이 노래를 흥얼거린다. 귀에 익은 노랫말이다. 바로 전날 밤 티브이 방송에서 들은 '가시나무 새'로 박춘석 씨를 추모하는 방송이었다. 곧 비가 쏟아질 듯 날이 어두워진다. 아래에서 한사람이 올라오고 나는 자리를 뜬다. 완만한 능선길은 급경사 내리막으로 변하고, 로프를 잡고 내려간다. 이곳에 휴양시설을 조성하는 모양이다. 주변이 파헤쳐지고 설명문이 있다. 계단을 내려서니 방고개에 이른다.

### 방고개에서(12:10)

방고개는 증평읍과 청원군 미원면을 잇는다. 이정표와 정자가 있다. '입산 금지'라는 플래카드도 보이고 자동차 세 대가 세워졌다. 사람은 보이지 않는다. 어수선하다. 무서운 기분이 들어 얼른 자리를 뜬다. 오르는 길은 정자 뒤로 이어진다. 앞만 보고 빠른 걸음으로 내달리는데 꼭 누군가 뒤에서 쳐다보는 것만 같다. 가파른 오르막을 한참 오르니 다시 봉우리 정상이다. 536봉이다(12:35). 정상에 작은 돌이 많다. 바람이 더 세다. 이곳에서 점심을 먹고 모처럼 긴 휴식을 취한 후 출발한다(12:50). 갑자기 날이 어두워진다. 10ｍ 앞도 보이지 않을 정도다. 바람이 거칠고 눈까지 내린다. 금세 진눈깨비로 변한다. 부랴부랴 우의를 꺼냈지만 몸은 이미 젖었다. 진눈깨비는 비로 변하고 바람도 더 거세진다. 문제는 앞이 보이지 않는다는 것. 천둥까지 치고 난리다. 무서운 생각이 든다. 스틱을 쥔 손이 불안하다. 나무 밑에서 비를 피해야 하는지? 삼거리에 이른다. 좌측으로 가야 할지, 우측으로 가야 할지 분간이 안 된다. 상식대로라면 직진인데, 사람이 다닌 흔적이 없다. 반대로 좌측 내리막은 오던 길과 비슷하게 흔적이 있다. 사람이 다닌 흔적이 있는 방향으로 내려간다. 제대로 찾았다. 몇 개의 무명봉을 넘고 430봉에 이른다. 그 사이에 비도 그쳤다. 어둡던 날도 밝아졌다. 정상에서 내려가니 아래에 도로가 보이기 시작한다. 절개지가 나오고 그 아래는 2차선 포장도로가 이어진다. 분젓치에 이른 것이다(13:45). 분젓치는 증평과 미원을 잇는 고갯마루다. 우측은 증평, 좌측은 미원 방향이다. 도로 건너편에 '좌구정'이라는 정자가 있다. 일단 정자에 가서 젖은 몸을 추스른다. 아래에 삼기저수지가 있다. 우의를 벗어 배낭에 넣고, 오늘 일정을 생각해 본다. 목적지까지는 6시간 정도 소요된다. 그렇다면 아무리 용을 써도 불가하다. 어디에서 중단할 것인지를 결정해야 한다. 관건은 어느 지점에 대중교통이 있느냐다. 2차선 포장도로라 어느 쪽으로 가든 버스는 있을 것이다. 그런데 벌써 내려가기는 너무 아쉽다. 일단 더 진행하기로 하고 출발한다(13:54). 완만한 능선길이 시작되고, 425봉에 이른다. 한바탕 비가 온 뒤라 공기가 상쾌하다. 그러나 날씨는 여전히 흐리고 바람도 분다. 마루금은 좌측으로 이어진다. 가지가 꺾인 소나무가 보이더니 소나무 군락지가 나온다. 다시 안개가 짙어지고 빗물이 뺨에 닿는다. 잠시 후 봉우리에 이른다. 초정리와 율리 방향을 알리는 이정표가 있다. 조금 지나니 운동기구와 나무의자가 있는 곳에 이른다. 완만한 능선 오르막에 로프가 이어지더니 구녀산 정상에 이른다(14:40). 정상에는 작은 돌무더기가 있고 바로 옆에 정상석이 있다. 돌무더기에 돌을 얹고 싶어서 주변을 둘러봐도 돌이 없다. 주변에 성터 흔적이 여기저기에 남아 있다. 삼국

시대 때 백제와 신라가 치열하게 싸운 구녀성이다. 구녀산의 유래가 적힌 안내문에는, 옛날에 아홉 딸과 한 아들의 불화를 보다 못한 어머니가 아홉 딸과 아들에게 내기를 시켜 진 쪽이 죽는 내기였다. 딸들에게는 성을 쌓게 하고 아들에게는 한양을 다녀오게 하는 내기였다. 그런데 성을 다 쌓아가도록 아들이 돌아올 기미가 보이지 않자 어머니는 뜨거운 팥죽을 끓여 딸들의 성 쌓는 시간을 지연시켰고, 그사이에 아들이 돌아와 딸들은 성 아래로 뛰어내려 죽었다는 전설이다. 잔인한 모정이다. 안내문 아래쪽에 아홉 딸의 무덤이라는 무덤이 일렬로 나란히 있다. 산성 끝에서 우측으로 내려가니 울창한 소나무 숲이 끝나고 좌측에 철망이 이어진다. 철망 색깔이 특이하다. 흰색이다. 철망 안쪽에 정자와 작은 호수가 있다. 철망을 따라서 내려가니 절개지에 이르고, 2차선 포장도로에 닿는다. 이티재다 (15:07). 좌측에 주유소가, 우측에는 음식점이 있다. 이곳에서 또 망설인다. 더 진행할 것인지, 중단할 것인지를. 중단하기로 한다. 이곳에 대중교통이 있어서다. 주유소에 들어가 서울 가는 길을 물으니, 이곳에서 버스를 기다리기보다는 우측 초정리 방향으로 내려가서 내수를 거쳐 증평으로 가라고 한다. 날은 맑아졌다. 이렇게 일찍 귀경길에 오르는 것도 처음이다. 조금은 어색하다.

## 이티재에서 산성고개까지(2017. 3. 16. 목. 맑음)

(2010년 3월 20일 여섯째 구간을 종주하다가 마치지 못하고 중단한 부분부터 산성고개까지 진행한 기록임.)

동서울터미널에서 출발, 청주 터미널에 도착(08:20). 105번 버스에 승차, 내수읍에 도착(09:35). 초정리행 버스에 승차, 초정리 도착

(09:53). 편의점에서 점심 대용 빵을 구입하고 바로 이티재로 향한다. 이티재에는 10시 50분에 도착. 이티재는 미원면과 내수읍을 연결하는 잿등이다. 등산로 가든을 비롯하여 휴게시설과 음식점이 있고, 지금도 확장 공사가 한창이다. 이티성 영토라고 명명해서 하는 공사다. 잿등에 미원면을 알리는 행정 구역 표지판이 있고 상당산성 쪽으로 오르는 초입에 표지기가 나풀거린다. 출발한다(11:05). 오르는 초입은 임도처럼 넓다. 들어서자마자 잣나무 숲이 이어진다. 입구에 우측으로 이어지는 길이 있지만, 마루금은 직진하는 잣나무 숲속으로 이어진다. 숲을 벗어나면 완만한 오르막이 이어진다. 날씨는 맑고, 가끔 비행기 소리가 들린다. 오늘도 어김없이 남국철 님의 표지기가 나를 반긴다. 잠시 후 능선에 이르고, 바닥에 낮게 깔린 작은 '등산로' 표지판이 길을 안내한다(11:16). 이런 안내판은 끝날 때까지 계속된다.

표지판이 가리키는 대로 능선을 따라 오른다. 바닥에는 참나무 잎이 깔렸다. 잠시 후 무명봉에 이르고(11:23), 4~5분 진행하니 또 봉우리 정상. 486.8봉이다(11:29). 이곳 역시 아무런 표시가 없다. 내려가다가 오르니 등로 옆에 삼각점이 있다. 전에 헬기장이었으리라고 추측되는 봉우리에 이르고, 내려가다가 오르니 395봉에 이른다(11:34). 방공호가 있다. 내려가니 우측에 바위와 조그만 이정표가 나오면서 갈림길에 이른다(11:35). 우측 급경사로 내려가니 내리막 끝 좌측에 거대한 묘지가 있다(11:49). 안정 나씨 숭조당이다. 그 아래에 가운데가 뚫린 고목나무가 있고, 잠시 후 임도에 이른다(11:50). 99임도라는 표석이 있다. 이 임도는 우측의 청원군 북일면 비상리와 좌측의 미원면 대신리를 잇는다. 임도를 건너 산으로 오른다. 가시덤불이 있고 황톳길이다. 질퍽거리고 약간은 미끄럽다. 가파른 오르막 끝에 430봉에 이르고, 내려가니 바로 오름길이 시작되고 좌측은 소나무 군락지가 길게 이어진다. 오르다가 우측 사면으로 진행하니 갈림길에 '한남금북정맥 이티재-상당산성'이라는 이정표가 나온다. 이곳에서 좌측은 봉우리로 오르는 길이다. 500봉인 것 같다. 이정표가 가리키는 대로 봉우리로 오르지 않고 우측으로 내려가 완만한 능선을 오르내린다. 등산로 표지판과 표지기가 자주 나온다. 길 잃을 염려는 전혀 없다. 다시 봉우리에 이른다(12:43). 475봉인 듯. 국가지점번호(산성-이티재 08)와 삼각점이 있고 낙엽이 두텁게 쌓였다. 좌측으로 내려가다가 오르니 다시 봉우리다(12:48). 또 내려가다가 오르니 갑자기 임도처럼 넓은 길이 나온다. 방화선이다. 좌측 아래에 묘목단지가 있고, 10여 분 만에 또 봉우리에 선다(12:58). 475봉인 듯. 봉우리 명을 확신할 수 없어 아쉽다. 소나무가 있고, 이곳에도 국가지점번호가 있다(07). 산길에서는 마음을 잘 다스려야 한다. 비슷한 게 반복되어 지루하지만 잠시라도 방심하면 길을 잃는다. 정적 속에서도 늘 긴장해야 한다. 우측으로 내려가니 좌우 길이 뚜렷한 안부에 이르고, 직진으로 오르니 나무 밑동에 비닐봉지를 씌워 고로쇠 물을 빨고 있다. 잔인하다. 주변은 참나무가 대세다. 다시 봉우리에 선다(13:13). 415봉인 듯. 국가지점번호(06)가 있고, 조금 내려가니 솔숲이 이어지면서 참나무군락지에 이른다. 갑자기 오르막길에 장작더미가 나오더니 그 옆에 청색 산불 진화용 방화수 통이 있다(13:18). 이곳에서 1분 정도 올라 봉우리에서(13:19) 내려가다가 오르니 430봉에 이르고(13:24), 국가지점번호 05번이 있다. 정상에 소나무가 있고, 좌측으로 2~3분 내려가니 밤나무 농장이 있는 안부에 이른다(13:27). 직진으로 올라 국가지점번호(04번)를 지나 내려가니 돌탑이 있는 안부에 이르고(13:40), 직진으로 5분 정도 오르니 430봉 갈림길에 이른다(13:45). 국가지점번호 03번이 있다. 좌측 상당산성 방향으로 진행한다.

### 상당산성에서(13:59)

국가지점번호 02번을 지난다. 우측은 절벽이라 로프가 설치되었고, 나무의자 2개 있는 곳에서 내려가니 국가지점번호 01번이 나온다(13:57). 잠시 후 산성 아래에 도착(13:59). 산성 아래에서 좌측으로 진행하여 동암문 안으로 들어가니 암문 안내문이 있다. '암문은 작게 만든 사잇문으로 적군에게 그 위치가 잘 드러나지 않는 곳에 설치한다. 상당산성에는 남문과 동문 및 서문의 세 대문이 있고 서남 암문과 이곳 동북 암문이 있다. 상당산성의 북쪽 성벽에는 성문이 없고 동쪽 성벽에는 수문과 동문이 비교적 낮은 위치에 있다. 성의 안쪽과 바깥으로 통하는 능선이 남쪽으로 이어진 곳에 서남 암문이

있듯이 북동쪽의 능선으로 이어진 위치에 동북 암문을 만들었다…'
라고 적혀 있다. 우측으로 올라 성안에서 성벽을 따라 걷는다. 상당
산성에 대한 안내문이 있다. 상당산성은 사적 제212호로 대규모 포
곡식 석축산성이고, 성 둘레 4.2㎞, 내부면적 22여만 평 규모의 조
선 시대 석성으로 현재 정문인 남문을 비롯하여 동문과 서문, 3개의
치성(雉城), 2개의 암문(暗門), 2곳의 장대(將臺), 15개의 포루(砲樓) 터
가 남아 있다고 한다. 조금 전 처음 성벽 아래에 도착했을 때의 지점
까지 가서 좌측의 산으로 오른다. 바로 상당산 정상에 이른다(14:14).
정상은 4각형 대리석으로 된 표석과 삼각점이 있고 정상 전체가 비
닐 포장으로 덮었다. 북포루 발굴조사 중이다. 우측으로 내려가서
산성을 따라 진행하니 잠시 후 북쪽 수구를 지나 서문에 이른다
(14:32). 이어 산불감시초소에 이르고, 계속 진행하니 서남 암문에 이
른다(14:46). 서남 암문으로 성을 빠져나가니 바로 한남금북정맥에
대한 안내문이 있다. 성에서 내려가니 갈림길에 이르고 이정표가 있
다(좌측 것대산 2.7). 좌측으로 내려가니 좁은 길로 이어지더니 출렁다
리에 이르고(15:04), 좌측으로 내려가니 산성 옛길인 시멘트 도로에
이른다. 오늘 산행의 종착지인 산성고개다(15:05). 여섯째 구간을 마
무리하는 순간이다. 빈틈없는 기록을 남기고 싶다. 비록 몇 년이 걸
릴지라도.

### 🥾 오늘 걸은 길
질마재 → 새작골산, 612봉, 좌구산, 방고개, 536봉, 분젓치, 구녀산, 486.8봉, 상
당산성 → 산성고개(21.1㎞, 9시간 47분).

### ⛰️ 교통편
- 갈 때: 증평우체국 앞에서 청천행 시내버스 이용.
- 올 때: 산성고개에서 버스 정류소로 내려와 청주 시내로 이동.

# 일곱째 구간
### 산성고개에서 머구미고개까지

맥아더 재단에서 새롭게 인생의 주기를 발표했다. 청춘기는 25~50세, 중년기는 50~75세이고 75세가 되어야 비로소 노년기라고 한다. 비록 청춘기는 지났지만, 중년기가 끝나려면 아직도 20년 정도를 더 살아야 하는 현재의 50대들, 희망적이다. 치밀하게 준비해서 멋진 인생을….

일곱째 구간을 넘었다. 청주 산성고개에서 청원군 낭성면 관정2리에 있는 머구미고개까지다. 이 구간에는 것대산, 442봉, 선도산, 선두산, 525봉, 산정말고개, 483봉 등이 있다. 종주 중 천안함 침몰 사건으로 갑작스러운 전화가 오는 등 산행 내내 머릿속이 복잡했다.

### 2010. 3. 27.(토), 흐림

전국의 고속버스터미널 중에서 규모가 작으면서도 혼잡하지 않은 곳을 들라면 아마도 청주터미널이지 않을까. 내가 본 중에선 그렇다. 청주 터미널에 도착하자마자 건너편 시외버스터미널로 달린다. 821번 시내버스는 20분도 걸리지 않고 청주체육관에 도착(08:19). 이곳에서 40~50분을 기다리니 산성고개행 860번 버스가 온다(09:00).

시내를 벗어나 동물원과 어린이 회관을 지나 꾸불꾸불한 S자형 오르막을 오른 버스는 산성고개를 넘어 나를 내려준다. 산행기점인 산성 입구에 도착한 때는 9시 21분. 좌측 산으로 오르는 초입에 안내 리본이 보인다. 초입에 들어서자마자 뚜렷한 등산로가 나오고 독특한 다리가 눈에 띈다. 출렁다리다. 산성고개 양쪽을 이 다리가 연결시킨다. 동시에 30명 이상은 건너지 말라는 안내문이 있다. 바로 출발한다. 오르막 끝에 공터에 이른다. 걷기 좋은 길. 가끔씩 등산객을 만난다. 묘지가 자주 나오고, 좌측에 저수지가 보인다. 잠시 후 낮은 봉우리에 이른다(10:00). 이정표 옆에 젊은이의 사망을 안타까워하는 추모비가 있다. 마루금은 좌측으로 이어져 바로 상봉재에 이른다(10:02). 건너편 산길에 로프가 있고 좌측에 계단이 있다. 로프 대신 계단으로 오른다. 제법 가파른 오르막을 10여 분 오르니 봉수지에 이른다(10:18).

가마 모양의 봉수터 5개가 나란히 있다. 이곳 봉수지는 고려 시대부터 봉수제도가 폐지될 때까지 이곳 변방의 긴급한 소식을 알리던 시설이다. 바로 올라 것대산 활공장에 이른다(10:20). 활공장은 동호인들이 경비행기를 타는 곳으로 보통 사람들이 하늘을 날아볼 수 있는 곳이다. 풍향계가 있고, 바닥은 그물망이 깔렸다. 마루금은 활공장 뒤로 이어진다. 갑자기 핸드폰 벨이 울린다. 공직자는 대기하고 경건하게 주말을 보내라는 정부 합동청사에서 보내는 메시지다. 무슨 일이 있나? (천안함 침몰 사건 발생). 구릉 몇 개를 넘고, 급경사 내리막 끝 지점에 KTF 이동통신 안테나가 설치된 곳이 나오고, 바로 고갯마루에서(10:36) 도로를 건너 오르니 403.6봉에 이른다. 내려가는 길은 솔잎이 쌓여 푹신하다. 임도에서 좌측으로 진행하니 아주 넓은 묘역이 보인다. 공원묘지다. 종주 중에 당황할 때가 가끔 있다. 지금도 그렇다. 방향 감각이 없어져 버린다. 동으로 가는지 서쪽으로 가는지를 알 수 없다. 분명한 것은 안성에서 출발해서 계속 동남쪽 방향으로 내려가는 중이고 지금은 청주 땅을 밟고 있다는 것이다. 공원묘지 상단부 끝 지점에서 좌측으로 오르니 아주 가파른 오르막이 시작되고 힘겹게 능선에 이른다. 우측으로 진행하니 바로 갈림길에 이르고, 마루금은 좌측 산 아래로 이어진다. 내려가는 산길은 돌길. 걷기에 아주 불편하고 경사도 가파르다. 내리막 끝에 화려하게 조성된 묘지가 있다. 얼마 전에 흔적 없이 돌아가신 법정 스님이 생각난다. 길은 우측 능선으로 이어지고, 바로 포장도로에 닿는다. 512번 지방도로다. 이곳에서 마루금은 도로 건너 절개지로 이어지고, 절개지에는 낙석방지용 철망이 설치되었다. 우측으로 조금 이동하여 철망이 끝나는 지점에서 온갖 먼지를 다 뒤집어쓰고 기어서 오른다. 완만한 능선길로 연결되고, 송전탑과 묘지를 지나

512번 지방도로에 이른다(11:29). 얼마 걷지도 않았는데 다시 그 도로라니…. 이런 경우가 가끔 있다. 보은 방향으로 조금 내려가니 현암삼거리에 이르고, 우측은 조금 전에 지나온 목련공원묘지로 이어지고 직진은 보은 방향이다. 조금 내려가니 좌측에 '현암묵집'이라는 음식점이 있고, 우측엔 민가 몇 채가 있다. 마루금은 이 민가 뒤로 이어진다. 주변 안내판을 보고서야 이곳이 청원군 낭성면 현암리임을 안다. 민가 옆 시멘트 도로를 따라 오르니 바로 산길로 연결되고, 마을 뒷산은 벌목되어 깨끗하게 정돈되었다. 걷기 좋은 임도가 시작되더니 봉우리 정상에 선다. 442봉이다(11:55). 정상에 묘지가 있다. 날씨가 여전히 흐리고 대기가 뿌옇다. 좌측 능선으로 내려가니 길은 상수리 잎으로 덮여 걸을 때마다 바스락거린다. 무명봉을 넘고 한참 진행하니 다시 봉우리에 이른다. 선도산이다(12:16). 정상에 이동통신 안테나가 있고, 정상석에는 이 산의 높이와 한남금북정맥의 방향 표시가 새겨졌다. 이곳에서 점심을 먹는다(12:35). 살아가면서 나 자신에게 감사할 때가 있다. 더러는 무모해서 빈축을 사기도 하지만 하는 일에는 끝을 보려는 근성이 있다. 지금 걷는 산길 종주도 그런 근성 덕분이다. 누군가 말했다. '인간이 범하는 가장 큰 죄는 감사할 줄 모르는 것이다.'라고. 좌측으로 내려가니 낙엽이 무릎까지 차오르고, 10여 분 만에 525봉에 이른다. 좌측으로 내려가 구릉을 넘고 441봉에 이른다. 최근에 벌목한 듯 소나무가 쓰러졌다. 주변엔 굵은 소나무가 많고, 멧돼지 소행인지 땅이 들쑤셔진 곳이 나온다. 급경사 내리막이 시작되고 좌측으로 내려가 삼거리에서 좌측으로 내려가니 임도사거리에 이른다. 안건이고개다(13:05). 안건이고개는 지산리 안건이마을과 한계리 한시울마을을 잇는다. 몇 개의 무명봉을 넘고 안부사거리에 이른다. 옆에 돌무더기가 있고, 좌측은 간벌되었다. 전국의 모든 산을 이렇게 솎아베기를 해야 할 것이다. 가파른 오르막을 한참 올라 삼거리에서 우측으로 오르니 선두산에 이른다.

### 선두산 정상에서(13:36)

정상에는 삼각점과 선두산 안내판이 있고, 준, 희씨의 한남금북정맥 표지판도 보인다. 바로 출발한다. 바위가 나오고, 오르막도 잠시이고 봉우리 정상에 선다. 525봉이다. 좌측 급경사로 한참 내려가다가 갈림길에서 우측으로 내려가니 비포장도로에 이른다. 차량 통행이 가능할 정도로 넓은 임도를 건너 무명봉을 넘고 다시 높은 봉우리에 이른다. 485봉이다. 정상에는 소나무 줄기가 부러져 길을 막는다. 뭔가를 암시하는 듯해서 섬뜩하다. 이어서 소나무 군락지를 지나 봉우리에 이른다. 앞선 봉우리와 같은 높이다. 정상에는 '길손봉'이라는 표지판이 있다. 조금 내려가니 우측으로 넓은 길이 이어지고, 계속 내려가니 임도삼거리에 이른다. 임도가 계속되고 세 번의 삼거리가 더 나오더니 좌측 산으로 이어진다(14:46). 임도 사거리에서 직진하여 구릉을 넘으니 주변은 빽빽한 낙엽송 단지. 이어서 420봉에 이르고, 좌측 급경사로 내려가니 갑자기 내 그림자가 보이기 시작한다. 오늘 처음으로 햇빛을 본다. 우측 아래에 마을이 보이고, 삼거리에서 좌측으로 내려가니 임도삼거리에 이른다. 상전가울과 산정말을 잇는 산정말고개다(15:03). 가운데 길을 따라 올라가니 다시 삼거리에 이르고, 우측에 가족묘지가 있다. 이곳에서 좌측 임도를 따라 올라 임도갈림길에서 또 좌측 임도로 오르니 묘지가 나온다. 묘지 가운데가 거의 파헤쳐졌다. 다시 큰 묘 2기가 나오고, 묘지 뒤로 오르니 483.1봉에 이른다(15:26). 정상에는 삼각점과 준, 희씨의 표지판이 있다. 그런데 높이가 다르게 적혀 있다. 완만한 내리막에 이어 바로 432봉에 이른다. 내려가니 좌측 아래에 골프장이 보이고 산수유가 샛노란 꽃잎을 막 틔운다. 겨우내 참고 기다리던 그 모습을 이제야 보인다. 갈림길에서 조금 내려가니 다시 갈림길. 좌측으로 내려가서 구릉을 넘고 다시 오르니 410봉에 이르고, 내려가는 길은 낙엽이 무릎까지 차오른다. 다시 구릉 두 개를 넘고 395봉에서 내려가 안부에서 우측 비탈길로 오르니 소나무 군락지가 나오고, 좌측에 하얗게 센 억새가 아직도 남아 있다. 소나무 군락지를 한참 내려가 갈림길에서 좌측으로 내려가니 전원주택이 있는 산기슭에 이른다. 집집마다 잔디정원이 있고, 안락의자가 보인다. 어떤 집은 골프 연습장까지 갖췄고, 마당에 골프채가 나뒹군다. 도로를 따라 내려가니 시멘트 도로에 이른다(관정2리). 머구미고개다(16:12). 고개 건너편에 32번 국도인 4차선 포장도로가 있다. 머구미고개에서 좌측으로 조금 내려가니 관정2리 버스 정류소가 나오고, 맞은편에는 SK주유소가 있다. 오늘은 이곳에서 마치기로 한다. 바람 불고 흐리던 날씨도 어느 정도 갰다. 낯선 땅 청주까지 왔다. 무언가를 기다리는 삶은 희망이 있다고 했다. 끝까지 갈 것이다.

### 🚶 오늘 걸은 길
산성고개 → 겄대산, 442봉, 선도산, 선두산, 525봉, 산정말고개, 483봉 → 머구미고개(13.5㎞, 6시간 51분).

### ⛰ 교통편
- 갈 때: 청주체육관 앞에서 860번 버스로 산성고개까지.
- 올 때: 관정2리에서 211번 버스로 충북도청까지.

# 여덟째 구간
## 머구미고개에서 벼제고개까지

산길 걷기의 요령이 등산의 기본임에도 망각하기 쉽다. 보폭을 작게, 지그재그로 걷고, 자기에게 적당한 페이스를 유지하는 것. 등산의 효과와 직결되기에 준수는 필수다.

주말이 더 바쁜 요즘이다. 금요일 밤이 없어진 지 오래고, 금쪽같은 토요일마저 온전히 산속에 바친다. 그동안 조금은 무리했다는 생각. 덕분에 정맥 종주는 예정대로 진행되고 있다. 잃지 않고 무엇을 얻으랴. 여덟째 구간은 청원군 낭성면 관정2리에서 보은군 대안리 벼제고개까지다. 이 구간에는 국사봉, 살티재, 602.1봉, 593봉, 쌍암재, 490봉, 대안리고개 등이 있다. 이 구간에서는 490봉을 지나 우측으로 내려가는 급경사 바윗길을 조심해야 된다.

### 2010. 4. 3.(토), 맑음

북청주에 8시에 도착. 별도의 버스터미널이 아닌 도로변 버스 정류장 같은 곳에 승객을 하차시킨다. 청주대 앞 버스 정류소로 이동, 바로 미원행 버스에 오른다. 잠시 후 목적지인 관정2리에 도착(08:55). 오늘은 왠지 순조롭게 풀린다. 지난주에 이어 두 번째인 관정2리. '머구미'라고도 불린다. 바로 앞에 4차선 포장도로가 있다. 횡단보도를 건너니, '추정재 해발 260㎜'라는 안내판이 눈에 띄고, 우측 용창공예 건물 앞에 목제 장승들이 길게 도열해 있다.

　건물 우측 시멘트 도로를 따라 오르니 '관정사'라는 안내판이 나오고, 민가를 통과하자마자 소나무 숲길이 이어진다. 아침부터 솔향에 취한다. 소나무 숲이 끝나고, 우측 산길로 이어진다. 어김없이 안내리본이 걸려 있다. 날은 맑은데 바람 끝은 쌀쌀하다. 완만한 오르막 곳곳에 간벌 흔적이 있다. 나무토막들이 무질서하게 널렸지만 산 전체적으로는 정돈된 느낌이다. 무명봉을 넘고, 좌측으로 진행하여 아담한 언덕배기를 넘고 계속 오르니 393봉에 이른다(09:40). 정상에 소나무가 많고, 베어진 나무들이 널려 있다. 직진으로 내려간다. 등에는 벌써 땀이 흐르지만 재킷을 벗을 수 없다. 바람 끝이 쌀쌀해서다. 솔잎 덮인 길이 끝나고 상수리잎 가득한 오르막이 시작된다. 맑음 속에 차가움. 한마디로 새침하다. 오르막 끝에 521봉에 이른다(09:59). 출발과 동시에 오르막이 시작되고, 길 양쪽은 소나무가 군락을 이룬다. 걷기 좋은 길도 잠시, 급경사 오르막이 시작되고 봉우리에 선다. 국사봉이다(10:21). 우측으로 내려가니 소규모 헬기장이 나오고, 군 참호도 있다. 군부대 훈련장인 것 같다. 작은 바위들이 자주 보이나 길은 걷기에 좋다. 이런 길만 계속된다면 며칠이라도 걸을 수 있겠다. 낮은 구릉 몇 개를 연속으로 넘고 다시 봉우리에 선다. 567봉이다(10:35). 계속 바위가 나온다. 오르막 중간에 제법 큰 바위가 나오고 봉우리에도 바위가 있다. 좌측에 마을이 보이더니 조금 지나니 우측에도 마을이 있다. 작은 바위들이 계속 나오고, 주변에 굵은 소나무들이 많다. 잠시 후 521봉에 이른다. 좌측으로 내려가 봉우리를 넘으니 안부에 이른다. 살티마을과 염둔마을을 잇는 살티재다(11:19). 우측 작은 돌탑에 돌을 하나 얹고 출발한다. 돌이 많은 가파른 오르막이 시작된다. 너덜지대다. 급경사가 또 시작되고 오르막 양쪽에 굵은 소나무들이 있다. 양쪽 골짜기 아래로 마을이 보인다. 봄날 햇살에 마을들이 참 따뜻해 보인다. 잠시 후 580봉에 선다. 정상에 소나무가 많다. 내려간다. 쌀쌀하던 바람도 이젠 시원하게 느껴진다. 그 새 몸이 달궈졌다. 다시 구릉을 넘고 올라서니 545봉에 이르고, 내려가다가 525봉 중턱쯤에서 오르니 특별한 지점이 아닌데도 안내리본이 걸려 있다. 이유가 있다. 525봉 정상으로 오르지 말고 좌측으로 이동하라는 암시다. 리본의 안내대로 좌측 비탈면으로 이동하니 수종이 바뀐다. 좌측은 낙엽송, 우측은 굵은 소나무가 포진하고 있다. 등로는 참나무잎으로 덮었고, 이젠 바람도 잔다. 시장기가 든다. 등로 옆에 묘지가 나오고 급경사가 시작된다. 다시 봉우리에 선다. 602.1봉이다(12:18). 참호가 눈에 띄고 서너 개의 구덩이가 있다. 중앙에 삼각점이 있고 주변은 잡목으로 둘러싸였다. 자연사한 나무도, 베어 넘어진 나무도 있다. 그늘에 앉아 점심을 먹고, 출발한다(12:45). 참호가 있는 봉우리를 넘고 다시 봉우리에 선다. 593봉이다. 이곳에도 참호가 있다. 참호뿐 아니라 특이한 게 많다. 오래전에 쓰러진 나무가 아직도 뿌리와 연결된 채 있고, 작고 예쁜 표지판이 나무줄기 사이에 끼어 있다. 표지판에는 이곳이 염둔산이라고 적혀 있다. 우측으로 내려가니 능선을 따라 철선이 이어진다. 아주 오래된 녹슨 철선, 그것도 네 가닥이 간격을 두고 울타리처럼 둘러쳐졌다. 갑자기 우측으로 방향이 확 틀어진 것을 주지시키려는지 리본이 많다. 바로 안부에서 올라 514봉에 이른다. 수종이 또 바뀐다. 우측은 낙엽송, 좌측은 소나무다. 급경사로 내려가니 안부 사거리에 돌무더기가 있고 고목도 쓰러져 있다. 산행 중 쓰러진 나무를 볼 때가 가장 마음 아프다. 마치 인생사의 단면 같아서다. 지리산 종주 때 그런 모습을 처음 목격했었다. 가파른 오르막 끝에 완만한 능선으로 이어지고 무명봉에 올라선다. 내려가다가 안부를 거쳐 작은 언덕을 넘어서니 525봉 직전에 있는 갈림길에 이른다. 이번에도 조금 전처럼 정상 직전에 갈림길이 있다. 좌측 비탈면으로 우회한다. 비탈면 폭이 아주 좁다. 그마저 낙엽으로 덮여 보이지 않는다. 감으로 걷는다. 비탈면을 돌아 오르니 500봉에 이르고, 이곳에서는 진행 방향에 신경을 써야 된다. 직진할 것 같지만 좌측 급경사로 내려가야 한다. 짧은 급경사가 완만한 능선으로 변하면서 걷기 좋은 길이 이어진다. 진달래가 길 양쪽으로 빽빽하고, 아주 길게 이어진다. 산기슭 가까이 내려오니 소나무 숲이 이어지고, 소나무 사이로 좌측 골짜기에 건물이 보인다. 바로 시멘트 도로가 보이더니 새터고개에 이른다.

## 새터고개에서(13:46)

고개 우측에 신축한 집 두 채가 다정하게 자리를 지키고, 좌측 밭 가운데 묘지에서는 한식을 맞아 가족 단위로 뭔가를 하고 있다. 부모님 생각이 난다. 나도 저걸 해야 되는데…. 고개를 가로지르니 바로 임도로 이어지고, 큰 묘지가 나온다. 묘지 상단에 '토지지신'이라는 비석이 있다. 임도가 끝나는 곳에 2기의 묘지가 나오고, 마루금은 우측 산길로 이어져 바로 봉우리에 이른다. 그런데 봉우리에 원형으로 홈을 파고 그 안에 봉분을 조성한 묘지가 있다. 신기하다. 비가 오면 어떻게 되나? 원형 속 묘지를 보자마자 바로 내려가 시멘트 도로에 이른다. 좌측에 인삼밭과 비닐하우스가, 우측에는 과수원이 있다. 도로를 건너 다시 산으로 올라 소나무 숲을 지나 잡목과 말라빠진 잡초가 우거지고 줄기들이 얽힌 곳에 이른다. 줄기가 무성할 여름이면 길 찾는 데 애를 먹을 것 같다. 파란 물탱크와 묘지를 지나 주목으로 조경된 묘지가 나오고, 묘지 주위는 검정색 그물로 울타리를 쳤다. 바로 아래에 도로가 보인다. 쌍암재다(14:07). 쌍암재는 보은군 내북면 571번 지방도로에 있다. 2차선으로 포장되었고, 한쪽에 '쌍암재 해발 290㎡'라는 안내판이 있다. 이곳에서 마루금은 도로를 건너 위쪽 산으로 이어진다. 짧은 시멘트길이 끝나고 묵은 땅이 이어진다. 주변에 사람 키 높이의 말라빠진 쑥이 널려 있다. 갑자기 길이 사라지고 안내리본도 보이지 않는다. 도저히 길을 찾을 수 없다. 한참 헤매다가 할 수 없이 무조건 산으로 오르기로 한다. 가급적 좌측으로 오른다. 능선에 오르면 마루금은 좌측으로 이어진다고 했기 때문이다. 길 없는 산을 오른다. 확신 없는 숲속을 오르니 힘이 든다. 좌측, 우측으로 이동해서 먼저 등로를 찾아볼까도 생각했지만 이내 포기하고 무조건 위쪽으로 오른다. 능선에 이르고,

좌측으로 조금 내려가니 거짓말처럼 리본이 나타난다. 이렇게 반가울 수가! 지칠 대로 지치고 많은 시간이 걸렸다. 잠시 쉬면서 간식으로 원기를 보충하고 출발한다(14:55). 완만한 능선은 계속되고 그 사이에 작은 봉우리 대여섯 개를 넘은 것 같다. 안부사거리 우측에 마을이 보이고, 가파른 오르막이 시작된다. 연속으로 봉우리 3개를 넘고 긴 오르막 끝에 490봉에 이른다(15:31). 정상에 시멘트 블록 참호가 있고, 우측 아래에 아곡리 마을이 보인다. 정상에서 내려서니 눈앞에서 뭔가 어지럽게 휘날린다. 안내리본이다. 리본이 이렇게 소동을 피울 이유가 없는데 이상하다. 이유가 있다. 이곳에서 직진하지 말고 우측으로 내려가라는 표시다. 아, 고마운 리본 씨여! 우측으로 내려가는 길을 보니 엄두가 나지 않는다. 우회하는 길은 없을까? 정말 위험하다. 거의 90도 경사에 바위로 이뤄진 곳. 길이라고 볼 수 없다. 안내하는 리본을 따라서 최대한 집중해서 내려간다. 겨울에는 절대 가서는 안 될 곳. 우회로를 개발해야 할 것 같다. 바윗길이 끝난 후에도 급경사 내리막이 한참 더 이어지다가 안부사거리에 이른다. 오르막이 시작되고 능선 삼거리에서 좌측으로 내려가니 우측에 마을이 보이고, 아래쪽에서 기계톱 작동 소리가 들린다. 나무 사이로 간간이 도로가 보이고, 자동차 소리도 들리더니 2차선 포장도로에 이른다. 대안리고개 삼거리다(16:03). 좌측은 미원, 우측은 보은 방향이다. 도로 건너편 절개지 위로 오르니 3기, 1기의 묘지가 연속으로 나오고, 주변은 벌목 중이다. 벌목된 나무들이 길을 삼켜버렸다. 가파른 오르막에 묘 5기가 종으로 나란히 있다. 이곳도 벌목 중이다. 벌목된 나무들이 길 위에 그대로 방치되었다. 급경사 오르막을 한참 오르니 갈림길이 나오고, 424봉 직전에서 우측 비탈면으로 진행하니 424봉에서 내려오는 길과 만나 급경사 내리막이 시작된다.

잠시 후 절개지에 이르고, 절개지 아래는 2차선 포장도로가 지난다. 이곳에서 좌측으로 내려가니 벼제고개에 이른다(16:40). 좌측에 인삼밭이, 도로 건너편에는 공장 비슷한 건물이 있다. 오늘은 이곳에서 마치기로 한다. 산길은 오늘도 나를 미소 짓게 했다. 용창공예 건물 앞에 도열한 장승들이 그랬고, 소나무 군락지의 그윽한 솔향이 또 그랬다(우측 대안 삼거리에서 우측으로 100여 미터 올라가면 버스 정류소가 있다).

### 🚶 오늘 걸은 길

머구미고개 → 국사봉, 567봉, 살티재, 580봉, 602.1봉, 593봉, 쌍암재, 490봉 → 벼제고개(14.5km, 7시간 45분).

### ⛰ 교통편

- 갈 때: 청주대 버스 정류소에서 미원행 버스 이용(관정2리에서 하차).
- 올 때: 벼제고개에서 시내버스로 미원까지, 미원에서 청주행 버스 이용.

# 아홉째 구간
## 벼제고개에서 백석리고개까지

　이렇게 바쁜 국민이 또 있을까? 새벽 지하철에서 확인했다. 4월 1일(토) 새벽 5시 32분, 고덕역에서 5호선 첫차가 출발한다. 듬성듬성 보이던 빈자리가 천호역에 도착하자 거의 채워진다. 60대 이상이 대부분. 천호역에서 광나루역을 향해 한강 아래를 달리는 전동차 안, 4번과 5번 차량 사이의 문이 열리고 "석 장에 5천 원, 파스가 석 장에 오천 원!" 하는 외침과 함께 창가 틈마다 전단지를 꽂고, 승객들의 눈치를 살피면서 다가오는 사람이 있다. 새벽부터 두 가지 일을 하는 60대 초반이다. 환승역인 군자역에 이르고, 일군의 승객들이 한꺼번에 쏟아져 나온다. 계단도 재빠르게 뛴다. 들어오는 8호선을 놓치지 않기 위해서다. 8호선 문이 열리고 안으로 들어선다. 빈자리는커녕 서 있기조차도 비좁다. 지하철은 뚝섬역을 거쳐 고속버스터미널 역에 이른다. 내리는 승객들 또 뛰기 시작한다. 3호선으로 환승하기 위해서다. 긴 에스컬레이터에 오른다. 일부는 그냥 서 있는 시간을 못 참고 왼쪽을 이용해 걸어 오른다. 이런 모습은 내일도 이어질 것이다.

　아홉째 구간을 넘었다. 보은군 대안리 벼제고개에서 산외면 백석리고개까지다. 이 구간에는 구봉산, 시루산, 475봉, 492봉, 작은구티재, 456.7봉, 구티재 등이 있다. 이 구간은 급경사 오르막이 많아서 같은 거리의 다른 구간에 비해 훨씬 힘이 든다. 드디어 속리산 주능선이 보이기 시작했다.

### 2010. 4. 10.(토), 맑음

버스가 청주 고속버스터미널에 도착(07:55), 바로 뒤에 있는 시외버스터미널로 이동하여 직행버스에 승차. 미원을 거쳐 창리마을에는 9시 5분에 도착. 이곳에서 대안리까지는 시내버스를 타야 된다. 대형 배낭을 짊어진 내 모습을 본 충북슈퍼 주인이 꼬치꼬치 묻는다. "왜 그 산을 가려고 하느냐?", "혼자서 하루 종일 산에 있으면 심심하지 않느냐?"라고. 가끔씩 나 같은 등산객을 보기 때문에 묻는 거란다. 그럴 것이다. 평소에 많이 듣던 질문이다. 노인의 질문이 계속되는 중에도 손님들이 심심찮게 드나든다. 주인은 내게 말을 걸면서도 손으로는 물건을 집어 손님에게 건넨다. 자동적이다. 버스표를 구입하고 밖으로 나가려는 나를 주인이 붙잡는다. 상점 안에 있다가 버스 시간에 맞춰서 나가면 된다면서. 나를 배려하는 따뜻함이다. 혹시 버스를 놓치면 안 된다는 내 염려에 노인은 걱정하지 말라고 한다. 자기가 이곳에서 70 평생을 살았단다. 상점 안으로 한 두 사람씩 몰려든다. 모두 다 또래 노인들이다. 간간이 내 얘기도 하지만 대부분 이 동네 이야기다. 동네 풍년이발소 주인이 너무 버릇없다는, 하우스용 비닐 가격이 뜬금없이 올라버렸다는 그런 이야기들이다. 듣자니 전원일기에 나오던 양촌리 마을을 이곳으로 옮긴 것 같다. 버스는 예정시간보다 조금 늦은 9시 53분에 오고, 대안리에는 10시에 도착. 대안리 아침은 고요하다. 머뭇거림 없이 벼제고개로 발길을 옮긴다. 벼제고개에서 시멘트 옹벽을 넘어 배수지를 따라 절개지로 오른다. 절개지 상단부에서부터는 우측에 철망이 있다. 좌측은 건축 예정지인지 터를 닦아 놨다. 아주 넓게. 등로는 산으로 이어지고 완만한 오르막이 시작된다. 날씨는 비교적 맑다. 소나무가 많고, 등로는 솔잎으로 덮여 온전히 산길에 빠질 수 있다. 오르는 내내 간간이 보이는 곧 터질 듯 빵빵한 진달래 꽃망울이 탐스럽다. 몇 번의 구릉을 넘고 무명봉 직전에서 우측으로 내려가서 안부를 거쳐 오르니 봉우리에 이른다. 435봉이다(10:34). 정상에 형체를 알아보기 어려울 정도로 훼손된 묘지가 있다. 좌측으로 내려가니 앞쪽에 구봉산이 자리 잡고 있다. 구릉을 두 번 넘고 임도에서 내려가니 넓은 공터가 나오고, 산으로 올라 우측으로 내려가니 안부사거리에 이른다. 특이한 돌이 보인다. 얇고 넓적한 검정 회색이다. 시골에서 많이 보던 숫돌 색깔이다. 직진하니 잠시 후 능선 삼거리에 이른다. 우측에 구봉산이, 마루금은 좌측으로 이어지지만 구봉산에 다녀오기로 한다.

### 구봉산 정상에서(11:18)

정상에 폐가처럼 보이는 산불감시초소가 있다. 창문도 떨어지고 초소 안에는 쓰레기가 널려 있다. 바로 능선삼거리로 되돌아와서 조금 가니 또 산불감시 초소가 나온다(11:24). 그럴듯하다. 2층이고 안에는 사람도 있다. 제대로 역할을 하는 것 같다. 지금까지 종주하면서 산불감시 초소에 사람이 있는 것은 오늘이 처음이다. 뒤돌아보면 지나온 능선이 아스라이 보이고, 바로 밑에는 벼제마을이 한 폭의 그림처럼 자리 잡고 있다. 초소를 지나 직진으로 내려가니 소박한 표지판이 나무에 부착되었다. '충북 보은 이원리'라고 적혀 있다. 갈림길을 통과하고 우측 능선으로 오르니 봉우리에 이른다. 480봉이다(11:39). 정상에 진달래가 만개. 배낭을 내려놓고 잠시 쉰다. 내리막길에 특이한 바위가 많다. 각이 지고 색깔이 검어 인공 암석처럼 보인다. 안부에 이어 구릉을 넘고 내려가는데 깜짝 놀랄만한 광경이 눈앞에 펼쳐진다. 앞쪽에 보이는 시루산 정상 한쪽이 움푹 팼다. 약간이 아닌 한쪽이 거의 없어졌다. 좁은 등로 우측은 천 길 낭떠러지다. 야간산행에는 조심해야 될 것 같다. 시루산 정상을 향해 오르면서도 불안하다. 걷는 길이 갑자기 떨어져 나가버릴 수도 있을 텐데…. 가급적이면 좌측으로 무게중심을 두면서 조심스럽게 걷는다. 잠시 후 시루산 정상에 도착(11:59). 중앙에 삼각점이 있고, 잡목이 우거져 조망은 별로다. 이곳에서 점심을 먹는다. 이른 감이 있지만, 조금이라도 배낭 무게를 줄이기 위해서다. 다시 출발(12:19). 내려가는 길에는 꼬실꼬실한 나뭇잎이 깔렸다. 미끄럽긴 하지만 바스락거리는 소리가 좋다. 살아 있는 느낌이다. 구릉을 넘고 오르니 다시 봉우리 정상. 430봉이다. 바로 내려간다. 이어 오른 봉우리에는 돌탑이 있다.

이젠 돌탑을 보면 돌을 얹는 게 습관이다. 좌·우측에 마을이 보이고, 우측 급경사 내리막으로 향한다. 소나무가 뿌리째 뽑혔다. 내리막길은 계속되고 고목들이 보이기 시작하더니, 굵은 나무 주변에 아담하게 차려진 제단이 보인다. 제단 안에는 떡시루와 두 개의 인형이 양옆에 놓였다. 길엔 낙엽이 수북하다. 묘지를 지나 임도가 끝나는 지점에서 우측 산길로 진행하니 안부사거리에 이른다. 가파른 오르막이 시작되고 곧 봉우리에 이른다. 385봉이다(12:59). 내려가는 등로 옆에 묘지가 있다. 아주 작은 비석이 큰 묘지를 지키고 있다. 비석을 보고 앙증맞다고 하면 이상하겠지만 실제 모습이 그렇다. 높이가 겨우 30센티 정도다. 또 묘지가 나온다. 허물어지고 있다. 그 옆 고목도 쓰러졌다. 산 전체 분위기가 이상하다. 낙엽 색깔도 거무튀튀하고, 오래된 낙엽처럼 생기가 없다. 바스락거리지도 않고 그저 '척'하는 소리로 끝이다. 비가 와서 그러나? 오르막이 시작되고 능선 갈림길에서 좌측으로 오르니 작은 비석이 세워진 묘 4기가 있다. 연속해서 묘지가 나오고, 좌측 급경사로 내려간다. 이 지역에 묘지가 참 많다. 그런데 현재 국토 면적의 1%인 10만ha가 묘지로 추정되고, 묘지의 30% 정도는 방치된 무연고 묘지라고 한다. 대책이 있어야 할 것 같다. 안부에서 오르면서 봉우리를 피해 좌측 비탈면으로 우회한다. 원래는 길이 아닌데 종주객들의 발길이 모아져서 길이 되었다. 비탈이 끝나고 다시 급경사 내리막이 이어진다. 안부에서 오르니 아주 큰 비석이 있는 묘지가 나오고, 무명봉을 넘고 가파른 오르막을 오르니 390봉에 이른다(13:45). 정상 공터에 베어진 나무들이 있고 주변엔 소나무가 많다. 급경사로 내려가 안부에서 오르니 좌측에 여러 기의 묘지가 있고, 작은 봉우리를 넘고 다시 올라 정상에 진달래가 피어 있는 445봉에 이른다(13:58). 우측으로 내려간다. 이번 구간은 유달리 급경사와 묘지가 많다. 다른 구간보다 힘이 더 든다. 내려가는 길 우측에 표피가 하얀 자작나무가 군락을 이루고, 안부에서 오르니 갑자기 어두운 소나무 숲길로 변한다. 한참 후 475봉에 이른다(14:20). 앞쪽에 속리산이 보인다. 벌써? 실감이 나질 않는다. 마루금은 좌측으로 이어지고, 걷기 좋은 길이 시작된다. 거의 평행선이다. 온 산하를 거느리고 주유하는 느낌. 산행의 진수를 맛본다. 4명의 종주객을 만나 가볍게 인사를 나누고 제 길을 간다. 내리막이 시작되고, 구릉을 넘고 연속해서 492봉(14:40)과 465봉(14:54)을 넘는다. 좌측으로 내려가다가 다시 봉우리에 선다. 플래카드가 설치되었다. 약초 재배 중이니 입산을 금지한다는 내용이다. 그것도 모자라는지 줄을 쳐서 막았다. 날이 많이 어두워졌다. 너무 많은 봉우리를 넘다 보니 헷갈린다. 지나온 궤적을 기록하면서도 의아스럽다. 진달래가 많은 봉우리에 이르고, 내리막길에도 계속 진달래가 나오더니 절개지에 이른다. 아래는 2차선 포장도로가 지난다. 좌측 임도로 내려가니 작은구티재에 이른다.

## 작은구티재에서(15:25)

작은구티재는 산대리와 구티리를 잇는다. '오르막 차로 끝'이라는 표지판이 있는 것을 보니 고개 양쪽 지형이 짐작 간다. 좌측에서 버스가 올라온다. 버스를 보니 갑자기 집 생각이 난다. 시멘트 옹벽에 올라 간식을 먹고 휴식을 취한다. 가끔, 아주 뜸하게 차량이 통과한다. 시멘트 옹벽에서 산 중턱까지 이어지는 배수로 우측을 따라 오른다. 배수로가 끝나고 낙엽송 지대가 이어진다. 일대가 낙엽송 천지다. 낙엽송이 끝날 무렵 봉우리에 서게 된다. 435봉이다(15:59). 정상은 온통 솔잎으로 덮여 아주 편안하게 느껴진다. 더 반가운 것은 속리산 주능선이 잘 보인다는 것. 달려가면 잡힐 것처럼 가까이 보인다. 저 능선을 밟기 위해서 지금까지 뛰어온 것이 아닌가! 마루금은 우측으로 이어지고, 등로는 작은 바위와 돌길이지만 싫지 않다. 비단보다도 안온하게 느껴지는 솔잎이 깔렸고 속리산 주능선을 보면서 걷기 때문이다. 435봉을 떠난 지 채 10분도 안 되어 456.7봉에 이른다. 정상에 고목이 쓰러졌고, 중앙에 유달리 높은 삼각점이 있다. 좌측으로 내려가니 우측 먼 곳 아래에 큰 도로가 보인다. 오르는 중에 갈림길에 이르고, 우측 비탈로 진행하니 낙엽송 지대가 나온다. 간벌을 해서 늘씬한 낙엽송들이 더 멋지다. 전국의 모든 산들이 이곳처럼 간벌을 해서 산림도 살리고 산불도 방지하고 경관도 살렸으면 좋겠다. 간벌은 최근에 있었는지 아직도 싱싱한 톱밥이 그대로다. 여러 기의 묘지가 나오고, 절개지에서 등로는 좌측으로 이어진다. 나무 계단이 끝나고 포장도로가 나온다. 구티재다(16:30). 좌측에 구티재 안내판과 정류장 우측에 구티재 유래비가 있다. 마루금은 우측 시멘트 도로를 따라 조금 가다가 산길로 이어지고, 산길로 오르자마자 방송시설이 나온다. 철망에는 TV 난시청 해소를 위한 방송시설이라고 적힌 안내판이 부착되었다. 방송시설을 돌아 좌측으로 진행한다. 능선 왼쪽은 벌목지대다. 구릉을 넘어 355봉에 이른다. 왼쪽에 마을이 보이고, 내려가니 안부사거리에 이어 능선삼거리가 나온다. 좌측으로 내려가니 안부사거리에 이르고, 옆에는 고목이 있다. 안부사거리 좌측 마을은 못골이다. 농기계 소리가 들린다. 우측에는 곱내기마을이 있다. 안부사거리에서 무명봉을 넘으니 묘지가 나오고, 임도에서 벚나무 단지를 지나 밭 가장자리로 오르다가 산으로 오른다. 좌측은 계단식으로 정지되었는데 마치 천수답 같다. 그 아래에 조그만 저수지가 있다. 산길은 가파른 오르막으로 이어지고, 아주 큰 바위가 연거푸 두 번이나 나오더니 능선삼거리에 이른다. 날이 많이 어두워졌다. 능선 삼거리에서 좌측으로 오르니 갈림길에 이르고, 우측으로 진행하니 급경사 내리막에 큰 바위가 나온다. 비석이 세워진 묘지에서 좌측으로 내려가니 임도사거리에 이르고, 여러 기의 묘지가 있는 묘역이 나온다. 앞쪽에 큰 마을이 있다. 시멘트 도로 삼거리에서 좌측으로 한참 내려가니 시멘트 도로가 끝나고 2차선 포장도로에 이른다. 오늘의 종착지인 백석리고개다 (17:25). 버스 정류장 뒤에 백석리 마을이 있다. 날이 저물어 마음은 다급한데 이런 심정을 아는지 모르는지 백석리 마을은 평화롭기만 하다.

### 🚶 오늘 걸은 길

벼제고개 → 구봉산, 시루산, 475봉, 492봉, 작은구티재, 435봉, 456.7봉 → 백석리고개(13.5㎞, 7시간 25분).

### 🏔 교통편

- 갈 때: 청주 시외버스터미널에서 창리마을까지, 대안리까지는 시내버스로.
- 올 때: 백석리고개에서 보은까지 시내버스로 이동.

# 열째 구간
## 백석리고개에서 갈목재까지

　법과 도덕. 정치인. 법적으로 잘못이 없더라도 도덕적으로도 책임
지는 자세가 국민들이 바라는 바인데 왜 정치인들만 모를까?

　열째 구간을 넘었다. 보은군 백석리고개에서 속리산면 갈목리에
위치한 갈목재까지다. 이 구간에서는 600봉, 수철령, 554봉, 구룡치,
591봉, 새목이재, 592봉, 말티재, 545봉, 회엄이재 등을 넘게 된다. 문
제는 서울에서 들머리를 찾아가는데 너무 많은 시간이 걸린다. 강
남터미널에서 고속버스로 청주까지, 청주에서 창리까지는 시외버스
로, 창리에서 시내버스로 새거리까지, 시내버스로 장갑까지 가서, 장
갑에서 백석리고개까지는 걸어가야 한다.

### 2010. 4. 17.(토). 맑음
　지난주와 똑같은 여정이 반복된다. 강남고속버스터미널에서 청주
를 거쳐 창리에 도착. 이제는 낯익은 마을이 되었다. 버스에서 내리
는 것을 본 충북슈퍼 주인이 반갑게 맞아준다. "오늘도 가는구먼" 하
면서. 일정을 설명해 드리니 버스 시각을 알려준다. 이곳에서 새거
리까지 가서 또 버스를 갈아타야 되는데, 새거리행 버스는 9시 50

분에 있다. 또 40여 분을 기다려야 한다. 오늘은 충북슈퍼가 더 분주하다. 단체 손님이 한바탕 들어오더니 이후에도 손님이 끊이질 않는다. 그런 사이에도 주인은 나에 대한 관심을 멈추지 않는다. "오늘은 어디까지 가느냐", "그곳에서는 버스를 …" 등이다. 지난주에 봤던 주인 어른의 친구가 오늘도 오신다. 아마도 단짝인 것 같다. 예정보다 4분 늦은 9시 54분에 버스가 와서 새거리에는 10시 9분에 도착. 15분간 버스를 타기 위해서 40여 분을 기다린 셈이다. 새거리에서 오던 길로 5분을 되돌아가면 큰 삼거리가 나오고, 우측으로 100여 미터를 올라가면 버스 정류장이 있다. 이곳에서는 다시 장갑이라는 동네까지 가서, 목적지인 백석리고개까지는 걸어가야 된다. 망설여진다. 언제 올지 모르는 버스를 마냥 기다려야 하는지? 시간은 자꾸 간다. 조금만 더 기다려보려는데 버스가 온다. 이렇게 반가울 수가! 장갑리에 도착해서(10:30), 25분을 걸어서 백석리고개에 도착(10:55). 많은 시간이 걸렸지만, 불필요했던 시간은 단 1초도 없다. 도중에 해찰 부리거나, 태만한 것도 없다. 시간 절약을 위해서 택시를 이용할 수도 있었는데 그렇지 않았다는 것뿐이다(10:55). 이 길, 백석리고개는 내 기억 속의 길이 되었다. 지난주에 아홉째 구간을 마치고 내려오면서 봤던 마을의 평화로움, 산 아래에 아담하게 터를 잡고 석양에 굴뚝 연기를 피워내던 마을을 보면서다. 또 그날, 오지 않는 버스를 기다리면서 지쳐있을 때 하루 일을 마치고 경운기를 몰고 가던 동네 주민이 수첩까지 꺼내 가며 택시회사 번호를 가르쳐 주던 친절은 잊을 수가 없다. 백석리 버스 정류장에서 도로를 따라 동네로 들어간다. 우측에 '농산물간이집하장'이 있고 마루금은 이 창고를 끼고 우측으로 이어진다. 길이 명확하지는 않다. 무조건 밭 가장자리를 따라 오른다. 시멘트 도로에서 우측으로 가니 축사가 나오고, 안내리

본이 보인다. 시멘트길은 계속되고 삼거리에서 좌측으로 오르니 천
수답이 나온다. 이 높은 지대에 웬 논이? 논을 지나 산으로 오르니
현란하게 걸린 많은 안내리본이 기다린다. 산으로 들어서니 시원해
서 좋다. 그동안 장갑리에서 백석리까지 아스팔트길을 걸으면서, 백
석리에서 들머리를 찾느라 헤매면서 등에 땀이 고였다. 산속에 들어
서자마자 빽빽한 소나무 숲길이 시작된다. 짧은 임도가 끝나고 본
격적인 산길로 이어진다. 안부사거리도 지나고, 등로 주변은 소나무
숲이 참나무숲으로 바뀐다. 더 오르니 등로 양쪽이 환해진다. 솎아
베기를 해서 나무들이 정리되었다. 가파른 오르막에 로프가 설치되
었다. 그러나 무용지물. 너무 가늘어 잡고 오를 수 없다. 끙끙 앓으
면서 어렵게 능선에 이른다(11:45). 능선이라 걷기도 좋지만 시원해서
살 것 같다. 삼거리에서 우측으로 진행하여 우측으로 고개를 돌리
니 지난주에 걸었던 능선들이 아스라이 살아난다. 잠시 쉬면서 간식
을 먹는다. 두 개의 사과 중 큰 것을 택한다. 간식으로 사과를 택한
것도, 그중 더 큰 것을 택한 것도 배낭 무게를 줄이기 위해서다. 다
시 오르막이 시작되고, 좌측은 낙엽송 지대. 그새 낙엽송 새움이 돋
는 중이다. 지난겨울은 많은 눈이 내렸다. 그리고도 겨울을 내놓기
싫어 4월까지도 눈을 뿌리던 그 겨울도 이젠 가려나 보다. 고개를
숙이고 오르막을 오르다가 땅에 깔린 노란 제비꽃을 발견한다. 이게
얼마 만인가! 이 제비꽃은 몇 년 전 한북정맥 종주 때 처음 봤다. 너
무 예뻐 집에서 키워 보겠다고 캐 온 적이 있다. 결국은 살리지 못했
지만…. 그때 깨달았다. 만물은 제 자리가 따로 있다는 것을. 오르
막 끝에 봉우리에 선다. 600봉이다(12:03). 정상 중앙에 묘지가 있다.
우측으로 내려가니 등로는 굵은 소나무들이 에워싸서 그늘도 되고
운치도 있다. 우측 아래는 지그재그로 뻗은 시골길의 윤곽이 뚜렷

하고 옹기종기 자리 잡은 가옥들이 정겹다. 등로 폭은 좁고 좌·우측은 급경사 비탈이다. 생각보다 많이 지체되어 오늘 일정이 염려된다. 속도를 낸다. 안부사거리에 나무토막들이 널려 있고, 최근에 벌목한 듯 아직도 생기가 있다. 생명줄만 끊어졌을 뿐, 마치 누군가에게 하소연하는 것 같다. 저것들도 분명 생명이었는데…. 안부에서 갈림길을 지나 530봉에 이르니(12:17) 정상 바로 아래에 묘지가 있다. 우측으로 내려가니 능선이 이어지고 또 묘지가 나온다. 작은 봉우리를 넘고 내려가니 낙엽이 엄청 쌓였다. 낙엽 밟히는 소리로 쌓인 낙엽의 분량을 가늠할 수 있다. 다시 봉우리에 선다. 535.9봉이다(12:29). 우측 아래에 백석리 마을로 향하는 도로가 하얗게 보이고 저수지와 논밭들도 선명하다. 내려가니 우측에 조금 전에 본 동곡저수지가 계속 따라온다. 수철령에 이른다. 좌측에 파란 건물이 보이고, 우측 동곡저수지가 더욱 가까이 다가선다. 수철령에서 직진하여 낮은 봉우리를 넘고 제법 큰 바위를 지나 554봉에 이른다.

### 554봉 정상에서(12:49)

속리산 주능선은 형체만 보일 뿐 실감이 나지 않는다. 지나온 궤적을 돌아본다. 나무와 구름이 보이고, 바람이 뺨에 닿는다. 이곳에서 점심을 먹고, 출발한다(13:05). 갈수록 동곡저수지는 가까워지고, 갑자기 많은 리본이 나타난다. 이 지점에서 직진하지 말고 좌측으로 내려가라는 신호다. 이제 저수지와는 이별이다. 낮은 구릉을 넘어 구룡치에 이르고, 직진하니 좌측에 허물어진 묘지가 있다. 다시 오르막이 시작되고 560봉에 이른다. 좌, 우에 마을이 보이고, 우측 바로 아래에 저수지가 있다. 내려간다. 낙엽이 너무 많이 쌓여 걷기에 불편하다. 오르막 끝에 586봉에 이르고, 바로 내려간다. 산 높이만큼 모두 내려가는 것만 같아 불안하다. 염려대로 오르막이 고역이다. 다시 봉우리에 선다. 576봉이다(13:51). 속리산 주능선이 희미하게나마 보인다. 내려가는 길은 급경사. 길지는 않다. 곧 완만한 능선으로 이어지고 안부에서 오르니 591봉에 이른다(14:07). 정상에서 아래쪽으로 검정 그물막이 길게 이어지고, 경고문이 부착되었다. 산림청과 보은군에서 지원하는 산삼 작물 재배단지라면서 출입을 금한다.

철조망으로 출입통제를 하는 것은 봤어도 검정 그물막으로 안쪽이 보이지 않게 통제하는 곳은 이곳이 처음이다. 그물막을 좌측에 두고 따라 내려가니 등로는 좌측으로 이어지면서 급경사 내리막으로 바뀐다. 낮은 구릉을 몇 번 넘으니 고갯마루에 이른다. 새목이재다(14:30). 우측 골짜기 아래에 도로가 보이고, 검정색 그물막은 여전히 동행중이다. 가파른 오르막에 갈림길이 나오고, 좌측으로 내려간다. 어느새 바람이 자고, 해도 나왔다. 능선은 소나무 숲길로 이어

지더니 봉우리에 이른다. 524봉이다(14:50). 내리막길 주변은 여전히 소나무숲이다. 안부에서 오르니 바로 왼쪽에 허물어진 묘지가 있고, 다시 한번 묘지가 나오고 무명봉에서 넓은 길로 진행하니 우측에 윤곽이 뚜렷한 도로가 보인다. 넓은 길 끝에 오르막이 시작되고 580봉에 이른다(15:16). 우측 급경사로 내려가면서 검정색 그물막과 이별한다. 이렇게 긴 울타리도 처음이다. 돌길에 큰 바위도 나온다. 다시 완만한 능선길로 연결되고 드디어 말티재에 이른다(15:29). 말티재는 갈목리와 보은을 잇는 37번 국도인데 지금은 폐도처럼 보인다. 말티재를 알리는 표석, 시멘트 장승, 8각정자가 있다. 정자에 올라 배낭을 벗자마자 산불감시 요원이 다가선다. 노트를 내밀면서 원래는 입산 금지인데 통과시켜 줄 테니까 인적사항을 적으라고 한다. 인적사항을 적고 나니 쉬고 싶은 마음이 싹 가서 간식도 먹지 않고 바로 출발한다. 이곳에서 마루금은 포장도로 건너편 산으로 이어진다. 기분이 상해서인지 오르막이 더 힘이 든다. 오르막 끝에 능선으로 이어지고 묘지가 나온다. 오늘은 종일 묘지와 함께 걷는다. 바람이 세다. 너럭바위를 지나 531봉에 이르고(16:02), 오늘 처음으로 이정표를 본다. 거리나 시간 표시가 없다. 속리산 주능선을 보니 마치 속리산에 다 온 것 같다. 구조 신고 포인트라는 안내판이 나온다. '보은 119는 043-543-5119' 산불방지를 위한 무선중계국 주변에 안내 리본이 걸렸다. 완만한 오르막을 넘으니 545봉에 이르고, 마루금은 이정표가 가리키지 않는 좌측으로 이어진다. 걷기 좋은 능선길에 진달래가 군락을 이룬다. 각이 진 바위가 나오고, 풀 한 포기 없이 봉분에 흙만 덮인 묘지가 있다. 낮은 구릉을 몇 번 넘어서니 무명봉에 이르고, 내리막길에 진달래가 군락을 이룬다. 우측은 급경사 비탈. 안부에서(16:38) 이제 막 내려온 무명봉을 올려다보니 아찔하다. '저 비탈을 내가 내려왔구나…' 몇 개의 작은 봉우리를 넘고, 등로에 있는 묘지를 지나 회엄이재에 이른다(16:55).

약간의 돌이 쌓였고 국립공원임을 알리는 시멘트 표석이 있다. 드디어 속리산에 들어섰다. 완만한 능선길에 이어 오르막이 시작되고 서원산에 이른다. '서원산 542㎙라는 안내판이 있다. 다시 내리막에 이어 오르막이 시작되고 간간이 바위가 나온다. 급경사 비탈로 보이던 등로 우측은 암벽으로 변한다. 다시 봉우리에 선다. 545.7봉이다 (17:23). 이곳에도 국립공원구역임을 알리는 시멘트 표석이 있다. 우측은 아찔한 천 길 낭떠러지. 시간이 많이 흘렀지만 아직도 가야 할 길은 남았다. 바로 내려간다. 완만한 능선길이 시작되고 갈림길에서 (17:32) 좌측으로 내려가니 급경사 내리막에 돌길. 산속이라 어두워지는 속도가 빠르다. 안부에서부터 길이 흐릿하다. 한참 헤매다가 우측에 걸린 오래된 리본을 발견하고 우측으로 내려간다. 바로 포장도로가 보이더니 절개지 낙석방지용 철망이 나온다. 철망 끝 지점에 있는 빈틈으로 빠져나와 옹벽을 뛰어내리니 오늘의 마지막 지점인 갈목재에 이른다(17:40). 갈목재 안내판과 천황봉 출입을 금지한다는 플래카드가 있다. 소리 없이 4월의 석양이 갈목재에 내려앉는다.

### 🥾 오늘 걸은 길

백석리고개 →600봉, 수철령, 554봉, 구룡치, 591봉, 새목이재, 592봉, 말티재, 545봉 → 갈목재(12.7㎞, 6시간 45분).

### ⛰ 교통편

- 갈 때: 청주에서 창리까지는 시외버스로, 창리에서 시내버스로 새거리까지, 환승하여 장갑까지. 백석리고개까지는 도보로.
- 올 때: 갈목재에서 갈목삼거리까지 도보로, 갈목삼거리에서 보은이나 청주행 버스 이용.

# 마지막 구간
### 갈목재에서 속리산 천황봉까지

가장 바보 같은 사람은 사람을 알아보지 못하는 자다. 겸손과 무능을 구분하지 못하고, 껍데기로만 판단하는 자인 것이다. 정말 안타깝다.

마지막 구간을 넘었다. 작년 12월 26일 안성 칠장산을 출발한 지 4개월 만이다. 후련함과 함께 다음 정맥이 벌써부터 기대된다. 마지막 구간은 보은군 삼가리와 갈목리를 잇는 갈목재에서 속리산 천황봉까지로 585봉, 불목이고개, 574봉, 635봉, 667.3봉 등을 넘게 된다.

## 2010. 4. 24.(토), 맑음

청주 도착(07:54), 거의 자동적으로 시외버스터미널로 발걸음을 옮겨 상주행 버스에 오른다. 조금은 느긋한 마음이다. 오늘 구간이 짧아서다. 그걸 아는지 버스도 차분하게 달리는 것 같다. 여러 장승이 도열한 용창공에 앞을 지난다. 저 동네가 관정리라고 했다. 고개를 넘어 미원 버스터미널을 경유하여 직행버스는 창리마을에 들어서고 충북상회가 보인다. 이 시각에도 저 상점에서는 주인과 동네 노인들의 일상사가 엮어질 거다. 바로 대안삼거리와 새거리를 통과하여 버

스는 보은에 들어선다(09:25). 속리산행 버스로 갈아탄다. 버스는 말
티재를 넘어 상판리에 이르고, 이곳에서 갈목재까지는 택시를 타야
한다. 상판리 매표소 앞 나무판자에 개인택시 전화번호가 적혀 있
다. 잠시 후 갈목재에 도착(09:58). 고작 3분 정도 달렸는데 5천 원을
받는다. 이곳만의 문화다(09:58). 날씨가 많이 갰다. 고갯마루에는 갈
목재 안내판과 출입 금지 플래카드가 있다.

　초입에 담배꽁초가 수북하다. 들머리에 있어야 할 안내리본이 보
이지 않는다. 의문은 금세 풀린다. 등산객 출입을 단속하는 관리들
이 제거했다. 초입에 있을 산길조차 없애버렸다. 개의치 않는다. 무
조건 위로 오르면 분명히 나타날 것이기에. 완만한 경사지를 넘어서
니 바로 솔잎이 깔린 걷기 좋은 길이 이어진다. 주변은 소나무로 둘
러싸이고 비석이 세워진 묘지가 나오고, 솔잎 길이 끝나면서 오르막
이 시작된다. 길 양쪽에 진달래꽃이 만발했다. 다시 허물어진 묘지
가 나오고 능선다운 능선이 이어진다. 앞에 큰 봉우리가 서 있다.
길은 또 바뀐다. 걷기 좋은 길로. 키 작은 소나무들이 길 양쪽에 도
열했고, 작은 봉우리에 이른다. 515봉이다(10:26). 오랜만에 '돌구'와
'대전 박병부' 리본이 보인다. 바로 내려간다. 우측 골짜기 아래 먼 곳

에 도로가 보이고, 도로 아래에 저수지가 있다. 삼가저수지이다. 10여 분 만에 다시 봉우리에 선다. 585봉이다(10:35). 급경사 내리막이 시작되고, 쓰러진 나무가 등로를 막는다. 그 모습이 자연스러우면서도 뭔가를 암시하는 것 같다. 안부에도 묘지가 있고, '은진송공 지묘'라는 비석이 보인다. 급경사 오르막이 시작되고 다시 봉우리에 선다. 580봉이다(10:54). 우측으로 내려가니 소나무 숲길과 함께 만개한 진달래가 울울창창하다. 안부에 이른다. 갑자기 새소리가 들린다. 안온한 안부라서 그런가? 등로 옆에 주인이 없을 것으로 보이는 묘지가 있고, 완만한 오르막으로 이어진다. 우측에 저수지가 보인다. 아까 봤던 삼가저수지다. 작은 바위가 있는 돌길이 시작되고 다시 봉우리에 선다. 487봉이다(11:10). 잠시 후 헬기장 표시가 있는 공터에 이르고, 완만한 내리막길 우측에 다시 저수지가 보인다. 삼가저수지가 계속 따라 온다. 갈수록 가까이 보인다. 소나무 군락지가 나오고 진달래도 함께 보인다. 그리고 보니 소나무와 진달래는 항시 함께 나타나는 것 같다. 잠시 후 불목이고개에 이른다(11:15). 불목이고개는 상관리와 삼가리를 잇는다. 안부에는 작은 돌들이 사각형을 그리듯 놓였고, 좌측에 녹색 비닐로 덮인 시설물이 있다. 시설물 위에는 뭔가를 철거한 잔재들이 남았고, 산을 개간한 듯 풀 한 포기 없이 흙만 보인다. 직진으로 완만한 오르막이 시작되고, 좌측에 좀 전에 봤던 개간지 같은 곳에서 부부가 작업을 하고 있다. 작업에 방해될까 봐 살금살금 빨리 오른다. 새로운 능선에 도달하니 많은 리본이 보인다. 이곳에서 마루금은 우측으로 이어진다. 이젠 날씨가 덥다고 말할 정도다. 재킷을 벗고 조끼로 대체한다. 가파른 오르막 끝에 봉우리에 이른다. 574봉이다(11:36). 정상은 풀이 전혀 없는 공터다. 산불감시 무인카메라가 설치되었고, 기둥에 접근하지 말라는 속리산국립공원 관리소장의 경고판이 부착되었다. 좌측 완만한 길로 내려가니 골바람이 시원하다. 몇 번의 구릉을 넘어도 여전히 걷기 좋은 길. 바위가 나오고 사이사이에 멋진 소나무가 암벽과 어울려 절경을 이룬다. 절경을 감상하는 사이에 다시 봉우리에 선다. 561봉이다(11:48). 직진해야 하지만 바위 절벽이라 좌측으로 돌아간다. 바윗길이 나오고 많은 진달래가 보인다. 다시 안부 사거리에서 직진으로 오르니 바닥에 노란 제비꽃이 보인다. 오르막이 계속된다. 봉우리라고 부르기에는 좀 그런 구릉에 이른다. 주변에 소나무와 진달래꽃이 만발했다. 꽃밭에서 점심을 먹는다. 문득 생각난다. '아름다운 퇴장'. 그런데 살아 있는 사람에게 '퇴장'이란 게 있을까? 죽은 사람에게나 써야 할 말인 것 같다.

### 꽃밭 속의 만찬(12:07)

소나무와 진달래의 조화가 경이롭다. 소나무도 그렇고 진달래도 쭉쭉 뻗은 것이 미끈한 미인들을 한곳에 집합시킨 것 같다. 다시 출발한다(12:29). 내려가는 길에도 계속 진달래다. 키 큰 진달래에 일부러 뺨을 대본다. 파헤쳐진 안부에서 가파른 오르막이 이어지다가 완만한 길로 바뀌고 낙엽이 두텁게 쌓인 길이 시작되더니 또 봉우리에 이른다. 635봉이다(12:46). 큰 소나무가 있고, 안내리본도 많다. 이곳에서 마루금은 우측 90도로 꺾여서 이어진다. 안부 우측에 소나무가 빽빽한데 전부 한쪽으로 기울어졌다. 골짜기에 불어오는 바람 탓일 거다. 길이 파헤쳐진 곳이 나온다. 산짐승 소행이라 보기에는 너무 면적이 넓다. 다시 봉우리에 선다. 이곳도 635봉이다. 사각형 바위가 있다. 좌측으로 내려가니 한동안 완만한 능선이 이어지다가 다시 내리막길. 이번에도 길이 파헤쳐진 안부에 이른다. 다시 오르막이 시작되고, 667.3봉에 이른다(13:10). 중앙에 삼각점이 있다. 잡목이 많고 수령이 오래된 나무가 쓰러져 있다. 천황봉이 아주 가까이 보인다. 내려가는 길은 완만한 능선. 큰 소나무 가지가 꺾여 길을 막는다. 그냥 넘기기에는 뭔가 이상하다. 가지가 아주 떨어져 나간 것도 아니고, 나무에 매달려 길을 막는다. 인간사에도 있을 수 있는 현상이다. 바위로 된 날등이 시작된다. 오르막 끝에 봉우리 정상 문턱이지만 우측 비탈로 우회한다. 바윗길이 이어지더니 걷기 괜찮은 능선길이 연속되다가 620봉에 이르고, 내려가니 안부 사거리에 이른다(13:45). 좌·우측에 안내리본이 있다. 가야 할 길은 직진 같은데…. 망설이다가 직진으로 결정한다. 안내리본이 나오기 시작한다. 알고 보니 좌측은 법주사로, 우측은 윗대목골로 가는 길이다. 직진으로 가파른 오르막을 넘으니 봉우리에 선다. 665봉이다(14:02). 배낭을 내려놓고 잠시 숨을 고른다. 정상에 바위와 소나무가 많다. 좌측으로 법주사가 아스라이 내려다보이고, 북쪽으로는 속리산 정상으로 이어지는 마루금이 이어진다. 바로 앞 높은 봉우리를 오를 것을 생각하니 아찔하다. 내려가는 길은 바윗길. 조금은 위험하다. 다시 오르막이 시작되고 또 바위들이 나온다. 제법 큰 바위도, 넘을 수 없는 바위도 있다. 우회한다. 급경사 오르막이 또 시작되고 봉우리에 선다. 능선 내리막엔 낙엽이 무릎을 넘을 정도로 쌓였다. 능선은 계속되고, 좌측으로 구병산 봉우리가 선명하게 나타난다. 산죽이 계속되더니 허리까지 차는 큰 산죽이 나오고, 험한 바윗길을 넘으니 대형 경고판이 나온다. 출입 금지를 경고한다. 아주 형식적이다. 경고판을 지나 바위 몇 개를 넘으니 웅성거리는 소리가 들린다. 속도를 더 낸다. 사람들 목소리는 더 크게 들리고 드디어 천황봉 정상에 이른다(15:20). 한남금북정맥 종주를 마감하는 순간이다. 정상에 대여섯 명의 등산객이 있다. 중앙에 정상석이 있고, 옆에 삼각점이 있다. 정상에서 주변 조망에 감탄하는 등산객들의 탄성이 요란하다. 등산객들의 감탄사를 귀동냥해 주변 위치와 경관을 이해한다. 구병산 봉우리들이 그럴듯하고, 오른쪽 문장대의 위용이 멀리서도 뚜렷하다. 그 우측으로 눈을 돌리니 상주지역이 한눈에 들어온다. 정상석을 배경으로 한남금북정맥 종주를 마무리하는 기념사진을 남긴다. 이렇게 작년 12월에 시작한 한남금북정맥 종주가 딱 4개월 만에 막을 내린다. 숨 가쁘게 달려왔다. 단 한 주도 거르지 않겠다는 당초의 원칙을 지켰다. 처음부터 끝까지 종주 길을 안내해준 선답자들에게 감사드린다. 생각나는 대로 그분들을 불러본다. '돌구, 광주 문규환, 대전 박병부, 길 따라 산 따라, 괜차뉴, 배창랑과 그 일행, 산돌뱅이, 부산 산바라기, 진혁진, 강성원 우유, 조폐산악회, 비실이부부 산맥 잇기' 등 이외에도 수없이 많다. 천황봉에서 내려다본 세상에는 큰 것도, 특별히 중한 것도 없다. 모난 것도, 유별나게 뛰어난 것도 없다. 그저 점, 만물은 점일 뿐이다.

### 🚶 오늘 걸은 길

갈목재 → 585봉, 487봉, 불목이고개, 574봉, 635봉, 667.3봉 → 속리산 천황봉 (12.6㎞, 5시간 38분).

### ⛰ 교통편

- 갈 때: 보은에서 시외버스로 상판리까지, 상판리에서 말티재까지는 택시로 이동.
- 올 때: 속리산 천황봉에서 상주나 속리산터미널까지 도보로 이동.

5

금남정맥

# 금남정맥 개념도

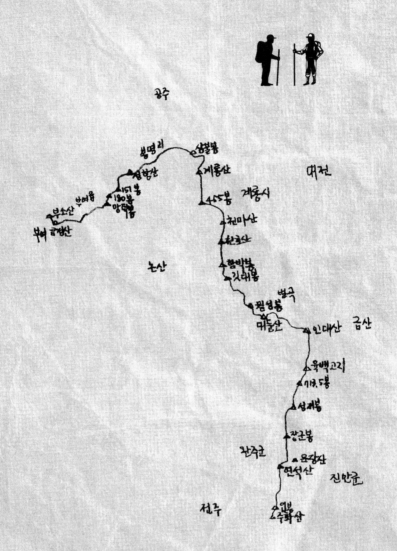

공주

대전

봉명리  삼별봉
성명산  계룡산
151봉  445봉  계룡시
180봉  천마산
양떼목장  천호산
부소산  보여읍  함박봉
부여  금성산  깃대봉
논산  별곡
큰성봉
머눌산  인대산  금산
육백고지
713.5봉
성재봉
장군봉
완주군  용장잔
연석산  진안군
전주  연봉
주화산

금남정맥은 우리나라 13개 정맥 중의 하나로 전북 진안의 주화산에서 시작해서 부여 부소산까지 이어지는 산줄기이다. 주화산에서 북쪽으로 뻗어 연석산, 운장산, 인대산, 대둔산, 월성봉, 바랑산, 천마산, 계룡산을 거친 후 서쪽으로 망월산을 지나 부여 부소산에서 구드레 나루로 내려간다. 금강 남쪽에 있어 금남정맥이라고 부른다. 이 산줄기에는 보룡고개, 연석산, 만항재, 운장산, 인대산, 대둔산, 월성봉, 바랑산, 곰치재, 깃대봉, 함박봉, 천호봉, 천마산, 양정고개, 관음봉, 쌀개봉, 계룡산, 수정봉, 성항산, 진고개, 금성산, 부소산 등의 산과 잿등이 있다. 도상거리는 주화산 분기점[6]에서 부소산까지 총 131.4㎞이다.

---

6)  3정맥 분기점(금남·호남·금남호남정맥)에 대해서는 논란이 있다. 주즐산의 오기라는 설, 조약봉 또는 마이산이라는 설 등이 있으나, 최근의 지리서인 이우형의 『산경도』에서 주화산으로 썼고, 현재 많은 사람들이 주화산으로 알고 있어 이 책에서도 주화산으로 썼다.

# 첫째 구간
### 구드레선착장에서 진고개까지

    4월에 한남금북정맥 종주를 마치고 한 달 정도 쉰 후 바로 금남정맥 종주를 시작했다. 첫째 구간은 부여 구드레선착장에서 진고개까지다. 구드레선착장은 부소산 아래에 있고, 진고개는 부여와 공주를 잇는다. 이 구간에는 부소산, 청마고개, 165봉, 190봉, 신앙고개, 262봉, 215봉 등이 있다. 부소산은 부여의 진산이자 금남정맥의 들머리로 산 전체가 역사 유적지이다. 낙화암, 고란사, 삼충사, 군창지, 사자루 등이 있다. 낙화암은 한국인이라면 누구나 그 내력마저도 알고 있을 것이다. 그 옛날 백제가 나당 연합군에게 유린될 때 침략군의 만행에 짓밟히느니 차라리 죽음을 택하겠다고 사비성 내에 살던 궁녀와 여인들이 강물에 몸을 던졌다는 그 바위절벽이다.

## 2010. 6. 5.(토), 너무 더움

    서울 남부터미널에서 6시 30분에 출발한 버스는 8시 19분에 부여 도착. 부여 터미널은 명성에 비해 턱없이 좁다. 오래된 시설이어서 짜임새도 없고, 어디가 출구이고 입구인지조차 헷갈린다. 앞사람 꽁무니만 따라가니 저절로 대로변에 선다. 왠지 낯익은 것 같은 도시, 와 본 듯 친숙함이 묻어난다. 바로 앞 도로 표지판이 구드래관광지와 부소산을 알린다. 내가 찾는 곳이다. 도로 표지판을 향하니 오거리가 나오고, 중앙에 동상이 있다. '성왕상'이다. 세종대왕을 칭한다. 뒤에 소방서와 부여제일교회 건물이 보이고, 바로 제방이 나온다. 이 제방만 따라가면 들머리가 나올 것이다. 제방 너머는 금강이다. 우리가 부르고 불렀던 소위 백마강이다. 백마강 둔치에서는 이른 아침부터 골프 연습이 한창이다. '삼정부여 유스호스텔' 간판이 먼저 나오고, 바로 구드래조각공원에 이른다. 공원을 지나니 구드래선착장이다. 이른 아침이라선지 관광객은 별로 없고 큰 주차장에 덩그러니 승용차 두 대가 고작이다. 선착장을 따라 제방이 시작되고 드디어 금남정맥 들머리에 이른다. 부소산을 오르는 초입이다(08:58). 초입 직전 땅바닥에는 거대한 바위가 반 정도만 지상으로 나와 누워 있다. 마치 큰 황소가 누워있는 형상. 뭔가 암시하는 듯하지만 소인이 봉황의 깊은 뜻을 헤아릴 수는 없다. 금남정맥 초입을 알리는 리본도 눈에 띈다. 엉클, 잡도리, 추백, 아름드리… 앞으로 몇 개월간 동행할 친구들이다. 드디어 금남정맥 종주가 시작된다. 초입은 가파르지 않은 소나무 숲길, 주변은 가지치기를 해서 단정하다. 대신 뜨거운 햇볕이 들고 아늑한 맛이 떨어진다. 갈림길에 안내문이 있다. '연리지'를 소개한다. 설명을 읽고 고개를 드니 정말로 소나무 가지가 붙어 있다.

　오를수록 사람들은 많아지고 부소산의 휴게소처럼 보이는 사거리에 이른다. 이정표와 각종 설명문이 있다. 출발 전에 대충 부소산에 대해 공부했지만 이렇게 규모 있는 관광지일 줄은 몰랐다. 낙화암, 백화정, 고란사, 삼충사, 사자루, 군창지 등 수많은 역사 유적지가 이곳에 있다. 산 전체가 유적지다. 당초 계획에는 관광이 없었지만 이렇게 눈에 잡히는데도 그냥 두고 떠날 수는 없다. 하나하나 다 보기로 한다. 사자루에 먼저 오른다. 부소산에서 가장 높은 곳에 위치한 일종의 전망대다. 백제 시대 왕과 귀족들이 이곳에 올라와 달을 보며, 국정을 되돌아보고 마음을 정리한 곳이라고 한다. 바로 내려간다. 낙화암을 먼저 보기로 한다. 돌계단을 타고 내려가니 스피커에서 음악이 나온다. 나도 모르게 따라 흥얼거린다. '백마강에 고요한 달밤아 고란사의…' 바위 절벽에 이르고, 누각이 나온다. 낙화암에 선다(09:40). 낙화암은 백마강 위에 자리 잡은 바위 절벽으로 천 길 낭떠러지 아래로 백마강이 흐른다. 이 아래로 꽃잎처럼 날리며 장엄하게 뛰어내렸을 백제 여인들을 생각하게 된다. 설명문이 있다. 낙화암은, '그 옛날 백제가 나당 연합군에게 유린될 때 사비성 내에 살던 궁녀와 여인들이 침략군의 만행에 짓밟히느니 차라리 죽음을 택하겠다.'며 강물로 뛰어내린 바위 절벽이라고 적혔다. 중앙에는 누각이 있다. 백화정이다. 백화정은 백제 멸망 당시 낙화암에서 떨어져 죽음으로 절개를 지킨 백제 여인들을 추모하기 위해 건립한 누각이다. 둘러보는 동안에도 '백마강' 노래는 쉬지 않고 귓속을 파고든다. 아래쪽으로부터 목탁 소리가 들린다. 백마강변에 자리 잡은 고란사에서다. 나뭇가지 사이로 언뜻언뜻 보이는 고란사의 기와지붕이 발걸음을 유혹하지만 거기까지는 응할 수 없다. 갈 길이 멀어서다. 낙화암 아래 200m 거리에 있는 고란사를 가리키는 이정표를 한 번 만져주고 발길을 옮긴다. 다시 내려왔던 돌계단을 오른다. 휴게소처럼 보이는 사거리에 다시 돌아온다. 아까보다 훨씬 사람들이 많아졌다. 관광 도로로 내려간다. 이 길만 따라가면 부소산의 유적지를 다 볼 수 있다. 반월루에 들어서니 부여 시내가 한눈에 들어온다. 이어서 군창지, 삼충사 등을 거쳐 빠져나온다. 다시 시내다. 부여도서관 맞은편에 있는 부여 축협을 지나 새로남교회에 이르니 산길로 이어진다. 교회 좌측 골목으로 돌아 산으로 오른다. 금성산 산길로 들어서자 출입 금지 팻말이 나오고, 우측 독립운동애국지사 추모비에 이어 좌측에 '석벽홍춘경시비'가 있다. 시비 우측으로 정맥은 이어진다. 돌계단을 내려서니 터널 위를 걷게 된다. 운동 시설이 있고, 산길로 이어진다. 팔각정자가 눈에 들어온다. 무로정이다.

## 무로정에서(11:09)

무로정은 머무르면 늙지 않는다는 뜻일 것이다. 잠시 쉰다. 30대 초반으로 보이는 청년이 개를 끌고 내려온다. 저런 남자도 개를 좋아하는데, 난 도무지 생각이 없으니… '내가 좀 별종?' 다시 출발한다. 내리막 소나무가 우거진 그늘 아래에 이른다. 중학생들이 바닥에 앉아서 수업을 듣고, 여선생님이 강의를 한다. 삼거리에 이정표가 있다. 통수대, 조왕사, 성화대 방향을 가리킨다. 이정표 옆에는 금성산 안내도가 있다. 삼거리에서 직진하니 나무 계단이 이어지고 봉우리에 선다. 금성산이다(11:27). 8각형 이층 정자가 있다. 사방이 다 보인다. 통나무 계단이 이어지더니 바로 안부사거리에서 직진하니 오르막 좌측에 로프가 있다. 짧은 급경사 오르막이 끝나고 나무 계단이 이어진다. 무명봉 정상에 이동통신 안테나가 있다. 내려가 대규모 버섯 재배지를 지나니 삼거리가 나오고, 좌측 통나무 계단으로 내려가니 절개지에 이르면서 앞이 뻥 뚫린다. 왕복 6차선은 될 듯 넓다(11:50). 건너편에 SK 주유소가 있고, 그 뒤에는 수많은 비닐하우스가 있다. 우측에 주택이 들어섰다. '녹원빌라'라는 글씨가 멀리서도 보인다. 정맥은 도로 건너편 주유소 뒷산으로 이어진다. 일단 도로를 건넌다. 주유소 뒤에 별도의 길은 없다. 비닐하우스가 다 잡아먹었다. 하우스와 하우스 사이로 오른다. 갑자기 큰 개 두 마리가 나타나 한번 짓더니 내가 있는 쪽으로 내려오려고 한다. 하우스 샛길을 포기하고 우회한다. 주유소 좌측으로 돌아가서 비닐하우스 끝 지점에서 하우스 가장자리를 따라 오른다. 하우스를 지키는 개들을 피해 오르다 보니 괜히 뭔가 도둑질하는 기분이다. 산길로 접어드니 삼거리에 석목리와 수자원공사 방향을 알리는 이정표가 있고, 정맥은 우측으로 이어진다. 다시 산길로 올라가니 잘 조성된 묘지가 나오고 잠시 후 장대지(부여사비나성) 삼거리에 이른다. 삼거리에서 좌측으로 내려가니 청마고개에 이른다(12:27). 좌측에 큰 마을이, 우측에는 공장 같은 건물이 있다. 청마고개에서 직진하니 부분적으로 헐린 나무 계단이 이어지고, 백제 시대 최대의 산성이라는 청마산 성터에 이른다. 나무 그늘을 찾아 점심을 먹는다. 너무 덥다. 배는 고픈데도 밥이 넘어가지 않아 물로 배를 채운다. 윗도리를 벗어 땀을 식히니 살 것 같다. 다시 출발이다(12:59). 긴 능선길이 이어진다. 반은 나무 그늘 반은 햇볕 속을 걷는다. 무명봉에 이동통신 안테나가 있다. 최근에 설치한 듯 주변은 풀 한 포기 없는 맨흙이다. 내리막이 시작되고, 안부삼거리에 이른다. 이정표는 수자원공사와 LPG 방향을 가리킨다. 수자원공사 방향으로 진행하니 주변은 벌목으로 휑하다. 깨끗해서 좋지만 오늘 같은 날 산행에는 별로다. 나무 그늘이 그립다. 갈림길이 나온다. 청마산과 금남정맥 방향으로 갈라지는 분기점이다. 청마산은 직진이고, 마루금은 좌측으로 이어진다. 좌측으로 내려가 안부에서 직진하니 184.9봉에 이른다(13:37). 정상에 꽤 넓은 공간이 있다. 송곡리 방향으로 내려가 벌목지대 우측 가장자리를 따라 6월의 뙤약볕을 몽땅 뒤집어쓰고 걷는다. 잠시 후 무명봉을 넘고, 송전탑 아래로 통과하여 임도사거리에서 직진하여 오르니 또 사거리다. 무명봉 직전에서 우측으로 내려가, 안부에서 능선길로 진행하니 165봉에 이른다.

### 165봉 정상에서(14:19)

이정표(감투봉 2.01)를 확인하고 내려간다. 임도사거리에서 직진하여 우측으로 오르니 190봉에 이르고(14:43), 내려가다 삼거리에서 좌측으로 내려가니 신앙고개에 이른다. 고개에서 직진하니 비석이 있는 묘 3기가 나오고, 155봉에 이른다. 우측으로 내려가서 완만한 능선길을 오르내리다가 삼거리에서 좌측으로 내려가 삼거리에서 좌측으로 오르니 비석 있는 묘 3기가 나온다. 묘지 뒤로 오르다가 봉우리 직전에서 좌측으로 내려간다. 오르내리기를 반복하다가 절개지 상단부에 이르고, 그 아래는 2차선 포장도로가 지난다. 절개지 상단부에서 우측으로 내려가다 낙석 보호 철망이 있어 통과하지 못하고 우측 모서리까지 돌아가서 도로로 뛰어내린다. 시멘트로 포장된 가자티고개다(15:55). 식수가 떨어진 지 오래다. 아직도 갈 길은 먼데. 이곳에서 정맥은 양쪽 절개지 상단부와 상단부를 잇는데 맞은편 상단부로 바로 올라갈 수 없어 낙석보호철망 끝으로 가서 오른다. 길이 없는 곳을 파헤치며 오른다. 잡목이 우거져 쉽지 않다. 무조건 상단부만 보고 오른다. 드디어 능선이 나오고, 정상 궤도에 진입한다. 완만한 능선 오르막이지만 걷기 좋다. 내려가다가 안부에서 오르니 봉우리에 선다. 181봉이다. 내려가다가 안부사거리에서 직진하여 삼거리에서 좌측으로 오르니 벌목된 곳이 나오고 이제부터는 햇볕을 몽땅 받아야 된다. 벌목지 우측 가장자리로 오른다. 길다. 날은 더운데…. 무명봉을 넘고, 좌측으로 내려가다 오르니 다시 봉우리에 선다. 262봉이다(16:55). 이번 구간의 최고봉으로 정상에 허물어진 묘지가 있다. 이제 종점도 멀지 않다. 날이 너무 더워 아무 생각이 없다. 마지막 남은 힘을 쏟는다. 좌측으로 내려가다 안부에서 구릉을 넘는다. 구릉에서 내려가다가 방향을 바꿔 우측으로 내려가니 금남정맥을 알리는 팻말이 있다. 우측으로 내려가니 절개지 상단부에 이르고, 절개지 아래는 시멘트 포장도로가 이어진다. 상단부에서 좌측으로 내려가니 시멘트 도로에 이른다(17:15). 감나무골과 산골을 잇는 감나무골재다. 좌측에 감나무골 마을이, 우측에는 삼각리가 있다. 바로 2~3분 오르니 묘지가 나오고 계속 오르니 215봉에 이른다(17:21). 내려간다. 움푹 팬 임도를 건너 오르니 173봉에 이르고(17:30), 내려가 몇 번의 갈림길을 지난다. 그때마다 안내리본이 있어 길 잃을 염려는 없다. 등로 주변에 잡목들이 있다. 잠시 후 임도를 만나 오르니 161.4봉에 이른다(17:51). 삼각점이 있지만 정상이라는 느낌은 없다. 원체 낮은 야산을 걷는 데다가 평평해서다. 내려가다가 갈림길을 지나 밤나무단지에서 내려가니 좌측에 사장골 마을이 내려다보이고, 그 위 계단식 논들이 멋진 풍경을 이룬다. 능선은 밤나무밭 경계를 따라 이어진다. 잠시 후 민가 지붕이 보이고, 우측의 민가와 전봇대 사이를 통과하여 시멘트 옹벽을 내려서니 진고개에 이른다(18:12). 오늘의 최종 목적지다. 도로 양쪽에 설치된 철책에 안내리본이 있고, '광명리'라는 마을 표석도 보인다. 더위 때문에 너무 힘들었다. 더 이상 걸을 힘도 없다.

### 🚶 오늘 걸은 길

구드레선착장 → 부소산, 청마고개, 190봉, 신앙고개, 155봉, 가자티고개, 262봉 → 진고개(17.0㎞, 9시간 14분).

### ⛰ 교통편

- 갈 때: 부여버스터미널에서 구드레선착장까지 도보 이동.
- 올 때: 진고개에서 택시로 탄천 버스 정류장까지, 버스로 공주터미널까지.

# 둘째 구간
### 진고개에서 중장리고개까지

정말 전쟁이 일어나는 걸까? 천안함 폭침이라는 북한의 테러가 있었다. 금년 3월이었다. 전국이 분노로 들끓고 북한을 규탄하는 시위가 하늘을 찌를 듯했다. 세계도 놀랐다. 연평도 폭격이라는 대포 공격이 있었다. 금년 11월이었다. 역시 북한 소행이었다. 우리 군도 포격했다. 양쪽에서 인명 피해가 발생했고, 공공기관과 민간시설이 파괴되었다. 공공시설이 불타는 현장과 육지로 도피하는 피난 행렬을 생생하게 보여주었다. 중동전쟁 때 본 그런 화면이었다. 우린 그때 그것을 전쟁이라 불렀다. 전쟁도 있을 수 있는 사회현상 중 하나지만 선한 사람들이 치러야 할 대가가 너무 크다.

둘째 구간을 넘었다. 공주와 부여를 잇는 진고개에서 계룡면에 있는 중장리고개까지다. 이 구간에서는 성항산을 오르고, 천안-논산 간 고속도로를 관통하게 된다. 전반적으로 낮은 산들로 이어지는데, 지금처럼 낙엽이 수북하게 쌓인 때에는 길 찾기가 쉽지 않다.

### 2010. 11. 12.(금), 맑음
얼마 만인가? 첫째 구간을 마친 때가 6월이었으니 대략 5개월 만이다. 그사이 뜨겁던 여름이 초겨울로 바뀌었다. 큰 변화다. 그러나 세상에는 그대로인 것도 있다. 산이 그렇다. 비가 오나 눈이 오나 그 자리에 그대로다. 강남고속버스터미널에서 출발, 공주 버스터미널에 는 08:20에 도착. 이곳에서 탄천까지는 또 버스를 타야 한다. 언제나 처럼 오늘도 앞좌석에 자리 잡고, 미리 기사님께 부탁한다. 탄천에서 좀 내려달라고. 버스는 공주교대와 우금티 터널을 거쳐 이인면을 지 난다. '이인'이란 지명에 내 시선은 그대로 멎는다. '이인'은 언젠가부 터 내 가슴 속에 '그리움'의 대상처럼 새겨졌다. 왜 그런지는 나도 모 른다. 목적지인 탄천약국 앞에 도착(08:54). 이곳도 기억의 한편에 저 장되었다. 1구간을 마치고, 한여름 더위로 거의 탈진 상태에서 버스 를 기다리던 곳이다. 이곳에서 진고개까지는 택시를 타야 한다. 능 숙한 솜씨로 5분 정도를 달린 택시는 진고개에 선다(09:03). 기사님 이 의아하다는 듯이 묻는다. "등산객 대부분은 이곳에서 부여 구드 래 방향으로 진행하는 데, 왜 반대 방향으로 가느냐?"고. 진고개 양 쪽에는 낙석방지용 철망이 울타리처럼 설치되었고, 우측엔 외딴집 한 채가 쓸쓸히 가을을 지킨다. 마당 한가운데에 백구가 줄에 묶인 채 먼 산을 응시하고 있다. 나를 보고도 짖지 않는다. 백구도 가을 을 타는 모양이다. 이곳 마을을 알리는 표지석이 큼지막하다. '광명 리' 그 옆에는 '지당 세계 만물박물관'을 알리는 안내판이 있다. 절개 지 양쪽에는 마루금 진입로임을 알리는 안내리본이 빼곡하다. 절개 지 우측을 이용해 상단으로 오르니 바로 능선과 이어진다. 처음 보 는 리본들이 걸려 있다. '연하선경', '무원마을', '한어울' 길은 낙엽이 부드럽게 깔린 흙길이라 온전히 산길에 빠지게 된다. 염려했던 황사 도 걷히고 전형적인 가을 날씨다. 다만, 바람 끝이 조금은 쌀쌀하다. 능선 따라 오르는 길에 내내 묘지가 나오고, 산과 산 사이의 골짜기엔 밭이 있다. 수많은 비닐하우스가 아침햇살에 반사되어서 마치 물결처럼 일렁인다. 208봉(09:38)에 이어 10여 분 만에 184봉에 이른다(09:49). 높지 않은 봉우리지만 그런대로 조망이 괜찮다. 좌측 먼 곳에 하얀 선이 좍 그어졌다. 도로 차선이다. 바로 내려간다. 넓은 임도 우측은 밤나무 단지다. 삼거리에서 수종이 바뀐다. 임도를 따라계속 걷는다. 잠시 후 임도는 우측 아래로 내려가고 정맥은 산길로 이어진다. 사거리에서 직진하니 우측에 녹이 슨 여섯 가닥의 철사로 된 울타리가 나온다(10:11). 정맥은 울타리를 따라 이어지다가 울타리는 우측으로 내려가고, 직진한다. 황사가 걷힌 날씨는 의외로 쌀쌀하다. 잠시 후 망덕봉에서(10:20) 좌측으로 내려가니 여전히 걷기좋은 길. 낮은 봉우리 두세 개를 더 넘고, 가도 가도 봉우리만 나온다. 갈림길에서 좌측으로 내려가 몇 번의 갈림길을 만나지만 길이 헷갈릴 때마다 리본이 나타난다. 구세주가 따로 없다. 갑자기 임도 가 등장하고, 둘레석이 있는 화려한 묘지를 만난다(10:44). 옆에 비석이 있다. 임도가 끝나고 다시 능선으로 오른다. 지형으로 봐서는 마루금이 확실한데 흔적이 없다. 더구나 가시덩굴로 뒤엉켰다. 긴가민가 방황하다가 진행 방향에 리본이 보여 안심하고 오른다. 산 아래에 도로가 아스라이 보인다. 천안-논산 간 고속도로다. 고속도로 를 향해 내려간다. 절개지 상단부에서 고속도로까지는 철계단이 설치되었고, 고속도로 주변 풍광이 그럴듯하다. 왼쪽 10시 방향에 이인휴게소 입간판이 보인다. 일단 내려가야 된다. 철계단을 타고 내려가 고속도로변 옹벽 위에 서니 바로 앞에는 고속버스가 쌩쌩거리며 질주한다. 조심해야겠다. 옹벽 위에서 좌측으로 이동한다. 고속도로 지하차도를 찾기 위해서다. 지하차도를 통과해서 도로를 따라우측으로 오르니 잠시 후 복룡고개에 이른다(11:38). '복룡리'라는 표지석이 있다. 좌측에 설치된 옹벽을 넘어 올라가야 한다. 위 야산에는 낙엽이 진 나무와 마른풀과 넝쿨이 엉켜있다. 작은 능선을 찾는다는 생각으로 위만 보고 오른다. 이동통신 안테나가 나온다. 좌측은 밤나무 단지, 우측 아래에는 밭과 묘지가 있다. 여전히 길은 보이지 않지만, 앞쪽에 있는 송전탑만 보고 오른다. 송전탑 직전 삼거리에서 없는 길을 찾느라 수십 분을 허비한다. 무조건 좌측으로 내려가야 한다는 걸 나중에야 알았다. 좌측으로 조금 내려가 임도를 건너(11:59) 조금 오르니 좌측에 밤나무 단지가 펼쳐지고, 삼거리에서 우측으로 우거진 풀숲을 헤쳐나가니 다시 밤나무 단지가 나온다(12:04). 묘 1기가 외롭게 산을 지킨다. 밤나무단지가 끝나는 곳에서 좌측으로 올라 무명봉을 넘고, 비석이 있는 묘지를 지나니 연달아 2기의 묘지가 더 나온다. 이곳에서 점심을 먹고, 출발한다(12:18). 두 번의 갈림길이 연속되고, 그때마다 좌측으로 진행한다. 보이는 것은 나무와 낙엽, 들리는 것은 바람 소리뿐이다. 늦가을 바람 소리와 햇빛만이 함께인 깊디깊은 산속. 갑자기 철망 울타리가 나타난다(12:40). 우측 산 주인이 설치한 경계선이다. 철망 울타리를 따라 오르니 봉우리에 선다. 151봉이다(12:48). 철망 울타리와 헤어지고 바로 내려간다. 소나무 사이사이에 잡목이 많은 숲길이다. 묘 2기가 나오고 작은 돌탑이 보인다. 계속 묘지가 나오고, 비석이 세워진 전주 유씨 묘지를 지나 계속 오르니 이번에는 4기 중 3기에만 비석이 있는 묘지가 나온다. 오르막은 계속되고, 쓰러진 지 오래된 나무가 길을 막는다. 많은 생각을 하게 된다. 능선 삼거리에서(13:00) 좌측으로 이동하니, 봉우리에 이른다. 185봉이다(13:08). 좌측으로 내려가니 앞쪽에 마을이 있고, 묘 7기가 안장된 넓은 묘역을 지나니 또 밤나무 단지가 펼쳐진다. 잠시 후 산의리와 토골마을을 잇는 시멘트 도로에 이르고(13:15), 마루금은 과수원 안으로 이어진다. 과수원 가운데로 진행하니 중간쯤에 보기 좋게 단장된 공원묘지가 있다. 과수원 끝까지 올라가서 산으로 오른다. 길은 보이지 않지만, 능선을 찾는다는 생각으로 오르니 능선이 나오고 리본도 보인다. 그런데 좌우 양쪽에 리본이 있다. 우측 봉우리가 더 경사가 심해 마루금일 거라는 판단으로 올랐으나 그게 아니다. 이곳에서 많은 시간을 허비하고 나서야 좌측임을 알게 된다. 좌측으로 오르니 리본이 계속 나오고, 잠시 후 199봉에 이른다(13:51). 주변은 온통 밤나무들이다. 봉우리가 평퍼짐해서 종주에 지친 산객들이 쉬기에 적소다. 잠깐 쉰 후 우측 능선으로 오르다가 밤나무 단지 끝에서 우측으로 내려가니 안부에 이르고, 오르막 끝에 성항산 정상에 이른다.

## 성항산 정상에서(14:10)

정상 팻말이 나무에 걸려 있다. 우측으로 내려가 다시 봉우리를 넘고 임도에서 좌측으로 내려가니 묘지가 나오고, 절개지에서 좌측으로 내려가니 포장도로에 이른다(14:25). 포장도로를 건너 임도에 오르니 산길로 이어지고 능선갈림길이 나온다. 좌측으로 내려가다 오르니 무명봉에 이르고(14:58), 우측으로 내려가니 벌목지대가 나온다. 벌목으로 길 흔적이 사라져 감각으로 7~8분 내려가다 오르니 다시 봉우리에 선다. 148봉이다(15:06). 아래쪽에 이동통신 안테나가 있다. 내려가다가 안부사거리에서 직진하여 임도 끝에서 좌측 산길로 오르니 어디선가 잉잉 소리가 들린다. 시끄럽다가도 때로는 구슬프게 들린다. 전기톱 작업 소리다. 산길은 다시 임도로 이어지고, 20m 정도 가다가 산으로 오른다. 길은 보이지 않지만 능선을 찾기 위해서다. 가시넝쿨만 심하게 뒤엉켜 있다. 간간이 나타나는 안내리본이 있어서 그나마 다행이다. 리본을 따라 위로 오르니, 능선에 이르고 파헤쳐진 묘지 옆에 비석만 외로이 서 있다. 오르막 끝에 180봉에 이르고(16:08), 좌측으로 내려가 봉우리 서너 개를 넘으니 거묵바위산 분기점에 이른다. 이곳도 양쪽에 리본이 있다. 좌측으로 내려가다 오르니 봉우리에 이른다. 340봉이다(16:38). 우측 급경사 내리막이 조금은 위험하다. 내려오는 길목에 철망이 가로막는다(17:08). 철망을 통과하니 좌측은 벌목지대로 훤하다. 날은 어둑어둑 저문다. 간간이 묘지가 나오고, 경사도 완만해진다. 능선 우측 아래는 계곡이다. 산 중턱에 자리 잡은 산밭이 보이고 인삼밭을 지난다. 그 아래에 비닐하우스가 있고, 하우스 앞 수돗물이 틀어져 그대로 흐른다. 상리 임도에 도착(17:25). 오늘은 이곳에서 마치기로 한다.

원래는 중장리고개까지 가려고 했지만, 날이 저물었다. 이젠 귀경 교통편을 찾아야 한다. 일단 마을 쪽으로 내려가야 한다. 언덕 아래 공터에 소형 승용차가 주차되었다. 공주터미널 가는 길을 물으니 자기 차를 타라고 한다. 자기 집이 터미널 근처라면서. 이렇게 고마울 수가….

## 상리임도에서 중장리고개까지(2011. 4. 9.(토), 맑음, 약간 황사)

(2010.11.12 금남정맥 둘째 구간을 종주하다가 날이 저물어 상리 임도에서 하산, 그때 다 마치지 못한 상리 임도에서 중장리고개까지의 기록임.)

서울 남부터미널에서 8시에 출발한 버스는 10시 40분에 공주 산성 버스 정류소에 도착. 이곳에서 봉명리까지는 다시 시내버스를 타야 한다. 버스는 11시 35분에 봉명리에 도착. 이곳에서 오늘 산행 들머리인 상리 임도까지는 걸어야 된다. 한국가든 왼쪽으로 난 윗마을로 향하는 도로를 따라 오른다. 예보대로 날씨는 흐리지만, 봄볕으로는 손색이 없다. 개를 데리고 산책 나온 젊은이를 만나 물었다. 이 길이 상리마을로 올라가는 길이 맞느냐고. 그렇다면서 가다가 삼거리에서 우측 길로 가라고 한다. 봄은 봄이다. 시골길 공사를 하느라 난리다. 마을을 벗어나서 조금 더 오르니 삼거리가 나오고, 우측으로 오르니 새로운 마을이 나온다. 내가 찾는 상리마을이다. 잠시 후 상리마을 바로 위 임도에 이른다(11:58). 오늘 산행의 들머리다. 앞과 뒤가 확 트여 시원스럽다. 제일 먼저 눈에 띄는 것은 작년 11월에 순간 나를 당황스럽게 했던 검정색 비닐 움막이다. 주변은 그때 봤던 그대로다. 나뭇가지에 걸린 노란 표지기도 그대로다. 올라오던 길로 조금 내려가 그 당시 소형차가 주차되었던 공간도 확인해 본다. 기억이 떠오른다. 이 좁은 길에 자동차가 세로로 주차되었다는 것이 신기하다. 이곳에서 마루금은 바로 앞에 있는 묘지 뒤로 이어진다. 묘지 뒤에서 약간 좌측으로 틀어서 오르니 능선으로 이어지고, 능선엔 솔잎이 깔렸고 갈참나무 잎도 섞였다. 조금 오르니 나뭇가지 사이로 우측 아래 상리마을이 가득 들어온다. 비석이 있는 묘지 3기(12:20) 뒤로 올라 밤나무밭을 지나 임도에서 좌측으로 진행하다가 좌측 산길로 오른다. 안부사거리에서 직진하니 아주 큰 바위가 길을 막아(12:33) 좌측으로 돌아 오르니 넓은 공터가 나오고, 봉우리 정상에 이른다. 203봉이다(12:43). 내려가다가 묘지를 지나 안부사거리에 이른다(12:55). 이곳에서 점심을 먹는다. 인절미 1팩과 사과 두 개다. 모처럼 여유 있는 점심시간. 앞에 있는 나뭇가지에 매달린 마른 잎이 바람에 흔들거린다. 나를 보고 아는 체를 하는 것 같다. 무생물에도 영혼이 있는 걸까? 꿩이 우짖고 이곳저곳에 진달래도 보인다. 산수유는 조금 있으면 만개할 것 같다. 최고의 오찬이다. 꽃 속에서, 야생동물의 노래 속에서. 다시 출발한다(13:19). 안부에서 5~6분 오르니 작은 봉우리에 이른다. 215봉이다(13:25). 내려간다. 안부사거리를 지나 오르내리기를 반복하니 많은 묘지가 있는 곳에 이른다. 앞에 넓은 도로가 내려다보이고 자동차 소리가 들리기 시작한다. 잠시 후 23번 국도에 이른다(13:32). 국도 뒤에는 4차선 포장도로가, 좌측에는 대형건물이 신축 중이고 우측에는 '국제계량소'라는 시설이 있다. 그 뒤에는 폐지가 산더미처럼 쌓였다. 생각난다. 이 도로는 아침에 버스를 타고 봉명리에 찾아갈 때 지나던 도로다. 공주가 참 좁다는 생각이다. 이곳에서 등로는 4차선 포장도로 너머 산으로 이어지는데 포장도로는 중앙분리대가 설치되어 횡단할 수 없다. 지하차도를 찾아야 한다. 우측으로 구도로를 따라 조금 내려가니 23번 국도가 갈리는 지점이 나오고, 이곳에서 지하차도를 건너 좌측 시멘트 도로를 따라 오르니 공장형 건물이 나온다. 건물에 간판은 없으나 전에는 이 건물이 성진가구였다고 한다. 시멘트 도로는 성진가구 건물을 지나서도 계속 이어지고, 도로 우측에 소나무 묘목장이 있다. 등로는 시멘트 도로를 따라 50㎡ 정도 더 가서 갈림길에서 우측 임도를 따라가다가 좌측으로 틀어서 오르면 묘지가 있는 산으로 이어진다. 묘지 좌측으로 50㎡ 정도 오르니 임도사거리에 이르고(13:58), 직진으로 조금 오르니 눈에 띄는 표지기가 있다. '호진이랑 옥자랑' 어떤 사이인지는 모르겠지만 타이틀만으로도 둘 사이의 다정함이 묻어난다. 바람에 흔들거리는 표지기를 볼 때마다 오늘 내가 오기를 참 잘했다는 생각을 하게 된다. 마치 나를 기다리기라도 한 듯 흔들거리는 표지기의 움직임이 예사롭지가 않다. 본격적으로 산길로 접어들고 오르막은 가팔라진다. 바위 많은 곳을 지나면서부터 경사는 완만해진다. 꼬실꼬실한 갈참나무 잎이 깔린 길. 한참 오르니 봉우리 정상에 선다. 310봉이다(14:23). 정상에 묘지였을 흔적이 있다. 정상 좌측에 철망이 설치되었고, 철망 너머는 밤나무 단지다. 진행 방향에 우뚝 선 팔재산이 하늘을 찌를 듯한 높이만으로도 사기를 꺾는다. 철망을 따라 5~6분 내려가니 안부에 이르고, 철망은 좌측 아래로 이어지고 마루금은 직진 오르막으로 이어진다. 안부사거리에서 직진하니 가파른 오르막이 시작되고, 잠시 후 너덜길 끝에 급경사 오르막이 이어지더니 팔재산 정상에 이른다(14:39). 정상에 삼각점과 돌탑이 있다. 내려간다. 멧돼지 소행으로 보이는 흔적들이 자주 보이고, 가파른 내리막에 너덜지대가 이어진다. 팔재산 오를 때 만난 너덜보다 심하다. 너덜길을 지나 잠시 완만한 길이 이어지다가 급경사 내리막으로 변한다. 습지처럼 질퍽해서 미끄럽기까지 하다.

산수유 연녹색 꽃잎이 상큼한 봄 향을 발산한다. 마치 부끄러워 자신을 감추는 것 같지만 그 모습이 더욱 돋보인다. 아직까지 이정표를 한 번도 보지 못했다. 급경사는 완경사로 변하고 4~5분 내려가니 절개지 상단부에 이르고, 우측으로 내려가 시멘트 옹벽을 뛰어내려 오늘의 산행 종점인 중장리고개에 이른다(14:58). 중장리고개는 작년 12월에 왔었다. 그때 그대로다. 자동차 통행량이 비교적 많고, 좌측 절개지가 흙이 보일 정도로 훼손된 것도 그대로다. 변한 것이 있다면 절개지 우측 벽에 샛노란 개나리가 만개했다는 것. 이렇게 숙제로 남았던 구간을 마침으로 금남정맥 전 구간을 완전하게 마무리한다. 중장리 삼거리로 내려가는 발걸음이 가볍다.

### 🚶 오늘 걸은 길

진고개 → 208봉, 복령고개, 성항산, 상리임도, 310봉, 팔재산 → 중장리고개(17.2 km, 11시간 39분).

### ⛰ 교통편

- 갈 때: 공주에서 탄천까지는 시외버스로, 진고개까지는 택시로.
- 올 때: 중장리고개에서 도보로 중장리 삼거리까지, 시내버스로 산성버스 정류소까지.

# 셋째 구간
### 중장리고개에서 관음봉까지

연말엔 많은 것을 생각하게 된다. 얼마나 벌었나? 잘 되어 가는 지? 툴 툴 털고 새로운 각오를 다지는 이도 있을 것이다. 그리 기뻐 할 일도, 슬퍼할 것도 아니다. 부족하면 채우면 된다. 12월마저 끝나 버렸다고? 관계없다. 세월에 무슨 마디가 있는가? 내 방식대로 살고, 평가하자. 최대한 스스로가 만족하도록 하자. 누구도 내 삶을 대신 해 줄이 없다.

셋째 구간을 넘었다. 공주시 중장리와 구왕리를 잇는 중장리고개 에서 계룡산 관음봉까지다. 이 구간에서는 만학골재, 금잔디고개, 삼불봉을 넘고 자연성릉이라는 자연이 내린 걸작을 만나 완벽한 아 름다움에 넋을 잃게 된다. 아쉬운 것은, 계룡산 만학골재에서 수정 봉까지 출입통제구역이어서 불가피하게 법령을 어겨야 한다.

### 2010.12. 4.(토), 맑음

공주 버스터미널에 도착(08:20). 아침이라 바람이 차다. 오늘 일정 이 애매하다. 지난주에 다 마치지 못한 지점부터 시작해야 되는데, 그렇게 하면 도대체 오늘 어디까지 가야 하나? 그렇다고 다 마치지 못한 부분을 건너뛰고 셋째 구간부터 시작하기는 영 찝찝하다. 지난번에 중단했던 곳(상리임도)부터 잇기로 한다. 그렇다면 그때 중단했던 봉명리로 가야 한다. 매표소에 물으니 봉명리에 가는 버스는 없다면서 시내버스 정류장에서 알아보라고 한다. 그런데 시내버스 정류장에 부착된 노선표를 아무리 뒤져도 봉명리행 버스는 없다. 정차하는 버스 기사에게 물어도 대답은 '모른다'다. 마지막이라 생각하고 버스 기사에게 한 번 더 물었다. 타라고 한다. 자기가 내려주는 곳에서 20번 버스로 갈아타라고 한다. 듣던 중 반가운 소리. 기사님이 말한 공주여고에서 20분이 넘도록 기다려도 20번 버스는 올 줄을 모른다. 당황스럽다. 50분이 지나서야 온 버스는 '그런 곳은 안 간다'면서 휭 지나가 버린다. 공주에는 그런 지명조차도 없다고 한다. 순간 '배려'라는 말이 떠오른다. 배려 뒤에 때론 후회가 따르기도 한다. 꼭 손해 본 듯해서다. 수양이 부족한 탓일 게다. 해는 이미 오를 대로 올랐는데…. 포기하고, 셋째 구간으로 가기로 한다(나중에 알고 보니, 공주시에 봉명리라는 마을은 없다. 내가 기억하고 있던 봉명리는 이인면에 소재한 복룡리를 잘못 알아들은 것이다. 2구간 종주시 상리 임도에서 우연하게 승용차를 얻어 타고 공주 버스터미널까지 오게 되었는데, 승용차 운전자가 복룡리라고 말한 것을 내가 봉명리로 잘못 알아들었다). 셋째 구간 들머리인 중장리고개를 가려면 갑사행 버스를 타야 한다. 일단 공주 시내로 들어가는 버스를 타고 가다가 기사님께 물으니, 자기가 내려주는 곳에서 2번 버스를 타라고 한다. 기사님이 내려준 곳은 '한전아파트 앞'(10:10). 갈아탄 버스는 중장리 삼거리에서 나를 내려주고 갑사로 향한다. 중장리고개까지는 걸어야 한다. 바람은 차지만 발걸음은 한결 가볍다. 이왕 늦었으니 오늘은 시간 되는대로 걷기로 한다. 10분 정도 지나자 주택이 보이고 분뇨 냄새가 진동하더니 잠시 후 중장리고개에 이른다.

## 중장리고개에서(10:50)

고개 양쪽 절개지에는 리본이 걸려 있다. 절개지는 거의 직각 수준, 양 스틱을 이용해 올라도 힘에 부친다. 절개지 상단부에 오르자 왼쪽에 이동통신 안테나가 보인다. 바로 출발한다. 걷기 좋은 완만한 능선에 솔잎이 두텁게 깔려 촉감이 좋다. 주변은 노송 군락지다. 약간 올라 안부사거리에서 직진으로 오르막을 넘으니 봉우리에 이른다. 265봉이다(11:15). 내리막 끝에 잠시 억새가 보이더니 다시 우거진 산림. 좌측은 낙엽송, 우측은 소나무가 군락 지었다. 키 큰 소나무들이 무리 지어 미로를 이룬다. 잠시도 한눈팔 수 없다. 갈림길에서 좌측으로 진행하니 바로 급경사 내리막으로 이어지고, 낙엽송은 소나무 지대로 바뀌고 안부에서 평평한 길이 길게 이어진다. 억새가 나오고, 급경사를 힘겹게 오르니 327봉에 이른다(11:55). 특이한 봉우리다. 약간 경사진 정상은 꽤 넓고, 띄엄띄엄 묘 5기가 있다. 제일 위에 있는 묘지가 이 봉우리의 최정상이라고 볼 수 있는데, 그곳에 삼각점이 있다. 주변 조망도 시원스럽다. 뒤돌아보니 지금까지 지나온 궤적이 한눈에 들어오고, 남쪽에 은빛 물결이 일렁거리는 저수지가 있다. 계룡저수지다. 사방에 보이는 산골마다 건물이 있다. 여전히 바람은 차갑지만, 날씨는 쾌청하다. 급경사로 내려가 안부에서 완만한 능선을 오르다가 294봉 직전에서 우측으로 진행하니 소나무 숲길이다. 등로는 온통 나뭇잎으로 덮여 마음까지 편안해진다. 얼마나 많은 나뭇잎들이 모여 이 길을 만들었을까? 계절의 순환을 보는 것만으로도 행복하다. 다시 급경사가 끝나고 한참 내려가니 2차선 포장도로에 이른다. 만학골재다(12:15). 이곳에서부터 계룡산 국립공원이 시작된다. 큼지막한 경고판이 있다. 만학골재에서부터 수정봉까지는 2017년까지 출입을 금지하고, 무단출입 시 50만 원의 벌금을 물린다고 한다. 일단 들어선다. 산속에 들어서자마자 갈림길에서 우측으로 오르니 잡풀이 우거진 공터가 나오고, 공터 끝에서 다시 산길로 이어진다. 만학골재에서부터 이곳까지 오면서 리본을 보지 못했다. 출입 금지 구역이기 때문이다. 산길에 들어서니 바로 능선에 이르고, 본격적으로 계룡산 국립공원을 침범하기 시작한다. 능선 우측에 오래된 묘지가 있다. 골짜기라서 바람이 없고, 한참 오르니 능선삼거리에 이른다. 바람이 뺨에 부딪쳐 시원하다. 삼거리에서 좌측으로 계속 오르니 우측에 간간이 바위가 보이면서 안부에 이른다. 가파른 오르막이 시작되더니 갈림길에 들어서고, 우측으로 2~3분 오르니 468봉에 이른다.

### 468봉에서(13:01)

정상에 노송과 바위가 있고, 전망도 아주 좋다. 바로 아래에 갑사가 보이고, 그 아래 상가 건물과 더 멀리에 저수지가 있다. 앞쪽에 계룡산 주능선이 눈앞에 들어선다. 이곳에서 점심을 먹는다. 손이 시릴 정도로 춥다. 다시 출발한다. 너럭바위가 나온다. 능선은 계속되고, 바위와 노송이 이어진다. 안부사거리에서 직진하니 바위가 나오고 노송이 자주 보인다. 가파른 오르막을 한참 오르니 다시 봉우리에 선다. 612봉이다(13:45). 역시 노송과 바위가 있다. 바로 내려간다. 안부에 이어 다시 오르막. 갑자기 위로부터 사람 기척이 들린다. 점점 가까이 들리고 이젠 발걸음 소리인 듯 '저벅저벅' 소리까지 들린다. 마치 영화의 한 장면처럼 일군의 무리들이 적을 향해 공격해오는 느낌이다. 배낭을 멘 8명의 종주자들이다. 인솔자로 보이는 선두에 선 사람이 나에게 정보를 준다. 수정봉 조금 지나서는 우측 샛길로 돌아가야 한다고. 그곳에 산림감시 요원이 2명이나 있다고. 만학골재에서 이미 경고판을 봤지만 감시 요원이 잠복해 있다니 불안해진다. 고맙다고 인사를 나누자마자 그들이 먼저 발길을 옮긴다. 다시 무명봉에 이르고, 다가갈수록 계룡산 주능선이 뚜렷해진다. 바로 내려간다. 큰 바위들이 연속해서 나오고 안부사거리에서 직진하여 오른다. 쓰러진 소나무가 그대로 방치되었고, 안부사거리에서 직진하니 수정봉 정상에 이른다(14:45). 정상에 공터와 바위가, 바위 옆에는 노송이 있다. 바위와 노송의 조합? 산속의 절경은 노송과 바위로 완성되는 것 같다. 수정봉 아래 금잔디고개엔 헬기장이 있다. 사람들이 보이고 말소리까지 들린다. 고개 위에 삼불봉과 관음봉이 우뚝 서 있다. 조금 전 종주자들이 알려준 감시 요원이 저 사람들일지도 모른다는 생각에 잠시 긴장한다. 감시 요원 치고는 숫자가 많다. 아닐지도 모른다는 생각으로 조심스럽게 내려간다. 헬기장이 가까워지고 사람들의 복장이 확인된다. 배낭을 멘 등산객이다. 괜히 떨었다. 마음 놓고 헬기장을 지나 금잔디고개에 이른다(15:05). 고개에는 이정표가 있다(갑사 2.3, 동학사 2.4). 부적합 판정을 받은 샘터 쪽 계단으로 오른다. 계단은 넓고, 닳고 닳았다. 10여 분 올라 우측 샛길로 오르니 갈림길이 나온다(15:25). 좌측은 삼불봉으로, 직진은 삼거리를 거쳐 관음봉으로 가는 길이다. 관음봉으로 향한다. 삼불봉도 오르고 싶지만, 시간이 없다.

삼불봉은 암봉 세 개가 마치 부처님의 형상을 하고 있다고 해서 그렇게 부르는데, 볼수록 위압감을 준다. 관음봉으로 향하는 발길은 자연성릉의 초입이다. 이곳에서부터 관음봉까지는 소위 자연성릉이라고 하여 칼처럼 날카로운 바윗길이 계속된다. 삼거리에 이정표가 있고(관음봉 1.4), 철계단과 돌계단이 연속해서 나온다. 좌측은 천 길 낭떠러지, 주변 경관은 실로 놀랍다. 어눌한 내 입으로는 절경의 백 분의 일도 표현할 수 없다. 기암과 노송이 어우러진 절경이나 관음봉까지 이어지는 곡선을 어떻게 표현해야 할지? 가능한 천천히 걷고 싶다. 긴 철계단을 오르니 팔각정자가 보이더니 관음봉에 이른다(16:15). 관음봉은 실질적인 계룡산의 정상이다. 더 높은 천황봉은 군사시설로 통제되어서다. 팔각정자에서 우측으로 10여 미터 뒤에 정상석이 있다. 지나온 자연성릉이 그림처럼 아름답게 펼쳐진다.

앞쪽으로는 다음 주에 오르게 될 쌀개봉과 천황봉으로 이어지는 마루금이, 갑사 쪽에는 문필봉과 연천봉이 눈앞에 있는 것처럼 생생하다. 동학사 계곡의 수려함도 눈을 뗄 수 없게 한다. 정상석을 배경으로 사진을 찍으려는데 카메라 배터리가 나가버렸다. 하필 이런 때에…. 날이 어두워지기 시작한다. 다시 팔각정자로 되돌아와서 이후 일정을 생각해 본다. 조금 더 갈 수는 있지만, 귀경길이 문제다. 오늘은 일단 여기에서 마치고 동학사로 하산하기로 한다. 땀이 식어선지 찬기가 엄습한다. 허기도 느껴진다. 이젠 관음봉에도 자연성릉에도 사람이 없다. 갈수록 바람이 거칠어진다.

### 🚶 오늘 걸은 길

중장리고개 → 만학골재, 612봉, 수정봉, 금잔디고개, 삼불봉, 자연성릉 → 관음봉 (7.1㎞, 5시간 25분).

### 🏔 교통편

- 갈 때: 공주에서 시내버스로 중장리삼거리까지. 중장리고개까지는 도보로.
- 올 때: 관음봉에서 도보로 동학사까지, 동학사에서 버스로 유성까지.

# 넷째 구간
## 관음봉에서 양정고개까지

북한산에 케이블카를 설치하려는 낌새가 있다. 국립공원공단에서 이미 연구용역이 끝났다고 한다. 반대 목소리도 심상찮다. 공단이 설치하려는 논리는 이렇다. 연 1,000만 명에 달하는 등산객으로 인해 등산로와 자연생태계가 훼손되어 탐방문화를 개선한다는 것이다. 또 케이블카를 설치하면 노약자 등의 접근로가 용이하고, 새로운 경관을 창출하여 조망권이 확대된다는 것이다. 한쪽 면만 본 거다. 등산로 훼손이라는 손실이 있겠지만 활성화된 등산 문화로 인해 얻어지는 효과가 그것의 수백 배라는 사실을 모르는가? 등산의 목적이 정상에 올랐다는 소리를 들으려는 것이 아니다. 숲속을 거닐면서 생태계의 변화를 관찰하고, 땀 흘려 목표 지점에 올라 성취감을 느끼려는 것이다. 지금 환경단체와 산악인의 시위가 계속되고 있다. 나도 참여하고 싶은 것이 솔직한 심정이다.

넷째 구간을 넘었다. 계룡산 관음봉에서 계룡시 엄사리에 있는 양정고개까지이다. 이 구간에서는 관음봉, 쌀개봉, 천황봉, 455봉을 넘게 된다. 이 구간 쌀개봉에서 국사봉까지는 군사시설 보호구역으로 엄격하게 통제한다. 출입 금지 경고판을 보면서 그 선을 넘어야 하고, 걷는 내내 불안에 떨게 된다. 단지 자신과의 약속이라는 이유만으로 매번 위험을 감수하는 나 자신이 너무 밉다.

## 2010. 12. 11.(토), 맑음

아침인데도 유성 버스터미널은 부산스럽다. 107번 버스는 현충원을 거쳐 동학사에 도착(09:47). 등산객 중 동학사로 가는 사람은 극소수다. 입장료 때문이다. 나도 입장료를 낼 때마다 끓어오르는 불만을 꾹 참는다. 동학사를 향해 오른다. 돌길에 이어서 돌계단이 시작된다. 갈수록 경사는 심해지고 곳곳에 얼음까지 있다. 잠시 후 관음봉에 도착(11:25). 일주일 만에 다시 찾은 관음봉. 지난주에 촬영하지 못한 관음봉 주변을 촬영하고, 바로 출발한다. 이제부터 넷째 구간이 시작된다.

조금 전에 지나온 관음봉 삼거리로 내려간다. 삼거리 공터에서는 울산 현대자동차 등산객들이 식사 중이다. 또 한 사람이 눈에 띈다. '국립공원' 유니폼을 입고 나뭇가지에 플래카드를 설치하고, 증거를 남기기 위해 혼자서 사진을 찍더니 현대자동차 산행 팀과 어울려 술잔을 주고받는다. 공터 남쪽에 쌀개봉이 있다. 쌀개봉에 들어가는 입구는 출입 금지 구역이라는 경고판과 함께 울타리가 설치되었고, 사람들이 통과한 흔적이 있다. 소위 개구멍으로 내가 아까부터 겨누고 있는 비상구다. 금남정맥 넷째 구간의 들머리이기 때문이다. 삼거리 공터는 단체 등산객의 점심 식사로 시끌벅적. 감시 요원도 덩달아 신이 났다. '저 자가 빨리 이 자리에서 사라져야 내가 행동 개시를 할 텐데…'. 식사 분위기는 무르익고, 감시 요원은 나의 속셈을 아는지 모르는지 자리를 뜰 줄 모른다. 마냥 기다리고 있을 수만은 없어 기회를 봐서 울타리를 넘기로 한다. 이때 느닷없이 관음봉 정상에서 도사님이 내려온다. 흰 수염에 위아래 하얀 옷을 입고 손에는 지팡이를 쥐고 있다. 감시 요원은 단체 등산객들에게 도사님을 소개한다. 밤낮으로 도를 닦는 계룡산 산신령이라고. 평소에 잘 알고 지내는 사이인 것 같다. 소개받은 도사님은 단체산행객을 대상으로 즉석연설을 한다. 감시 요원을 포함해 등산객들의 시선이 도사님에게 집중한다. 이 틈을 이용해 재빠르게 개구멍을 통과한다. 내 몸은 모퉁이를 돌아서고, 삼거리 등산객들의 목소리는 들리지 않는다. 성공적으로 출입통제구역에 들어선 것이다. 쌀개봉을 향해 달린다. 능선이 아닌 옆 등을 탄다. 비록 통제구역이지만 사람들이 지나간 흔적은 뚜렷하다. 길이 좁고 사면이라 약간 미끄럽지만 걷는 데 어려움은 없다. 주변엔 온통 마른풀과 돌멩이뿐. 간간이 돌무더기가 나오고 짐승 배설물이 보인다. 군데군데 잔설과 얇은 얼음이 있다. 너덜지대 비슷한 곳이 나오고 산죽이 보인다(12:08). 한겨울에도 새파람을 유지하는 산죽의 향이 출렁인다. 쌀쌀하기에 더욱 돋보인다. 고개를 넘으니 좌측 쌀개봉에 설치된 이동통신 안테나와 산불감시카메라가 보인다(12:18). 등로는 뚜렷하지 않지만 찾아가기에 큰 어려움은 없다. 쌀개봉을 떠받치는 암벽 아래로 우회한다. 다시 고개에 이르고, 고개에서 고개를 드니 천황봉 정상 군 시설들이 보인다. 계속해서 암벽을 따라 진행하여 쌀개봉과 천황봉 사이 능선에 오른다.

### 쌀개봉과 천황봉 사이의 능선에서(12:29)

능선은 쌀개봉과 천황봉의 중간지점이다. 북쪽에 쌀개봉이, 남쪽에는 천황봉 정상이 우뚝 서 있다. 천황봉으로 향한다. 천황봉 직전에서 벽돌로 된 참호를 만나(12:37) 우측으로 우회한다. 조금은 험한 지역. 좁고 우측은 낭떠러지. '108회'라는 리본이 보인다. 낭떠러지를 통과하고 고개를 넘으니 석문이 나온다(12:49). 석문은 암벽과 암벽이 좁은 공간을 두고 양쪽에 나란히 세워졌다. 좌우 양쪽에 리본이 있어 헷갈린다. 지형을 고려 우측으로 내려가니 급경사가 시작되고, 너럭바위가 나온다. 우측에 계룡저수지가 보이고, 완만한 내리막이 계속된다. 길은 뚜렷하지 않지만 계속 내려간다. 갈림길에서 좌측으로 내려가니 '출입 금지 안내판'이 나오고, 이어서 안부삼거리에 이른다. 삼거리에서 좌측으로 진행하니 평범한 능선길이 시작되고 봉우리에 이른다. 446봉이다(13:32). 정상에 바위가 있고 리본도 보인다. 리본에 쓰인 글이 재밌다. '지리산에서 너를 만나고 싶다. J' 이곳에서 뒤돌아보니 지금 막 지나온 쌀개봉과 천황봉이 바로 보인다. 남쪽으로는 향적산 쪽으로 이어지는 마루금이 한눈에 들어온다. 이곳에서 점심을 먹는다. 446봉에서 내려가니 '출입 금지 표지판'이 또 나오고 그 옆에 묘 1기가 있다. 표지판에는 '국사봉-천황봉 일대를 영구히 출입 금지한다.'는 경고문이 적혀 있다. 뜨끔하다. 지금 내가 서 있는 이곳이 출입 금지 구역이고, 지금까지 금지 구역을 지나온 것이다. 계속 직진이다. 완만한 능선이 시작되고 억새 군락지 끝에 소나무 숲이 마치 터널처럼 길게 이어진다. 빽빽한 숲속이라 어두컴컴하다. 오르막 끝에 434봉에 이르고(13:58), 정상에 바위와 작은 돌탑이 있다. 이곳에서도 지나온 천황봉과 쌀개봉이 올려다보이고, 서쪽에 저수지도 보인다. 앞쪽으로는 금남정맥 마루금이 이어지면서 향적산 정상에 있는 송전탑까지 희미하게 보인다. 바로 내려간다. 안부사거리를 지나 울창한 소나무 숲이 이어진다. 가파른 오르막이 시작되고 463봉 정상에 이른다(14:20). 조금 내려가니 헬기장이 나오고, 좌측에 골프장이 보인다. 계룡대 골프장이다. 길은 걷기 좋은 육산. 하늘엔 맑은 구름이 나들이 가듯 여유롭다. 청명한 날씨가 발걸음을 가볍게 하고, 좌, 우 낯익은 시골 풍경들이 가슴속에 스민다. 급경사 오르막 끝에 비석이 보이더니 봉우리 정상에 이른다. 507봉이다(14:38). 주변은 교통호인 듯 어지럽게 파헤쳐졌다. 우측으로 계룡대 건물과 골프장이 아주 가까이 보이고, 좌측 아래에 헬기장이 있다. 바로 이동한다. 능선을 사이에 두고 좌측은 계룡대 등 군사 지대, 우측은 평야 지대다. 우측에 보이는 학교 건물은 금강대학교. 완만한 능선을 오르내리고 다시 봉우리에 선다. 454봉이다(14:58). 20여 분을 더 가니 '군사시설 보호구역'이란 커다란 표지판이 나오고, 잠시 후 봉우리에 선다. 455봉이다(15:17). 군사시설 보호구역이란 표지판에는 무시무시한 경고문이 적혀 있다. 무단으로 출입하면 2년 이하의 징역이나 200만 원 이하의 벌금에 처한다는 것이다.

내가 지금 그렇게 중한 죄를 짓고 있는가? 주변 조망이 아주 좋다. 뒤돌아보면 천황봉에서 이곳까지의 궤적이 뚜렷하다. 좌측으로 내려간다. 직진에도 리본이 있어서 헷갈릴 수 있겠다. 좌측으로 내려가니 내리막길 우측에 전깃줄이 설치되었고, 이정표에는 '엄사리입니다.'라고 적혀 있다. 통나무 계단이 끝나고 안부사거리에 이른다.

### 엄사리 입구 안부사거리에서(15:39)

안부사거리에 운동 시설이 있고, 좌측에 출입제한 경고판이 있다. 계룡대가 가까워서 그러는가? 이곳부터는 마을 주민들의 운동 장소인 것 같고, 길도 넓고 반질반질하게 닦여졌다. 의자에 앉아 쉬는 동안에 몇 사람이 지나간다. 주민에게 물었다. 이곳이 행정구역상 어디쯤이냐고? 자랑스럽게 대답한다. '계룡시 엄사면 엄사리'라고. 그리고 묻지도 않은 것까지 알려준다. 계룡대는 미국의 펜타곤을 본떠서 오각형으로 지어졌다고. 직진으로 야트막한 오르막을 오른다. 엄사리로 가는 길이다. 바로 344봉에 이른다. 정상에 헬기장이 있고, 이정표는 '무상사'를 알린다. 좌측으로 내려가니 소나무가 많고, 완만한 오르막 끝에 또 봉우리에 선다. 349봉이다(16:09). 의자와 이제 막 쌓기 시작한 작은 돌탑이 있다. 좌측으로 내려가면서 많은 주민들을 만난다. 다시 봉우리에 선다. 305봉이다(16:14). 이정표와 운동 시설이 있다. 좌측 엄사리 방향으로 내려가니 안부사거리에 이정표가 있고(엄사리 2.01), 솔밭길이 시작된다. 운치가 있다. 이런 길은 여유를 갖고 걸어야 되는데 아쉽다. 잠시 후 안부사거리에서 완만한 오르막을 오르니 송전탑이 나오고(16:38), 우측에 묘지가 있다. 송전탑을 지나 삼거리에서 우측으로 오르니 교통호처럼 생긴 도랑이 있고 그 도랑을 건널 수 있게 통나무를 엮어 다리를 놓았다. 완만한 능선이 이어진다. 갈림길에서 직진하니 무명봉에 이르고(16:48), 좌측으로 내려가니 길은 계속 솔밭길. 마을이 보이기 시작하더니 바로 절개지 상단부에 이른다. 절개지에서 좌측으로 거의 90도 정도의 급경사를 로프를 잡고 내려간다. 잠시 후 포장도로에 이르고(16:54), 바로 옆에 '건국우유 계룡대리점'이 있다. 엄사리 마을이다. 이곳에서는 엄사초등학교를 거쳐 양정고개를 찾아가야 된다. '송수사'라는 일식집을 지나니 큰 도로가 나오고, 도로를 횡단해서 100m 정도 직진하니 엄사초등학교 담장이 나온다. 정문을 거쳐 직진하니 다리가 나오고, 좌측으로 200m 정도 가니 우측에 양정중앙교회가 나오면서 바로 지하차도에 이른다. 지하차도를 통과하니 좌측에 논산계룡농협이 있고, 1번 국도를 횡단하여 좌측으로 100m 정도 이동하니 '신계룡지구대' 건물이 나온다. 지구대 사무실 안에는 3명의 경찰 관리가 무표정하게 앉아 있다. 이곳이 오늘의 최종 목적지인 양정고개다(17:14). 날이 어둑어둑해진다. 신계룡지구대 희미한 불빛이 왠지 쓸쓸하게 보이고, 어둠에 젖어 드는 엄사리 마을의 적막도 깊어간다.

### ↟ 오늘 걸은 길
관음봉 → 쌀개봉, 천황봉, 455봉, 349봉 → 양정고개(10.8km, 5시간 49분).

### ⛰ 교통편
- 갈 때: 유성 시외버스터미널에서 동학사행 버스 이용.
- 올 때: 양정고개에서 202번 버스로 계룡역까지.

# 다섯째 구간
### 양정고개에서 덕목재까지

　겨울 바다, 연말정산…. 요즘 매스컴에 자주 등장하는 단어들이다. 남모르게 베푼 선행으로 냉혹한 사회를 훈훈하게 적시는 감동적인 사연들도 소개된다. 겨울이 깊어갈수록 가슴속에 새겨진 사람들이 더욱 생각난다.

　다섯째 구간을 넘었다. 계룡시 양정고개에서 논산시 벌곡면에 위치한 덕목재까지다. 이 구간에는 천마산, 천호봉, 대목재, 황령재, 함박봉, 398봉, 깃대봉 등이 있다. 전날 내린 많은 눈으로 하루 종일 눈 위를 걸었고, 점심도 눈밭에서 해결했다. 금남정맥도 이날로 공주, 계룡시를 거쳐 논산에 접어들었다.

## 2010. 12. 18.(토), 맑음

　영등포역에서 출발한 무궁화호가 계룡역에 도착(09:12). 생각보다 눈이 많다. 눈 산행에 대비했지만 조금은 염려된다. 이곳에서 양정고개까지는 버스를 타야 한다. 홍재슈퍼 앞 버스 정류장에서 출발한 202번 시내버스는 9시 35분에 양정고개에 도착. 양정고개 아침 풍경은 지난주와 별반 다르지 않고, 왠지 쓸쓸하게만 보이던 계룡지구대도 그대로다. 바뀐 것이라면 들머리를 오르는 통나무 계단이 눈으로 덮였다는 것. 계단 앞에 천마산 등산 안내도가 있다. 계단에 올라서니 금남정맥 입간판이 보이고, 삼거리에 이정표가 있다(팔각정 0.97). 조금씩 고도가 높아지더니 우측에 로프가 설치되었고, 큰 바위를 지나 오르니 다시 무명봉. 잠시 후 사거리에 이른다.

앉아 쉴 수 있는 의자가 있고, 계룡시내가 한눈에 들어온다. 직진으로 오르니 팔각정이 나오고(10:14), 우측에 '금바위'에 대한 유래가 적혀 있다. 좌측엔 큰 아파트 단지가 있다. 신성아파트다. 삼거리에서 직진하니 눈이 쌓여서 길이 보이지 않는다. 오늘 산행의 어려움이 예상된다. 가파른 오르막이 나오더니 통나무 계단으로 연결되고, 우측에 로프가 있다. 송전탑이 있는 삼거리에도 이정표가 있다(천마산 0.16). 벌써 몇 번째 보는 이정표인가. 계속 직진하여 천마산 정상에 이른다.

**천마산 정상에서(10:29)**

정상에는 돌탑, 이정표, 의자와 금남정맥 안내판이 있다. 바로 내려간다. 주변은 온통 하얀색. 다시 안부삼거리에 이른다(10:35). 이정표 옆 의자에 앉아 있는 노부부가 조금은 쓸쓸하게 보인다. 이렇게 이른 아침에 눈 쌓인 산속에 무슨 이유로 올라왔을까? 가끔 나도 친구가 많지 않음을 느낀다. 내 주변이 허할 때다. 그런 때조차 홀로 삭이며 보냈으니…. 직진하니 오르막이 시작되고, 두리봉에 올라서니 나무의자가 있다. 내려가는 길은 로프가 설치된 완경사로 변하면서 안부삼거리에 이른다. 오르막 양쪽엔 잣나무가 심어졌고, 조금 지나니 좌측에 대규모 묘역이 보인다. 몇 개의 무명봉을 넘고 내려서니 좌측에 폐가가 보이고, 바로 임도에 이른다. 임도를 따라 우측으로 조금 가다가 산으로 오르니 좌측에 소나무 묘목 단지가 있고, 한참 오르니 송전탑이 나온다(11:12). 가파른 오르막 끝에 무명봉을 넘고, 이어서 304.8봉에 이른다(11:28). 정상에 나무의자와 삼각점이 있다. 바로 내려간다. 내리막 끝 임도사거리에서 직진하니 삼거리가 나오고, 이곳에도 이정표가 있다(천호봉 0.9). 갈수록 눈이 많고, 길 양쪽에 어린 잣나무가 심어졌다. 눈이 쌓여 어디가 길인지, 묘목 단지인지 알 수 없어 양쪽 잣나무 사이를 따라 오른다. 삼거리에서 우측 능선으로 내려가다가 한참 오르니 능선삼거리에 이르고, 직진으로 아무도 밟지 않은 눈길을 혼자 걷는다. 백설을 내가 짓밟는 것 같아 조금은 아깝고, 미안하다. 한참 올라 봉우리를 넘어서서 가파른 길로 한참 오르니 삼거리에 이른다. 우측은 개태사에서 올라오는 길이다. 좌측으로 가다가 다음 삼거리에서 직진하니 천호봉 정상이다(12:02). 정상 팻말, 나무의자와 이정표, 안내리본이 있다. 좌측에 송전탑이 보이고 우측 먼 곳으로부터 자동차 소리가 들린다. 천호봉이라는 이름은 고려 왕건에 의해서 개명되었다고 한다. 원래는 황산이었으나 '하늘이 도와준다.'라는 의미에서 천호봉으로 했다고 한다. 이곳에서 점심을 먹는다. 앉을 자리가 없어 그냥 서서 해결한다. 직진 벌곡 방향으로 내려가니(12:13) 이정표가 나오고(황룡재 3.0), 작은 돌길을 계속 내려가니 안부에 이른다. 능선을 따라 한참 오르니 봉우리에 이른다. 377봉이다(12:26). 정상에는 대전 한겨레산악회에서 건 안내리본이 있다. 내려가니 논산시에서 세운 이정표가 나온다(황룡재 2.3). 부여에서 시작한 금남정맥이 공주, 계룡시를 거쳐 드디어 논산에 들어선다. 임도처럼 넓은 오르막 능선이 시작된다. 로프와 표지판이 있고, 표지판에는 '엔돌핀 길'이라고 적혀 있다. 오르막은 계속된다. 잠시 후 353봉에 이른다(12:46). 정상 주변은 소나무가 울창하고, 가운데에도 소나무 한그루가 있다. 조금은 의도적인 공간 형성이다. 로프가 설치된 급경사로 내려가니 대복재에 이르고, 직진으로 오르니 332봉에 이른다(13:08). 최근에 설치한 듯 깨끗한 팔각정이 있다. 좌측 벌곡 방향으로 내려가 묘지를 지나 우측으로 진행하니 나무의자가 자주 나오고, 무명봉에서 내려가니 삼거리 우측에 산불감시초소가 있다. 통나무 계단에 이어 묘 2기가 나오고, 앞이 훤해지면서 절개지 상단부에 이른다. 좌측으로 이동하니 '천호봉 등산로 입구'라는 안내판이 보이더니 포장도로인 황령재에 도착한다.

### 황령재에서(13:40)

도로 건너편에 '삼천리교육원'이 있고, 마루금은 교육원 뒤로 이어진다. 그러나 도로 건너편에 낙석 보호 철망이 있어 우회해야 한다. 좌측으로 내려가니 삼천리교육원 입구에 이르고, 5분 정도 올라가니 삼거리가 나오면서 '주차장'을 알리는 팻말이 보인다. 이곳에서 좌측으로 올라가니 시멘트 도로가 끝나고, 우측 배수로를 따라 30㎜ 정도 가니 산으로 오르는 입구가 나온다. 입구에 '입산 시 주의사항' 안내판이 있다. 안내판 뒤 능선을 따라 조금 오르니 통나무 계단이 시작되고, 계단 좌측에 대규모 묘역이 있다. 이 길이 함박봉으로 오르는 길이다. 긴 통나무 계단이 끝나고 함박봉에 이른다(14:10). 주변 조망이 뚜렷하다. 특히 우측 신산리 농촌 마을 풍경은 한 폭의 그림이다. 산불 감시카메라가 있고, 봉우리는 활강장으로 사용된 흔적이 역력하다. 우측으로 내려가니 급경사에 로프가 설치되었고, 잠시 후 398봉에 이른다. 눈이 다 걷혔다. 눈길만 걷다가 갑자기 낙엽 쌓인 길을 보니 뜬금없다. 내려가다가 봉우리 정상 직전에서 좌측 옆 등으로 빠진다. 잠시 후 임도에서 우측으로 조금 가다가 안내리본을 따라 산으로 올라 송전탑을 지나(14:35) 계속 오른다. 391봉 정상 직전에서 우측으로 돌아가니 삼거리가 나오고, 이곳에서 간식을 먹는다. 우측으로 완만한 능선길이 이어지다가 봉우리 정상에 이른다. 깃대봉이다(15:05). 정상 표지판과 삼각점이 있고, 주변에 철 지난 억새가 마른 잎을 흔들거린다. 주변 조망도 좋다. 북쪽으로 함박봉이, 남동쪽으로는 논산 들판의 저수지가 보인다. 마루금은 좌측으로 이어지고, 길 흔적이 없지만 그냥 내려간다. 일단 이 산을 내려가면 호남고속도로를 만날 수 있기에. 길은 이미 사라졌고, 방향 감각조차 없다. 아무리 내려가도 길은 보이지 않고 갈수록 경사가 심해지면서 위험한 지역이 나온다. 길을 잘못 든 것이 확실하다. 가시등걸이 연속되고 절벽과 빽빽한 숲이 계속된다. 하지만 내려갈수록 한 가닥 희망이 보인다. 자동차 소리가 크게 들린다. 호남고속도로가 가깝다는 증거다. 무조건 아래로 내려가니 드디어 고속도로가 보이기 시작한다. 몇 번을 굴렀는지 모른다. 얼굴이 가시에 찔리고 무릎이 까졌다. 경사가 약해지더니 산 아래턱에 이르고, 잠시 후 68번 지방도로에 선다. 도로 너머는 호남고속도로다. 이곳에서 덕목재는 좌측으로 500m 정도에 있을 것이다. 바로 이동한다. 예상한 대로 덕목재에이른다(15:50). 버스 정류장이 있고, 그 뒤에 덕목리 마을이 있다. 바로 옆에 호남고속도로가 지난다. 이곳에서 등로는 앞에 보이는 호남고속도로를 건너 이어진다. 고속도로를 건너는 지하차도를 찾아야한다. 마을 주민의 설명대로 인삼밭 끝으로 내려가니 개울이 나오고, 개울을 따라 내려가니 지하차도가 아닌 큰 하수구 정도 되는 통로가 나온다. 자동차가 다닐 수 없는 것은 물론이고, 배수로 역할만한다. 바닥은 물이 흐르고 통로 내부는 보이지 않을 정도로 컴컴하다. 통로를 통과하고 나서 오늘 일정을 생각해 본다. 예정된 물한이재까지는 앞으로 두 시간 정도를 더 가야 되는데, 가다가 중단하면귀경길 교통편이 문제다. 오늘은 이곳에서 마치기로 한다. 다시 컴컴한 지하 통로를 통해 덕목재로 돌아온다. 예정된 곳까지 가지 못하는 아쉬움이 크다. 이런 심정을 아는지 모르는지 덕목리 마을에서피어오르는 밥 짓는 연기는 평온하기만 하다.

### 🚶 오늘 걸은 길

양정고개 → 천마산, 천호봉, 대목재, 황령재, 함박봉, 398봉, 깃대봉 → 덕목재
(13.3km, 6시간 15분).

### ⛰ 교통편

- 갈 때: 계룡역에서 시내버스로 양정고개까지 이동.
- 올 때: 덕목재에서 21번 버스로 도마큰시장까지 이동.

# 여섯째 구간
## 덕목재에서 수락재까지

'홀로 산행은 외롭지만, 시비(是非)가 없고, 단체산행은 외롭지 않지만 시비가 있다.'고 했다. 개인 차가 있고, 산행 목적에 따라 다를 것이다.

여섯째 구간을 넘었다. 덕목재에서 수락재까지다. 덕목재는 논산시 벌곡면 68번 지방 도로상의 고갯마루이고, 수락재는 벌곡면 수락계곡에서 양촌면으로 넘어가는 잿등이다. 이 구간에는 월성봉, 바랑산, 533봉 등의 산과 물한이재, 수락재 등이 있다. 물한이재에서 절개지를 타고 오르는 능선이 조금은 어려울 수 있고, 반면, 바랑산을 지나면서부터는 암릉과 노송으로 이루어진 능선의 경관이 수려해 산행의 진미를 느낄 수 있다.

### 2011. 1. 8. 토, 맑음

버스가 대전에 정차한 곳은 터미널이 아니고 맞은편 임시 버스 정류장이다(08:07). 터미널은 공사 중이다. 이곳에서 201번 시내버스로 도마큰시장까지(08:38), 21번 버스로 환승하여 벌곡농협 앞에 도착한다(09:38). 덕목재까지는 걸어야 된다. 덕목터널을 통과하고 인삼밭을 지나 덕목재에 이른다(09:57). 한기에도 불구하고 덕목리 마을은 평화롭기 그지없다. 마을의 평화와는 아랑곳없이 좌측 호남고속도로는 쌩쌩 달리는 자동차들로 소란스럽다. 하기야 겨울인들 여름인들, 밤인들 낮인들 고속도로에 무슨 소용이랴…. 바로 들머리로 향한다. 인삼밭 가장자리를 따라서 지하 통로로 향한다. 호남고속도로를 통과하기 위해서다. 대부분 고속도로 지하 통로는 차량이 통과할 정도의 공간인데, 이곳은 수로 역할을 할 뿐이다. 지금도 물이 졸졸 흐른다. 사이사이에 놓인 돌멩이를 딛고 겨우 통과하자마자 눈앞엔 은빛 세계가 펼쳐진다. 온통 눈 천지다. 눈 위에 서 있는 나무에 안내리본이 걸려 있고, 흰 눈과 대비되어 더욱 뚜렷한 것이 애처롭기까지 하다. 이 추운 날에…. 안내리본과 함께 사람 발자국도 보인다. 안내리본을 따라 오르니 산밭이 나오고, 밭을 지나 산으로 오르니 절개지 상단부에 이른다. 여기서부터 능선으로 이어지고, 본격적인 산행이 시작된다. 눈이 쌓여 길은 보이지 않지만 어디로 가야 할지는 알 수 있다. 선답자의 발자국이 있어서다. 인삼밭이 나온다. 처참하다. 햇빛과 바람을 가리던 가림막이 눈 무게를 이기지 못하고 모두 쓰러졌다. 일부는 받침대까지 쓰러져 마치 전장의 폐허를 방불케

한다. 인삼밭이 끝나고 등로는 우측 산길 오르막으로 이어진다. 작은 봉우리를 서너 개 넘는다. 능선 오른쪽은 넓은 낙엽송 지대. 그 중턱에는 임도가 능선 아래로 이어진다. 완만한 능선을 따라 내려가니 삼거리에 이른다. 곰치재다(11:10).

### 곰치재에서(11:10)

곰치재에도 눈이 쌓였다. 임도는 좌측으로 이어지고 마루금은 직진으로 가파른 오르막을 넘는다. 스틱 두 개를 사용해 힘껏 반동을 주며 오른다. 평범한 능선길이 이어지고, 삼거리에서 좌측으로 올라 작은 봉우리를 넘으니 너덜길이 나온다. 너덜길만 보면 광주의 무등산이 생각난다. 무등산의 너덜지대는 아주 길었다. 너덜지대를 지나 5분 정도 걸으니 무명봉에 이르고, 정상에 안내리본이 있다. 오늘 같은 날 안내리본의 역할은 막중하다. 다시 봉우리를 넘으니 큰 바위가 나오고(11:36), 이곳에서 보는 바랑산과 월성봉이 아주 가깝다. 조금 후면 밟게 될 봉우리들이다. 우측 골짜기에 마을이 있고, 마루금은 암릉길로 이어진다. 큰 바위가 나오고 다시 봉우리를 넘는다. 계속해서 바위가 나오고 무명봉에서 좌측으로 내려가 안부사거리에서 직진하여 능선을 오르내리니 363.9봉에 이른다(12:12). 삼각점이 있다. 벌써 시장기가 든다. 이곳에서 점심을 먹고 출발한다(12:26). 눈 위에 찍힌 발자국이 이렇게 고마워 보인 적이 있었던가? 앞쪽에 물한이재로 오르는 도로가 보이고, 물한이재 뒤에는 아주 거대한 산이 떡 버티고 있다. 겁이 난다. 저 높은 곳을 또 올라가야 한다. 내리막길이다. 갈수록 물한이재로 올라오는 도로가 뚜렷하게 보인다. 다시 무명봉을 넘으니 급경사가 시작되고, 절개지 상단부에 이른다. 물한이재다(12:40). 물한이재는 논산시 양촌면과 벌곡면을 잇는다. 옛사람들은 이 높은 재를 걸어 다녔을 것이다. 그런데 그 높은 잿등은 온데간데없고 지금은 이렇게 초현대식 터널을 뚫었다. 물한재터널이다. 도로도 최근에 닦은 듯 깨끗하다. 모든 것이 새롭다. 물한이재 도로 양쪽은 아주 길게 낙석방지용 철망이 설치되어 사람이 뚫고 나갈 틈이 없다. 어디로 올라가야 되나? 잠시 생각에 빠진다. 낙석방지용 철망을 뚫고 절개지를 오를 수는 없다. 그렇다면 상당한 거리를 돌아가야 한다. 너무 많은 시간이 소요될 것 같다. 도로까지 내려가지 않고 바로 터널 위로 통과하기로 한다. 터널 위로 내려가 건너편 절개지에 이르니 90도 직벽이 가로막는다. 도저히 오를 수 없다. 우측으로 우회한다. 이곳도 길이 보이지 않는다. 온통 눈으로 덮였고 70~80도의 가파른 눈 산이다. 위험하다. 간신히 넘어 절개지 상단부에 이르니 다시 마루금이 이어진다. 여전히 눈길이다. 사방이 하얀 눈이어서 조금은 단조롭다. 그저 눈 산이란 생각뿐, 흙길을 밟는 아기자기함이 덜하다. 돌길을 걷는 딱딱한 촉감도, 낙엽을 밟는 서걱거림도 없다. 고개를 들어 좌측을 쳐다보니 첩첩산중. 끝없이 산뿐이다. 우측에 도로가 보인다. 양촌에서 물한이재로 올라가는 도로이다. 조금 올라가니 무명봉에 이른다. 암릉길이 이어지고, 더 내려가니 직벽길이 나온다. 로프가 설치되었으나 아주 위험하다. 오늘 같은 날엔 단 한 번의 미끄러짐으로 그대로 황천길이다. 조심조심 스틱을 찍고, 또 찍어보고 한 발 한 발 내딛는다. 직벽길이 끝나고 급경사 내리막이 시작된다. 안부에서 직진하여 갈림길에서 좌측으로 내려가니 또 안부에 이르고, 이어서 작은 봉우리를 넘어서니 작은 물한이재에 이른다(13:35). 더 오르니 가파른 오르막이 시작되고, 오른쪽에 로프가 설치되었다. 아주 투박하게 생긴 굵은 로프다. 힘이 든다. 로프를 잡지 않고 스틱에 의존해 오르니 무명봉에 이른다(14:00). 정상 가운데에 공간이 있고, 아래에 절이 보인다. 영주사다. 바로 출발한다. 바위가 나오고, 이어서 421봉에 이른다. 이정표가 있다(월성봉 1.46). 월성봉 방향으로 진행하니 갈수록 눈이 많다. 갈림길에서 좌측으로 오르니 바위가 나오고, 양촌면 일대가 훤하다. 날씨만 괜찮다면 이곳에서 더 머물고 싶다. 다시 무명봉 직전에서 좌측으로 오르니 바랑산 정상에 이른다.

## 바랑산 정상에서(14:38)

정상에 눈이 쌓였는데도 삼각점은 보인다. 나무에 바랑산 팻말이 걸려 있다. 모처럼 산 이름을 알리는 팻말을 보니 반갑기 그지없다. 산길을 걸으면서도 어쩔 때는 이곳이 정말로 그곳이 맞는가? 하곤 하는데 이렇게 팻말이 설치된 곳을 지날 때는 확신이 선다. 사람들이 다녀간 흔적이 뚜렷하다. 우측으로 미끄럼을 지치면서 내려간다. 잠시나마 동심에 빠진다. 주변이 탁 트인 곳이 나오고, 이정표가 있다(월성봉 1.3). 우측 아래는 절벽인데 그 아래에 절이 있다. 법계사다. 삼거리에서 직진하니 바위 절벽이 나오고, 어느 분의 추모비가 있다. 이곳 산행 중에 사고를 당한 분의 비석이다. 추모비에 적힌 글이 가슴에 와 닿는다. '네가 외로울까 봐 이곳에 우리의 정을 남긴다.' 친구들이 바친 글이다. 남 일 같지 않다. 사실 단독 종주의 위험성은 아무리 강조해도 지나치지 않다. 심장 질환, 실족, 추락, 조난 등 사고 시에 옆 사람의 도움을 받을 수 없어서다. 추모비를 지나 오르니 다시 봉우리 정상에 선다. 암봉인 547봉이다(14:58). 좌측으로 내려가니 안부사거리에 이르고, 직진하니 바람이 세게 일어 추워진다. 얼굴을 가린 마스크도 입김에 젖어 축축해졌다. 갈수록 눈이 많다. 가파른 오르막을 지나 삼거리에서 우측으로 오르니 월성봉에 이른다(15:31). 이정표 옆 탐방로 안내판을 통과하니 더 넓은 눈밭이 나온다. 헬기장 같다. 지나온 길을 뒤돌아보니 바랑산과 547암봉이 한눈에 들어온다. 법계사와 양촌면 일대도 하얀 눈으로 덮였다. 출발한다. 우측은 천 길 낭떠러지로 정말 조심해야 할 곳이다. 바로 넓적한 바위가 있는 곳이 나온다. 흔들바위다(15:39). 두 개의 넓적한 바위가 나란히 놓였고 그 옆에 나무 의자가 설치되었다. 바위에 올라서면 바위가 흔들거린다고 했는데 시도하지 못했다. 무서워서다. 눈길에 미끄러지기라도 하면 그대로 끝이다. 이곳에서 간식을 먹고 출발한다. 우측은 낭떠러지, 좌측은 완경사를 이루는 눈밭이다. 우측엔 바위와 노송이 어우러져 최고의 설경을 연출한다. 비슷한 설경이 계속 이어진다. 시간만 있다면 좀 더 머물러도 좋겠다. 언젠가 이 길을 다시 한번 오고 싶다. 내리막길이다. 그냥 미끄러져 내려간다. 갈림길에서 우측으로 내려가니 안부사거리에 이르고, 이정표가 있다(수락계곡 1.75). 직진으로 오르니 다시 봉우리에 선다. 533봉이다(16:07). 바로 내려간다. 계속 바윗길에 나무 계단이 이어진다. 나무 계단이 아니면 도저히 이동할 수 없는 지형이다. 계단이 끝나고 다시 오르니 전망대가 나오고, 가장자리에 난간이 설치되었다. 순전히 등산객들을 위한 시설이다. 전망대에서 보는 주변 조망이 놀랍다. 좌측에 대둔산 승전탑이 보이고, 지나온 뒤쪽은 월성봉이, 진행 방향으로는 대둔산 정상으로 이어지는 마루금이 시원스럽다. 또 좁고 가파른 나무 계단이 이어진다. 몇백 개인지 모를 정도로 길다. 나무 계단이 끝나고 급경사 내리막 끝에 수락재에 이른다(16:25). 수락재는 수락계곡에서 양촌면으로 넘어가는 잿등이다. 이곳에서 고민을 한다. 여기서 더 갈 것인지, 중단할 것인지. 중단하기로 한다. 일기는 계속 나빠지고, 좀 더 갈 수는 있겠지만 귀경길이 염려되어서다. 또 고민거리가 생긴다. 좌측으로 내려갈 것인지, 우측으로 내려갈 것인지. 귀경길 교통편이 관건이다. 혹시나 하면서도 논산시청에 전화를 해본다. 토요일이지만 전화를 받는다. 좌측 수락계곡으로 가면 주차장이 나오고 시내버스가 있다고 한다. 마음이 놓인다. 좌측 수락계곡 쪽으로 내려간다. 주차장에 도착하니 버스 정류장인 '대둔산 식당' 앞 공터는 사람들로 분주하다. 식당에 버스 운행 시각이 붙어 있다. 시골인심을 내보이듯 삐뚤삐뚤하지만 정이 가는 글씨체다. 오늘도 구석구석에 스승이 있음을 확인했다. 산길 걷기는 내가 스승을 만나는 날이다.

### 🚶 오늘 걸은 길

덕목재 → 월성봉, 물한이재, 바랑산, 533봉 → 수락재(9.6㎞, 6시간 28분).

### 🏔 교통편

- 갈 때: 대전 도마큰시장에서 21번 버스로 덕목재까지 이동.
- 올 때: 수락재에서 수락계곡으로 내려가서 시내버스로 논산으로 이동.

# 일곱째 구간
## 수락재에서 배티재까지

멋진 사찰이 소개된 자료를 봤다. 해남 미황사. 참선 수행과 법회는 물론 템플스테이, 명상, 초등학생들을 위한 한문학당이 열린다고 한다. 특히 관심을 끄는 것은 저녁노을 속에 열린다는 산사 음악회다. 상상이 간다. 사찰을 둘러싼 수목 틈새로 스며드는 저녁노을을 받으며 어우러질 한바탕 굿판이 아니겠는가. 상상만으로도 끌린다.

일곱째 구간을 넘었다. 논산시 수락재에서 배티재까지다. 수락재는 수락계곡과 양촌면을 잇는 고개이고, 배티재는 충남 진산면과 전북 완주군 운주면을 가르는 잿등이다. 이 구간에서는 남한의 소금강이라 불리는 대둔산의 비경을 맘껏 감상할 수 있다.

### 2011. 1. 15.(토), 맑음

무궁화호 열차는 08:39에 논산역에 도착. 이곳에서 수락계곡까지는 버스를 타야 한다. 논산역 앞 정류장에서 출발한 수락행 버스는 논산 시내를 다 뒤져 승객을 태우고 수락에 도착(09:42). '대둔산 식당' 앞 공터에서는 이미 도착한 대여섯 명의 등산객이 산행 채비를 갖추느라 어슬렁거린다. 나는 스틱만 꺼내 들고 바로 출발한다. 주차장 게이트를 지나 큼지막한 산행 안내도 앞에서 대전산악회 유니폼을 입은 단체산행객들이 시산제를 지낸다. 잘생긴 돼지머리가 제사상 제일 앞에서 벌렁코를 자랑한다. 승전탑 입구에서부터 대둔산 산행코스가 갈린다. 대둔산 정상을 오르려는 사람, 수락계곡을 감상하려는 사람, 나처럼 종주 산행을 하려는 사람들이 이곳에서 각각 코스를 선택한다. 대부분의 사람들은 대둔산 정상으로 직행하고, 나만 수락재로 향한다. 등로는 눈길로 계곡에서조차 흙이나 돌멩이를 볼 수 없다. 아직 얼지 않은 상태라서 걷는 데 큰 불편은 없다. 군데군데 보이는 산죽이 싱그럽다. 계곡이 한번 굽이치고, 산속에 혼자가 된다. 가끔 눈꽃 송이 떨어지는 소리에 놀라기도 하지만 싫지 않다. 원래 자연의 모습일 터. '수락계곡'이란 지명은 도처에 있다. 계곡에 물이 많아 즐거움을 느낄 수 있는 계곡이란 의미다. 한동안 오르니 이마에 땀이 맺힌다. 다시 한번 지그재그식 오르막을 넘으니 잿등이 보인다. 바로 일주일 전에 밟았던 수락재다(10:15).

### 수락재에서(10:15)

이정표가 있다(대둔산 마천대 4.25). 바로 오른다. 등로에 선답자의 발자국이 남아 있어 따라 오른다. 설산의 발자국 위력을 오늘도 실감한다. 잠시 후 397봉에 이른다. 이곳 역시 눈으로 덮여 그저 하얀 봉우리일 뿐이다. 내리막에 이어 평평한 길이 시작된다. 눈만 쌓이지 않았다면 달려갈 수도 있는 길이다. 설산은 세상을 공평하게 만드는 것 같다. 나무들도 똑같게 만들고 흙길도 없애고 돌길도 숨겨버린다. 무덤도 둔덕도 감춘다. 보이는 것은 하얀 눈뿐이다. 갈림길에서 좌측으로 가파른 오르막이 이어지더니 봉우리에 이른다. 575봉이다(10:45). 바로 내려가다가 다시 봉우리 하나를 넘고 갈림길에서 우측으로 내려가니 사거리다. 이정표가 있다(마천대 2.35). 직진으로 오르니 바위가 나온다. 평상시 같으면 걷기에 아주 불편할 돌길일 텐데 쌓인 눈이 감춘다. 키 큰 산죽이 이곳에도 있다. 산죽은 언제 봐도 싱그럽다. 산죽에 이어 넓적한 바위가 나오고 사방이 확 터져 시원스럽다. 뒤에는 지난주 지나온 바랑산, 월성봉과 함께 여기까지 이어지는 능선이 아름다운 곡선으로 나타난다. 앞쪽은 조금 후면 닿게 될 대둔산 마천대가 뚜렷하다. 설산에 박혀 검은 줄기로 보이는 나무들도 그렇고, 눈 아래에 깔린 바위와 낙엽들의 아우성까지 들리는 듯하다. 암릉길이 시작된다. 오늘 같은 날 이런 암릉은 위험하다. 좌측으로 돌아가니 산죽밭이 나오고, 무덤덤한 암릉길에 감초 역할을 하듯 새파란 산죽이 또 나타난다. 언제 봐도 싫지 않은 산죽, 오늘 따라 유달리 반갑다. 이번에는 암벽이 나타나고, 도저히 오를 수 없어 돌아서 간다. 계속 나타나는 암릉길. 불가능해서 피하는 것이 아니다. 눈만 쌓이지 않았다면 이런 암릉을 넘는 것도 묘미가 있을 텐데, 아쉽다. 암릉에 이어서 봉우리에 이른다. 바위로 된 서각봉이다. 이정표(마천대 1.1)와 산죽이 무성하다. 이젠 대둔산 정상도 멀지 않았다. 좌측으로 내려가니 이곳도 산죽이 무성하고, 산죽을 보니 갑자기 안성 칠장산 산행 때가 생각난다. 칠장사로 내려가는 길목의 산죽은 마치 숲을 이루듯 무성했고, 키도 장대처럼 컸다. 바로 안부에서 좌측으로 우회하니 길이 좋지 않고, 바람까지 인다. 소리 없이 찾아든 찬바람이 목덜미를 움츠리게 하지만 말이 필요 없는 이 시간이 정말로 좋다. 마스크를 눈 아래까지 올린다. 오르내리기를 반복하다가 안부삼거리에서 직진하니 이곳까지도 산죽이 진을 치고 있다. 이어서 바윗길로 이어진다. 아이젠을 착용할까도 생각했지만 그냥 간다. 내리막길에선 좀 미끄럽지만 오를 때는 견딜 만하다. 작은 고개를 오르면서도 힘이 든다. 고개를 넘어서니 갈림길이 나오고, 우측으로 오르니 앞에 펼쳐지는 대둔산의 비경이 황홀하다. 일부러 조성한 것이 아닌 자연의 작품일 텐데 저럴 수가? 대둔산 정상의 개척탑이 아주 가깝게 보인다. 급경사 내리막길로 이어지고, 안부에서 직진하니 정상이 코앞이다. 등산객들을 만난다. 단체 산행객인지 열맷 명이 무리 지어 오른다. 나도 그 뒤를 따른다. 정상 50m 직전에서 바윗길을 오른다. 이것만 넘으면 정상이다. 마천대가 우뚝 서 있다. 대둔산 정상이다.

### 대둔산 정상에서(12:20)

정상은 시장터를 방불케 한다. 초코파이를 나눠 먹는 일행들, 오르는 동안의 힘들었던 상황들을 무용담처럼 늘어놓는 아낙네들의 입담까지 더해져 정상은 떠나갈 듯 시끄럽다. 몇 년 전에도 느꼈지만, 정상의 개척 탑은 산과는 어울리지 않는다. 왜 재질이 금속이어야 하는지, 왜 서양식 탑이어야 하는지를 모르겠다. 정상에서 바라보는 주변 경관은 한마디로 끝내준다. 완주군 쪽으로 펼쳐진 기암들은 마치 조각하여 맞춘 듯하고, 동쪽으로는 곳곳에 자리 잡은 눈 덮인 암릉들이 한겨울의 진경을 연출한다. 뒤에는 지난주에 올랐던 바랑산과 월성봉을 이어 이곳까지 이어지는 산줄기들이 한눈에 들어오고, 하얀 눈밭에 점박이 수목들이 설경의 진수를 완성시킨다. 옥에 티라면 케이블카가 설치되어 오르내린다는 것이다. 정상은 여전히 오르고, 내려가는 사람들로 붐빈다.

올라왔던 바윗길로 다시 내려간다. 미끄럽다. 오르내리는 사람이 뒤엉켜 좁은 바윗길은 순간 정체된다. 잠시 후 삼거리에 이른다 (12:40). 이곳 삼거리는 대둔산 정상을 오르는 사람이면 거치는 길목이다. 한쪽에 간이매점이 있고, 이 추운 날씨에 매점 주인은 방한 장비로 온몸을 감싸고 눈만 뻥긋 내놓고 지나는 등산객들을 주시한다. 이곳에서 사람들은 대부분 금강구름다리 쪽으로 내려가고, 마루금은 용문골사거리 쪽으로 이어진다. 이제부터 또 홀로가 된다. 암릉이 나온다. 우측 아래는 잠시 후 통과하게 될 배티재가 내려다보이고 오대산으로 이어지는 산줄기도 보인다. 로프가 설치된 암릉길에 이어서 철계단이 나온다. 계단 간격이 좁고 경사가 가팔라 위험하다. 다시 안부삼거리에서(13:01) 또 암릉으로 이어지고, 도저히 오를 수가 없어 좌측으로 우회한다. 안부사거리에서(13:21) 우측 태고사 방향으로 진행하니 철계단, 이어서 돌계단이 나온다. 다시 갈림길이다. 이정표가 있다(장군약수터 0.6). 장군약수터 방향으로 이동

하여 돌계단으로 내려가니 이정표가 나오고, 장군약수터를 찾아 내려가는데 길이 끊긴다. 지금까지 보이던 발자국도 리본도 보이지 않는다. 없는 발자국을 탓할 수는 없다. 장군약수터만 찾으면 될 것이다. 간신히 능선을 찾았다. 내리막길이다. 사람 발자국도 다시 보인다. 지난 발자국 위에 새로운 눈이 쌓였지만 그 흔적은 미루어 짐작할 수 있다. 따라 내려간다. 안부 갈림길에 이른다. 능선인 직진길은 오대산으로 가는 길, 장군약수터는 좌측으로 내려간다. 헷갈린다. 지형으로 봐선 능선을 따라 직진해야 할 것 같은데 장군약수터는 좌측 방향으로 표시되었다. 장군약수터로 내려가기로 한다. 약수터까지 내려와서야 길을 잘못 들었음을 안다. 당황스럽다. 허둥지둥 다시 내려왔던 갈림길로 오른다. 30분 이상을 허비하고 나서야 제 길로 들어선다. 오대산 방향으로 조금 내려가니 철망이 앞을 막고, 경고판이 부착되었다. 태고사의 경내지라면서 출입을 통제한다. 우측으로 한참 돌아가니 능선에 이르고, 잠시 후 삼거리에 이른다 (14:23). 넓은 공터, 의자, 이정표가 있다(오대산 1.1). 이곳에서 직진하는 오대산 방향을 버리고 우측으로 난 급경사로 한참 내려가니 등로는 좌측 사면으로 이어진다. 옆 등을 타고 내려간다. 17번 국도에서 좌측으로 이동하니, 아치형 시설이 보이고, 넓은 공간과 휴게소가 나온다. 배티재다(14:45). 지역 경계를 알리는 구조물이 설치되었다. 마루금은 휴게소 우측 절개지로 이어지고, 초입에 안내리본이 걸려 있다. '어떻게 할까? 계속 진행할까, 아니면 오늘은 이곳에서 멈출까?' 아직 시간은 있지만 이곳에서 마치기로 한다. 이곳에서는 귀경편 교통이 가능하지만, 더 진행할 경우 장담할 수 없어서다. 대둔산 공용터미널에 도착하니 마침 대전행 버스가 대기하고 있다(15:20). 오늘 산행을 위해 새벽 4시부터 서두르던 모습이 떠오른다. 조금은 허

탈하다. 눈이 많으리란 예상을 하면서도 강행한 것이 과욕이었을까? 무리하지 말아야 한다는 값진 교훈을 얻는다.

### 🚶 오늘 걸은 길

수락재 → 397봉, 서각봉, 대둔산 → 배티재(6.4㎞, 4시간 30분).

### ⛰ 교통편

- 갈 때: 논산역에서 버스로 수락계곡까지 이동.
- 올 때: 배티재에서 대둔산 공용터미널까지 도보로, 버스로 대전까지.

# 여덟째 구간
## 배티재에서 백령고개까지

　우리나라에 산이 4,440개 있다. 국토해양부가 규정한 높이 100m를 기준해서다. 국제적으로 산에 대한 높이를 규정한 것은 없다. 그래서 나라마다 다르다. 미국은 600m가, 영국은 300m가 넘어야 산이라고 부른다. 그런데 우리나라에 '만산회'란 산악회가 있다. 회원들이 오른 산의 수가 1만 개가 넘는다고 해서 지은 이름이다. 처음 5명이 회원으로 창립했다고 하니 1인이 2천 개가 넘게 산을 올랐다는 계산이다. 실로 대단하다고 할 수밖에….

　여덟째 구간을 넘었다. 배티재에서 백령고개까지다. 배티재는 금산군 진산면과 완주군 운주면을 가르는 잿등이고 백령고개는 금산군 남이면 건천리와 역평리를 잇는다. 이 구간에는 오항리고개, 인대산, 640봉, 570봉, 622.7봉 등이 있다. 인대산에서 622.7봉을 찾아가는 도중 '식장지맥 분기점'에 양쪽으로 표지기가 있어 헷갈릴 수 있는데, 그때 우측으로 가면 된다.

## 2011. 1. 22. 토, 맑음[7]

강남 고속버스터미널에서 출발한 버스가 대전 임시 버스터미널에 도착(08:10). 시외버스터미널에서 배티재행 버스는 10시 40분에 있는데, 너무 늦어 다른 방법을 찾아야 된다. 시내버스로 진산읍까지 가서 다시 버스를 타기로 한다. 버스는 서부터미널 뒤 버스 정류장에 있다. 진산행 버스에는 이미 승객 서너 명이 타고 있고, 내가 타자마자 출발한다. 진산읍에는 09:10에 도착. 이곳에서도 배티재행 버스 출발 시각이 늦어 택시를 타기로 한다. 택시 안에서 '진산'이라는 지명과 고(故) 유진산 씨에 대해서 물었더니 70이 넘은 택시 기사는 자세히 설명한다. 대단한 분이었다고. 5분 정도를 달려 배티재에 도착(09:55). 배티재는 썰렁하다. 휴게소는 문을 열지 않았고, 넓은 주차장은 텅 비었다. 이곳에서 마루금은 휴게소 뒤로 이어진다. 휴게소 우측 절개지로 향하니 전부 눈으로 덮여 길은 보이지 않는다. 나무에 걸린 표지기만이 이곳이 등산로임을 알린다. 눈 속에 묻힌 배수로 흔적을 따라 오르니 절개지 상단부에서부터 능선이 시작된다. 오름길은 아무도 밟은 흔적이 없는 백설 그대로다. 잠시 후 415봉에 이른다. 정상에서 뒤돌아본 대둔산의 기암들이 그 묵직한 자태를 여실히 드러낸다. 내려간다. 좌측으로 진산 자연휴양림으로 가는 도로가 이어진다. 안부에서 오르니 이동통신 기지국이 나오고, 위에는 파란색 물탱크가 있다. 마루금은 물탱크 우측으로 이어진다. 바로 공터가 나오고, 야영장 안내문이 보인다. 잠시 후 이정표를 지나면서부터 긴 오르막이 시작된다. 좌측엔 산 아래턱으로 임도가

---

7) 독만권서 행만리로: 중국 송나라 소철의 말로, '만 권의 책을 읽고, 만 리를 여행하라.'는 뜻이다.

따라오고, 우측엔 참나무가 주종으로 썰렁한 겨울 산을 그대로 보여준다. 올려다보면 볼수록 긴 오르막이다. 초장부터 힘이 빠진다. 해가 봉우리에 걸친 듯 떠오르고, 아침부터 바람이 분다. 오늘 일기가 심상치 않다. 잠시 후 봉우리 정상에 선다. 515봉이다(10:59). 이곳에서도 대둔산 주릉이 뚜렷하고 그 아래 상가와 공용터미널까지 보인다. 바로 내려간다. 앞산이 유독 높아 보인다. 이 내리막이 끝나면 저 꼭대기까지 올라야 한다는 두려움이 앞선다. 몇 개의 작은 봉우리들을 넘고 570봉에 이른다(11:25). 정상 삼거리에서 좌측으로 내려가니 사람이 다닌 흔적이 있고, 걷기 좋은 길이 시작되더니 기둥처럼 생긴 이정표가 나온다(국기봉 1920m). 이어서 갈림길이 나온다. 좌측은 사람 발자국이 있는데, 마루금은 우측이다. 새로운 길이 시작되고 또다시 혼자가 된다. 우측으로 조금 가다가 510봉 직전에서 우측 사면으로 빠진다. 눈이 없는 낙엽길이다. 잠시나마 겨울 속의 가을을 걷는다. 낙엽길이 끝나고 급경사 내리막 눈길로 이어진다. 완만한 능선길이 이어지고, 무명봉을 넘어 450봉에 이른다(11:59). 바로 내려가니 연속해서 바윗길이다. 바윗길이 끝나고 안부사거리에서 (12:07) 직진하니 좌측에 인삼밭이 나온다. 눈바람에 못 이겨 인삼밭을 지탱하던 비닐이 뭉개지고 날아갔다. 농민의 마음이 찢겼다. 정상에 노송이 있는 무명봉에 이르고, 내리막에 통나무 계단이 끝나고 8각 정자가 있는 오항동고개에 이른다.

## 오항동고개에서(12:18)

오항동고개는 완주군 은주면과 금산시 진산면을 잇는다. 통나무 계단 바로 옆에는 '산벚꽃 마을'과 '진산면 오항리'라는 표지판이 있다. 이곳 정자에서 점심을 먹으려다 바람이 너무 강해 포기하고, 정자 옆 바윗돌에 배낭을 내려놓고 그냥 서서 먹는 둥 마는 둥 마치고 출발한다. 이곳에서 마루금은 바로 보이는 절개지로 이어진다. 그런데 모두 낙석방지 철망으로 통제되어 오를 수가 없다. 돌아가야 한다. 도로 좌측으로 100㎡ 정도 이동하면 버스 정류장이 나오고, 그곳에서 위쪽 도로를 따라 오르다가 커브를 돌아 10㎡ 정도 더 오르면 산으로 이어지는 길이 보인다. 길이 보인다기보다는 표지기가 보인다. 마치 이쪽으로 올라가라는 손짓 같다. 표지기를 따라 오르자마자 묘지가 연속해서 나온다. 오늘따라 묘지가 무섭게 느껴진다. 눈은 묘지에도 가득 찼다. 조심스럽게 묘지를 지나자마자 이번에는 쓰러진 소나무가 길을 막는다. 우회한다. 자꾸 이상한 생각이 스친다. 다시 도로를 만난다. 조금 전 산으로 오르기 전에 걷던 바로 그 도로다. 잠시 후 삼거리에서 우측 길을 따라 오른다. 1차선 포장도로다. 묘지를 지나 한참 오르니 고갯마루에 이르고(12:55), 마루금은 좌측 산길로 이어진다. 초입에 표지기가 있다. 바람이 계속 분다. 고개에서 완만한 능선으로 10여 분 오르니 500봉 정상이다(13:10). 내려가다가 안부사거리에서 직진하니 갈수록 눈이 많다. 우측에 소나무 지대가 나오고, 가파른 오르막이 계속된다. 억새가 있는 봉우리에 이른다. 눈 속에 묻힌 억새를 보는 것도 처음이다. 자기 의지가 아닌 누군가에 의해 꽂힌 것처럼 바람에 날리는 억새의 모습이 애처롭다. 평지나 다름없는 봉우리를 몇 개 넘으니 헬기장이 나온다(13:53). 눈으로 덮였다. 아무도 밟지 않은 눈밭 그대로다. 평상시라면 H자가 뚜렷할 텐데. 하얗고 시원스럽게 터진 사방이 답답한 가슴을 확 뚫어준다. 지나온 대둔산에서부터 이곳까지의 마루 금이 뚜렷하고 앞쪽에는 송곳처럼 뾰족한 인대산이 날카롭다. 겁도 난다. 또 저 산을 올라야만 하니…. 신천지를 개척하듯 헬기장에 발자국을 내며 떠난다. 다시 내리막길에 이어 오르막이 시작된다. 헬기장에서 보던 것처럼 가파른 오르막이다. 아무도 오르지 않은 눈길이라 그런지 더 힘이 든다. 오르막 끝 삼거리에서 좌측은 인대산으로, 마루금은 우측으로 이어진다. 좌측 인대산으로 향한다. 이곳까지 와서 인대산을 그냥 지나치기는 좀 그렇다. 채 2분도 안 되어 인대산 정상에 도착(14:20). 정상의 좁은 공간에 인대산 표지판이 있다. 양철로 된 소박한 표지판이지만 종주자들에겐 최고의 선물이다. 산 이름을 확인시켜 주기 때문이다. 삼거리로 되돌아와서 우측으로 내려간다. 무명봉을 넘고 오르니 다시 봉우리 정상에 선다. 640봉이다(14:41). 정상은 삼거리로 마루금은 좌측인데 우측에 이상한 발자국이 나 있다. 사람 발자국은 아니다. 발자국이 큰 것으로 봐서 아주 큰 짐승일 것 같다. 좌측으로 내려가니 또 헬기장이 나오고, 좁은 헬기장에 눈만 가득하다. 왼쪽 발 양말에서 물기가 감지된다. 며칠 전 TV에서 본 영상이 생각난다. 동상 걸린 발을 생생하게 비춰 주었다. 방수화를 준비한다는 것을 놓친 게 화근이다. 바로 내려가다가 오르니 590봉에 이르고, 내려가니 참나무 토막을 세워 놓은 것이 보인다. 용도가 아리송하다. 버섯재배지는 아니다. 좌측에 묘지가 나오고, 전체가 눈으로 덮여 봉분이 거의 표시나지 않는다. 봉분이 눈과 함께 연출하는 또 하나의 겨울 풍경이다. 가파른 오르막이 아주 길다. 쉬다 걷다를 반복하여 간신히 오르자마자 찬란한 광경을 발견한다. 삼거리인데 나무마다 표지기가 요란스럽게 걸려 있다. 좌측에도, 우측에도 있다. 더 특별한 것은 '식장지맥 분기점'이란 표지판이다. 그런데 고민스럽다. 좌로 가야 되나, 우로 가야 되나? 좌측에도 표지기가 있고 발자국까지 있다. 우측에는 표지기가 더 많다. 선답자는 좌측이라고 했다. 주변 정황을 봐서는 우측이 맞는 것 같다. 고민 끝에 우측으로 간다. 계속 발자국이 이어지고 표지기도 나온다. 삼거리에 이른다. 그런데 아무래도 아닌 것 같다. 삼거리 좌측은 사람 다닌 흔적이 없고 직진 길도 생소하게만 느껴진다. 다시 고민이 시작된다. 어떻게 해야 되나? 식장지맥 분기점이라고 표시된 곳으로 되돌아간다. 이곳에서 길을 잃으면 오늘 하루가 꽝이다. 꽝 치는 것은 물론이고 집에 가는 것도 문제다. 당황스럽다. 식장지맥 분기점 주변을 다시 살핀다. 선답자의 지침이 마음에 걸리지만 아무리 살펴봐도 좌측은 아닌 것 같다. 급경사 내리막일 뿐만 아니라 더 진행하더라도 봉우리가 나올 것 같지 않다. 이젠 결단을 내려야 된다. 모험일 수도 있다. 갔던 길로 다시 가기로 한다. 되돌아왔던 삼거리 길을 지나 직진한다. 계속 표지기가 나오는 것을 보니 희망이 있다. 제대로 방향을 잡은 것 같다. 한참 오르니 잡목이 무성한 622.7봉에 이른다.

### 622.7봉에서(15:53)

이곳을 찾기 위해 30분 이상을 헤맸다. 정상은 잡목으로 가득 찼다. 눈으로 덮였지만 삼각점도 보인다. 제대로 왔음을 확인하니 속이 후련하다. 우측으로 진행한다. 표지기도 우측을 알린다. 오늘은 종일 표지기와 함께 걷는다. 급경사 사면이라 좁고 미끄럽다. 바윗길이 끝나고 눈길 능선이 이어진다. 봉우리를 넘으니 우측은 잣나무 군락지다. 안부에서 직진하여 무명봉을 넘으니 또 안부사거리. 표지기를 따라 우측으로 내려가니 급경사는 이내 완만한 길로 바뀐다. 우측은 낙엽송 지대이고, 묘 1기가 나오더니 양쪽이 다 낙엽송 지대로 변한다. 왼쪽 신발이 갈수록 척척해진다. 큰 바위를 넘어서니 473봉에 이르고(16:48), 내려가니 마루금은 90도 꺾어 우측 급경사로 이어진다. 안부에서 봉우리를 넘어 한참 가니 다시 봉우리에 선다.

440봉이다(17:10). 우측으로 내려간다. 아무래도 왼쪽발이 불안해 양말을 갈아 신는다. 한참 내려가니 이동통신 안테나가 나오고 포장도로에 이른다. 백령고개다(17:27). 광장과 8각 정자가 있다. 그 옆에 간이매점이 있는데 사람은 없다. 8각 정자 좌측에 육백 고지 전승탑이 있다. 오늘은 이곳에서 마치기로 한다. 그런데 돌아갈 일이 고민이다. 이곳에서 서울로 가려면 일단 금산으로 들어가야 한다. 금산행 버스는 7시 이후에 있다. 습관처럼 길을 나서고, 알면서 애써 고통을 맞이하는 날들. 이젠 그걸 사랑하게 된 것 같다. 철 따라 변모하는 나뭇가지 끝에서, 불편부당 없이 만물을 쏘이는 바람기를 체감하면서, 말없이 좌정한 돌부리에 채이면서 자연을 느끼며 인생을 배운다. 앞만 보고 허둥대며 달리는 산길. 없는 길을 만들어 가면서, 끝없는 길을 걷다가 오늘은 금산 백령고개에 둥지를 내린다. 오늘도 산길에서 큰 걸 배웠다. 소리 없이 직무에 충실한 공직의 자세를(버스

정류장으로 내려가다가 반대편으로 지나가는 차를 세워, 4~50분 달려 금산읍에 도착. 나를 태운 운전자는 휴양림 시설을 살펴보고 귀가 중인 금산군청 직원이었음).

### ↟ 오늘 걸은 길

배티재 → 인대산, 640봉, 570봉, 622.7봉 → 백령고개(13.1㎞, 7시간 32분).

### ⛰ 교통편

- 갈 때: 대전 시외버스터미널에서 버스로 배티재까지.
- 올 때: 백령고개에서 버스로 금산읍까지 이동.

# 아홉째 구간
## 백령고개에서 작은싸리재까지

　계속해야 될지, 말아야 될지 고민스럽다. 남쪽으로 내려갈수록 교통로와는 격리된 산길을 걷게 되어 당일치기 산행이 어렵기 때문. '가치 있다는 것' 치고 쉬운 게 없겠지만 갈수록 더 큰 어려움이 예상된다. 그러나 어쩌겠는가. 내게 주어진 '업'이라면 받아들일 수밖에.

　아홉째 구간을 넘었다. 백령고개에서 작은싸리재까지다. 드디어 전라북도에 들어섰다. 백령고개는 금산군 남이면 건천리와 역평리를 잇고, 작은싸리재는 완주군 운주면 피목마을과 진안군 주천면 진등마을을 잇는 고개다. 이 구간에는 610봉, 독수리봉, 백암산, 760봉, 790봉 등의 산과 질재, 계목재 등이 있다. 이번 구간은 교통이 불편해서 며칠을 고민하다가 1박 2일 계획으로 출발했다. 이런 어려움은 남쪽으로 내려갈수록 더할 것 같다. 매서운 추위가 연일 기승을 부리지만 그래도 봄은 준비되고 있었다. 산길을 걷다가 산죽을 비추는 청명한 아침햇살을 봤다. 그 햇살에 나풀거리던 산죽 이파리는 그림자를 만들고, 그림자는 바닥에 깔린 백설 위에서 바람이 부는 대로 나풀거렸다. 나풀거리는 그림자가 내 시야에 포착되어 발길을 멈추게 했다. 이렇게, 봄은 오고 있었다.

**2011. 2. 12~13.(토~일), 맑음**

나서기 싫은 발걸음. 1박 2일에 걸친 산행이어서다. 주간 내내 기다린 일요일이라는 유일한 휴식 시간이 날아갈 판이다. 강남 고속버스터미널에서 출발한 버스는 밤 10시 2분에 금산 도착. 먼저 내일 새벽에 출발하게 될 시내버스 정류장을 확인해 둔다. 버스 정류장은 터미널에서 5~6분 거리에 있고, 정류장 이름은 '상리'. 정류장 좌측에 '은성슈퍼마켓'이 있다는 것도 체크한다. 이젠 오늘 저녁 잠자리만 찾으면 된다. '24시 웰빙스파' 시설은 꽤 괜찮다. PC방과 노래방이 있고 별도의 수면실까지 있다. 서울에서도 보지 못한 시설이다. 밤새 서너 번을 뒤척이다가 새벽 5시 40분에 찜질방을 나선다. 낯선 길인지라 정류장에 미리 가서 기다릴 생각이다. 정류장은 아직도 밤중이다. 가끔씩 먼 곳으로부터 자동차 소리가 들리지만, 날이 밝으려면 아직 멀었다. 이윽고 버스들이 나타나더니 6시 10분경 건천리행 버스가 선다. 승객은 나 혼자다. 버스는 신작로를 한 번도 쉬지 않고 달려 잿등에 선다. 오늘 산행 들머리인 백령고개다.

### 백령고개에서(2.13, 일, 06:37)

백령고개는 아직도 캄캄하고, 살을 에는 찬 공기만 콧속을 파고든다. 그나마 600고지 전승탑을 밝히는 가로등 불빛이 있어 다행이다. 이 시각엔 산을 오를 수 없다. 춥기도 하지만 길이 보이지 않고 무섭기도 하다. 추위를 견딜 수 없어 비닐로 사방을 가린 임시 휴게소 안으로 들어간다. 저근하다. 7시가 넘어서자 버스와 승용차 한 대가 통과한다. 세 번째로 넘어오는 것은 택시, 백령고개에 선다. 승객 3명이 내린다. 한눈에 봐도 금남정맥 종주자다. 반갑게 인사를 나눈다. 전주에서 온 분들은 나와는 반대 방향으로 진행한다. 춥다고 마냥 죽치고 있을 수는 없어 출발한다(07:15). 초입은 육백 고지 전승탑을 오르는 계단이다. 전승탑을 촬영해야 되지만 추워서 눈에 저장한다. 전승탑은 육이오 전쟁 동안 격전지로 알려진 서암산에서 공비 토벌 작전으로 희생당한 군인, 경찰, 민간인 등 276명을 추모하는 탑이다. 위치도 백제의 옛 성터인 백령성이다. 이곳에서 적군 2,287명이 사살되고 1,025명이 생포되었다고 하니 얼마나 치열했는지 짐작이 간다. 등로는 전승탑 뒤로 이어진다. 좌측 둔덕으로 오르니 표지기가 먼저 반긴다. 밤새 한겨울 맹추위에 떨었을 표지기를 생각하니 애처로움이 앞선다. 평지라서 눈은 별로 없지만 날씨는 차갑다. 앞만 보고 걷는다. 돌덩이 쌓인 곳이 나타난다. 백령성터다. 낮은 봉우리를 돌아서 내려가니 표지기가 계속 나타나 새벽길임에도 어려움이 없다. 반은 눈으로 덮인 헬기장을 지나 내리막 끝 안부삼거리에서 직진하니 사거리가 나온다. 좌측으로 오르니 능선길이 시작되고, 갈림길에서 우측으로 오르니 경사가 심해진다. 한참 오르니 바위들이 나오더니 너럭바위에 이른다(07:58). 뒤돌아보니 지나온 길이 훤하고 백령고개와 육백 고지 전승탑이 지척이다. 가파른 오르막이 시작된다. 한참 후 봉우리 정상에 닿는다. 610고지다(08:10). 바위와 소나무, '남이의용소방대'에서 세운 이정표가 있고(서암산 5분), 좌측으로 완만한 내리막길이 시작된다. 짧지만 바위를 타고 내려가는 급경사길. 쌓인 눈이 얼어서 미끄럽고, 로프를 잡아도 불안하다. 발을 딛게 되면 미끄러진다. 아래쪽은 절벽이다. 도리 없이 아이젠을 착용하고 로프를 잡고 내려간다. 바윗길 경사지를 넘으니 다시 바윗길이다. 잠시 후 독수리봉에 이른다(08:40). '독수리봉' 팻말과 너무 작아서 앙증맞은 돌탑이 있고, 아래쪽은 천 길 낭떠러지다. 이곳에서도 백령고개와 600고지 전승탑이 보인다. 내려간다. 암릉길이 계속되더니 갈림길에서 우측으로 오르니 헬기장이 나오고, 직진으로 오르니 백암산 정상이다.

### 백암산 정상에서(09:09)

베어진 나무가 널렸고, 백암산을 알리는 팻말, 표지기, 이정표가 있다. 백암, 입석 가는 방향으로 진행하니 암릉길이 시작되다가 걷기 좋은 능선길로 바뀐다. 작은 헬기장을 지나자마자(09:30) 사거리가 나온다. 질재다. 날씨는 청명한데 차다. 바윗길이 시작되더니 봉우리에 선다. 560봉이다(09:39). 전쟁의 흔적이 보인다. 돌들이 흩어졌고, 과거에 뭔가 요새를 이룬 듯하다. 성터 비슷한 흔적도 보인다. 바로 내려간다. 경사가 완만한 능선이 계속되고, 쌓인 눈이 얼어서 미끄럽다. 몇 개의 무명봉을 넘고 내려가니 사거리가 나오고(10:03),

직진하니 가파른 오르막이 시작된다. 다시 암릉길이 시작되고, 등로 좌·우측에 산죽이 떼 지어 있다. 바람에 산죽의 약한 잎이 흔들거린다. 그 흔들거림이 그림자 되어 어른거린다. 정겹고 신기하다. 맹추위 속에서도 잠시나마 봄기운이 움트고 있음을 느낀다. 오르막 끝에 713.5봉에 이른다(10:48). 삼각점이 있고, 정상 조금 못 미친 지점에 국방부에서 세운 표지판이 있다. '육이오전사자 유해발굴 현장'이다. 좌측으로 내려간다. 그런데 이상하다. 이곳에서부터 사람 발자국이 뚝 끊긴다. 아무도 밟지 않은 눈만 쌓였다. 사람들이 이곳까지만 왔다가 되돌아갔다는 말인가? 바로 내려간다. 눈이 얼어서 등산화가 눈 속에 빠지지는 않지만 대신 미끄럽다. 완만한 능선길이 이어지다가 가파른 오르막이 시작되고, 갈림길을 지나 760봉에 이른다(11:33). 정상은 눈으로 덮였고, 앞뒤 좌우에 산밖에 보이지 않는다. 바로 내려간다. 안부 삼거리 한쪽 구석에 표지판이 떨어져 뒹군다. 표지판엔 '계목재'라고 적혀 있다(11:43). 직진으로 완만한 오르막이 점차 가팔라지더니 20분 정도 오르니 790봉에 이른다(12:01). 긴 나무토막을 나무와 나무에 매달아 놓았다. 그것도 두 개씩이나. 일종의 간이 의자다. 우측으로 내려가니 온통 산죽이다. 바닥이 보이지 않는 산죽을 헤치고 내려간다. 키를 넘는 산죽 속에 묻힌다. 한참 내려가니 산죽도 줄어들고 햇빛을 보게 된다. 완만한 능선이 시작되더니 마루금은 좌측으로 90도 틀어 이어진다. 방향 전환을 알리는 표지기들이 많다. 한참 내려가니 다시 안부에 이르고, 이곳도 온통 산죽이다. 사람 키를 훨씬 넘는 산죽이 밭을 이룬다. 오르막 능선이 시작되고 다시 봉우리에 선다. 735암봉이다(12:28). 시장기가 든다. 이곳에서 점심을 먹는다. 뒤돌아서니 지나온 궤적이 아스라이 살아난다. 백암산과 대둔산 주릉까지 그 윤곽을 드러낸다. 바로 출발한다. 암릉으로 이뤄진 능선 오르내리기를 반복. 생김새가 기묘한 바위도, 값지게 보이는 노송도 있다. 시간만 있다면 쉬어가고 싶다. 바위도 살펴보고 노송도 감상하고 싶다. 소규모 산죽이 어느새 산죽밭으로 변한다. 높은 고지에 유달리 산죽이 많고, 산죽을 헤치고 오르니 봉우리에 선다. 눈 덮인 무명봉에도 산죽이 있고, 내려가는 길도 좌우가 온통 산죽이다. 안부에서 오르니 산죽이 또 나오고 암릉길이 시작된다. 능선 전체가 산죽이고 암릉이다. 암릉길을 한참 걷다 보니 다시 봉우리 정상에 이른다. 786.6봉이다(14:20). 앞에 우뚝 선 성재봉에 설치된 태평봉수대가 지척으로 다가선다. 저 높은 산을 다시 올라야 된다는 걱정부터 앞선다. 급경사로 내려간다. 큰 바위가 나오고 한참 더 내려가니 송전탑이 나오고, 우측으로 내려가서 안부를 지나 임도에 이른다(14:50). 이정표가 있다(태평봉수대 0.9). 3시가 다 되어 간다. 마음이 급해진다. 4시까지는 목적지에 가야 될 텐데 감을 잡을 수 없으니…. 불안해지기 시작한다. 서두른다. 임도에서부터는 바닥이 모두 눈이다. 움푹한 숲속이라 그동안 눈이 녹지 않았다. 사람 다닌 흔적은 뚜렷하다. 그 발자국만 따라 오른다. 표지기도 간간이 나타난다. 가파른 오르막은 아니지만 왜 이렇게 힘이 드는지. 마음은 급하지만 발걸음은 마음을 따라 주지 못한다. 힘이 부친다. 걸음을 세면서 오른다. 50걸음 걷고 한숨 고르기를 반복한다. 바위 지대를 통과하니 의자 두 개가 놓인 곳이 나온다(15:14). 전망대다. 주변을 둘러보니 그럴듯한 조망이 펼쳐진다. 의자에 앉아 보지도 못하고 바로 오른다. 7~8분 오르니 갈림길이 나온다(15:22). 좌측은 태평봉수대로, 마루금은 우측으로 이어진다. 우측으로 내려가니 갈림길에 방향 전환을 유도하는 표지기가 많다. 내려가는 길은 급경사. 더구나 눈길이라 아주 미끄럽다. 아이젠을 착용할까도 생각했지만 그냥 내려간다. 시간이 없어서다. 속도를 내다 보니 몇 번을 넘어진다. 한참 내려가니 싸리나무 군락지가 나오고, 도로가 보이기 시작하더니 임도에 이른다. 작은 싸리재다(15:40). 좌측 한구석에 강우량 무인측정기가 있고, 우측 한쪽은 상당한 공터다. 이곳에서 고민을 한다. 더 진행할 것인지, 멈출 것인지. 이곳에서 마치기로 한다. 현 위치는 진안군 주천면 주양리로 생전 듣지도 보지도 못한 곳. 해가 기울수록 바람 끝이 차갑다. 집으로 돌아가는 길이 세상에서 가장 아름다운 길이라고 했다. 오늘따라 집이 그립다.

### 🚶 오늘 걸은 길

백령고개 → 610봉, 독수리봉, 백암산, 760봉, 게목재, 790봉 → 싸리재(10.0㎞, 9시간 3분).

### ⛰ 교통편

- 갈 때: 금산 '상리' 버스 정류장에서 시내버스로 백령고개까지 이동.
- 올 때: 작은싸리재에서 중리마을까지 도보로, 중리마을에서 버스로 주천면까지, 금산까지 버스로 이동.

# 열째 구간
### 작은싸리재에서 피암목재까지

전국이 구제역으로 난리다. 지금은 많이 수그러들었지만 한때는 하루가 멀다 하고 확산되었다. TV만 틀면 살처분과 매몰 현장이 방송되었다. 누구나 느꼈을 것이다. 버젓이 살아 있는 가축을 묻어야 하는 주인의 심정을, 전 재산이나 다름없는 가축을 한순간에 잃어야 하는 비통함을. 급기야 전국의 등산로를 폐쇄해야 한다는 처방까지 나온다. 이렇게 해서라도 종식될 수만 있다면 백번이라도 그렇게 해야겠지. 그렇잖아도 산길을 걸으면서 그런 생각을 했었다. 혹시 지역을 넘나드는 등산객으로 인해 구제역이 옮겨질 수도….

열째 구간을 넘었다. 작은싸리재에서 피암목재까지다. 작은싸리재는 완주군 운주면 피목마을과 진안군 주천면 진등마을을 잇고, 피암목재는 진안군 주천면과 완주군 동상면을 연결하는 잿등이다. 이 구간에는 금만봉, 654봉, 715봉, 장군봉, 성봉 등이 있다. 이 구간에서 요즘 KBS1 TV에 소개되는 마을을 만났다. 들머리인 작은싸리재 바로 아랫마을인 '중리' 마을이다. 산골 오지라 TV 시청이 되지 않았는데 국민이 낸 수신료 덕분에 시청이 가능하게 되었다고 할머니 할아버지가 나와 함박웃음을 지으면서 소개하는 바로 그 마을이다.

## 2010. 2. 19.(토), 맑으나 가시거리 짧음

느긋한 마음으로 집을 나선다. 강남고속버스터미널에서 7시 20분에 출발한 버스는 9시 5분에 대전에 도착. 바로 옆 시외버스터미널로 이동, 09:15에 출발한 금산행 버스는 10:08에 금산에 도착. 10:30에 금산을 출발한 버스는 11시가 막 지날 때쯤 주천에 도착. 산행들머리까지는 택시를 타야 한다. 지난주에 이용했던 택시 기사(무쏘)를 찾았다. 금산에 운행 나갔다고 한다. 주천에는 면 전체를 통틀어서 택시가 두 대뿐이다. 나머지 한대는 소나타다. 소나타 기사는 말한다. 이틀 전에 눈이 많이 와서 택시가 비포장 오르막 도로는 갈수 없다고. 하는 수 없이 포장된 곳까지만 가기로 하고 출발한다. 택시는 중리마을 어귀를 조금 벗어나서 멈춘다. 중리 마을은 TV 전파가 수신되지 않는 오지인데 시청료 덕분에 수신이 가능한 마을이 되었다고 요즘 KBS 1TV에 소개되는 바로 그 마을이다. 택시에서 내려 20분 이상을 걸어 들머리인 작은싸리재에 이른다(11:33). 지난주보다 눈이 조금 더 쌓였다. 임도에서 산으로 올라 무명봉을 넘고, 산죽과 함께 올라 잠시 후 금만봉에 이른다(11:58). 좌측으로 내려가는 길에는 별로 눈이 없고, 한참 후 큰싸리재에 이른다(12:15). 많은 눈이 쌓였다. 사람 발자국은 없고 짐승 발자국만 보인다. 직진으로 오르니 능선이 가팔라지더니 654봉을 넘고, 내려간다. 갈림길에서 우측으로 한참 내려가다 오르니 640봉에 이르고, '전북산 사랑회' 표지기가 있다. 다시 작은 봉우리를 넘고(12:25), 오른다. 많은 눈이 쌓였고, 등로 양쪽에 산죽이 무성하다. 산죽 향이 콧속을 파고드는 산죽 사이를 뚫고 지나니 좌측에 두 줄로 된 철조망이 있다(13:01). 산죽을 뚫고 나가면서 덮어쓴 먼지 때문에 목이 칼칼하다. 표지기가 많은 안부에서 한참 오르니 715봉에 이른다(13:15). 정상은 넓은 공터. 좌측에 묘지를 이장한 듯 푹 팬 구덩이가 있고, 우측에는 묘지를 보호하기 위해 설치한 철조망이 있다. 이곳에서 점심을 먹고, 출발한다(13:29). 마루금은 좌측으로 이어지는데 우측에도 표지기가 있어 약간 헷갈린다. 한참 후 무명봉을 넘고(13:40) 좌측으로 10여 분 내려가니 헬기장처럼 보이는 넓은 공터가 나온다(13:51). 공터 아래에 수많은 표지기가 걸려 있다. 공터를 벗어나자마자 갈림길이 나오고, 양쪽에 표지기가 있다. 많은 눈이 쌓인 우측으로 향하니 등로 우측에 큰 바위가 있다. 앞쪽에서 웅성거리는 소리가 들리더니 열댓 명으로 구성된 종주자들이 나타난다. 반갑다. 장군봉이 어디쯤이냐고 물으니 앞쪽에 보이는 봉우리라면서 오를 때 조심하라고 당부한다. 이렇게 단체 종주자들을 만나고 보낼 때마다 느끼는 감정, '홀로'라는 것이다. 혹시 홀로된 내 모습이 초라해 보이지나 않을까. 이때가 내겐 가장 행복한데 말이다. 이제부터는 사람 발자국이 난 눈길을 걷는다. 암릉길이 시작되고, 장군봉이 눈앞이다. 암릉에 있는 바위와 소나무가 멋진 설경을 연출한다. 급경사 내리막이 시작되고, 오르막 끝에 봉우리에 선다. 봉우리도 온통 바위다. 내려가는 직벽에 설치된 로프를 잡고 내려가지만 불안하고 위험하다. 암봉을 내려와 오르니 다시 산죽이 나오고, 많은 눈이 쌓였다. 오르다가 몇 번을 미끄러진다. 로프를 잡고 올라도 소용이 없다. 한참 실랑이하다 장군봉 아래에 이른다. 암벽을 타고 올라야 한다. 그야말로 수직 암봉이다. 로프가 설치되었고, 그 옆에는 '추락위험' 경고판이 있다. 몇 번을 생각했지만 두려워서 도저히 올라갈 수 없다. 포기하고 우회하지만 우회 길도 험난하다. 눈이 엄청 쌓였다. 어렵게 우회 길을 통과하여 능선에 이른다.

### 장군봉 너머 능선에서(15:01)

능선을 찾긴 했지만 뭔가 이상하다. 사람 발자국이 보이지 않는다. 조금 전에 만났던 열댓 명의 종주자들을 생각하면 당연히 사람 발자국이 있어야 될 텐데… 아마도 내가 알지 못하는 다른 길이 있는 모양이다. 지금 걷고 있는 이 마루금도 언젠가는 변할 것이다. 아예 사라져 버릴지도 모른다. 원형보존을 위한 조치가 시급하다. 궁금증은 잊기로 하고 갈 길을 서두른다. 4시 40분까지는 외처사동에 도착해야 주천으로 나가는 버스를 탈 수 있다. 귀경길을 생각하니 마음이 바빠진다. 급경사 내리막이 시작되고 갈림길에서(15:19) 좌측으로 한참 가다가 오르니 또 갈림길이 나온다. 이정표가 있다('전기 없는 마을 밤목리' 우측). 암릉이 자주 나오더니 긴 오르막이 시작된다. 눈이 너무 많아 힘이 든다. 다시 완만한 오르막을 한참 올라 성터 흔적을 지나니 헬기장이 나온다. 787봉이다(15:59). 한쪽 가장자리에 '성봉'이라는 팻말이 있다. 시간이 없어 바로 내려간다. 완만한 내리막길이 시작되고, 표지기가 자주 나온다.

조금 전에 봤던 '전기 없는 마을 밤목리'라는 표지판이 또 나온다. 한참 내려가니 안부에 이르고, 마루금은 직진이다. 직진 길은 피암목재에 이르는 오늘의 마지막 봉우리이다. 그런데 고민스럽다. 이 봉우리를 넘게 되면 아무리 빨리 걸어도 4시 40분까지 외처사동에 도착할 수 없을 것 같다. 봉우리를 피해 지름길로 가기로 한다. 안부에서 좌측 길로 내려간다. 처음에 보이던 길 흔적이 사라진다. 이것저것 따질 때가 아니다. 무조건 아래로 내달린다. 계곡이 나오더니 가시덤불로 이어진다. 갈 길은 바쁜데 자꾸 지체된다. 한참 내려가니 산속에 주택이 보이기 시작하고, 2차선 포장도로에 이른다. 피암목재에서 내려오는 도로다. 제대로 왔다. 안심하고 도로 좌측으로 내려가니 외처사동에 이른다(16:35). 삼거리에는 남루한 행색의 아주머니가 짐 보따리를 옆에 놓고 서 있다. 다가가서 물었다. 이곳이 외처사동이 맞는지, 주천으로 들어가는 버스는 있는지를. 그렇다고 한다. 이분은 외처사동 보다 더 안쪽에 있는 내처사동에서 관광객을 상대로 산나물을 파신다. 이제야 안심이 된다. 얼마나 조마조마했던가. 도로를 사이에 두고 산으로 둘러싸인 마을. 가운데에 실개천을 두고 펼쳐진 논과 밭이 있는 아늑한 마을. 내 고향이 이랬었던가! 저녁 바람이 일기 시작한다. 이 바람을 시작으로 해는 급속도로 산너머로 달릴 것이고, 이 산골에도 밥 짓는 연기가 피어오를 것이다.

### 🚶 오늘 걸은 길

작은싸리재 → 금만봉, 큰싸리재, 654봉, 715봉, 장군봉, 성봉 → 피암목재(8.7km, 5시간 2분).

### 🔺 교통편

- 갈 때: 금산에서 주천까지는 시내버스로, 작은싸리재까지는 택시 이용.
- 올 때: 외처사동에서 시내버스로 주천까지, 환승하여 금산까지 이동.

# 열한째 구간
## 피암목재에서 연석산갈림길까지

누구나 지난날이 그리울 때가 있다. 요새 내가 그렇다. 웬일인지 광화문이 자꾸 생각난다. 청춘을 고스란히 바친, 삶이 흔적이 온전히 서린 곳이다. 그런 광화문을 떠난 지 5개월. 눈을 감으면 모든 것들이 떠오른다. 광화문광장이, 교보문고가, 세종문화회관도, 거니는 행인들의 모습까지도…. 언제 한번 구석구석을 걸어보고 싶다.

열한째 구간을 넘었다. 진안군 주천면과 완주군 동상면을 연결하는 피암목재에서 연석산 정상 아래에 있는 갈림길까지다. 이 구간에는 675봉, 활목재, 운장산, 만항재, 연석산 등이 있다. 이 구간을 겨울에 종주할 때는 조심해야 할 곳이 몇 군데 있다. 그중 하나가 운장산 서봉에서 연석산으로 넘어가는 길이다. 이 지점을 내려갈 때는 빙벽 지역으로 내려가지 말고 우회해야 된다.

### 2011. 3. 5.(토), 맑음

요즘 종주 일정이 톱니바퀴 돌듯 기계적이다. 오늘도 강남고속버스터미널에서 대전, 대전에서 금산, 금산에서 주천행을 이어가야 한다. 금산에는 9시 4분에 도착. 주천행 버스는 1시간 30분 정도를 기다려야 한다. 시내를 둘러본다. 터미널 앞 택시 기사들은 자판기 커피를 손에 들고 잡담 중이다. 시장 쪽으로 발길을 옮기니 노점상 아주머니들이 장작불을 쬐고 있다. 주천에는 정확히 10시 59분에 도착. 바로 매표소로 달렸지만 외처사동행 버스는 조금 전에 떠났고, 다음 버스는 12시가 넘어야 있다고 한다. 택시로 가기로 한다. 주천에는 택시가 두 대 있다. 그중 지난번에 이용했던 철물점 사장 댁을 들러 사정 이야기를 하니 작은아들을 시킨다. 택시 대신 트럭이다. 둘째 아들은 해군을 제대하고 직장을 다니다가 아버지의 권유로 가업을 잇고 있다. 아이 교육 때문에 고민이 깊다고 한다. 요즘 시골은 다문화 가정이 80% 정도여서 학교 수업 질이 떨어져 자기 아들을 어떻게 해야 될지 고민이라고 한다. 트럭은 외처사동을 지나 들머리인 피암목재에 도착한다(11:37). 넓은 공터에 승용차 서너 대와 관광버스가 주차되었고, 한쪽에선 나보다 먼저 도착한 등산객들이 장비를 챙기고 있다. 여섯 명으로 이뤄진 단체 등산객들이다. 주차장 위에는 휴업 중인 휴게소 건물이 있다. 단체 등산객들은 좌측 임도를 따라 오른다. 잡담과 함께 삼삼오오 오르는 모습이 보기 좋다. 나는 눈이 희끗희끗 쌓인 휴게소 옆 계단을 따라 오른다. 초입에 예외 없이 표지기가 걸려 있고, 계단에 쌓인 눈은 아직 아무도 밟지 않은 그대로다. 짧지만 가파른 오르막이 이어지고, 좌측 임도로 올라가는 등산객들의 말소리가 들린다. 가파른 오르막 끝에 능선 갈림길에 이른다(11:44). 우측으로 오른다. 앞서가던 등산객들의 모습은 사라지고 그들이 남긴 발자국만 보인다. 이제부터는 이 발자국만 따라가면 될 것이다. 등로 양쪽에 키 작은 산죽들이 마치 울타리처럼 퍼져 있다. 하얀 눈과 대비되는 산죽의 푸른 잎이 더욱 빛을 발한다. 10여 분 만에 675봉에 이른다(11:55). 정상은 삼거리. 좌측으로 진행하니 돌이 자주 나오고, 한참 오르는데 앞서가던 등산객 한 분이 맨몸으로 내려온다. 웬일이냐고 물으니, 675봉에 안경을 벗어놓고 왔다는 것이다. 햇빛이 나와 능선에 깔린 눈이 반짝인다. 완경사와 급경사가 반복되고, 작은 돌은 계속 나온다. 급경사 오르막 좌측에 로프가 있고, 조금 더 오르니 우측에도 로프가 있다. 운장산에서 내려오는 사람을 만난다. 아이젠을 착용하고 있다. 큰 바위가 나타나 우측으로 돌아서 오르니 다시 급경사가 시작되고 이곳에도 로프가 있다. 로프를 타고 오르니 너럭바위가 나오고, 전망암에 이른다(12:15). 바윗길 능선이 계속된다. 가끔 바위 위에 노송이 얹힌 비경도 보인다. 위험한 지점마다 로프가 설치되었고, 능선 양쪽은 여전히 키 작은 산죽이 진을 치고 있다. 오르막은 계속되고, 앞에 떡 버티고 있는 엄청난 운장산 봉우리가 등산객을 압도한다. 무명봉의 넓은 공터에 소나무 네 그루와 바위가 있다(12:29). 내려간다. 암릉길은 계속되고 내리막길 끝에 사거리 안부에 이른다. 활목재다(12:32). 우측의 헐린 묘지가 내 발길을 붙든다. 그 좌측에는 함평노씨의 묘지가 있고, 주변은 산죽이 무성하다. 묘지에서 조금 떨어진 곳에 이정표가 있다(직진 운장대 1.2, 구봉산 9.4). 좌측에서 사람 소리가 들린다. 내처사동에서 올라오는 등산객들이다. 직진으로 오른다. 눈길에 둥근 통나무 계단이 시작되고, 계단 양쪽은 산죽이 무성하다. 오를수록 눈이 많다. 계단 끝에 공터가 나온다(12:53). 이정표가 있다(독자동 1.8, 운장대 1.0). 그런데 이상하다. 우측으로 연석산이 2.4㎞ 남았다고 표시되었다. 연석산은 운장산을 지나서 있는 것으로 알고 있는데…. 시장기가 든다. 일단 이곳에서 점심을 먹고, 출발한다. 키 큰 산죽이 나오고, 갈수록 오르막 경사는 심해지고 미끄럽다. 내려오는 부부 등산객에게 물었다. 연석산이 어디쯤이냐고. 이쪽이 아니고 우측에 있다고 한다. 조금 전 이정표가 가리킨 방향이다. 이해가 되지 않지만, 일단 운장산까지 올라가서 생각하기로 한다. 운장산 주능선 삼거리에 이른다. 직진에 운장산 동봉이, 우측 바로 옆에는 서봉이 있다. 서봉에서 사람들이 환호한다. 발걸음을 서봉으로 돌린다.

### 서봉에서(13:35)

서봉은 운장산의 큰 봉우리 중의 하나로 암봉이다. 한쪽에 나무 의자 두 개가 있고 그 옆에 정상석이 있다. 주변 조망이 좋다. 동쪽에 운장산 정상과 동봉이, 서쪽에는 내가 그토록 찾고 있는 연석산 줄기가 가지런하게 이어진다. 이제야 이해가 간다. 조금 전 이정표에 연석산 위치가 우측으로 표시된 이유가. 운장산은 진안군 주천면, 정천면, 부귀면과 완주군 동상면의 경계에 있는 산으로 높이가 자그마치 1,126m이고 동봉, 중봉, 서봉의 세 봉우리로 이뤄졌다. 중봉이 최고봉인 정상이다. 옆 등산객에게 부탁해서 정상을 배경으로 기념 촬영을 하고 내려간다. 나무의자 뒤로 산죽을 헤집고 나아가니 바로 급경사로 이어진다. 갈림길에서(13:50) 좌측 급경사로 내려가니 로프가 설치된 암벽이 나오고, 주변은 온통 얼음이다. 내려가기가 겁난다. 하는 수 없이 조금 전에 내려온 갈림길로 되돌아가서 택하지 않았던 우측 길로 내려간다. 너덜지대에 이어 갈림길이 나오고, 산죽을 지나니 안부삼거리에 이른다. 낮은 봉우리를 지나니 좌측에 잣나무 군락지가 나오고, 걷기 좋은 흙길이 이어진다. 바위가 나오고 주변에 노송 두 그루가 바위와 어우러져 비경을 연출한다. 좌측 아래에 저수지가 내려다보이고, 다시 바윗길이 시작된다. 이제부터는 눈이 녹은 길을 걷게 된다. 흙과 낙엽도 보이는 포근한 길이다. 표지기도 자주 나온다. 낮은 봉우리를 자주 오르내리다가 무명봉에 이른다(14:37). 이곳 정상에도 바위와 노송이 있다. 주변은 키 작은 산죽 지대. 뒤돌아보니 방금 내려온 서봉의 웅장함이 나를 압도한다. 저 급경사 봉우리를 겁도 없이 내려온 것이다. 좌측 아래는 여전히 저수지가 보이고 이젠 마을도 보인다. 바로 내려간다. 완만한 능선 내리막을 한참 내려가니 사거리에 이른다(14:50). 만항재다. 이 높은 잿등이 옛날엔 교통로로 역할 했을 것을 생각하니…. 좌·우측 모두에 표지기가 걸려 있고, 이정표는 좌측은 궁항리 정수궁마을, 우측은 신월리 검태마을, 직진은 연석산 방향이라고 알린다. 마루금은 직진이다. 눈이 쌓인 바윗길이 시작된다. 바위와 노송이 어우러진 절경도 나온다. 집채만 한 바위를 지나 연석산 정상에 이른다(15:22).

### 연석산 정상에서(15:22)

정상에 넓은 공터가 있고. 위에 스테인리스 정상 표지판, 그 옆에 이정표가 있다. 사방으로 표지기가 걸려 있다. 특히 직진 방향으로는 많은 표지기와 함께 뚜렷한 등로가 눈에 띈다. 그런데 이상하다. 정상 표지판과 이정표가 가리키는 숫자가 상이하다. 정상 표지판에는 연동이 2.5㎞, 이정표에는 연동마을이 4.28㎞라고 적혀있다. 뭘 믿어야 하는지? 정상에서 둘러보는 사방은 확 트여 시원하다. 특히, 조금 전에 지나온 운장산의 위용이 그대로 드러나 '내가 저길 지나 왔구나!' 하게 된다. 연석산은 완주군 동상면과 진안군 부귀면의 경계를 이룬다. 지금까지는 운장산의 명성에 가려져 별로 알려지지 않았으나 오지인 동상면이 개발되면서 덩달아 연석산도 그 진가가 알려지기 시작했다. 연동마을에서 연석산으로 올라오는 계곡인 연석계곡은 계곡수, 폭포 등으로 천혜의 조건을 가지고 있어 여름철이면 많은 사람들이 찾는다고 한다. 오늘은 이곳에서 마치고, 이제 연동마을로 내려가는 갈림길을 찾아야 한다. 그런데 이상하다. 사전 조사에서는 연동마을이 2.3㎞였는데. 이정표에는 연동마을이 직진으로 4.28㎞라고 적혀 있다. 또 이정표가 가리키는 방향에 가장 많은 표지기가 걸려 있고, 등로도 그럴듯하게 넓고 사람들이 다닌 흔적이 뚜렷하다. 이정표가 가리키는 대로 내려간다. 내리막과 동시에 산죽이 이어진다. 안부 비슷한 곳에 이르러 오르막이 시작되고 바윗길을 거쳐 봉우리에 이른다(15:32). 정상에는 표지기와 함께 이정표가 있다(직진 연동마을 4.07). 내가 생각하는 연동마을 거리와는 천양지차다. 4㎞를 더 가게 되면 오늘 일정에 큰 차질이다. 아무래도 이상하다. 다시 연석산으로 되돌아가서 다시 한번 점검하기로 한다. 돌아온 연석산 정상에서 이리 재고 저리 재봐도 지형상으로는 좀 전에 갔던 길이 맞는 것 같다. 정말 이상하다. 시간은 흐르는데, 답답하다. 마지막이라고 생각하고 이번에는 좌측 방향으로 내려가 본다. 표지기는 보이지 않지만 길 흔적이 있어서다. 100m 정도 내려가니 이게 웬일인가! 이곳에 갈림길과 표지기와 이정표가 있지 않은가! 이정표에는 내가 조사한 대로 연동마을 2.3㎞라고 적혀 있다. 애타도록 찾던 그 갈림길이다(16:00). 그동안의 근심 걱정이 물거품처럼 사라진다. 이젠 마을로 내려가는 일만 남았다. 갈림길에서 좌측은 보룡고개로 내려가는 길로 산죽으로 덮여 얼른 보아서는 길이란 걸 알 수 없을 정도다. 우측은 내가 그토록 찾던 연동마을로 내려가는 길이다.

아이젠을 탈착하고 내려간다. 급경사 내리막이다. 그런데 벌써부터 다음 구간 종주가 걱정된다. 900고지가 넘는 이곳까지 올라와서 시작해야 하기 때문이다. 정신없이 아래쪽을 향해 내달린다. 한참 내려가니 산 아래턱에 이르고, 계곡수를 가로질러 건넌다. 10분 정도 내려가니 주차장 입간판과 연석산 등산 안내도가 있는 마을 어귀에 이른다. 바로 옆에 교회가 있다. 그토록 간절히 찾던 연동마을이다(17:05). 우선 마을 주민을 만나 전주로 들어가는 버스 시각을 확인해야 한다. '가마솥 두부'라는 허름한 간판이 보인다. 할머니에게 물었다. 캄캄해지면 온다고 한다. 정확한 시각을 물어도 같은 대답이다. 캄캄해져야 온다고. 답답하지만 마음은 놓인다. 두부집 앞 평상에 배낭을 내려놓고 그동안 시간이 없어 먹지 못 했던 남은 간식을 해치운다. 먹기 전에 삶은 달걀 두 개와 떡 한 팩을 할머니께 드렸다. 뺨에 닿는 바람 끝이 차다. 방에서 나온 할머니가 나를 이끈다. 두부를 끓이는 가마솥 부엌으로. 부엌에서 불기를 꺼내면서 앉아 쬐라고 한다. 한사코 괜찮다고 해도 재촉하신다. 못이기는 척

불을 쬐니 그렇게 따뜻할 수가. 어머니 치맛자락 붙잡고 부엌에서 불 쬐던 그 시절이 떠오른다. 바람 끝은 갈수록 찬데 버스는 오지 않는다. 추위에 떨고 있는 내가 마음에 걸리는지 할머니는 방문 여닫기를 반복하신다. 할머니 말씀대로 버스는 캄캄해지면 올 모양이다.

### 🚶 오늘 걸은 길

피암목재 → 675봉, 활목재, 운장산, 만항재 → 연석산갈림길(4.7㎞, 4시간 23분).

### 🏔 교통편

- 갈 때: 금산에서 주천까지는 시내버스로, 피암목재까지는 택시 이용.
- 올 때: 연석산 정상에서 연동마을로 내려와서 시내버스로 전주로 이동.

# 마지막 구간
### 연석산갈림길에서 조약봉까지

실실 웃음이 나온다. 그때, 3.26일 아침 연석산을 오르면서도, 올라가서 보룡고개를 향해 가면서도 막 웃음이 터졌다. 순간 얼이 빠졌던 것 같다. 인적 없는 산꼭대기에서 홀로 점심을 먹으면서도 웃었고, 아내에게는 평소에 안 하던 짓까지 했다. 점심을 먹으면서 문자메시지를 보냈다. '나 지금 점심 먹는데, 뭐 하냐?'라고. 연동마을 할머니의 따뜻한 정이 나를 그렇게 만들었다. 마지막 지점인 조약봉에 이르러서도 웃었다. 더 크게 웃었다. 웃을 만한 다른 '꺼리'가 생겨서다. 작년 6월에 시작한 금남정맥 종주를 마무리했다. 늦은 밤 집에 돌아와서는 혼자 속으로 웃었다. 후기를 적는 지금도 마음이 가볍다.

열두째 구간을 넘었다. 해발 925㎙인 연석산 꼭대기에서 조약봉까지다. 이 구간에는 820봉, 675봉, 700봉, 입봉, 568봉 등의 산과 황새목재, 보룡고개 등이 있다. 이 구간을 걷는 동안 머릿속에는 마지막 지점인 조약봉 생각뿐이었다. 출발 전에 많은 고민을 했다. 현지 교통편이 워낙 좋지 않아서다. '기차로 갈까, 버스로 갈까, 새벽차를 이용할까?' 등 여러 생각을 했지만, 답이 없었다. 하루 전 전주로 가기로 하고 고민을 끝냈다. 그런 고민 끝에 마무리한 완주라서인지 더욱 소중한 추억으로 남을 것 같다.

## 2011. 3. 26.(토). 맑음

강남고속터미널에서 출발한 전주행 버스는 밤 12시 20분에 전주에 도착. 택시로 중앙시장 근처에 있는 찜질방으로 향한다. 새벽에 일어나 미리 준비해 간 빵과 과일로 아침을 해결하고, 걸어서 10분 거리인 중앙시장 맞은편 버스 정류장으로 가서 대기 중인 871번 버스에 오른다. 요즘 '통 큰', '착한'이란 용어가 유행인데 이곳 시내버스도 정확하게 시간에 맞춰 운행하는 걸 보니, '착한 버스'라고 이름 붙여도 괜찮을 것 같다. 버스는 화심을 지나고 구불구불한 에스자 오르막을 힘겹게 오르더니 9시 27분에 연동마을에 도착한다(09:27). 진안군 동상면 연동마을. 3주 전 내게 깊은 인상을 줬던 바로 그 마을이다. 먼저 가마솥두부집 할머니부터 찾아 인사드렸다. 3주 전 해질 무렵에 내게 장작불을 내주신 할머니다. 마당에는 시동 걸린 경운기가 있고, 젊은이가 분주하게 마당을 오간다. 젊은이에게 할머니를 찾아왔다고 하니, 그 말을 듣고 할머니께서 마당으로 나오신다. 처음에는 못 알아보시더니 3주 전 이야기를 꺼내니 바로 알아보시고 반갑게 손을 잡아주신다. 같이 사진을 찍고 싶다고 하니 바로 부엌으로 달려가 손을 씻고 나오신다. 아드님께 촬영 부탁을 하고 할머니와 함께 포즈를 취하는데 할머니 체취가 그렇게 따뜻할 수가.

사진을 찍어주는 아드님이나 양지에 앉아 계시는 치매기가 있으시다는 할아버지도 모두 미소를 띠신다. 짧은 시간이지만 내게 큰 감동을 주신 할머니. 3주 전의 할머니 모습이 생생하게 떠오른다. 춥다고 장작불을 꺼내주시고, 날이 저물어 방에 들어가서도 밖에 있는 내가 마음에 걸려 들락거리시며 방으로 자꾸만 들어오라고 몇 번이나 재촉하시던 할머니다. 50년 전에 어머니로부터 받았던 사랑과 추억을 다시 일깨워주신 할머니다. 떠난다는 인사를 드리자 할머니는 내 손을 꼭 잡으시며 눈가를 훔치신다. 발걸음을 옮기고 몇 번이고 뒤를 돌아봐도 그 자리에 그대로 계시는 할머니와 눈을 맞추고 다시 한번 작별 인사를 한다. 언제부터인지 인연을 소중히 여기게 되었다. 그리고 그런 인연들에 대하여 감사와 동시에 두려움을 갖게 되었다. 인연은 내가 살아온 흔적이다. 그런 흔적들은 결코 사라지지 않고 어디엔가 저장되어 훗날 내 삶을 규정하리라 믿는다.

연동 할머니와의 만남을 잊지 않을 것이다. 마을 어귀에 있는 등산 안내도를 일견하고 연석산을 향해 오른다. 연동계곡에 들어서자 이정표가 나온다(09:38, 정상 2,986m). 미터 단위로 거리를 표기한 것이 특이하다. 우측 연동계곡에서 봄이 오는 소리가 들린다. 갈수록 오르막은 심해지고, 골짜기인 탓에 진땀이 흐른다. 아직도 연석산 정상은 까마득한데…. 약간은 질퍽거리는 산죽밭을 지나고 몇 개의 암벽을 넘으니 정상이 보이면서 정상 바로 아래에 있는 연석산갈림길에 이른다(10:50).

## 연석산갈림길에서

갈림길에는 이정표와 표지기가 걸려 있고, 이정표가 가리키는 대로 각 방향의 산길이 보인다. 우측은 마루금인 보룡고개로, 위쪽은 연석산 정상에 이르는 길이다. 갈림길에 서서 앞으로 나아갈 능선을 바라본다. 끝없이 이어지는 능선의 굽이침이 마치 한 폭의 그림 같다. 특별한 순간이라는 생각에 지금까지 내 손발이 되어준 스틱과 배낭을 함께 모아 기념 촬영을 한다. 앞으로 450분 뒤에는 금남정맥을 마무리하게 된다는 희열과 갈 길에 대한 조급함이 교차한다. 실수 없이 마쳐야 할 텐데…. 이정표가 가리키는 대로 보룡고개를 향해 출발한다. 내려가는 초입은 산죽으로 덮여 산죽을 헤치고 나아가니 내리막 끝에 걷기 좋은 길이 이어진다. 꼬실꼬실한 낙엽이 깔렸고 간간이 희끗희끗 조각 눈도 보인다. 가을과 겨울이 혼재한다. 좌측 아래 골짜기에 궁항리 마을과 그 아래에 저수지가 보인다. 드문드문 산죽이 보이고 암릉도 나온다. 완만한 능선은 오르막으로 바뀌고 봉우리 정상에 선다. 820봉이다(11:19). 로프를 타고 암벽을 내려간다. 내리막길은 계속되고 길 양쪽은 온통 산죽이다. 넓은 바위가 나오더니 좌측으로 틀어서 내려가는 급경사로 이어진다. 다 내려가서 뒤돌아보고서야 마루금이 좌측으로 틀어진 이유를 알았다. 높은 암벽을 피해 좌측으로 우회했던 것이다. 좌측에 쭉쭉 뻗은 잣나무가 있고, 다시 잣나무 단지가 나온다. 한참 내려가니 안부에 이르고(11:46), 직진으로 오르니 바람이 일기 시작한다. 예상했던 대로 긴 내리막 끝에 오르는 긴 오르막이라 힘이 든다. 오르막 역시 산죽 사이로 길이 났다. 다시 봉우리에 선다. 664봉이다(11:01). 정상 공터 좌측에 잣나무가 있다. 이곳에서 점심을 먹는다. 배낭 무게를 조금이라도 줄여볼 생각에 이른 듯하지만, 미리 먹는다. 아까보다 바람이 더 심하다. 모자를 더 깊숙이 눌러쓰고 바람을 등져 자리를 잡는다. 바람 소리 외는 들리는 것이 없다. 줄줄이 이어지는 산마루 외는 보이는 것도 없다. 산중 주인이 되었지만 외로움은 감출 수 없다. 바람 소리를 찬 삼아 전주에서 사 온 떡을 꾸역꾸역 씹는다. 식사가 끝날 무렵에 아내에게 보낸 문자 답신이 온다. '맛있게 먹어요'라고. 넘어가지 않는 굳은 떡을 더 힘껏 밀어 넣고 식수를 들이켠다. 이렇게 살아야만 하나? 또 생각하게 된다. '산다는 것'을. 누군가로부터 '공간이 사고를 창출한다.'는 말을 들은 적이 있다. 맞다. 홀로 산행이 그렇다. 그동안 얼마나 많은 그런 공간을 의미 없이 흘려보냈던가? 바로 내려간다(12:20). 완만한 경사. 고만고만한 작은 봉우리 몇 개를 넘으니 640봉에 이른다(12:31). 좌측으로 내려가니 역시 산죽으로 가득하다. 좌측에 마을이 보인다. 진안군 궁항리다. 완만한 능선 길에는 흑갈색으로 변한 낙엽이 깔렸고, 능선 주변은 벌목되어 여기저기에 나무토막이 널려 있다. 간간이 바위 능선이 나오고, 우측은 절벽이다. 과거에 성터였을 것으로 추정되는 흔적도 보인다. 완만한 능선 오르막이 시작되더니 다시 산죽 길. 엄청난 산죽을 통과하니

675봉에 이른다(12:56). 정상은 기다란 공간으로 나무토막이 널려 있고, 한참 내려가니 급경사로 바뀐다. 양지라서 언 땅이 녹아내려 질 퍽거린다. 아래쪽 안부가 까마득하다. 한참 내려가니 좌측에 과수원이 나오고, 외부인 통제용으로 주변엔 철조망을 둘러쳤다. 과수원을 지나 황새목재에 이른다(13:11).

### 황새목재에서(13:11)

좌측 아래에 과수원 주택과 트럭이 있다. 길 흔적은 없지만 간간이 나오는 표지기가 있어 따라 오른다. 30분 정도 올라 갈림길에서 좌측으로 진행하니 이곳에도 나무토막이 널려 있다. 아까부터 계속 나무토막을 보게 된다. 표지기가 걸린 나무까지도 모조리 쓰러졌다. 갈림길에서 좌측으로 한참 오르니 705봉에 이르고(13:48), 정상에 너럭바위가 있다. 직진으로 내려가니 급경사 내리막이 시작되고, 10여 분 오르니 675.4봉이다. 정상에 삼각점이 있다. 내려가다가 산죽 지대를 거쳐 오르니 700봉에 이르고(14:08), 좌측으로 짧은 급경사를 5~6분 내려가니 공터가 나온다. 공터는 전에 묘지였을 것 같다. 날씨가 갈수록 흐리고 바람도 거칠어진다. 아래쪽으로부터 차량 소리가 들린다. 조금 내려가니 버섯재배지가 나오고 철조망과 들어가지 말라는 경고판이 있다. 조금 더 내려가서 배수로를 건너 절개지 상단부에서 우측으로 내려가 시멘트 도로를 따르니 4차선 포장도로에 이른다. 보룡고개다(14:26). 군 경계를 나타내는 큰 아치가 있다. 좌측은 진안군 부귀면, 우측은 완주군 소양면이다. 그런데 난감하다. 4차선 도로 중앙분리대가 높아 횡단할 수 없다. 지하차도를 찾아야 된다. 직감적으로 좌측으로 결정, 이동하니 지하차도가 나온다. 지하차도를 통과해 보룡고개로 되돌아와서 성산휴게소에 들러 식수를 구입, 잠시 휴식을 취한 뒤 출발한다(4:55). 진안군 부귀면을 알리는 안내판이 있는 곳에서 시멘트 옹벽을 넘으니 수많은 표지기들이 기다리고 있다. 배수로를 따라 좌측으로 50m 정도 이동 후 우측 산길로 오르자마자 이동통신 기지국이 나온다. 기지국 철망에도 수많은 표지기들이 걸려 있다. 선답자들이 흘린 땀을 보는 것 같다. 조금 오르니 다시 능선에 이르고(15:18), 좌측 철조망을 따라 오른다. 철조망은 좌측으로 이어지고, 마루금은 우측 능선으로 이어진다. 10여 분 오르니 무명봉에 이른다(15:29). 내려가다가 갈림길에서 좌측으로 오르니 급경사로 이어지고, 한참 오르니 입봉 정상에 이른다(15:48). 정상 전체가 헬기장이다. 우측으로 내려가니 갈림길이 나오고, 좌측 급경사 내리막길을 한참 내려가니 안부에 이른다(16:07). 완만한 오르막길을 오른다. 이젠 힘에 부친다. 지친 다리를 가까스로 이끌고 10여 분 더 오르니 568봉에 이른다(16:17). 내려가니 갈림길이 나오고(16:23), 좌측으로 내려가니 안부사거리에 이어 오르막이 시작된다. 마지막 고비인 듯 조약봉이 가까워 오고 벌써부터 마음이 설렌다. 그동안 얼마나 기다렸던가. 정상 표지판이 궁금하고, 수없이 걸려 있을 표지기들이 벌써부터 눈에 선하다. 생각 같아서는 달음질이라도 치고 싶지만, 마음만 앞설 뿐 걸음은 속도가 나지 않는다. 삼거리에서 좌측 능선으로 올라 드디어 조약봉 정상에 이른다(16:40). 금남정맥 종주를 마무리하는 순간이다. 작년 6월에 시작하여 10개월에 걸친 대단원의 막이 내린다. 아무나 붙들고 소리라도 지르고 싶다(16:40). 정상 표지판을 바라본다.

　예상대로 표지판은 금남정맥, 호남정맥, 금남호남정맥의 세 방향을 가리킨다. 그 길목에는 수많은 표지기들이 걸려 있다. 이것을 보기 위해서, 이 땅을 밟기 위해 얼마를 달려왔던가. 뜨거운 여름날도 견뎠고, 폭설도 헤쳐 왔다. 지나온 과정들이 주마등처럼 스친다. 이곳 정상 표지판도 부산 건건 산악회에서 세웠다. 표지판에 스틱과 배낭을 걸고 사진을 찍은 후 가벼운 마음으로 내려간다. 호남정맥 방향으로 조금 내려가니 헬기장이 나오고, 10여 분 만에 모래재 삼거리에 도착. 직진은 다음 주부터 시작하게 될 호남정맥으로 향하고, 좌측은 모래재휴게소로 이어진다(17:08). 이젠 바람도 잔다. 초여름에 부소산을 출발해서 그새 가을과 겨울이 지나고 초봄이 되었다. 먼 길이었다. 10개월을 산길에서 보냈다. 그만치의 인연도 쌓였을 것이다.

## 🚶 오늘 걸은 길

연석산 → 820봉, 황새목재, 675봉, 700봉, 보룡고개, 입봉, 568봉 → 조약봉(9.9 km, 5시간 50분).

## ⛰ 교통편

- 갈 때: 전주에서 연동마을까지 시내버스로 이동.
- 올 때: 모래재에서 전주까지 시내버스로 이동.

# 금남정맥 종주를 마치면서

## 2011. 3. 31.

작년 6월은 무척 더웠다. 하루 산길을 걷고 나면 기진맥진은 기본이고 며칠간 등짝이 가려워 견디기 힘들었다. 그런 때 금남정맥 종주를 시작했다. 종주 첫날 오르던 부소산 산길이 아직도 생생하다. 스피커를 타고 흐르는 백마강 노래를 들으면서 올랐다. 고란사의 목탁 소리를 들었고, 낙화암을 오를 때에는 삼천궁녀를 생각하며 백제시대의 부귀영화를 떠올려 보기도 했다. 그러나 시작과 동시에 중단해야만 했다. 무더위를 견딜 수 없어서다. 종주 중 군사시설 보호구역인 계룡산의 천황봉과 쌀개봉을 올랐을 때는 두려움과 동시에 짜릿한 쾌감을 느끼기도 했다. 지난겨울은 유난히 많은 눈이 내렸다. 전북 진안은 특히 더했다. 그때 그 지역 산길을 걸었다. 소싯적 이후로는 본 적이 없던 폭설로 길이 없어졌고, 무릎까지 차오르는 눈길을 하염없이 걸었다. 추운 겨울밤, 장작불을 내주시던 진안군 연동마을 할머니에게서는 시골 인심이 아직 남아 있는 것을 느꼈다. 금남정맥 마지막 봉우리인 조약봉에 올라서서 정상 표지판과 마주했을 때는 가히 천하를 쥔 듯했다. 끌어안고 춤이라도 추고 싶었다. 모든 정맥 종주자들에게는 공통적인 고민들이 있다. 무릎 연골이다. 아직은 괜찮지만 불안하다. 그리고 무릎 연골 못지않게 염려되는 것

이 불의의 사고다. 추락에 대한 위험, 멧돼지 등 야생동물의 공격이
다. 나는 홀로 걷기에 더욱 그렇다. 물론 이런 것들보다 더 큰 가족
들의 염려도 있다. 하지만 정맥 종주는 나 자신과의 약속이고 이제
와서 약속을 깰 수는 없다. 존재의 이유까지는 아니더라도 내 삶의
한 조각으로 충분한 가치가 있어서다.

# 참고문헌

박성태, 『신 산경표』, 서울: 조선 매거진, 2010.

이기백, 양보경, 『한국사 시민강좌(제14집)-조선 시대의 자연 인식 체계』, 서울: 일조각, 1994.

조지종, 『두 발로 쓴 백두대간 종주 일기』, 서울: 좋은땅, 2019.